国家工科基础化学课程教学基地规划教材
高等学校理工科化学化工类规划教材

基础物理化学

FUNDAMENTAL PHYSICAL CHEMISTRY

纪 敏 任素贞 傅玉普 编著

大连理工大学出版社

DALIAN UNIVERSITY OF TECHNOLOGY PRESS

图书在版编目(CIP)数据

基础物理化学 / 纪敏，任素贞，傅玉普编著. — 大
连：大连理工大学出版社，2012.9(2014.1重印)
ISBN 978-7-5611-7263-6

Ⅰ. ①基… Ⅱ. ①纪… ②任… ③傅… Ⅲ. ①物理化
学—高等学校—教材 Ⅳ. ①O64

中国版本图书馆 CIP 数据核字(2012)第 203857 号

大连理工大学出版社出版

地址：大连市软件园路 80 号　邮政编码：116023
发行：0411-84708842　传真：0411-84701466　邮购：0411-84703636
E-mail：dutp@dutp.cn　URL：http://www.dutp.cn
大连业发印刷有限公司印刷　　　　　　大连理工大学出版社发行

幅面尺寸：185mm×260mm　　　　印张：15.75　　字数：382 千字
2012 年 9 月第 1 版　　　　　　　　2014 年 1 月第 2 次印刷

责任编辑：刘新彦　于建辉　　　　　　　　责任校对：庞　丽
封面设计：季　强

ISBN 978-7-5611-7263-6　　　　　　　　定　价：28.00 元

前　言

本书是在傅玉普主编的《物理化学简明教程》(第二版,"十一五"国家级规划教材)的基础上进一步精简,针对少学时编写而成。全书共 6 章:化学热力学基础、相平衡、化学平衡、化学动力学基础、电化学反应的平衡与速率、界面性质与分散性质。编写时主要注意了以下几方面问题:

1. 面对学时数少的实际情况,注意处理好不同专业对本课程教学内容要求的共同性和差异性

物理化学是一门基础课,设置物理化学课程的目的主要是给学生以有关物质变化过程中平衡和速率的相关理论和知识。尽管物理化学学时数少的诸多专业的专业方向差异较大,但是物理化学中化学热力学基础和化学反应速率是诸多专业对该课程内容要求的共同性;而不同专业又要求把有关平衡与速率的理论和知识应用于不同学科领域,解决不同专业问题,这即是差异性。因此本教材以不同专业所要求的共性为基础,重点阐述物理化学的基本原理——即有关物质变化过程的平衡与速率的规律。而有关平衡与速率规律的具体运用,不同专业可各取所需。

2. 坚持对传统教学内容的更新,注意课程内容的科学性和严谨性

物理化学课程的许多传统教学内容,如某些定义、原理、概念的表述近几十年来已作了许多更新,主要是采用 IUPAC 的建议或 ISO 以及 GB 中的规定。本书与时俱进,对例如热力学能的定义、反应进度的定义、标准摩尔生成焓等的定义、混合物和溶液的区分、标准平衡常数的定义和应用、活化能的定义、催化剂的定义等,作了全面更新。

3. 积极贯彻国家标准,注意教学内容表述上的标准化、规范化

本书按 GB 3102.8—1993 的规定,对物理化学量的量纲、单位、名词术语、图标表述、公式表达等全面、准确地实行标准化、规范化处理。

本书适用于非化工、非冶金类专业,如给排水、林化产品、弹药工程、水产养殖、中药学,以及高职、高专化学、化工类等专业,建议 70 学时左右。

本书的全部习题解答由《物理化学学习指导》(傅玉普、林青松、王新平主编,大连理工大学出版社)给出。

编　者

2012 年 9 月

目 录

本书所用符号

一、主要物理量符号

拉丁文字母

A	亥姆霍茨函数
A_s	截面面积,接触面积,界面面积
$\mathbf{A}$	化学亲和势
A_r	相对原子质量
a	活度
b	质量摩尔浓度,吸附平衡常数
C	热容,组分数,分子浓度
c_B	物质B的量浓度或B的浓度
D	扩散系数,切变速度
d	直径
E	能量,活化能,电极电势
E_{MF}	电池电动势
e	电子电荷
F	自由度数,法拉第常量,摩尔流量
f	自由度数,活度因子
G	吉布斯函数,电导
g	重力加速度
H	焓
h	普朗克常量,高度
I	电流强度,离子强度,光强度
J	分压商
j	电流密度
K	平衡常数,电导池常数
$K^{\ominus}$	标准平衡常数
k_f	熔点下降系数
k_b	沸点升高系数
k	玻耳兹曼常量,反应速率系数,享利系数,吸附速率系数
k_0	指[数]前参量
L	阿伏加德罗常量,长度
l	长度,距离
M	摩尔质量
M_r	相对摩尔质量
m	质量
N	粒子数
n	物质的量,反应级数,折光指数,体积粒子数
P	概率因子,概率,功率
p	压力
$\tilde{p}$	逸度
Q	热量,电量,体积流量
R	摩尔气体常量,电阻,半径,核间距
r	半径,距离,摩尔比
S	熵,物种数
s	铺展系数
T	热力学温度
$t_{1/2}$	半衰期
t	摄氏温度,时间,迁移数
U	热力学能,能量
u	离子电迁移率
$\mathbf{u}_r$	相对速率
V	体积
v	速度,反应速率
W	功
w	质量分数
X_B	偏摩尔量
x	物质的量分数,转化率
z	离子价数
y	物质的量分数(气相)
Z	电荷数

希腊文字母

α	反应级数,电离度
β	反应级数
Γ	表面过剩物质的量,吸附量
γ	活度因子
γ	相
δ	距离,厚度
ε	能量,介电常数
ζ	动电电势
η	黏度,超电势

θ	覆盖度,接触角,散射角,角度	l	液态
κ	电导率,德拜参量	m	质量
Λ_m	摩尔电导率	m	摩尔
λ	波长	n	核
μ	化学势,折合质量,焦汤系数	p	定压
ν	化学计量数,频率	r	半径
ω	角速度	r	转动,反应,可逆,对比,相对
ξ	反应进度	S	定熵
$\dot\xi$	化学反应转化速率	su	环境
Π	渗透压,表面压力	s	固态
ρ	密度,电阻率	sln	溶液
σ	表面张力,面积,对称数,熵产生速率	sub	升华
τ	时间,停留时间,体积	T	定温
φ	体积分数,逸度因子,渗透因子,角度	trs	晶型转化
ϕ	量子效率,相数,电势	U	定热力学能
χ	表面电势	V	定容
Ω	系统总微态数	v	振动
		vap	蒸发

二、符号的上标

*	纯物质,吸附位	x	物质的量分数
⊖	标准态	Y	物质 Y
‡	活化态,过渡态	Z	物质 Z

三、符号的下标

四、符号的侧标

A	物质 A	(A)	物质 A
aq	水溶液	(B)	物质 B
B	物质 B	(c)	物质的量浓度
b	沸腾	(g)	气体
b	质量摩尔浓度	(l)	液体
c	燃烧,临界态	(s)	固体
d	分解,扩散,解吸	(cr)	晶体
e	电子	(gm)	气体混合物
ex	(外)	(pgm)	完全(理想)气体混合物
eq	平衡	(STP)	标准状况(标准温度压力)
f	生成	(T)	热力学温度
fus	熔化	(x)	物质的量分数
g	气态	(Y)	物质 Y
H	定焓	(Z)	物质 Z
i	$i=1,2,3,\cdots$	(α)	相
j	$j=1,2,3,\cdots$	(β)	相

基础物理化学课程概论

1. 基础物理化学课程内容

就学科而言,物理化学是化学学科的一个重要分支,它主要研究物质系统发生压力(p)、体积(V)、温度(T)变化,相变化和化学变化过程的平衡规律和速率规律,以及与这些变化规律有密切联系的物质的结构及性质(宏观性质、微观性质、界面性质和分散性质等)。

但作为基础物理化学课程,本书则以阐述物质变化过程的平衡规律和速率规律为主,内容主要包括:化学热力学基础、相平衡、化学平衡、化学动力学基础、电化学反应的平衡与速率、界面性质与分散性质,共 6 章。就其内容和范畴来说可以概括为以下三个方面:

(1)化学热力学

化学热力学研究的对象是由大量粒子(原子、分子或离子)组成的宏观物质系统。它主要以热力学第一、第二定律为理论基础,引出或定义了系统的**热力学能**(U)、**焓**(H)、**熵**(S)、**亥姆霍茨函数**(A)、**吉布斯函数**(G),再加上可由实验直接测定的系统的**压力**(p)、**体积**(V)、**温度**(T)等热力学参量共 8 个最基本的热力学函数。应用演绎法,经过逻辑推理,导出一系列热力学公式及结论(作为热力学基础)。将这些公式或结论应用于物质系统的 p、V、T 变化,相变化(物质的聚集态变化),化学变化等物质系统的变化过程,解决这些变化过程的能量效应(功与热)和变化过程的方向与限度等问题,亦即研究解决有关物质系统的热力学平衡的规律,构成化学热力学。

(2)化学动力学

化学动力学主要研究各种因素,包括浓度、温度、催化剂、溶剂、光、电等对化学反应速率影响的规律及反应机理。

如前所述,化学热力学研究物质变化过程的能量效应及过程的方向与限度,它不研究完成该过程所需要的时间及实现这一过程的具体步骤,即不研究有关速率的规律,而解决速率问题的科学,则称为化学动力学。所以可以概括为:化学热力学是解决物质变化过程的可能性的科学,而化学动力学则是解决如何把这种可能性变为现实性的科学。一个化学制品的生产,必须从化学热力学原理及化学动力学原理两方面考虑,才能全面地确定生产的工艺路线和进行反应器的选型与设计。

(3)界面性质与分散性质

在通常条件下,物质以气、液、固等聚集状态存在,当一种以上聚集态共存时,则在不同聚集态(相)间形成**界面层**,它是两相之间的厚度约为几个分子大小的一薄层。由于界面层上不对称力场的存在,产生了与本体相不同的许多新的性质——**界面性质**。若将物质分散成细小微粒,构成高度分散的物质系统或将一种物质分散在另一种物质之中形成非均相的分散系统,则会产生许多**界面现象**。如,日常生活中我们接触到的晨光、晚霞,彩虹、闪电,乌云、白雾,雨露、冰雹,蓝天、碧海,冰山、雪地,沙漠、草原,黄水、绿洲等自然现象和景观以及生产实践和科学实验中常遇到的纺织品的染色、防止粉尘爆炸、灌水采油、浮选矿石、防毒面具防毒、固体催化剂加速反应、隐形飞机表层的纳米材料涂层、分子筛和膜分离技术等,这些应用技术都与界面性质有关。总之,有关**界面性质**和**分散性质**的理论与实践被广泛地应用于石油工业、化学工业、轻工业、农业、农学、医学、生物学、催化化学、海洋学、水利学、矿冶以及环境科学等多种领域。现代物理化学已从体相向表面相迅速发展。

以上概括地介绍了**基础物理化学课程**的基本内容,目的是为初学者在学习之前提供一个总体框架,这对于进一步深入学习各个部分的具体内容是有指导意义的,便于抓住基本、掌握重点。

2. 物理化学的量与单位

(1)量、物理量

物理化学中要研究各种量之间的关系(如气体的压力、体积、温度的关系),要掌握各种量的测量和计算方法,因此要正确理解量的定义和各种量的量纲和单位。

物质世界存在的状态和运动形式是多种多样的,既有大小的增减,也有性质、属性的变化。**量**就是反映这种运动和变化规律的一个最重要的基本概念。一些国际组织,如**国际标准化组织**(ISO)、**国际法制计量组织**(OIML)等联合制定的《国际通用计量学基本名词》一书中,把**量**(quantity)定义为:"现象、物体或物质的可以定性区别和可以定量确定的一种属性。"由此定义可知,一方面,量反映了属性的大小、轻重、长短或多少等概念;另一方面,量又反映了现象、物体和物质在性质上的区别。

量是物理量的简称,凡是可以定量描述的物理现象都是**物理量**。物理化学中涉及到许多物理量。

(2)量的量制与量纲

在科学技术领域中,约定选取的基本量和相应导出量的特定组合叫**量制**。而以量制中基本量的幂的乘积,表示该量制中某量的表达式,则称为**量纲**(dimension)。量纲只是表示量的属性,而不是指它的大小。量纲只用于定性地描述物理量,特别是定性地给出导出量与基本量之间的关系。

常用符号表示量纲,如对量 Q 的量纲用符号写成 dim Q。所有的量纲因素,都规定用正体大写字母表示。SI 的 7 个基本量:长度、质量、时间、电流、热力学温度、物质的量、发光强度的量纲因素分别用正体大写字母 L,M,T,I,Θ,N 和 J 表示。在 SI 中,量 Q 的量纲一般表示为

$$\dim Q = L^\alpha M^\beta T^\gamma I^\delta \Theta^\epsilon N^\zeta J^\eta \tag{1}$$

如物理化学中体积 V 的量纲为 dim $V = L^3$,时间 t 的量纲为 dim $t = T$,熵 S 的量纲为 dim $S = L^2 M T^{-2} \Theta^{-1}$。

(3)量的单位与数值

从量的定义可以看出,量有两个特征:一是可定性区别,二是可定量确定。定性区别是指量在物理属性上的差别,按物理属性可把量分为诸如几何量、力学量、电学量、热学量等不同类的量;定量确定是指确定具体的量的大小,要定量确定,就要在同一类量中,选出某一特

定的量作为一个称之为**单位**(unit)的参考量,则这一类中的任何其他量,都可用一个数与这个单位的乘积表示,而这个数就称为该量的数值。由数值乘单位就称为某一量的**量值**。

量可以是标量,也可以是矢量或张量。对量的定量表示,既可使用符号(量的符号),也可以使用数值与单位之积,一般可表示为

$$Q = \{Q\} \cdot [Q] \tag{2}$$

式中,Q 为某一物理量的符号;$[Q]$ 为物理量 Q 的某一单位的符号;而 $\{Q\}$ 则是以单位 $[Q]$ 表示量 Q 的数值。如体积 $V = 10$ m³,即 $\{V\} = 10$,$[V] = $ m³。

注意   在定义物理量时不要指定或暗含单位。例如,物质的摩尔体积,不能定义为 1 mol物质的体积,而应定义为单位物质的量的体积。

(4)法定计量单位

1984 年,国务院颁布了《关于在我国统一实行法定计量单位的命令》,规定我国的计量单位一律采用中华人民共和国法定计量单位;国家技术监督局于 1986 年及 1993 年先后颁布《中华人民共和国国家标准》GB 3100~3102—1986 及 1993《量和单位》。国际单位制(Le Système International d'unités, 简称 SI)是在 11 届国际计量大会(1960 年)上通过的。国际单位制单位(SI 单位)是我国法定计量单位的基础,凡属国际单位制的单位都是我国法定计量单位的组成部分。我国法定计量单位(在本书正文中一律简称为"单位")包括:

(i)SI 基本单位(附录Ⅱ表 1);

(ii)包括 SI 辅助单位在内的具有专门名称的 SI 导出单位(附录Ⅱ表 2);

(iii)由于人类健康安全防护上的需要而确定的具有专门名称的 SI 导出单位;

(iv)SI 词头;

(v)可与国际单位制并用的我国法定计量单位(附录Ⅱ表 5)。

以前常用的某些单位,如 Å、dyn、atm、erg、cal 等为非法定计量单位,已从 1991 年 1 月 1 日起废除。

(5)量纲一的量的 SI 单位

由式(1),对于导出量的量纲指数为零的量 GB 3101—1986 称为无量纲量,GB 3101—1993 改称为**量纲一的量**。例如物理化学中的化学计量数、相对摩尔质量、标准平衡常数、活度因子等都是量纲一的量。

对于量纲一的量,第一,它们属于物理量,具有一切物理量所具有的特性;第二,它们是可测量的;第三,可以给出特定的参考量作为其单位;第四,同类量间可以进行加减运算。

按国家标准规定,任何量纲一的量的 SI 单位名称都是汉字"一",符号是阿拉伯数字"1"。说"某量有单位",或说"某量无单位"都是错误的。

在表示量纲一的量的量值时要注意:

(i)不能使用 ppm(百万分之一)、pphm(亿分之一)、ppb(十亿分之一)等符号。因为它们既不是计量单位的符号,也不是量纲一的量的单位的专门名称。

(ii)由于百分符号%是纯数字(%=0.01),所以称质量百分、体积百分或摩尔百分是无意义的;也不可以在这些符号上加上其他信息,如%(m/m)、%(V/V)或%(n/n),它们的正确表示法应是质量分数、体积分数或摩尔分数。

注意 不要把量的单位与量纲相混淆。量的单位用来确定量的大小,而量纲只是表示量的属性而不是指它的大小。现在把物理化学中涉及到的主要物理量的量纲和单位列于表1中。在以后的各章中出现物理量时,只指明其单位,不再指明其量纲。

表1 物理化学中主要物理量的量纲和单位

物理量	符号	量纲	单位
质量	m	M	kg(千克或公斤)
物质的量	n	N	mol(摩尔)
热力学温度	T	Θ	K(开尔文)
体积	V	L^3	m^3(米³)
压力(或压强)	p	$ML^{-1}T^{-2}$	Pa(帕,$1\ Pa = 1\ N \cdot m^{-2}$)
热量	Q	L^2MT^{-2}	J(焦耳)
功	W	L^2MT^{-2}	J
化学反应计量数	ν_B	1	1(单位为1,省略不写)
反应进度	ξ	N	mol
热力学能	U	L^2MT^{-2}	J
摩尔热力学能	U_m	$L^2MT^{-2}N^{-1}$	$J \cdot mol^{-1}$(焦耳·摩尔$^{-1}$)
熵	S	$L^2MT^{-2}\Theta^{-1}$	$J \cdot K^{-1}$(焦耳·开尔文$^{-1}$)
摩尔熵	S_m	$L^2MT^{-2}\Theta^{-1}N^{-1}$	$J \cdot K^{-1} \cdot mol^{-1}$(焦耳·开尔文$^{-1}$·摩尔$^{-1}$)
摩尔分数	x_B	1	1(单位为1,省略不写)
物质的量浓度	c_B	NL^{-3}	$mol \cdot m^{-3}$(摩尔·米$^{-3}$)
溶质 B 的质量摩尔浓度	b_B	NM^{-1}	$mol \cdot kg^{-1}$(摩尔·千克$^{-1}$)
标准平衡常数	$K^{\ominus}$	1	1(单位为1,省略不写)
时间	t	T	s(秒)
反应速率	v	$NL^{-3}\Theta^{-1}$	$mol \cdot m^{-3} \cdot s^{-1}$(摩尔·米$^{-3}$·秒$^{-1}$)
反应速率系数	k	$N^{1-n}L^{-(3-3n)}T^{-1}$	$mol^{1-n} \cdot m^{-(3-3n)}s^{-1}$ *
活化能	E_a	$L^2MT^{-2}N^{-1}$	$J \cdot mol^{-1}$
界面张力	σ	MLT^{-2}	$N \cdot m^{-1}$(牛·米$^{-1}$)
电流强度	I	I	A(安培)
电阻	R	$L^2MI^{-2}T^{-3}$	Ω(欧姆)
电导	G	$I^2T^3L^{-2}M^{-1}$	S(西门子,$1\ S = 1\ \Omega^{-1}$)
电量	Q	IT	C(库仑,$1\ C = 1\ A \cdot s$)
电导率	κ	$I^2T^3M^{-1}L^{-3}$	$S \cdot m^{-1}$(西门子·米$^{-1}$)
电极电势	E	$L^2MI^{-1}T^{-3}$	V(伏特)
摩尔电导率	Λ_m	$I^2T^3M^{-1}L^{-3}N^{-1}$	$S \cdot m^2 \cdot mol^{-1}$(西门子·米²·摩尔$^{-1}$)

注 式中 n 为反应的总级数。

(6)表格、坐标图和公式的规范化表述

在表达一个物理量时,总要用到数值和单位。物理量的数值是该量与单位之比,即式(2),可表示成

$$\{Q\} = Q/[Q]$$

量的数值在物理化学中的表格和坐标图中大量出现。列表时,在表头上说明这些数值时,一是要表明数值表示什么量,此外还要表明用的是什么单位,而且表达时还要符合式(2)的关系。例如,以纯水的饱和蒸气压 p^*("$*$"表示纯物质)与热力学温度 T 的关系列表可表示成表2。

表 2		水的饱和蒸气压与温度的关系		
T/K	$p^*(H_2O)/Pa$		T/K	$p^*(H_2O)/Pa$
303.15	4 242.9		353.15	47 343
323.15	12 360		363.15	70 096
343.15	31 157		373.15	101 325

由表 2 可知,$T=373.15$ K 时,$p^*(H_2O)=101\ 325$ Pa,即表头及表格中所列的物理量、单位及纯数间的关系——满足方程式(2)。

再如,在坐标图中表示纯液体的饱和蒸气压 p^* 与温度 T 的关系时,可用三种方式表示成图 1,这是因为从数学上看,纵、横坐标轴都是表示纯数的数轴。当用坐标轴表示物理量的数值时,须将物理量除以其单位化为纯数才可表示在坐标轴上。

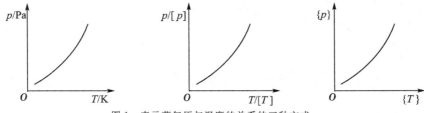

图 1　表示蒸气压与温度的关系的三种方式

此外,指数、对数和三角函数中的变量,都应是纯数或是由不同的量组成的导出量的量纲一的组合。例如,物理化学中常见的 $\exp(-E_a/RT)$,$\ln(p/p^\ominus)$,$\ln(k/s^{-1})$ 等。所以在量的数学运算过程中,当对一物理量进行指数、对数运算时,对非量纲一的量均需除以其单位化为纯数才行。例如,物理化学中常见的一些公式,可表示成

$$\mathrm{d}\ln\frac{p}{[p]}/\mathrm{d}T=\Delta_l^g H_m/RT^2 \qquad 或 \qquad \mathrm{d}\ln\{p\}/\mathrm{d}T=\Delta_l^g H_m/RT^2$$

$$\mathrm{d}\ln\frac{k_A}{[k_A]}/\mathrm{d}T=E_a/RT^2 \qquad 或 \qquad \mathrm{d}\ln\{k_A\}/\mathrm{d}T=E_a/RT^2$$

$$\ln(p/[p])=-\frac{A}{T/K}+B \qquad 或 \qquad \ln\{p\}=-\frac{A}{T/K}+B$$

$$\ln(k_A/s^{-1})=-\frac{A}{T/K}+B \qquad 或 \qquad \ln\{k_A\}=-\frac{A}{T/K}+B$$

$$\ln\{T\}+(\gamma-1)\ln\{V\}=常数, \qquad \mu^*(g)=\mu^\ominus(g,T)+RT\ln(p/p^\ominus)$$

对物理量的文字表述,亦须符合量方程式(2)。例如,说"物质的量为 n mol","热力学温度为 T K"都是错误的。因为物理量 n 中已包含单位 mol,T 中已包含单位 K。正确的表述应为"物质的量为 n","热力学温度为 T"。

对物理量进行数学运算必须满足方程式(2),如应用方程式 $pV=nRT$ 进行运算,若已知组成系统的理想气体物质的量 $n=10$ mol,热力学温度 $T=300$ K,系统所占体积 $V=10$ m^3,试计算系统的压力。由 $p=\dfrac{nRT}{V}$ 代入数值与单位,得

$$p=\frac{10\ \mathrm{mol}\times 8.314\ 5\ \mathrm{J\cdot mol^{-1}\cdot K^{-1}}\times 300\ \mathrm{K}}{10\ \mathrm{m^3}}=2\ 494.35\ \mathrm{Pa}$$

即运算过程中,每一物理量均以数值乘单位代入,总的结果也符合量方程式(2)。以上的运算也可简化为

$$p=\frac{10\times 8.314\ 5\times 300}{10}\mathrm{Pa}=2\ 494.35\ \mathrm{Pa}$$

3. 学习要求和学习方法

物理化学课程中的平衡与速率规律具有普遍适用性。本教材是针对本科少学时物理化学课程而编写的，因此以阐述物质变化过程的平衡与速率规律及其应用为主要内容。读者在学习时要抓住这一主线，首先明确课程内容的总体框架，然后深入细化并准确掌握一系列物理化学概念，最后再把这些概念串联起来，综合运用，达到解决实际应用问题的学习目的。

第1章

化学热力学基础

1.0 化学热力学理论的基础和方法

化学热力学理论是建立在**热力学第一和第二定律**（first and second law of thermodynamics）基础之上的。这两个定律是人们生活实践、生产实践和科学实验的经验总结。它们既不涉及物质的微观结构，也不能用数学加以推导和证明。但它的正确性已被无数次的实验结果所证实。而且从热力学严格地导出的结论都是非常精确和可靠的。不过这都是指在统计意义上的精确性和可靠性。热力学第一定律是有关能量守恒的规律，即能量既不能创造，亦不能消灭，仅能由一种形式转化为另一种形式，它是定量研究各种形式能量（热、功——机械功、电功、表面功等）相互转化的理论基础。热力学第二定律是有关热和功等能量形式相互转化的方向与限度的规律，进而推广到有关物质变化过程的方向与限度的普遍规律。

热力学方法（thermodynamic method）是：从热力学第一和第二定律出发，通过总结、提高、归纳，引出或定义出**热力学能** U（thermodynamic energy）、**焓** H（enthalpy）、**熵** S（entropy）、**亥姆霍茨函数** A（Helmholtz function）、**吉布斯函数** G（Gibbs function），再加上可由实验直接测定的 p、V、T 共 8 个最基本的热力学函数。再应用演绎法，经过逻辑推理，导出一系列的热力学公式或结论，进而用以解决物质的 p、V、T 变化，相变化和化学变化等过程的能量效应（功与热）及过程的方向与限度，即平衡问题。这一方法也叫**状态函数**（state function）**法**。

热力学方法的特点是：

（i）只研究物质变化过程中各宏观性质的关系，不考虑物质的微观结构；

（ii）只研究物质变化过程的始态和终态，而不追究变化过程的中间细节，也不研究变化过程的速率和完成过程所需的时间。

因此，热力学方法属于宏观方法。

Ⅰ　热力学基本概念、热、功

1.1　热力学基本概念

1.1.1　系统和环境

系统（system）——热力学研究的对象（是大量分子、原子、离子等物质微粒组成的宏观集合体与空间）。系统与系统之外的周围部分存在边界。

环境（surrounding）——与系统通过物理界面（或假想的界面）相隔开并与系统密切相关的周围的物质与空间。

根据系统与环境之间发生物质的质量与能量的传递情况，系统分为三类：

（ⅰ）**敞开系统**（open system）——系统与环境之间通过界面既有物质的质量传递也有能量（以热和功的形式）传递。

（ⅱ）**封闭系统**（closed system）——系统与环境之间通过界面只有能量传递，而无物质的质量传递。因此封闭系统中物质的质量是守恒的。

（ⅲ）**隔离系统**（isolated system）——系统与环境之间既无物质的质量传递亦无能量传递。因此隔离系统中物质的质量是守恒的，能量也是守恒的。

注意　系统与环境的划分是人为的，并非系统本身有什么本质不同；系统的选择必须根据实际情况，以解决问题的目的与方便为原则。

1.1.2　系统的宏观性质

1.强度性质和广度性质

热力学系统是大量分子、原子、离子等微观粒子组成的宏观集合体。这个集合体所表现出来的集体行为，如 p、V、T、U、H、S、A、G 等叫热力学系统的**宏观性质**（macroscopic properties）（或简称**热力学性质**）。

宏观性质分为两类：**强度性质**（intensive properties）——与系统中所含物质的量无关，无加和性（如 p、T 等）；**广度性质**（extensive properties）——与系统中所含物质的量有关，有加和性（如 V、U、H 等）。而一种广度性质／另一种广度性质＝强度性质，如摩尔体积 $V_m = V/n$，密度 $\rho = m/V$ 等。

2.可由实验直接测定的最基本的宏观性质

以下几个宏观性质均可由实验直接测定：

（1）压力

作用在单位面积上的力，用符号 p 表示，量纲 $\dim p = M \cdot L^{-1} \cdot T^{-2}$，单位为 Pa（帕斯卡，简称帕），$1\ Pa = 1\ N \cdot m^{-2}$，是 SI 中的导出单位，亦称压强。

（2）体积

物质所占据的空间，用符号 V 表示，量纲 $\dim V = L^3$，单位为 m^3（米³）。

（3）温度

温度是物质冷热程度的量度，有热力学温度和摄氏温度之分，热力学温度用符号 T 表示，是 SI 基本量，量纲 $\dim T = \Theta$，单位为 K（开尔文），为 SI 基本单位；摄氏温度，用符号 t 表示，单位为 ℃，1 ℃ = 1 K。二者的关系为 $T/K = t/℃ + 273.15$，摄氏度为 SI 辅助单位。

（4）物质的质量和物质的量

质量（mass）是物质的多少的量度，用符号 m 表示，是 SI 基本量，量纲 $\dim m = M$，单位为 kg（千克或公斤），是 SI 基本单位。

物质的量（amount of substance）是与指定的基本单元数目成正比的量，用符号 n 表示，是 SI 基本量，量纲 $\dim n = N$，单位为 mol（摩尔），是 SI 基本单位，B 的物质的量 $n_B = N_B/L$，式中 N_B 为 B 的基本单元的数目，$L = 6.022\ 045 \times 10^{23}\ mol^{-1}$，称为阿伏加德罗常量。指定的基本单元可以是原子、分子、离子、自由基、电子等，亦可以是分子、离子等的某种组合（如 $N_2 + 3H_2$）或某个分数 $\left(\text{如} \frac{1}{2}Cu^{2+}\right)$。例如分别取 H_2 和 $\frac{1}{2}H_2$ 为物质的基本单元，则 1 mol 的 H_2 和 1 mol 的 $\frac{1}{2}H_2$ 相比，其物质的量都是 1 mol，而其质量却是 $m(H_2) = 2m(\frac{1}{2}H_2)$。

物质的量是化学学科中最基础的量之一，对它的正确理解直接关系到对许多物理化学概念的正确理解，诸如，对反应进度、摩尔电导率等的理解就涉及到物质的量的基本单元的选择问题。

1.1.3　均相系统和非均相系统

相（phase）的定义是：系统中物理性质及化学性质均匀的部分。相，可由纯物质组成也可由混合物或溶液（或熔体）组成，可以是气、液、固等不同形式的聚集态，相与相之间有分界面存在。

系统根据其中所含相的数目，可分为：**均相系统**（homogeneous system）（或叫**单相系统**）—— 系统中只含一个相，**非均相系统**（nonhomogeneous system）（或叫**多相系统** heterogeneous system）—— 系统中含有一个以上的相。

1.1.4　系统的状态、状态函数和热力学平衡态

1. 系统的状态、状态函数

系统的**状态**（state）是指系统所处的样子。热力学中采用系统的宏观性质来描述系统的状态，所以系统的宏观性质也称为系统的**状态函数**（state function）。

2. 热力学平衡态

系统在一定环境条件下，经足够长的时间，其各部分的宏观性质都不随时间而变，此后将系统隔离，系统的宏观性质仍不改变，此时系统所处的状态叫**热力学平衡态**（thermodynamic equilibrium state）。

热力学系统，必须同时实现以下几个方面的平衡，才能建立热力学平衡态：

（i）**热平衡**（thermal equilibrium）—— 系统各部分的温度相等；若系统不是绝热的，则系统与环境的温度也要相等。

(ii) **力平衡**(force equilibrium)——系统各部分的压力相等,系统与环境的边界不发生相对位移。

(iii) **相平衡**(phase equilibrium)——若为多相系统,则系统中的各个相可以长时间共存,即各相的组成和数量不随时间而变。

(iv) **化学平衡**(chemical equilibrium)——若系统各物质间可以发生化学反应,则达到平衡后,系统的组成不随时间改变。

当系统处于一定状态(即热力学平衡态)时,其强度性质和广度性质都具有确定的量值。但是系统的这些宏观性质彼此之间是相互关联的(不完全是独立的),通常只需确定其中几个性质,系统的状态也就被确定了,其余的性质也就随之而定。

1.1.5 物质的聚集态及状态方程

1. 物质的聚集态

在通常条件下,物质的聚集态主要呈现为气体、液体、固体,分别用正体且小写的符号 g、l、s 表示。在特殊条件下,物质还会呈现等离子体、超临界流体、超导体、液晶等状态。在少数情况下,液体还会呈现不同状态,如液氦Ⅰ、液氦Ⅱ、离子液体,而一些单质或化合物纯物质可以呈现不同的固体状态,如固体碳可有无定形、石墨、金刚石、碳 60、碳 70 等状态;固态硫可有正交硫、单斜硫等晶型;固态水亦可有六种不同晶型,SiO_2、Al_2O_3 等固体也可呈不同的晶型。气体及液体的共同点是有流动性,因此又称为**流体相**,以符号 fl 表示;而液体与固体的共同点是分子间空隙小,可压缩性小,故称为**凝聚相**,用符号 cd 表示。

气、液、固三种不同聚集态的差别主要在于其分子间的距离,从而表现出不同的物理性质。物质呈现不同的聚集态决定于两个因素:主要是内因,即物质内部分子间的相互作用力。分子间吸力大,促其靠拢;分子间斥力大,促其离散。其次是外因,主要是环境的温度、压力。对气体,温度高,分子热运动剧烈程度大,促其离散;温度低,作用相反。压力高促其靠拢,压力低作用相反。对液体、固体,上述两种外因虽有影响,但影响不大。

2. 状态方程

对定量、定组成的均相流体(不包括固体,因为某些晶体具有各向异性)系统,系统任意宏观性质是另外两个独立的宏观性质的函数,例如状态函数 p、V、T 之间有一定的依赖关系,可表示为

$$V = f(T, p)$$

系统的状态函数之间的这种定量关系式,称为**状态方程**(equation of state)。

(1) 理想气体的状态方程

稀薄气体的体积、压力、温度和物质的量有如下关系

$$pV = nRT \tag{1-1a}$$

若定义 $V_m = \dfrac{V}{n}$ 为摩尔体积,则

$$pV_m = RT \tag{1-1b}$$

式(1-1a) 和式(1-1b) 称为**理想气体状态方程**(ideal gas equation)。R 为普遍适用于各种气体物质的常量,称为**摩尔气体常量**(molar gas constant)。R 的单位为

$$[R] = \frac{[p][V]}{[n][T]} = \frac{(\mathrm{N \cdot m^{-2}})(\mathrm{m^3})}{(\mathrm{mol})(\mathrm{K})} = \mathrm{J \cdot mol^{-1} \cdot K^{-1}}$$

由稀薄气体的 p、V_m、T 数据求得

$$R = \lim_{p \to 0}(pV_\mathrm{m})_T / T = 8.314\,5\ \mathrm{J \cdot mol^{-1} \cdot K^{-1}}$$

理想气体的概念是由稀薄气体的行为抽象出来的。对稀薄气体,分子本身占有的体积与其所占空间相比可以忽略,分子间的相互作用力亦可忽略。在 p、V、T 的非零区间,p、V、T、n 的关系准确地符合 $pV = nRT$ 的气体称为**理想气体**。理想气体状态方程包含了前人根据稀薄气体行为提出的波义耳(Boyle R)定律、盖·吕萨克(Gay Lussac J)定律和阿伏加德罗定律。

(2) 混合气体及分压的定义

① 混合气体

设混合气体的质量、温度、压力、体积分别为 m、T、p、V。其中含有气体组分为 A、B、$\cdots$、S,物质的量分别为 n_A、n_B、$\cdots$、n_S。总的物质的量 $n = \sum\limits_\mathrm{B} n_\mathrm{B}$;总的质量 $m = \sum\limits_\mathrm{B} n_\mathrm{B} M_\mathrm{B}$,$M_\mathrm{B}$ 为气体 B 的摩尔质量;各气体的摩尔分数 y_B(液体混合物为 x_B)$\xlongequal{\mathrm{def}} n_\mathrm{B}/n, n = \sum\limits_\mathrm{A} n_\mathrm{A}$(从 A 开始所有组分的物质的量的加和)。

② 分压的定义

用压力计测出的混合气体的压力 p 是其中各种气体作用的总结果。按照 IUPAC(International Union of Pure and Applied Chemistry,国际纯粹及应用化学联合会)的建议及我国国家标准的规定,混合气体中某气体的**分压力**(Partial Pressure,简称分压)定义为该气体的摩尔分数与混合气体总压力的乘积。即

$$p_\mathrm{B} \xlongequal{\mathrm{def}} y_\mathrm{B} p \tag{1-2}$$

定义式(1-2)适用于任何混合气体(理想或非理想)。

由此定义必然得出的结论是

$$\sum_\mathrm{B} p_\mathrm{B} = p \quad (\sum_\mathrm{B} y_\mathrm{B} = 1) \tag{1-3}$$

即混合气体中各气体的分压之和等于总压力。

③ 理想气体混合物中气体的分压

实验结果表明,理想气体混合物的 p、V、T、n 符合

$$pV = nRT \quad (n = \sum_\mathrm{B} n_\mathrm{B}) \tag{1-4}$$

由式(1-2)及式(1-4)得到

$$p_\mathrm{B} = n_\mathrm{B} RT / V \quad (\text{理想气体}) \tag{1-5}$$

即理想气体混合物中,每种气体的分压等于该气体在混合气体的温度下单独占有混合气体的体积时的压力。

注意　式(1-5)已不作为分压的定义,分压定义是式(1-2)。

1.1.6　系统状态的变化过程

1. 过程

在一定条件下,系统由始态变化到终态的经过称为**过程**(process)。

系统状态的变化过程分为单纯 p、V、T 变化过程,相变化过程,化学变化过程。

2. 几种主要的单纯 p、V、T 变化过程

(1) 定温过程

若过程的始态、终态的温度相等,且过程中系统的温度等于环境温度,即 $T_1 = T_2 = T_{su}$,叫**定温过程**(isothermal process)。

下标"su"表示"环境"。如 T_{su}、p_{su} 分别表示环境的温度和压力(环境施加于系统的压力亦称外压,也可用 p_{ex} 表示,"ex"表示"外")。

而定温变化,仅是 $T_1 = T_2$,过程中温度可不恒定。

(2) 定压过程

若过程的始态、终态的压力相等,且过程中系统的压力恒定等于环境的压力,即 $p_1 = p_2 = p_{su}$,叫**定压过程**(isobaric process)。

而定压变化,仅有 $p_1 = p_2$,过程中压力可不恒定。

(3) 定容过程

系统的状态变化过程中体积的量值保持恒定,$V_1 = V_2$,叫**定容过程**(isochoric process)。

(4) 绝热过程

系统状态变化过程中,与环境间的能量传递仅可能有功的形式,而无热的形式,即 $Q = 0$,叫**绝热过程**(adiabatic process)。

(5) 对抗恒定外压过程

系统在体积膨胀的过程中所对抗的环境的压力 $p_{su} =$ 常数。

(6) 自由膨胀过程(向真空膨胀过程)

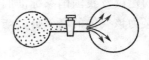

图 1-1　向真空膨胀

如图 1-1 所示,左球内充有气体,右球内为真空,活塞打开后,气体向右球膨胀,叫**自由膨胀过程**(free expansion process)(或叫**向真空膨胀过程**)。

(7) 循环过程

系统由始态经一连串单一过程又回复到始态的连续过程叫**循环过程**(cyclic process)。

循环过程中,所有状态函数改变量均为零,如 $\Delta p = 0$,$\Delta T = 0$,$\Delta U = 0$ 等。

3. 相变化过程与饱和蒸气压

(1) 相变化过程

相变化(phase transformation) 过程是指系统中发生的聚集态的变化过程。如液体的**汽化**(vaporization)、气体的**液化**(liquefaction)、液体的**凝固**(freeze)、固体的**熔化**(fusion)、固体的**升华**(sublimation)、气体的**凝华**(condensation) 以及固体不同**晶型间的转化**(crystal form transition) 等。

(2) 液(或固)体的饱和蒸气压

在相变化过程中,有关液体或固体的饱和蒸气压的概念是非常重要的。

设在一密闭容器中装有一种液体及其蒸气,如图 1-2 所示。液体分子和蒸气分子都在不停地运动。温度越高,液体中具有较高能量的分子越多,单位时间内由液相跑到气相的分子越多;另一方面,在气相中运动的分子碰到液面时,有可能受到液面分子的吸引进入液相;蒸气密度越大(即蒸气的压力越大),则单位时间内由气相进入液相的分子越多。单位时间内汽化的分子数超过液化的分子数时,宏观上观察到的是蒸气的压力逐渐增大。单位时间内当液 → 气及气 → 液的分子数目相等时,测量出的蒸气的压力不再随时间而变化。这种不随时间而变化的状态即是平衡状态。相之间的平衡称**相平衡**(phase equilibrium)。达到平衡状态只是宏观上看不出变化,实际上微观上变化并未停止,只不过两种相反的变化速率相等,这叫**动态平衡**。

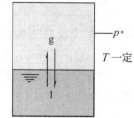

在一定温度下,当液(或固)体与其蒸气达成液(或固)、气两相平衡时,此时气相的压力称为该液(或固)体在该温度下的**饱和蒸气压** 图 1-2　液体的饱和蒸气压 (saturated vapor pressure),简称**蒸气压**。

液体的蒸气压等于外压时的温度称为液体的**沸点**(boiling point);101.325 kPa 下的沸点叫**正常沸点**(normal boiling point),100 kPa 下的沸点叫**标准沸点**(standard boiling point)。例如水的正常沸点为 100 ℃,标准沸点为99.67 ℃。

表 1-1 列出不同温度下一些液体的饱和蒸气压。有关液体或固体的饱和蒸气压与温度的具体函数关系,我们将在第 2 章中应用热力学原理推导出来。

表 1-1　　　　　　　　　　$H_2O(l)$,$NH_3(l)$ 和 $C_6H_6(l)$ 的饱和蒸气压

$t/℃$	$p^*(H_2O)/kPa$	$p^*(NH_3)/kPa$	$p^*(C_6H_6)/kPa$	$t/℃$	$p^*(H_2O)/kPa$	$p^*(NH_3)/kPa$	$p^*(C_6H_6)/kPa$
−40		0.71		60	19.9	25.8	52.2
−20		1.88		80	47.3		101
0	0.61	4.24		100	101.325		178
20	2.33	8.5	10.0	120	198		
40	7.37	15.3	24.3				

4. 化学变化过程与反应进度

化学变化过程(process of chemistry change)是指在一定条件下,系统中发生化学反应,致使系统中物质的性质和组成发生改变的变化过程。

如反应

$$aA + bB = yY + zZ$$

可简写成

$$\sum_R (-\nu_R R) = \sum_P \nu_P P \tag{1-6}$$

式中,ν_R、ν_P 分别为反应物 R 及产物 P 的化学计量数。

式(1-6)还可写成更简单形式:

$$0 = \sum_B \nu_B B \tag{1-7}$$

式中,B 为参与化学反应的物质(代表反应物 A、B 或产物 Y、Z,可以是分子、原子或离子,简称反应参与物);ν_B 称为 B 的**化学计量数**(stoichiometric number of B),它是量纲一的量。为满足式(1-6)和式(1-7)等的关系,则规定 ν_B 对反应物为负,对生成物为正,即 $\nu_A = -a$,$\nu_B = -b$,$\nu_Y = y$,$\nu_Z = z$。

若用符号 ξ 表示反应进度,且 $n_{B,0}$ 与 n_B 分别表示反应前($\xi = 0$)与反应后($\xi = \xi$)B 的物质的量,则 $n_B - n_{B,0} = \nu_B \xi$,$dn_B = \nu_B d\xi$,于是

$$d\xi \stackrel{def}{=\!=\!=} \nu_B^{-1} dn_B \quad 或 \quad \Delta\xi \stackrel{def}{=\!=\!=} \nu_B^{-1} \Delta n_B \tag{1-8}$$

式(1-8)为**反应进度**(extent of reaction)的定义式，ξ 的单位为 mol。

若 $\Delta\xi = 1$ mol，可称为化学反应发生了"1 mol 反应进度"。

注意 反应进度[变]$\Delta\xi$ 要对应同一反应的指定的计量方程式。仍以合成氨反应为例，其计量方程可写成：

$$N_2 + 3H_2 = 2NH_3 \tag{i}$$

$$\frac{1}{2}N_2 + \frac{3}{2}H_2 = NH_3 \tag{ii}$$

$$\cdots$$

对计量方程(i)，当 $\Delta\xi(N_2) = 1$ mol 时，它表明，1 mol N_2 与 1 mol $3H_2$ 完全反应，生成 1 mol $2NH_3$；

对计量方程(ii)，当 $\Delta\xi\left(\frac{1}{2}N_2\right) = 1$ mol 时，它表明，1 mol $\frac{1}{2}N_2$ 与 1 mol $\frac{3}{2}H_2$ 完全反应，生成 1 mol NH_3。

由反应进度定义式 $\Delta\xi_B = \Delta n_B / \nu_B$ 可计算：

对计量方程(i)，若令 $\Delta n(N_2) = -1$ mol，则

$$\Delta\xi(N_2) = -1 \text{ mol}/(-1) = 1 \text{ mol}$$

对计量方程(ii)，若令 $\Delta n\left(\frac{1}{2}N_2\right) = -1$ mol，则

$$\Delta\xi\left(\frac{1}{2}N_2\right) = -1 \text{ mol} \times \frac{1}{2}/\left(-\frac{1}{2}\right) = 1 \text{ mol}$$

显然，$\Delta\xi(N_2)$ 与 $\Delta\xi\left(\frac{1}{2}N_2\right)$ 是对应同一反应不同计量方程的，计算时所用的 Δn_B 的基本单元选择不同，如前所述，有关化学反应过程的热力学函数[变]$\Delta_r X_m$ 都是以 1 mol 反应进度[变]为基础的。由于 $\Delta\xi$ 是对应指定的计量方程的，显然，化学过程的热力学函数[变]$\Delta_r X_m$ 也是对应指定的计量方程的。这一问题将在后续有关章、节中进一步说明。

1.1.7　系统状态变化的途径与状态函数法

系统由某一始态变化到同一终态可以通过不同的变化经历来实现，既可以只经历一种过程，亦可以连续经历若干个过程，这种不同的变化经历，称为系统状态变化的**途径**(path)。而在这不同的变化途径中系统的任何状态函数的变化的量值，仅与系统变化的始、终态有关，而与变化经历的不同途径无关。例如，下述理想气体的 p、V、T 变化可通过两个不同途径来实现：

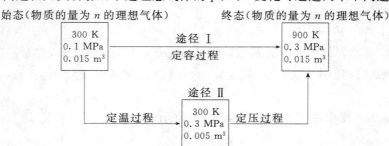

即途径Ⅰ仅由一个定容过程组成,此时,途径与过程是等价的;途径Ⅱ则由定温及定压两个过程组合而成,此时,途径则是所经历的过程的总和。在两种变化途径中,系统的状态函数变化的量值,如 $\Delta T = 600$ K,$\Delta p = 0.2$ MPa,$\Delta V = 0$ 却是相同的,不因途径不同而改变。也就是说,当系统的状态变化时,状态函数的改变量只决定于系统的始态和终态,而与变化的过程或途径无关。即系统状态变化时,

$$状态函数的改变量 = 系统终态的函数量值 - 系统始态的函数量值$$

状态函数的这一特点,在热力学中有广泛的应用。例如,不管实际过程如何,可以根据始态和终态选择理想的过程建立状态函数间的关系,可以选择较简便的途径来计算状态函数的变化等。这套处理方法是热力学中的重要方法,通常称为**状态函数法**。

1.1.8　偏微分和全微分在描述系统状态变化上的应用

若 $X = f(x, y)$,则其全微分为

$$dX = \left(\frac{\partial X}{\partial x}\right)_y dx + \left(\frac{\partial X}{\partial y}\right)_x dy$$

以一定量纯理想气体,$V = f(p, T)$ 为例:

$$dV = \left(\frac{\partial V}{\partial p}\right)_T dp + \left(\frac{\partial V}{\partial T}\right)_p dT$$

$\left(\frac{\partial V}{\partial p}\right)_T$ 是系统在 T、p、V 的状态下,当 T 不变而改变 p 时,V 对 p 的变化率;$\left(\frac{\partial V}{\partial T}\right)_p$ 是当 p 不变而改变 T 时,V 对 T 的变化率。则全微分 dV 是当系统的 p 改变 dp,T 改变 dT 时所引起的 V 的变化量值的总和。在物理化学中类似这种状态函数的偏微分和全微分是经常用到的。

1.2　热、功

1.2.1　热

由于系统与环境间温度差的存在而引起的系统与环境间能量传递形式,称为**热**(heat),单位为 J。热以符号 Q 表示。热的计量以环境为准,$Q > 0$ 表示环境向系统放热(系统从环境吸热),$Q < 0$ 表示环境从系统吸热(系统向环境放热)。

当系统发生变化的始态、终态确定后,Q 的量值还与具体过程或途径有关,因此热 Q 不具有状态函数的性质。说系统的某一状态具有多少热是错误的,因它不是状态函数。对微小变化过程的热用符号 δQ 表示,它表示 Q 的无限小量,这是因为热 Q 不是状态函数,所以不能以全微分 dQ 表示。

1.2.2　功

由于系统与环境间压力差或其他机电"力"的存在而引起的系统与环境间能量传递形式,称为**功**(work),单位为 J。功以符号 W 表示。按 IUPAC 的建议,功的计量也以环境为准。$W > 0$ 表示环境对系统做功(环境以功的形式失去能量),$W < 0$ 表示系统对环境做功(环境以功的形式得到能量)。功也是与过程或途径有关的量,它不是状态函数。对微小变化过程的

功以 δW 表示。

功可分为体积功和非体积功。所谓**体积功**（volume work），是指系统发生体积变化时与环境传递的功，用符号 W_v 表示（下标 V 表示"体积"，不代表定容）；所谓**非体积功**（non-volume work），是指体积功以外的所有其他功，用符号 W' 表示，如机械功、电功、表面功等。

1.2.3 体积功的计算

以下讨论体积功的计算。如图 1-3 所示，一个带有活塞贮有一定量气体的气缸，截面积为 A_s，环境压力为 p_{su}。设活塞在外力方向上的位移为 dl，系统体积改变 dV。环境做功 δW_v，即定义

$$\delta W_v \xlongequal{\text{def}} F_{su}dl = \left(\frac{F_{su}}{A_s}\right)(A_s dl)$$

$$F_{su}/A_s = p_{su}, \quad A_s dl = -dV$$

于是

$$\delta W_v \xlongequal{\text{def}} -p_{su}dV \tag{1-9}$$

$$W_v = -\int_{V_1}^{V_2} p_{su}dV \tag{1-10}$$

式（1-9）为体积功的定义式，由式（1-10）出发，可计算各种过程的体积功。

由图 1-3 及式（1-10）可知，体积功包含膨胀功及压缩功，膨胀功为系统对环境做功，其值为负；而压缩功为环境对系统做功，其值为正。（因此，说"体积功又称为膨胀功"是片面的）

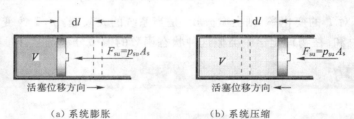

（a）系统膨胀　　　　　（b）系统压缩

图 1-3　体积功的计算

1. 定容过程的体积功

由式（1-10），因 $dV = 0$，故 $W_v = 0$。

2. 气体自由膨胀过程的体积功

如图 1-1 所示，左球内充有气体，右球内为真空，旋通活塞，则气体由左球向右球膨胀，$p_{su} = 0$；或取左、右两球均包括在系统之内，即 $dV = 0$，则由式（1-10），均得 $W_v = 0$。

3. 对抗恒定外压过程的体积功

对抗恒定外压过程，$p_{su} = $ 常数，由式（1-10），有

$$W_v = -\int_{V_1}^{V_2} p_{su}dV = -p_{su}(V_2 - V_1)$$

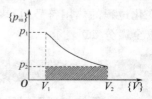

图 1-4　对抗恒定外压过程的功

如图 1-4 所示，对抗恒定外压过程系统所做的功如图中阴影的面积，即 $-W_v$（因为系统做功为负值）。

【例 1-1】 3.00 mol 理想气体，在 100 kPa 的条件下，由 25 ℃ 定压加热到 60 ℃，计算该过程的功。

解

$$W_v = -p_{su}(V_2 - V_1) = -p_{su}\Delta V = -nR\Delta T$$

$$= -3.00 \text{ mol} \times 8.314\,5 \text{ J} \cdot \text{K}^{-1} \cdot \text{mol}^{-1} \times (333.15 - 298.15) \text{ K}$$

$$= -873 \text{ J}$$

注　$W_v = -873$ J，表明环境做了负功，也可表示为 $-W_v = 873$ J，并说成"系统对环境做功 873 J"。

【例 1-2】　2.00 mol 水在 100 ℃、101.3 kPa 下定温定压汽化为水蒸气，计算该过程的功（已知水在 100 ℃ 时的密度为 0.958 3 kg $\cdot$ dm^{-3}）。

解　$W_v = -p_{su}(V_2 - V_1) = -p_{su}(V_g - V_1)$

$$= -101.3 \times 10^3 \text{ Pa} \times \left[\frac{2.00 \text{ mol} \times 8.314\,5 \text{ J} \cdot \text{K}^{-1} \cdot \text{mol}^{-1} \times 373.15 \text{ K}}{101.3 \times 10^3 \text{ Pa}} - \right.$$

$$\left. \frac{2.00 \text{ mol} \times 18.02 \times 10^{-3} \text{ kg} \cdot \text{mol}^{-1}}{0.958\,3 \times 10^3 \text{ kg} \cdot \text{m}^{-3}} \right]$$

$$= -6.20 \text{ kJ}$$

（环境做负功，即系统对环境做功）

在常温常压下，$V_g \gg V_1$，且气体视为理想气体，则有

$$W_v \approx -p_{su}V_g = -p_g V_g$$

$$= -nRT$$

$$= -2.00 \text{ mol} \times 8.314\,5 \text{ J} \cdot \text{K}^{-1} \cdot \text{mol}^{-1} \times 373.15 \text{ K}$$

$$= -6.21 \text{ kJ}$$

上两例中都用到了 $p_{su}(V_2 - V_1)$，这是各种恒外压过程的共性，但 $(V_2 - V_1)$ 的具体含义不同，这取决于过程的特性。又如稀盐酸中投入锌粒后，发生反应：

$$\text{Zn} + 2\text{HCl(aq)} \longrightarrow \text{ZnCl}_2(\text{aq}) + \text{H}_2 (p = 101.325 \text{ kPa})$$

这时 $(V_2 - V_1) \approx$ 产生 H_2 的体积，$V(\text{H}_2) = n(\text{H}_2)RT/p$。因此要具体问题具体分析。

1.3　可逆过程、可逆过程的体积功

如前所述，按过程中变化的内容，有含相变或反应的过程，亦有单纯 p、V、T 变化的过程；按过程进行的条件，有定压过程、定温过程、定容过程、绝热过程等各种过程。无论上述哪种过程，都可设想过程按理想的（准静态的或可逆的）模式进行。

1.3.1　准静态过程

若系统由始态到终态的过程是由一连串无限邻近且无限接近于平衡的状态构成，则这样的过程称为**准静态过程**（quasi-static process）。

现以在定温条件下（即系统始终与一个定温热源相接触）气体的膨胀过程为例来说明准静态过程。

设一个贮有一定量气体的气缸，截面积为 A_s，与一定温热源相接触，如图 1-5 所示。假设活塞无重量，可以自由活动，且与器壁间没有摩擦力。开始时活塞上放有四个重物，使气缸承受的环境压力 $p_{su} = p_1$，即气体的初始压力。以下分别讨论几种不同的定温条件下的膨胀过程。

(i) 将活塞上的重物同时取走三个，如图 1-5(a) 所示，环境压力由 p_1 降到 p_2，气缸在 p_2 环境压力下由 V_1 膨胀到 V_2，系统变化前后温度都是 T。过程中系统对环境做功

$$-W_\mathrm{v} = p_\mathrm{su}\Delta V = p_2(V_2 - V_1)$$

相当于如图 1-5(a′) 所示长方形阴影面积。

(ii) 将活塞上重物分三次逐一取走,如图 1-5(b) 所示。环境压力由 p_1 分段经 p'、p'' 降到 p_2,气体由 V_1 分段经 V'、V'' 膨胀到 V_2(每段膨胀后温度都回到 T)。这时系统对环境做功

$$-W_\mathrm{v} = p'(V' - V_1) + p''(V'' - V') + p_2(V_2 - V'')$$

相当于如图 1-5(b′) 所示阶梯形阴影面积。

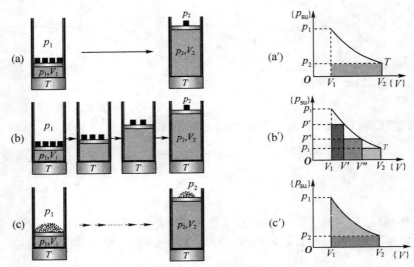

图 1-5　准静态过程

(iii) 设想活塞上放置一堆无限微小的砂粒(总重量相当于前述的 4 个重物),如图 1-5(c) 所示。开始时气体处于平衡态,气体与环境压力都是 p_1,取走一粒砂后,环境压力降低 $\mathrm{d}p$(微小正量);膨胀 $\mathrm{d}V$ 后,气体压力降为 $(p_1 - \mathrm{d}p)$。这时气体与环境内外压力又相等,气体达到新的平衡状态。再将环境压力降低 $\mathrm{d}p$(即再取走一粒砂),气体又膨胀 $\mathrm{d}V$,依此类推,直到膨胀到 V_2,气体与环境压力都是 p_2(所剩的一小堆砂粒相当于前述的一个重物)。在过程中任一瞬间,系统的压力 p 与此时的环境压力 p_su 相差极为微小,可以看做 $p_\mathrm{su} = p$。由于每次膨胀的推动力极小,过程的进展无限慢,系统与环境无限趋近于热平衡,可以看做 $T = T_\mathrm{su}$。此过程由一连串无限邻近且无限接近于平衡的状态构成。上述过程 $T_\mathrm{su} =$ 常数,所以 $T = T_\mathrm{su} =$ 常数,也就是说,在定温下的准静态过程中,系统的温度也是恒定的。

在上述过程中,系统对环境做功

$$-W_\mathrm{v} = \int_{V_1}^{V_2} p_\mathrm{su}\,\mathrm{d}V = \int_{V_1}^{V_2} p\,\mathrm{d}V \tag{1-11a}$$

其量值可用如图 1-5(c′) 所示阴影面积来代表。与过程(i)、(ii) 相比较,在定温条件下,在无摩擦力的准静态过程中,系统对环境做功 $(-W_\mathrm{v})$ 为最大。

无摩擦力的准静态过程还有一个重要的特点:系统可以由该过程的终态按原途径步步回复,直到系统和环境都恢复原来的状态。例如设想由上述过程的终态,在活塞上额外添加一粒无限微小的砂,环境压力增加到 $(p_2 + \mathrm{d}p)$,气体将被压缩,直到气体压力与环境压力相等,气体达到新的平衡状态。这时可以将原来最后取走的一粒细砂(它处在原来取走时的高

度)加上,气体又被压缩一步。依次类推,依序将原来取走的细砂(各处在原来取走时的不同高度)逐一加回到活塞上,气体将回到原来的状态。环境中除额外添加的那粒无限细的砂降低一定高度外(这是完全可以忽略的),其余都复原了。通过具体计算可以得到同样的结论。在此过程的任一瞬间,系统压力与环境压力相差极微,可以看做 $p_{su} = p$。同样可以推知 $T = T_{su} = $ 常数。环境对系统做的体积功

$$W_v = -\int_{V_2}^{V_1} p_{su} dV = -\int_{V_2}^{V_1} p dV \tag{1-11b}$$

由于沿同一定温途径积分,它正好等于在原膨胀过程中系统对环境所做的功,见式(1-11a)。所以这一压缩过程使系统回到了始态,同时环境也复原了。

上述压缩过程也是准静态过程。对于定温压缩来说,无摩擦力的准静态过程中环境对系统所做的功为最小。

1.3.2　可逆过程

设系统按照过程 L 由始态 A 变到终态 B,相应的环境由始态 Ⅰ 变到终态 Ⅱ,假如能够设想一过程 L′ 使系统和环境都恢复原来的状态,则原过程 L 称为**可逆过程**(reversible process)。反之,如果不可能使系统和环境都完全复原,则原过程 L 称为**不可逆过程**(irreversible process)。

上述定温下无摩擦力的准静态膨胀过程和压缩过程都是可逆过程。热力学中涉及的可逆过程都是无摩擦力(以及无黏滞性、电阻、磁滞性等广义摩擦力)的准静态过程。热力学可逆过程具有下列几个特点:

(i) 在整个过程中,系统内部无限接近于平衡;

(ii) 在整个过程中,系统与环境的相互作用无限接近于平衡,因此过程的进展无限缓慢;环境的温度、压力与系统的温度、压力相差甚微,可看做相等,即

$$T_{su} = T, \quad p_{su} = p$$

(iii) 系统和环境能够由终态,沿着原来的途径从相反方向步步回复,直到都恢复到原来的状态。

可逆过程是一种理想的过程,不是实际发生的过程。能觉察到的实际发生的过程,应当在有限的时间内发生有限的状态变化,例如气体的自由膨胀过程,就是不可逆过程,而热力学中的可逆过程是无限慢的,意味着实际上的静止。但平衡态热力学是不考虑时间变量的,尽管需要无限长的时间才使系统发生某种变化,也还是一种热力学过程。可以设想一些过程无限趋近于可逆过程,譬如在无限接近相平衡条件下发生的相变化(如液体在其饱和蒸气中蒸发,溶质在其饱和溶液中溶解)以及在无限接近化学平衡的情况下发生的化学反应等都可视为可逆过程。

1.3.3　可逆过程的体积功

可逆过程,因 $p_{su} = p$,则由式(1-9),有

$$\delta W_v = -p_{su} dV = -p dV$$

$$W_v = -\int_{V_1}^{V_2} p dV \tag{1-12a}$$

式中，p、V都是系统的性质。过程中各状态的p和V可以用物质的状态方程联系起来，例如$p = f(T,V)$，则

$$W_v = -\int_{V_1}^{V_2} f(T,V)\mathrm{d}V$$

对于理想气体的膨胀，由$pV = nRT$，得

$$W_v = -\int_{V_1}^{V_2} \frac{nRT}{V}\mathrm{d}V = -nR\int_{V_1}^{V_2} \frac{T}{V}\mathrm{d}V$$

还需知过程中T与V的关系，才能求出上述积分。

对于理想气体定温膨胀，T为恒量，得

$$W_v = -nRT\int_{V_1}^{V_2} \frac{\mathrm{d}V}{V} = -nRT\ln\frac{V_2}{V_1} \tag{1-12b}$$

【例 1-3】 求下列过程的体积功：(1)10 mol N_2，由 300 K、1.0 MPa 定温可逆膨胀到 1.0 kPa；(2)10 mol N_2，由 300 K、1.0 MPa 定温自由膨胀到 1.0 kPa；(3)讨论所得计算结果。(视上述条件下的 N_2 为理想气体)

解 (1)对理想气体定温可逆过程，由式(1-12b)

$$W_v = -nRT\ln\frac{V_2}{V_1} = nRT\ln\frac{p_2}{p_1}$$

$$= 10\ \text{mol}\times 8.314\ 5\ \text{J}\cdot\text{mol}^{-1}\cdot\text{K}^{-1}\times 300\ \text{K}\times\ln\frac{1\times10^{-3}\ \text{MPa}}{1.0\ \text{MPa}}$$

$$= -172.3\ \text{kJ}$$

(2)自由膨胀过程为不可逆过程，故式(1-12a)不适用。由式(1-10)，$p_{su} = 0$，所以 $W_v = 0$。

(3)对比(1)、(2)的结果可知，虽然两过程的始态相同，终态也相同，但做功并不相同，这是因为 W 不是状态函数，其量值与过程有关。

II 热力学第一定律

1.4 热力学能、热力学第一定律

1.4.1 热力学能

1840 ～ 1848 年**焦耳**做了一系列实验，都是在盛有定量水的绝热箱中进行的。使箱外一个重物（M）下坠，通过适当的装置搅拌水，如图 1-6(a)所示，或开动电机，如图 1-6(b)所示，或压缩气体，如图 1-6(c)所示，使水温升高。总结这些实验结果，引出一个重要的结论：无论以何种方式，无论直接或分成几个步骤，使一个绝热封闭系统从某一始态变到某一终态，所需的功是一定的。这个功只与系统的始态和终态有关。这表明系统存在一个状态函数，在绝热过程中此状态函数的改变量等于过程的功。以符号 U 表示此状态函数，上述结论可表示为

$$U_2 - U_1 \overset{\text{def}}{=\!=\!=} W\ (封闭，绝热) \tag{1-13}$$

环境做功可归结为环境中一个重物下坠，即以重物的势能降低为代价，并以此来计量 W。绝热过程中 W 就是环境能量降低的量值。按能量守恒，绝热系统应当增加同样多的能量，

于是从式(1-13)可以推断 U 是系统具有的能量。系统在变化前后是静止的,而且在重力场中的位置也没有改变,可见系统的整体动能和整体势能没有变,$\Delta U = U_2 - U_1$ 只代表系统内部能量的增加。根据 GB 3102.8—1993,状态函数 U 称为**热力学能**(thermodynamic energy),单位为 J。

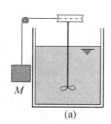 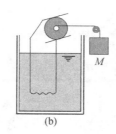 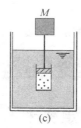

图 1-6 焦耳实验示意图

焦耳实验的结果还表明,使水温升高单位热力学温度所需的绝热功与水的物质的量成正比,联系式(1-13),可知 U 是一广度性质。

1.4.2 热力学第一定律

式(1-13)是能量转化与守恒定律应用于封闭系统绝热过程的特殊形式。封闭系统发生的过程一般不是绝热的。当系统与环境之间的能量传递除功的形式之外还有热的形式时,则根据能量守恒,必有

$$U_2 - U_1 = Q + W \qquad (封闭) \tag{1-14}$$

或

$$\Delta U = Q + W \qquad (封闭) \tag{1-15}$$

对于微小的变化

$$dU = \delta Q + \delta W \qquad (封闭) \tag{1-16}$$

dU 称为热力学能的微小增量,δQ 和 δW 分别称为微量的热和微量的功。

式(1-15)及式(1-16)即为封闭系统的**热力学第一定律**(first law of thermodynamics)的数学表达式。文字上可表述为:任何系统在平衡态时有一状态函数 U,叫**热力学能**(thermodynamic energy)。封闭系统发生状态变化时其热力学能的改变量 ΔU 等于变化过程中环境传递给系统的热 Q 及功 W(包括体积功和非体积功之和,即 $W = W_v + W'$)的总和。式(1-15)亦可作为热力学能的定义式。

热力学第一定律的实质是能量守恒。即封闭系统中的热力学能,不会自行产生或消灭,只能以不同的形式等量地相互转化。因此也可以用"第一类永动机(first kind of perpetual motion machine)不能制成"来表述热力学第一定律。所谓"第一类永动机"是指不需要环境供给能量就可以连续对环境做功的机器。

下面再从微观上进一步理解热力学能的物理意义:

从热力学第一定律或热力学能的定义式可知,热力学能是一个状态函数,属广度性质,具有能量的含义和量纲,单位为 J,是一个宏观量。就热力学范畴本身来说,对热力学能的认识仅此而已。

对热力学能的微观理解并不是热力学方法本身所要求的。但从不同角度去了解它,会使

我们深化对热力学能的理解。

热力学系统是由大量的运动着的微观粒子(分子、原子、离子等)所组成的,所以系统的热力学能从微观上可理解为系统内所有粒子所具有的动能(粒子的平动能、转动能、振动能)和势能(粒子间的相互作用能)以及粒子内部的动能与势能的总和,而不包括系统的整体动能和整体势能。

注意 对热力学能的微观理解不能作为热力学能的定义。

1.5 定容热、定压热及焓

1.5.1 定容热

对定容且 $W' = 0$ 的过程,$W = 0$ 或 $\delta W = 0$,定容热用 Q_V 表示,由式(1-15)及式(1-16),有

$$Q_V = \Delta U \quad (\text{封闭},\text{定容},W' = 0) \tag{1-17a}$$

式(1-17a)表明,在定容且 $W' = 0$ 的过程中,封闭系统从环境吸的热,在量值上等于系统热力学能的增加。

注意 这只是在给定条件下,二者在量值上相等,二者的概念不能混同。

若系统发生了微小的变化,则有

$$\delta Q_V = dU \quad (\text{封闭},\text{定容},\delta W' = 0) \tag{1-17b}$$

1.5.2 定压热及焓

在定压过程中,体积功 $W_v = -p_{su}\Delta V$,若 $W' = 0$,定压热用 Q_p 表示,则由式(1-15),有

$$\Delta U = Q_p - p_{su}\Delta V$$

即
$$U_2 - U_1 = Q_p - p_{su}(V_2 - V_1)$$

因
$$p_1 = p_2 = p_{su}$$

所以
$$U_2 - U_1 = Q_p - (p_2 V_2 - p_1 V_1)$$

或
$$Q_p = (U_2 + p_2 V_2) - (U_1 + p_1 V_1) = \Delta(U + pV) \tag{1-18}$$

定义
$$H \stackrel{\text{def}}{=\!=\!=} U + pV \tag{1-19}$$

则
$$Q_p = \Delta H \quad (\text{封闭},\text{定压},W' = 0) \tag{1-20a}$$

式中,H 叫**焓**(enthalpy),单位为 J。

式(1-20a)表明,在定压及 $W' = 0$ 的过程中,封闭系统从环境所吸收的热,在量值上等于系统焓的增加。

注意 只有在给定条件下,Q_p 与 ΔH 在量值上相等,二者的概念不能混同。

若系统发生了微小的变化,则有

$$\delta Q_p = dH \quad (\text{封闭},\text{定压},\delta W' = 0) \tag{1-20b}$$

从焓的定义式(1-19)来理解,焓是状态函数,它等于 $U + pV$,是广度性质,与热力学能有相同的量纲,单位为 J。从式(1-20)可知,在定压及 $W' = 0$ 的过程中,封闭系统吸的热 $Q_p = \Delta H$。

【例 1-4】 已知 1 mol $CaCO_3$(s) 在 900 ℃、101.3 kPa 下分解为 CaO(s) 和 CO_2(g) 时吸热 178 kJ,计算 Q、W_v、ΔU 及 ΔH。

解
$$CaCO_3(s) \longrightarrow CaO(s) + CO_2(g)$$

因定压且 $W' = 0$，所以 $\Delta H = Q_p = 178\ kJ$

$$W_v = -p_{su}\Delta V = -p\Delta V = -p(V_P - V_R)$$
$$= -p\{V_m[CaO(s)] + V_m[CO_2(g)] - V_m[CaCO_3(s)]\}$$
$$\approx -pV_m[CO_2(g)]$$

按所给条件，气体可视为理想气体，即 $pV_m[CO_2(g)] = RT$，所以

$$W_v = -RT = -8.314\ 5\ J \cdot K^{-1} \cdot mol^{-1} \times 1\ 173.15\ K = -9.75\ kJ$$
$$\Delta U = Q + W_v = 178\ kJ + (-9.75\ kJ) = 168.3\ kJ$$

1.6　热力学第一定律的应用

1.6.1　热力学第一定律在单纯 p、V、T 变化过程中的应用

1. 组成不变的均相系统的热力学能及焓

一定量组成不变(无相变化，无化学变化) 的均相系统的任一热力学性质可表示成另外两个独立的热力学性质的函数。如热力学能 U 及焓 H，可表示为

$$U = f(T,V), \qquad H = f(T,p)$$

则

$$dU = \left(\frac{\partial U}{\partial T}\right)_V dT + \left(\frac{\partial U}{\partial V}\right)_T dV \tag{1-21}$$

$$dH = \left(\frac{\partial H}{\partial T}\right)_p dT + \left(\frac{\partial H}{\partial p}\right)_T dp \tag{1-22}$$

式(1-21) 与式(1-22) 是 p、V、T 变化中 dU 和 dH 的普遍式，计算 ΔU、ΔH 可由该两式出发。

2. 热容

（1）热容的定义

热容(heat capacity) 的定义是：系统在给定条件(如定压或定容) 下，及 $W' = 0$，没有相变化，没有化学变化时，升高单位热力学温度时所吸收的热。以符号 C 表示。即

$$C(T) \overset{def}{=\!=\!=} \frac{\delta Q}{dT} \tag{1-23}$$

（2）摩尔热容

摩尔热容(molar heat capacity)，以符号 C_m 表示。定义为

$$C_m(T) \overset{def}{=\!=\!=} \frac{C(T)}{n} = \frac{1}{n}\frac{\delta Q}{dT} \tag{1-24}$$

式中，下标"m"表示"摩尔[的]"；n 表示系统的物质的量。

因摩尔热容与升温条件(定容或定压) 有关，所以有**摩尔定容热容**(molar heat capacity at constant volume)、**摩尔定压热容**(molar heat capacity at constant pressure) 分别为

$$C_{V,m}(T) \overset{def}{=\!=\!=} \frac{C_V(T)}{n} = \frac{1}{n}\frac{\delta Q_V}{dT} = \frac{1}{n}\left(\frac{\partial U}{\partial T}\right)_V = \left(\frac{\partial U_m}{\partial T}\right)_V \tag{1-25}$$

$$C_{p,m}(T) \overset{def}{=\!=\!=} \frac{C_p(T)}{n} = \frac{1}{n}\frac{\delta Q_p}{dT} = \frac{1}{n}\left(\frac{\partial H}{\partial T}\right)_p = \left(\frac{\partial H_m}{\partial T}\right)_p \tag{1-26}$$

式中，$C_V(T)$ 及 $C_p(T)$ 分别为**定容热容**和**定压热容**。

将式(1-25) 及式(1-26) 分离变量积分，于是有

$$\Delta U = \int_{T_1}^{T_2} n\,C_{V,m}(T)dT \tag{1-27}$$

$$\Delta H = \int_{T_1}^{T_2} n\,C_{p,m}(T)dT \tag{1-28}$$

式(1-27)及式(1-28)对气体分别在定容、定压条件下单纯发生温度改变时计算 ΔU、ΔH 适用,而对液体、固体,式(1-28)在压力变化不大、发生温度变化时可近似应用。

(3) 摩尔热容与温度关系的经验式

通过大量实验数据,归纳出如下的 $C_{p,m} = f(T)$ 关系式:

$$C_{p,m} = a + bT + cT^2 + dT^3 \tag{1-29}$$

或

$$C_{p,m} = a + bT + c'T^{-2} \tag{1-30}$$

式中,a、b、c、c'、d 对一定物质均为常数,可由数据表查得(见附录 Ⅲ)。

(4) $C_{p,m}$ 与 $C_{V,m}$ 的关系

由

$$C_{p,m} = \frac{1}{n}\left(\frac{\partial H}{\partial T}\right)_p = \left(\frac{\partial H_m}{\partial T}\right)_p$$

$$C_{V,m} = \frac{1}{n}\left(\frac{\partial U}{\partial T}\right)_V = \left(\frac{\partial U_m}{\partial T}\right)_V$$

则

$$
\begin{aligned}
C_{p,m} - C_{V,m} &= \left(\frac{\partial H_m}{\partial T}\right)_p - \left(\frac{\partial U_m}{\partial T}\right)_V \\
&= \left[\frac{\partial (U_m + pV_m)}{\partial T}\right]_p - \left(\frac{\partial U_m}{\partial T}\right)_V \\
&= \left(\frac{\partial U_m}{\partial T}\right)_p + p\left(\frac{\partial V_m}{\partial T}\right)_p - \left(\frac{\partial U_m}{\partial T}\right)_V \tag{1-31}
\end{aligned}
$$

再由

$$dU_m = \left(\frac{\partial U_m}{\partial T}\right)_V dT + \left(\frac{\partial U_m}{\partial V}\right)_T dV$$

在定压下,上式两边除以 dT,得

$$\left(\frac{\partial U_m}{\partial T}\right)_p = \left(\frac{\partial U_m}{\partial T}\right)_V + \left(\frac{\partial U_m}{\partial V_m}\right)_T\left(\frac{\partial V_m}{\partial T}\right)_p$$

代入式(1-31),得

$$C_{p,m} - C_{V,m} = \left[\left(\frac{\partial U_m}{\partial V_m}\right)_T + p\right]\left(\frac{\partial V_m}{\partial T}\right)_p \tag{1-32}$$

定压下升温及定容下升温都增加分子的动能,但定压下升温体积要膨胀。$\left(\frac{\partial V_m}{\partial T}\right)_p$ 是定压下升温时 V_m 随 T 的变化率,$p\left(\frac{\partial V_m}{\partial T}\right)_p$ 为系统膨胀时对环境做的功;$\left(\frac{\partial U_m}{\partial V_m}\right)_T$ 为定温下分子间势能随体积的变化率,所以 $\left(\frac{\partial U_m}{\partial V_m}\right)_T\left(\frac{\partial V_m}{\partial T}\right)_p$ 为定压下升高单位热力学温度时分子间势能的增加。式(1-32)表明,定压下升温要比定容下升温多吸收以上两项热量。

注意 液体及固体的 $\left(\frac{\partial V_m}{\partial T}\right)_p$ 很小,气体的 $\left(\frac{\partial U_m}{\partial V_m}\right)_T$ 很小。

3. 理想气体的热力学能、焓及热容

(1) 理想气体的热力学能只是温度的函数

焦耳在 1843 年做了一系列实验。实验装置为用带旋塞的短管连接的两个铜容器(图1-7)。关闭旋塞,一容器中充入干燥空气至压力约为 2 MPa,另一容器抽成真空。整个装置浸没在一个盛有约 7.5 kg 水的水浴中。待平衡后测水的温度。然后开启旋塞,于是空气向真空容器膨胀。待平衡后再测定水的温度。焦耳从测定结果得出结论:空气膨胀前后水的温度不变,即空气温度不变。

对实验结果的分析:空气在向真空膨胀时未受到阻力,故 $W_v = 0$;焦耳在确定空气膨胀后

水的温度时,已消去了室温对水温的影响及水蒸发的影响,因此水温不变,表示 $Q = 0$;在焦耳实验中气体进行的过程为**自由膨胀过程**,这是不做功、不吸热的膨胀;由 $W = 0$,$Q = 0$ 及 $\Delta U = Q + W_v$(此过程亦无其他功,即 $W' = 0$)得 $\Delta U = 0$,可知在焦耳实验中空气热力学能不变。也就是说,空气体积改变而热力学能不变时温度不变。也就是说,空气体积(及压力)改变而温度不变时热力学能不变,即空气的热力学能只是温度的函数。

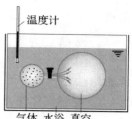

图 1-7　焦尔实验

温度计

气体　水浴　真空

故由焦耳实验得到结论:物质的量不变(组成及量不变)时,理想气体的热力学能只是温度的函数。用数学式可表述为

$$U = f(T) \tag{1-33}$$

或

$$\left(\frac{\partial U}{\partial V}\right)_T = 0, \quad \left(\frac{\partial U}{\partial p}\right)_T = 0 \tag{1-34}$$

焦耳实验不够灵敏,实验中用的温度计只能测准至 ± 0.01 K,而且铜容器和水浴的热容比空气大得多,所以未能测出空气应有的温度变化。较精确的实验表明,实际气体自由膨胀时气体的温度略有改变。不过起始压力愈低,温度变化愈小。由此可以认为,焦耳的结论应只适用于理想气体。

从微观上看,对于一定量、一定组成(即无相变及化学反应)的气体,在 p、V、T 变化中热力学能可变的是分子的动能和分子间势能。温度的高低反映了分子动能的大小。理想气体无分子间力,在 p、V、T 变化中,热力学能的改变只是分子动能的改变。由此可以理解,理想气体温度不变时,无论体积及压力如何改变,其热力学能不变。

(2)理想气体的焓只是温度的函数

由焓的定义式 $H = U + pV$,因为对理想气体的 U 及 pV 都只是温度的函数,所以理想气体的焓在物质的量不变(组成及量不变)时,也只是温度的函数。可用数学式表述为

$$H = f(T) \tag{1-35}$$

或

$$\left(\frac{\partial H}{\partial V}\right)_T = 0, \quad \left(\frac{\partial H}{\partial p}\right)_T = 0 \tag{1-36}$$

(3)理想气体的 $(C_{p,m} - C_{V,m})$ 是常数

将 $\left(\frac{\partial U_m}{\partial V_m}\right)_T = 0$ 及 $pV_m = RT$ 代入式(1-32),得

$$C_{p,m} - C_{V,m} = R \quad 或 \quad C_p - C_V = nR \tag{1-37}$$

(4)理想气体任何单纯的 p、V、T 变化 ΔU、ΔH 的计算

因为理想气体的热力学能及焓只是温度的函数,所以式(1-27)及式(1-28)对理想气体的单纯 p、V、T 变化(包括定压、定容、定温、绝热)均适用。

(5)理想气体的绝热过程

① 理想气体绝热过程的基本公式

系统经历一个微小的绝热过程,则有

$$dU = \delta W$$

对理想气体单纯 p、V、T 变化

$$dU = C_V dT$$

所以
$$W = \int_{T_1}^{T_2} C_V \mathrm{d}T = \int_{T_1}^{T_2} nC_{V,\mathrm{m}} \mathrm{d}T$$

若视 $C_{V,\mathrm{m}}$ 为常数,则
$$W = nC_{V,\mathrm{m}}(T_2 - T_1) \tag{1-38}$$

无论绝热过程是否可逆,式(1-38)均成立。

② 理想气体绝热可逆过程方程式

由 $\mathrm{d}U = \delta W$,若 $\delta W' = 0$,则
$$C_V \mathrm{d}T = -p_{\mathrm{su}} \mathrm{d}V$$

对可逆过程 $p_{\mathrm{su}} = p$,又 $p = \dfrac{nRT}{V}$,所以
$$C_V \mathrm{d}T = -nRT \frac{\mathrm{d}V}{V}$$

变换,得
$$\frac{\mathrm{d}T}{T} + \frac{nR}{C_V} \frac{\mathrm{d}V}{V} = 0$$

定义 $C_p/C_V \xlongequal{\mathrm{def}} \gamma$,$\gamma$ 叫**热容比**(ratio of the heat capacities),又 $C_p - C_V = nR$,代入上式,得
$$\frac{\mathrm{d}T}{T} + \frac{C_p - C_V}{C_V} \frac{\mathrm{d}V}{V} = 0$$

即
$$\frac{\mathrm{d}T}{T} + (\gamma - 1) \frac{\mathrm{d}V}{V} = 0$$

对理想气体,γ 为常数,积分得
$$\ln\{T\} + (\gamma - 1)\ln\{V\} = 常数 \tag{1-39}$$

或
$$TV^{\gamma-1} = 常数 \tag{1-40}$$

以 $T = \dfrac{pV}{nR}$,$V = \dfrac{nRT}{p}$ 代入式(1-39),得
$$pV^{\gamma} = 常数 \tag{1-41}$$
$$Tp^{(1-\gamma)/\gamma} = 常数 \tag{1-42}$$

式(1-40)～式(1-42)叫**理想气体绝热可逆过程方程式**(equation of adiabatic reversible process of ideal gas)。应用条件必定是:封闭系统,$W' = 0$,理想气体,绝热可逆过程。

③ 理想气体绝热可逆过程的体积功

由体积功定义,对可逆过程
$$W_{\mathrm{v}} = -\int_{V_1}^{V_2} p \mathrm{d}V$$

将 $pV^{\gamma} = 常数$ 代入,积分后可得
$$W_{\mathrm{v}} = \frac{p_1 V_1}{\gamma - 1} \left[\left(\frac{V_1}{V_2} \right)^{\gamma-1} - 1 \right] \tag{1-43}$$

或
$$W_{\mathrm{v}} = \frac{p_1 V_1}{\gamma - 1} \left[\left(\frac{p_2}{p_1} \right)^{\frac{\gamma-1}{\gamma}} - 1 \right] \tag{1-44}$$

【例 1-5】 设有 1 mol 氮气,温度为 0 ℃,压力为 101.3 kPa,试计算下列过程的 Q、W_{v}、ΔU 及 ΔH(已知 N_2,$C_{V,\mathrm{m}} = \dfrac{5}{2}R$):(1)定容加热至压力为 152.0 kPa;(2)定压膨胀至原来体积的 2 倍;(3)定温可逆膨胀至原来体积的 2 倍;(4)绝热可逆膨胀至原来体积的 2 倍。

解　（1）定容加热

$$W_{v,1} = 0$$

$$V_1 = nR\frac{T_1}{p_1} = \frac{1 \text{ mol} \times 8.314\,5 \text{ J} \cdot \text{mol}^{-1} \cdot \text{K}^{-1} \times 273.15 \text{ K}}{101.3 \times 10^3 \text{ Pa}} = 22.42 \text{ dm}^3$$

$$T_2 = \frac{p_2 V_2}{nR} = \frac{p_2 V_1}{nR} = \frac{152.0 \times 10^3 \text{ Pa} \times 22.42 \times 10^{-3} \text{ m}^3}{1 \text{ mol} \times 8.314\,5 \text{ J} \cdot \text{mol}^{-1} \cdot \text{K}^{-1}} = 410.0 \text{ K}$$

$$Q_1 = \Delta U_1 = \int_{T_1}^{T_2} nC_{V,m} \mathrm{d}T = nC_{V,m}(T_2 - T_1)$$

$$= 1 \text{ mol} \times \frac{5}{2} \times 8.314\,5 \text{ J} \cdot \text{mol}^{-1} \cdot \text{K}^{-1} \times (410.0 - 273.15) \text{K}$$

$$= 2.845 \text{ kJ}$$

$$\Delta H_1 = \int_{T_1}^{T_2} nC_{p,m} \mathrm{d}T = n(C_{V,m} + R)(T_2 - T_1)$$

$$= 1 \text{ mol} \times \frac{7}{2} \times 8.314 \text{ J} \cdot \text{mol}^{-1} \cdot \text{K}^{-1} \times (410.0 - 273.15) \text{K}$$

$$= 3.982 \text{ kJ}$$

（2）定压膨胀

$$T_2' = \frac{p_2 V_2}{nR} = \frac{2p_1 V_1}{nR} = \frac{2 \times 101.3 \times 10^3 \text{ Pa} \times 22.42 \times 10^{-3} \text{ m}^3}{1 \text{ mol} \times 8.314\,5 \text{ J} \cdot \text{mol}^{-1} \cdot \text{K}^{-1}} = 546.3 \text{ K}$$

$$\Delta U_2 = \int_{T_1}^{T_2} nC_{V,m} \mathrm{d}T = nC_{V,m}(T_2' - T_1)$$

$$= 1 \text{ mol} \times \frac{5}{2} \times 8.314\,5 \text{ J} \cdot \text{mol}^{-1} \cdot \text{K}^{-1} \times (546.3 - 273.15) \text{K}$$

$$= 5.678 \text{ kJ}$$

$$Q_2 = \Delta H_2 = \int_{T_1}^{T_2'} nC_{p,m} \mathrm{d}T = nC_{p,m}(T_2' - T_1)$$

$$= 1 \text{ mol} \times \frac{7}{2} \times 8.314\,5 \text{ J} \cdot \text{mol}^{-1} \cdot \text{K}^{-1} \times (546.3 - 273.15) \text{K}$$

$$= 7.949 \text{ kJ}$$

$$W_{v,2} = -p\Delta V = -101.3 \times 10^3 \text{ Pa} \times 22.42 \times 10^{-3} \text{ m}^3 = -2.271 \text{ kJ}$$

（3）定温可逆膨胀

$$\Delta U_3 = \Delta H_3 = 0$$

$$W_{v,3} = -\int_{V_1}^{V_2} p\mathrm{d}V = -nRT\ln\frac{V_2}{V_1} = -nRT\ln\frac{2V_1}{V_1}$$

$$= -1 \text{ mol} \times 8.314\,5 \text{ J} \cdot \text{mol}^{-1} \cdot \text{K}^{-1} \times 273.15 \text{ K} \times \ln 2$$

$$= -1.574 \text{ kJ}$$

$$Q_3 = -W_{v,3} = 1.574 \text{ kJ}$$

（4）绝热可逆膨胀

$$Q_4 = 0$$

$$T_1 V_1^{\gamma-1} = T_2 V_2^{\gamma-1}, \qquad \gamma = \frac{7}{5}$$

$$T_2 = \left(\frac{V_1}{V_2}\right)^{\gamma-1} T_1 = 0.5^{\frac{2}{5}} \times 273.15 \text{ K} = 207.0 \text{ K}$$

$$\Delta U_4 = \int_{T_1}^{T_2} nC_{V,m} \mathrm{d}T = nC_{V,m}(T_2 - T_1)$$

$$= 1 \text{ mol} \times \frac{5}{2} \times 8.314\,5 \text{ J} \cdot \text{mol}^{-1} \cdot \text{K}^{-1} \times (207.0 - 273.15) \text{ K}$$

$$= -1.375 \text{ kJ}$$

$$\Delta H_4 = \int_{T_1}^{T_2} nC_{p,\text{m}} dT = nC_{p,\text{m}}(T_2 - T_1)$$

$$= 1 \text{ mol} \times \frac{7}{2} \times 8.314 \, 5 \text{ J} \cdot \text{mol}^{-1} \cdot \text{K}^{-1} \times (207.0 - 273.15)\text{K}$$

$$= -1.925 \text{ kJ}$$

$$W_{\text{v},4} = \Delta U_4 = -1.375 \text{ kJ}$$

【例 1-6】 1 mol 氧气由 0 ℃，10^6 Pa，经过(1)绝热可逆膨胀；(2)对抗恒定外压 $p_{\text{su}} = 10^5$ Pa 绝热不可逆膨胀，使气体最后压力为 10^5 Pa，求此两种情况的最后温度及环境对系统做的功。

解 (1)绝热可逆膨胀

$$\frac{T_2}{T_1} = \left(\frac{p_2}{p_1}\right)^{(\gamma-1)/\gamma}, \quad C_{V,\text{m}} = 20.79 \text{ J} \cdot \text{mol}^{-1} \cdot \text{K}^{-1}$$

$$T_2 = T_1 (p_2/p_1)^{(\gamma-1)/\gamma} = 273.15 \text{ K} \times 0.1^{0.286} = 141.4 \text{ K}$$

绝热过程
$$W_{\text{v},1} = \Delta U = nC_{V,\text{m}}(T_2 - T_1)$$

$$= 1 \text{ mol} \times 20.79 \text{ J} \cdot \text{mol}^{-1} \cdot \text{K}^{-1} \times (141.4 - 273.15) \text{ K}$$

$$= -2 \, 740 \text{ J}$$

(2)绝热对抗恒外压膨胀

因不可逆

$$T_2' \neq T_1 (p_2/p_1)^{(\gamma-1)/\gamma}$$

由
$$W_{\text{v},2} = -p_{\text{su}} \Delta V = -p_{\text{su}}(V_2 - V_1) = -p_{\text{su}} \left(\frac{nRT_2'}{p_2} - \frac{nRT_1}{p_1}\right)$$

$$W_{\text{v},2} = \Delta U' = nC_{V,\text{m}}(T_2' - T_1)$$

得
$$-p_{\text{su}} \left(\frac{nRT_2'}{p_2} - \frac{nRT_1}{p_1}\right) = nC_{V,\text{m}}(T_2' - T_1)$$

故
$$T_2' = T_1 \left[\frac{1 + \frac{2}{5} p_{\text{su}}/p_1}{1 + \frac{2}{5} p_{\text{su}}/p_2}\right]$$

由此得
$$T_2' = 202.9 \text{ K}$$

$$W_{\text{v},2} = nC_{V,\text{m}}(T_2' - T_1)$$

$$= 1 \text{ mol} \times 20.79 \text{ J} \cdot \text{mol}^{-1} \cdot \text{K}^{-1} \times (202.9 - 273.15)\text{K}$$

$$= -1 \, 462 \text{ J}$$

由此可见，由同一始态经过可逆与不可逆两种绝热变化不可能达到同一终态，即 $T_2 \neq T_2'$，因而此两种过程的热力学能变化值不相同，即 $\Delta U \neq \Delta U'$。

1.6.2　热力学第一定律在相变化过程中的应用

1. 相变热及相变化的焓[变]

系统发生聚集态变化即为相变化(包括**汽化、冷凝、熔化、凝固、升华、凝华**以及**晶型转化**等)，相变化过程吸收或放出的热即为**相变热**。

系统的相变在定温、定压下进行，且 $W' = 0$ 时，由式(1-20)可知相变热在量值上等于系

统的焓变,即**相变焓**(enthalpy of phase transition)。可表述为

$$Q_p = \Delta_\alpha^\beta H \tag{1-45}$$

式中,α、β 分别为物质的相态(g、l、s)。通常**摩尔汽化焓**用 $\Delta_{vap} H_m$ 表示,**摩尔熔化焓**用 $\Delta_{fus} H_m$ 表示,**摩尔升华焓**用 $\Delta_{sub} H_m$ 表示,**摩尔晶型转变焓**用 $\Delta_{trs} H_m$ 表示。

注意 不能说相变热就是相变焓,因为二者概念不同,它们只是在定温、定压下、$W' = 0$ 时量值相等;如果定温、定容下、$W' = 0$ 时,则相变热在量值上等于相变的热力学能[变]。

2. 相变化过程的体积功

若系统在定温、定压下由 α 相变到 β 相,则过程的体积功,由式(1-10),有

$$W_v = -p(V_\beta - V_\alpha) \tag{1-46}$$

若 β 为气相,α 为凝聚相(液相或固相),因为 $V_\beta \gg V_\alpha$,所以 $W = -pV_\beta$。

若气相可视为理想气体,则有

$$W_v = -pV_\beta = -nRT \tag{1-47}$$

3. 相变化过程的热力学能[变]

由式(1-15),$W' = 0$ 时,有

$$\Delta U = Q_p + W_v$$

或

$$\Delta U = \Delta H - p(V_\beta - V_\alpha) \tag{1-48}$$

若 β 为气相,又 $V_\beta \gg V_\alpha$,则

$$\Delta U = \Delta H - pV_\beta$$

若蒸气视为理想气体,则有

$$\Delta U = \Delta H - nRT \tag{1-49}$$

【例 1-7】 (1)1 mol 水在 100 ℃,101 325 Pa 定压下蒸发为同温同压下的蒸气(假设为理想气体)吸热 40.67 kJ·mol^{-1},问:上述过程的 Q、W_v、ΔU、ΔH 的量值各为多少?(2)始态同上,当外界压力恒为 50 kPa 时,将水定温蒸发,然后将此 1 mol,100 ℃,50 kPa 的水气定温可逆加压变为终态(100 ℃,101 325 Pa)的水气,求此过程的总 Q、W_v、ΔU 和 ΔH。(3)如果将 1 mol 水(100 ℃,101.325 kPa)突然移到定温 100 ℃ 的真空箱中,水气充满整个真空箱,测其压力为 101.325 kPa,求过程的 Q、W_v、ΔU 及 ΔH。

最后比较这 3 种答案,说明什么问题。

解 (1)

$$Q_p = \Delta H = 1 \text{ mol} \times 40.67 \text{ kJ} \cdot mol^{-1} = 40.67 \text{ kJ}$$

$$W_v = -p_{su}(V_g - V_l) \approx -p_{su}V_g = -nRT$$

$$= -1 \text{ mol} \times 8.314\ 5 \text{ J} \cdot mol^{-1} \cdot K^{-1} \times 373.15 \text{ K}$$

$$= -3.103 \text{ kJ}$$

$$\Delta U = Q_p + W_v = (40.67 - 3.103) \text{ kJ} = 37.57 \text{ kJ}$$

(2)设计的计算途径图示如下:

始态、终态和(1)一样，故状态函数变化也相同，即

$$\Delta H = 40.67 \text{ kJ}, \qquad \Delta U = 37.57 \text{ kJ}$$

而

$$W_{v,1} = -p_{su}(V_g - V_1) \approx -p_2 V_g = -nRT$$

$$= -1 \text{ mol} \times 8.3145 \text{ J} \cdot \text{mol}^{-1} \cdot \text{K}^{-1} \times 373.15 \text{ K}$$

$$= -3.103 \text{ kJ}$$

$$W_{v,2} = -nRT \ln \frac{p_2}{p_1} \text{(注意，这里 } p_2 \text{ 为始态，} p_1 \text{ 为终态)}$$

$$= -1 \text{ mol} \times 8.3145 \text{ J} \cdot \text{mol}^{-1} \cdot \text{K}^{-1} \times 373.15 \text{ K} \times \ln \frac{50 \text{ kPa}}{101.325 \text{ kPa}}$$

$$= 2.191 \text{ kJ}$$

$$W_v = W_{v,1} + W_{v,2} = (-3.103 + 2.191)\text{kJ} = -0.912 \text{ kJ}$$

$$Q = \Delta U - W_v = (37.57 + 0.912)\text{kJ} = 38.48 \text{ kJ}$$

(3)ΔU 及 ΔH 值同(1)，这是因为(3)的始、终态与(1)的始、终态相同，所以状态函数的变化值亦相同。

该过程实为向真空闪蒸，故 $W_v = 0$，$Q = \Delta U$。

比较(1)、(2)、(3)的计算结果，表明三种变化过程的 ΔU 及 ΔH 均相同，因为 U、H 是状态函数，其改变量与过程无关，只决定于系统的始、终态。而三种过程的 Q 及 W_v 量值均不同，因为它们不是系统的状态函数，是与过程有关的量，三种变化始态、终态相同，但所经历的过程不同，故各自的 Q、W_v 亦不相同。

1.6.3　热力学第一定律在化学变化过程中的应用

1. 化学反应的摩尔热力学能变和摩尔焓变

对反应

$$0 = \sum_B \nu_B B$$

反应的摩尔热力学能[变](molar thermodynamic energy [change] for the reaction)$\Delta_r U_m$（"r"表示反应），和**反应的摩尔焓[变]**(molar enthalpy [change] for the reaction)$\Delta_r H_m$，一般可由测量反应进度 $\xi_1 \rightarrow \xi_2$ 的热力学能变 $\Delta_r U$ 及焓变 $\Delta_r H$，除以反应进度[变]$\Delta\xi$ 而得，即

$$\Delta_r U_m = \frac{\Delta_r U}{\Delta\xi} = \frac{\nu_B \Delta_r U}{\Delta n_B} \tag{1-50}$$

$$\Delta_r H_m = \frac{\Delta_r H}{\Delta\xi} = \frac{\nu_B \Delta_r H}{\Delta n_B} \tag{1-51}$$

由于反应进度[变]$\Delta\xi$，对同一反应，对应指定的计量方程，因此 $\Delta_r U_m$ 和 $\Delta_r H_m$ 都对应指定的计量方程。所以当说 $\Delta_r U_m$ 或 $\Delta_r H_m$ 等于多少时，必须同时指明对应的化学反应计量方程式。$\Delta_r U_m$ 或 $\Delta_r H_m$ 的单位为"J · mol^{-1}"或"kJ · mol^{-1}"，这里的"mol^{-1}"也是指每摩尔反应进度[变]。

2. 物质的热力学标准态的规定

一些热力学量，如热力学能 U、焓 H、吉布斯函数 G 等的绝对值是不能测量的，能测量的仅是当 T、p 和组成等发生变化时这些热力学量的变化的量值 ΔU、ΔH、ΔG。因此，重要的问题是要为物质的状态定义一个**基线**。**标准状态**或简称**标准态**，就是这样一种基线。按 GB 3102.8—1993 中的规定，标准状态时的压力——**标准压力** $p^{\ominus} = 100 \text{ kPa}$，上标"$\ominus$"表示标准态（注意，不要把

标准压力与标准状况的压力相混淆,标准状况的压力 $p = 101\,325$ Pa)。

气体的标准态:不管是纯气体 B 或气体混合物中的组分 B,都是规定温度为 T,压力 $p^{\ominus}$ 下并表现出理想气体特性的气体纯 B 的(假想)状态;

液体(或固体)的标准态:不管是纯液体(或固体)B 或是液体(或固体)混合物中的组分 B,都是规定温度为 T,压力 $p^{\ominus}$ 下液体(或固体)纯 B 的状态。

物质的热力学标准态的温度 T 是任意的,未作具体规定。不过,许多物质的热力学标准态时的热数据通常查到的是 $T = 298.15$ K 下的数据。

有关溶液中溶剂 A 和溶质 B 的标准态的规定将在第 2 章中学习。

3. 化学反应的标准摩尔焓[变]

对反应
$$0 = \sum_{B} \nu_B B$$

反应的标准摩尔焓[变]以符号 $\Delta_r H_m^{\ominus}(T)$ 表示,定义为

$$\Delta_r H_m^{\ominus}(T) \xlongequal{\text{def}} \sum_{B} \nu_B H_m^{\ominus}(B, \beta, T) \tag{1-52}$$

式中,$H_m^{\ominus}(B, \beta, T)$ 为参与反应的 B(B = A, B, Y, Z) 单独存在(即纯态)时,温度为 T,压力为 $p^{\ominus}$,相态为 $\beta(\beta = g, l, s)$ 的摩尔焓。

对反应 $a A + b B \longrightarrow y Y + z Z$,则有

$$\Delta_r H_m^{\ominus}(T) = y H_m^{\ominus}(Y, \beta, T) + z H_m^{\ominus}(Z, \beta, T) - a H_m^{\ominus}(A, \beta, T) - b H_m^{\ominus}(B, \beta, T) \tag{1-53}$$

因为 B(B = A, B, Y, Z) 的 $H_m^{\ominus}(B, \beta, T)$(在 $p^{\ominus}$、T 下纯 B 的摩尔焓的绝对值)是无法求得的,所以式(1-52)及式(1-53)没有实际计算意义,它仅仅是反应的标准摩尔焓[变]的定义式。

4. 热化学方程式

注明具体反应条件(如 T、p、β,焓变)的化学反应方程式叫**热化学方程式**(thermochemical equation)。如

$$2C_6H_5COOH(s, p^{\ominus}, 298.15\ \text{K}) + 15O_2(g, p^{\ominus}, 298.15\ \text{K}) \longrightarrow$$
$$6H_2O(l, p^{\ominus}, 298.15\ \text{K}) + 14CO_2(g, p^{\ominus}, 298.15\ \text{K}) + 6445.0\ \text{kJ} \cdot \text{mol}^{-1}$$

即其标准摩尔焓[变]为　　$\Delta_r H_m^{\ominus}(298.15\ \text{K}) = -6\,445.0\ \text{kJ} \cdot \text{mol}^{-1}$

注意　写热化学方程式时,放热用"+"号,吸热用"−"号,但用焓变形式表示时,放热 $\Delta_r H_m^{\ominus} < 0$,吸热 $\Delta_r H_m^{\ominus} > 0$。

5. 盖斯定律

盖斯总结实验规律得出:一个化学反应,不管是一步完成或经数步完成,反应的总标准摩尔焓[变]是相同的,即**盖斯定律**。例如

则有
$$\Delta_r H_m^{\ominus}(T) = \Delta_{r} H_{m,1}^{\ominus}(T) + \Delta_r H_{m,2}^{\ominus}(T)$$

根据盖斯定律,利用热化学方程式的线性组合,可由若干已知反应的标准摩尔焓[变],求另一反应的标准摩尔焓[变]。

【例 1-8】 已知 298.15 K 时

$$CO(g) + \frac{1}{2}O_2(g) = CO_2(g), \quad \Delta_r H_{m,1}^{\ominus} = -283.0\ \text{kJ} \cdot \text{mol}^{-1}$$

$$H_2(g) + \frac{1}{2}O_2(g) = H_2O(l), \quad \Delta_r H_{m,2}^{\ominus} = -285.0 \text{ kJ} \cdot \text{mol}^{-1}$$

$$C_2H_5OH(l) + 3O_2(g) = 3H_2O(l) + 2CO_2(g), \quad \Delta_r H_{m,3}^{\ominus} = -1\,370 \text{ kJ} \cdot \text{mol}^{-1}$$

求算：$2CO(g) + 4H_2(g) = H_2O(l) + C_2H_5OH(l)$，$\Delta_r H_{m,4}^{\ominus} = ?$

解　反应(4) = 反应(1)×2 + 反应(2)×4 + 反应(3)×(−1)，所以

$$\Delta_r H_{m,4}^{\ominus} = \Delta_r H_{m,1}^{\ominus} \times 2 + \Delta_r H_{m,2}^{\ominus} \times 4 - \Delta_r H_{m,3}^{\ominus}$$

$$= [(-283.0 \times 2) + (-285.0 \times 4) - (-1\,370)] \text{ kJ} \cdot \text{mol}^{-1}$$

$$= -336.0 \text{ kJ} \cdot \text{mol}^{-1}$$

6. 反应的标准摩尔焓[变]$\Delta_r H_m^{\ominus}(T)$ 的计算

(1) 由 B 的标准摩尔生成焓[变]$\Delta_f H_m^{\ominus}(B, \beta, T)$ 计算

① B 的标准摩尔生成焓[变]$\Delta_f H_m^{\ominus}(B, \beta, T)$ 的定义

B 的标准摩尔生成焓[变][①](standard molar enthalpy [change] of formation) 以符号 $\Delta_f H_m^{\ominus}(B, \beta, T)$ 表示（"f" 表示生成，"β" 表示相态），定义为在温度 T，由参考状态的单质生成 $B(\nu_B = +1)$ 时的生成反应的标准摩尔焓[变]。这里所谓的参考状态，一般是指每个单质在所讨论的温度 T 及标准压力 $p^{\ominus}$ 下最稳定的状态[磷除外，是 P(s，白) 而不是更稳定的 P(s，红)]。书写相应的生成反应的化学反应方程式时，要使 B 的化学计量数 $\nu_B = +1$[②]。例如，$\Delta_f H_m^{\ominus}(CH_3OH, l, 298.15 \text{ K})$ 是下述生成反应（由单质生成 B 的反应）的标准摩尔焓[变]的简写：

$$C(石墨, 298.15 \text{ K}, p^{\ominus}) + 2H_2(g, 298.15 \text{ K}, p^{\ominus}) + \frac{1}{2}O_2(g, 298.15 \text{ K}, p^{\ominus}) =\!=$$

$$CH_3OH(l, 298.15 \text{ K}, p^{\ominus})$$

当然，H_2 和 O_2 应具有理想气体的特性。所说的"摩尔"与一般反应的摩尔焓[变]一样，是指每摩尔反应进度。

根据 B 的标准摩尔生成焓[变]$\Delta_f H_m^{\ominus}(B, \beta, T)$ 的定义，参考态时单质的标准摩尔生成焓[变]，在任何温度 T 时均为零。如 $\Delta_f H_m^{\ominus}(C, 石墨, T) = 0$。

由教材和手册中可查得 B 的 $\Delta_f H_m^{\ominus}(B, \beta, 298.15 \text{ K})$ 数据（附录 Ⅲ）。

② 由 $\Delta_f H_m^{\ominus}(B, \beta, T)$ 计算 $\Delta_r H_m^{\ominus}(T)$

由式(1-52)可得

$$\Delta_r H_m^{\ominus}(T) = \sum_B \nu_B \Delta_f H_m^{\ominus}(B, \beta, T) \tag{1-54}$$

或

$$\Delta_r H_m^{\ominus}(298.15 \text{ K}) = \sum_B \nu_B \Delta_f H_m^{\ominus}(B, \beta, 298.15 \text{ K}) \tag{1-55}$$

如对反应

$$a\text{A}(g) + b\text{B}(s) = y\text{Y}(g) + z\text{Z}(s)$$

---

① 若把标准摩尔生成焓定义为："温度为 T，由最稳定态的单质生成 1mol B 反应标准摩尔焓，称为该温度的 B 的标准摩尔生成焓"。按国家标准规定，定义中规定"生成 1 mol B 是不妥的，因为在定义任何量时，不应指定或暗含特定单位。再者，以往把标准摩尔生成焓称为"标准摩尔生成热"也是不妥的，这不仅在名称、符号上不规范，而且也将热量 Q 和焓变 ΔH 两个量混淆了。

② 在 B 的标准摩尔生成焓[变]的定义中，必须锁定 $\nu_B = +1$，因为 $\Delta_r H_m^{\ominus}(T)$ 与指定的化学反应计量方程相对应，锁定 $\nu_B = +1$ 后的生成反应的 $\Delta_r H_m^{\ominus}(T)$ 才能定义为 $\Delta_f H_m^{\ominus}(B, \beta, T)$。

$$\Delta_r H_m^{\ominus}(298.15\ \text{K}) = y\Delta_f H_m^{\ominus}(Y,g,298.15\ \text{K}) + z\Delta_f H_m^{\ominus}(Z,s,298.15\ \text{K}) -$$
$$a\Delta_f H_m^{\ominus}(A,g,298.15\ \text{K}) - b\Delta_f H_m^{\ominus}(B,s,298.15\ \text{K})$$

（2）由 B 的标准摩尔燃烧焓［变］$\Delta_c H_m^{\ominus}(B,\beta,T)$ 计算

① B 的标准摩尔燃烧焓［变］的定义

B 的标准摩尔燃烧焓［变］（standard molar enthalpy［change］of combustion）以符号 $\Delta_c H_m^{\ominus}(B,\beta,T)$ 表示（"c"表示燃烧，"β"表示相态），定义为在温度 T，B（$\nu_B = -1$）完全氧化成相同温度下指定产物时的燃烧反应的标准摩尔焓［变］。所谓指定产物，如 C、H 完全氧化的指定产物是 $CO_2(g)$ 和 $H_2O(l)$，对其他元素一般数据表上会注明，查阅时应加以注意（附录 Ⅳ）。书写相应的燃烧反应的化学反应的方程式时，要使 B 的化学计量数 $\nu_B = -1$。例如，$\Delta_c H_m^{\ominus}(C,石墨,298.15\ \text{K})$ 是下述燃烧反应的标准摩尔焓［变］的简写：

$$C(石墨,298.15\ \text{K},p^{\ominus}) + O_2(g,298.15\ \text{K},p^{\ominus}) = CO_2(g,298.15\ \text{K},p^{\ominus})$$

当然，O_2 和 CO_2 应具有理想气体的特性。所说的"摩尔"与一般反应的摩尔焓［变］一样，是指每摩尔反应进度。

根据 B 的标准摩尔燃烧焓［变］的定义，稳定态下的 $H_2O(l)$、$CO_2(g)$ 的标准摩尔燃烧焓［变］，在任何温度 T 时均为零。

由 B 的标准摩尔生成焓［变］及摩尔燃烧焓［变］的定义可知，$H_2O(l)$ 的标准摩尔生成焓［变］与 $H_2(g)$ 的标准摩尔燃烧焓［变］、$CO_2(g)$ 的标准摩尔生成焓［变］与 C（石墨）的标准摩尔燃烧焓［变］在量值上相等，但物理含义不同。

② 由 $\Delta_c H_m^{\ominus}(B,\beta,T)$ 计算 $\Delta_r H_m^{\ominus}(T)$

由式（1-52）可得

$$\Delta_r H_m^{\ominus}(T) = -\sum_B \nu_B \Delta_c H_m^{\ominus}(B,\beta,T) \tag{1-56}$$

或

$$\Delta_r H_m^{\ominus}(298.15\ \text{K}) = -\sum_B \nu_B \Delta_c H_m^{\ominus}(B,\beta,298.15\ \text{K}) \tag{1-57}$$

如对反应

$$aA(s) + bB(g) = yY(s) + zZ(g)$$

$$\Delta_r H_m^{\ominus}(298.15\ \text{K}) = -[y\Delta_c H_m^{\ominus}(Y,s,298.15\ \text{K}) + z\Delta_c H_m^{\ominus}(Z,g,298.15\ \text{K}) -$$
$$a\Delta_c H_m^{\ominus}(A,s,298.15\text{K}) - b\Delta_c H_m^{\ominus}(B,g,298.15\ \text{K})]$$

【例 1-9】　已知 C（石墨）及 $H_2(g)$ 在 25 ℃ 时的标准摩尔燃烧焓分别为 $-393.51\ \text{kJ} \cdot \text{mol}^{-1}$ 及 $-285.84\ \text{kJ} \cdot \text{mol}^{-1}$，水在 25 ℃ 时的汽化焓为 $44.0\ \text{kJ} \cdot \text{mol}^{-1}$，反应 $C(石墨) + 2H_2O(g) \longrightarrow 2H_2(g) + CO_2(g)$ 在 25 ℃ 时的标准摩尔反应焓［变］$\Delta_r H_m^{\ominus}(298.15\ \text{K})$ 为多少？

解　由题可知

$$\Delta_f H_m^{\ominus}(H_2O,l,298.15\ \text{K}) = \Delta_c H_m^{\ominus}(H_2,g,298.15\ \text{K}) = -285.84\ \text{kJ} \cdot \text{mol}^{-1}$$

又

$$H_2O(l,298.15\ \text{K},p^{\ominus}) \xrightarrow{\text{汽化}} H_2O(g,298.15\ \text{K},p^{\ominus})$$

其相变焓

$$\Delta_{vap} H_m^{\ominus}(298.15\ \text{K}) = \Delta_f H_m^{\ominus}(H_2O,g,298.15\ \text{K}) - \Delta_f H_m^{\ominus}(H_2O,l,298.15\ \text{K})$$

于是

$$\Delta_f H_m^{\ominus}(H_2O,g,298.15\ \text{K}) = 44.0\ \text{kJ} \cdot \text{mol}^{-1} + (-285.84\ \text{kJ} \cdot \text{mol}^{-1})$$

$$= -241.84\ \text{kJ} \cdot \text{mol}^{-1}$$

因为

$$\Delta_f H_m^{\ominus}(CO_2,g,298.15\ \text{K}) = \Delta_c H_m^{\ominus}(C,石墨,298.15\ \text{K})$$

$$= -393.51\ \text{kJ} \cdot \text{mol}^{-1}$$

则对反应

$$C(石墨) + 2H_2O(g) \longrightarrow 2H_2(g) + CO_2(g)$$

由式(1-55)有

$$
\begin{aligned}
\Delta_r H_m^{\ominus}(298.15\ K) &= \sum_B \nu_B \Delta_f H_m^{\ominus}(B,\beta,298.15\ K) \\
&= \Delta_f H_m^{\ominus}(CO_2,g,298.15\ K) - 2\Delta_f H_m^{\ominus}(H_2O,g,298.15\ K) \\
&= [(-393.51) - 2 \times (-241.84)]\ kJ \cdot mol^{-1} \\
&= 90.17\ kJ \cdot mol^{-1}
\end{aligned}
$$

7. 反应的标准摩尔焓[变]与温度的关系

利用标准摩尔生成焓[变]或标准摩尔燃烧焓[变]的数据计算反应的标准摩尔焓[变]，通常只有 298.15 K 的数据，因此算得的是 $\Delta_r H_m^{\ominus}(298.15\ K)$。那么要得到任意温度 T 的 $\Delta_r H_m^{\ominus}(T)$ 该如何算呢?这可由以下关系来推导:

$$
\boxed{aA} + \boxed{bB} \xrightarrow{\Delta_r H_m^{\ominus}(T_1)} \boxed{yY} + \boxed{zZ}
$$

$$\downarrow \Delta H_{m,1}^{\ominus} \quad \downarrow \Delta H_{m,2}^{\ominus} \qquad \uparrow \Delta H_{m,3}^{\ominus} \quad \uparrow \Delta H_{m,4}^{\ominus}$$

$$
\boxed{aA} + \boxed{bB} \xrightarrow{\Delta_r H_m^{\ominus}(T_2)} \boxed{yY} + \boxed{zZ}
$$

由状态函数的性质可有

$$\Delta_r H_m^{\ominus}(T_1) = \Delta H_{m,1}^{\ominus} + \Delta H_{m,2}^{\ominus} + \Delta_r H_m^{\ominus}(T_2) + \Delta H_{m,3}^{\ominus} + \Delta H_{m,4}^{\ominus}$$

因为

$$\Delta H_{m,1}^{\ominus} = a\int_{T_1}^{T_2} C_{p,m}^{\ominus}(A)dT, \quad \Delta H_{m,2}^{\ominus} = b\int_{T_1}^{T_2} C_{p,m}^{\ominus}(B)dT^{①}$$

$$\Delta H_{m,3}^{\ominus} = -y\int_{T_1}^{T_2} C_{p,m}^{\ominus}(Y)dT, \quad \Delta H_{m,4}^{\ominus} = -z\int_{T_1}^{T_2} C_{p,m}^{\ominus}(Z)dT$$

于是有

$$\Delta_r H_m^{\ominus}(T_2) = \Delta_r H_m^{\ominus}(T_1) + \int_{T_1}^{T_2} \sum_B \nu_B C_{p,m}^{\ominus}(B)dT \tag{1-58}$$

式中

$$\sum_B \nu_B C_{p,m}^{\ominus}(B) = yC_{p,m}^{\ominus}(Y) + zC_{p,m}^{\ominus}(Z) - aC_{p,m}^{\ominus}(A) - bC_{p,m}^{\ominus}(B)$$

若 $T_2 = T, T_1 = 298.15\ K$，则式(1-58)变为

$$\Delta_r H_m^{\ominus}(T) = \Delta_r H_m^{\ominus}(298.15\ K) + \int_{298.15\ K}^{T} \sum_B \nu_B C_{p,m}^{\ominus}(B,\beta)dT \tag{1-59}$$

式(1-58)及式(1-59)叫**基希霍夫(Kirchhoff)公式**。

注意 式(1-58)及式(1-59)应用于参与反应的各物质在积分温度范围内没有相变化的情况。当伴随有相变化时，尚需把相应物质的相变焓考虑进去。

8. 反应的标准摩尔焓[变]与标准摩尔热力学能[变]的关系

在实验测定中，多数情况下测定 $\Delta_r U_m^{\ominus}(T)$ 较为方便。如何从 $\Delta_r U_m^{\ominus}(T)$ 换算成 $\Delta_r H_m^{\ominus}(T)$ 呢?

对于化学反应

$$0 = \sum_B \nu_B B$$

根据式(1-52)及焓的定义式(1-15)，有

---

① $C_{p,m}^{\ominus}$ 为标准定压摩尔热容，当压力不太高时，压力对定压摩尔热容的影响可以忽略不计，通常 $C_{p,m} \approx C_{p,m}^{\ominus}$。

$$\Delta_r H_m^{\ominus}(T) = \sum_B \nu_B H_m^{\ominus}(B,\beta,T) = \sum_B \nu_B U_m^{\ominus}(B,\beta,T) + \sum_B \nu_B [p^{\ominus} V_m^{\ominus}(B,T)]$$

对于凝聚相（液相或固相）的 B，标准摩尔体积 $V_m^{\ominus}(B,T)$ 很小，$\sum_B \nu_B [p^{\ominus} V_m^{\ominus}(B,T)]$ 也很小，可以忽略，于是

$$\Delta_r H_m^{\ominus}(T,l \text{ 或 } s) \approx \Delta_r U_m^{\ominus}(T,l \text{ 或 } s) \tag{1-60}$$

式中，$\Delta_r U_m^{\ominus}(T,l \text{ 或 } s) = \sum_B \nu_B U_m^{\ominus}(B,T,l \text{ 或 } s)$，代表反应的标准摩尔热力学能[变]。有气体 B 参加的反应，式(1-60)可以写成

$$\Delta_r H_m^{\ominus}(T) = \Delta_r U_m^{\ominus}(T) + RT \sum_B \nu_B(g) \tag{1-61}$$

由式 (1-61) 知，当反应的 $\sum_B \nu_B(g) > 0$ 时，$\Delta_r H_m^{\ominus}(T) > \Delta_r U_m^{\ominus}(T)$；当反应的 $\sum_B \nu_B(g) < 0$ 时，$\Delta_r H_m^{\ominus}(T) < \Delta_r U_m^{\ominus}(T)$。

在定温、定容及 $W' = 0$，定温、定压及 $W' = 0$ 的条件下进行化学反应时，由式(1-17)及式(1-20)亦应有

$$Q_V = \Delta_r U, \quad Q_p = \Delta_r H$$

因此，在给定条件下，化学反应热 Q_V 或 Q_p 不再与变化途径有关。

【例 1-10】　假定反应 $A(g) \Longleftrightarrow Y(g) + \dfrac{1}{2}Z(g)$ 可视为理想气体反应，并已知数据：

物质	$\dfrac{\Delta_f H_m^{\ominus}(298.15\ K)}{kJ \cdot mol^{-1}}$	$C_{p,m}^{\ominus} = a + bT + c'T^{-2}$		
		$\dfrac{a}{J \cdot mol^{-1} \cdot K^{-1}}$	$\dfrac{b}{10^{-3}\ J \cdot mol^{-1} \cdot K^{-2}}$	$\dfrac{c'}{10^{5}\ J \cdot mol^{-1} \cdot K^{-1}}$
A(g)	−400.0	13.70	6.40	3.12
Y(g)	−300.0	11.40	1.70	−2.00
Z(g)	0	7.80	0.80	−2.24

则该反应的 $\Delta_r H_m^{\ominus}(298.15\ K)$ 及 $\Delta_r H_m^{\ominus}(1\ 000\ K)$ 各为多少？

解　由式(1-55)，有

$$\Delta_r H_m^{\ominus}(298.15\ K) = \sum_B \nu_B \Delta_f H_m^{\ominus}(B,\beta, 298.15\ K)$$

$$= -\Delta_f H_m^{\ominus}(A,g,298.15\ K) + \Delta_f H_m^{\ominus}(Y,g,298.15\ K) + \frac{1}{2}\Delta_f H_m^{\ominus}(Z,g,298.15\ K)$$

$$= [-(-400) + (-300) + 0]\ kJ \cdot mol^{-1}$$

$$= 100\ kJ \cdot mol^{-1}$$

由式(1-59)，有

$$\Delta_r H_m^{\ominus}(T) = \Delta_r H_m^{\ominus}(298.15\ K) + \int_{298.15\ K}^{T} \sum_B \nu_B C_{p,m}^{\ominus}(B)dT$$

将数据代入，则

$$\sum_B \nu_B C_{p,m}^{\ominus}(B) = [1.60 - 4.30 \times 10^{-3}(T/K) - 6.24 \times 10^{5}(T/K)^{-2}]J \cdot mol^{-1} \cdot K^{-1}$$

将 $\sum_B \nu_B C_{p,m}^{\ominus}(B)$ 代入上式，并积分得

$$\Delta_r H_m^{\ominus}(1\,000\ \text{K}) = \Delta_r H_m^{\ominus}(298.15\ \text{K}) + \int_{298.15\ \text{K}}^{1\,000\ \text{K}}[1.60 - 4.30 \times 10^{-3}(T/\text{K}) -$$

$$6.24 \times 10^5 \times (T/\text{K})^{-2}]\text{J} \cdot \text{mol}^{-1} \cdot \text{K}^{-1}\text{d}T$$

$$= 97.69\ \text{kJ} \cdot \text{mol}^{-1}$$

1.7 节流过程及焦-汤效应

真实气体分子间有相互作用力,它的热力学性质与理想气体有所不同。例如,它不遵从理想气体状态方程式,由一定量纯真实气体组成的系统其热力学能和焓都不只是温度的函数,而是 T、V 或 T、p 两个变量的函数,即

$$U = f(T,V) \quad \text{及} \quad H = f(T,p) \quad (\text{真实气体})$$

焦耳(Joule J)-汤姆生(Thomson W)实验(19 世纪 40 年代)证实了上述结论。

1.7.1 焦耳-汤姆生实验

如图 1-8 所示,用一个多孔塞将绝热圆筒分成两部分。实验时,将左方活塞徐徐推进,维持压力为 p_1,使体积为 V_1 的气体经过多孔塞流入右方,同时右方活塞被徐徐推出,维持压力为 p_2,推出的气体体积为 V_2,$p_1 > p_2$(徐徐推进是为了使左、右两侧气体均容易达成平衡)。实验结果发现,气体流经多孔塞后温度改变了。这一现象叫**焦耳-汤姆生效应**,这一过程又叫**节流过程**(throttling process)。

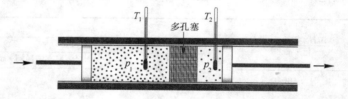

图 1-8 焦耳-汤姆生实验

显而易见,一个有限的压力降发生在多孔塞内,尽管在多孔塞左右活塞的推入和推出过程中使之无限接近平衡状态,但节流过程的全程(包括多孔塞内的过程)仍然是不可逆过程(这一不可逆过程集中发生在多孔塞内)。

1.7.2 节流过程的特点

这一过程,环境对系统做的总功为

$$W_v = -p_1(0 - V_1) - p_2(V_2 - 0) = p_1V_1 - p_2V_2$$

又因绝热 $$Q = 0$$

所以,由热力学第一定律 $$\Delta U = W_v$$

或 $$U_2 - U_1 = p_1V_1 - p_2V_2$$

移项 $$U_2 + p_2V_2 = U_1 + p_1V_1$$

由焓的定义,得 $$H_2 = H_1$$ (1-62)

表明,节流过程的特点是**定焓过程**(process of isoenthalpy)。

这一特点表明,对真实气体,若 H 只是温度的函数,则不管 p 是否变,T 变 H 就变,现 T、p 都变而 H 不变,表明 H 随 T 的改变与随 p 的改变相互抵消。由此可见,真实气体的 H 是 T、

p 的函数,而不只是 T 的函数。

1.7.3　焦-汤系数

定义
$$\mu_{J\text{-}T} \overset{\text{def}}{=\!=} \left(\frac{\partial T}{\partial p}\right)_H \tag{1-63}$$

式中,$\mu_{J\text{-}T}$ 叫**焦-汤系数**(Joule-Thomson coefficient)。$\left(\dfrac{\partial T}{\partial p}\right)_H$ 是在定焓的情况下,节流过程中温度随压力的变化率。

因为 $\partial p < 0$,所以 $\mu_{J\text{-}T} < 0$,表示流体经节流后温度升高;$\mu_{J\text{-}T} > 0$,表示流体经节流后温度下降;$\mu_{J\text{-}T} = 0$,表示流体经节流后温度不变。

各种气体在常温下的 $\mu_{J\text{-}T}$ 值一般都是正的,但氢、氦、氖例外,它们在常温下的 $\mu_{J\text{-}T}$ 值是负的。下面列出几种气体在 0 ℃、101.325 kPa 时的 $\mu_{J\text{-}T}$ 值(表 1-2):

表 1-2　气体在 0 ℃、101.325 kPa 时的 $\mu_{J\text{-}T}$ 值

气体	$\mu_{J\text{-}T}/(10^5 \text{ K} \cdot \text{Pa}^{-1})$	气体	$\mu_{J\text{-}T}/(10^5 \text{ K} \cdot \text{Pa}^{-1})$
H_2	−0.03	O_2	0.31
CO_2	1.30	空气	0.27

节流原理在气体液化及致冷等工艺过程中有重要应用。

Ⅲ　热力学第二定律

1.8　热转化为功的限度、卡诺循环

与热力学第一定律一样,**热力学第二定律**(second law of thermodynamics)也是人们生产实践、生活实践和科学实验的经验总结。从热力学第二定律出发,经过归纳与推理,定义了状态函数 —— **熵**(entropy),以符号 S 表示,用**熵判据**(entropy criterion) $\mathrm{d}S_{隔} \geqslant 0 \genfrac{}{}{0pt}{}{自发}{平衡}$ 解决物质变化过程的方向与限度问题。

因为热力学第二定律的发现和热与功的相互转化的规律深刻联系在一起,所以我们从热与功的相互转化规律进行研究 —— 热能否全部转化为功?热转化为功的限度如何?

1.8.1　热机效率

热机(蒸气机、内燃机等)的工作过程可以看做一个循环过程。如图 1-9 所示,热机从高温热源(温度 T_1)吸热 $Q_1(>0)$,对环境做功 $W_v(<0)$,同时向低温热源(温度 T_2)放热 $Q_2(<0)$,再从高温热源吸热,完成一个循环。则**热机效率**(热转化为功的效率)定义为

$$\eta \overset{\text{def}}{=\!=} \frac{-W_v}{Q_1} = \frac{Q_1 + Q_2}{Q_1} \tag{1-64}$$

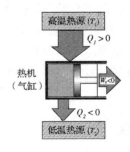

图 1-9　热转化为功的限度

1.8.2 卡诺循环

1824年法国年轻工程师**卡诺**(Carnot S)设想了一部理想热机。该热机由两个温度不同的可逆定温过程(膨胀和压缩)和两个可逆绝热过程(膨胀和压缩)构成一循环过程 —— **卡诺循环**(Carnot cycle)。以理想气体为工质的卡诺循环如图1-10所示。由图可知,完成一个循环后,热机所做的净功为 p-V 图上曲线所包围的面积,$W_v < 0$。应用热力学第一定律,可有:

过程 AB：
$$Q_1 = nRT_1 \ln \frac{V_B}{V_A} \qquad \text{(a)}$$

过程 CD：
$$Q_2 = nRT_2 \ln \frac{V_D}{V_C} \qquad \text{(b)}$$

过程 BC：
$$T_1 V_B^{\gamma-1} = T_2 V_C^{\gamma-1}, \quad \gamma = \frac{C_p}{C_V} \qquad \text{(c)}$$

过程 DA：
$$T_1 V_A^{\gamma-1} = T_2 V_D^{\gamma-1} \qquad \text{(d)}$$

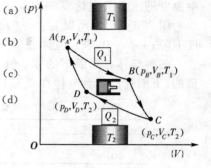

图1-10 卡诺循环

由式(c)、式(d)有
$$\frac{V_B}{V_A} = \frac{V_C}{V_D}$$

所以
$$Q_1 + Q_2 = nR(T_1 - T_2) \ln \frac{V_B}{V_A} \qquad \text{(e)}$$

由式(1-64)及式(a)、式(e),得
$$\eta = \frac{-W_v}{Q_1} = \frac{Q_1 + Q_2}{Q_1} = \frac{T_1 - T_2}{T_1} \qquad (1\text{-}65)$$

结论：理想气体卡诺热机的效率 η 只与两个热源的温度(T_1、T_2)有关,温差愈大,η 愈大。由式(1-65),得
$$\frac{Q_1}{T_1} + \frac{Q_2}{T_2} = 0 \qquad (1\text{-}66)$$

1.8.3 卡诺定理

所有工作在两个一定温度之间的热机,以可逆热机的效率最大 —— **卡诺定理**(Carnot theorem),即
$$\eta_r = \frac{T_1 - T_2}{T_1} \qquad (1\text{-}67)$$

式中,η_r 的下标"r"表示"可逆"。

热力学第二定律的建立,在一定程度上受到卡诺定理的启发,而热力学第二定律建立后,反过来又正确地证明了卡诺定理。

由卡诺定理,可得到推论：
$$\eta \leqslant \frac{T_1 - T_2}{T_1} \quad \begin{matrix} \text{不可逆热机}(<) \\ \text{可逆热机}(=) \end{matrix} \qquad (1\text{-}68)$$

由式(1-65)及式(1-68),有
$$\frac{Q_1}{T_1} + \frac{Q_2}{T_2} \leqslant 0 \quad \begin{matrix} \text{不可逆热机} \\ \text{可逆热机} \end{matrix} \qquad (1\text{-}69)$$

1.9　热力学第二定律的经典表述

1.9.1　宏观过程的不可逆性

自然界中一切自然发生的宏观过程,总是:非平衡态 $\xrightarrow{\text{自发}}$ 平衡态(为止),而不可能:平衡态 $\xrightarrow{\text{自发}}$ 非平衡态。举例如下。

(i) 热 Q 的传递

方向:高温(T_1) $\xrightarrow[\text{自发}]{\text{热 } Q \text{ 传递}}$ 低温(T_2)$\Rightarrow T_1' = T_2'$ 为止(限度) 反过程不能自发。

(ii) 气体膨胀

方向:高压(p_1) $\xrightarrow[\text{自发}]{\text{气体膨胀}}$ 低压(p_2)$\Rightarrow p_1' = p_2'$ 为止(限度),反过程不能自发

(iii) 水与酒精混合

方向:水＋酒精 $\xrightarrow[\text{自发}]{\text{混合均匀}}$ 溶液 $\Rightarrow$ 均匀为止(限度),反过程不能自发。

所谓“**自发过程**”(spontaneous process)通常是指不需要环境做功就能自动发生的过程。

总结以上自然规律,得到结论:自然界中自然发生的一切过程(指宏观过程,下同)都有一定的方向和限度。不可能自发按原过程逆向进行,即自然界中一切自然发生的宏观过程都是不可逆的。由此归纳出热力学第二定律。

1.9.2　热力学第二定律的经典表述

克劳休斯(Clausius R J E) 说法(1850 年):不可能把热由低温物体转移到高温物体,而不留下其他变化。

开尔文(Kelvin L) 说法(1851 年):不可能从单一热源吸热使之完全变为功,而不留下其他变化。

应当明确,克劳休斯说法并不意味着热不能由低温物体传到高温物体;开尔文说法也不是说热不能全部转化为功,强调的是不可能不留下其他变化。例如,开动制冷机(如冰箱)可使热由低温物体传到高温物体,但环境消耗了能量(电能);理想气体在可逆定温膨胀过程中,系统从单一热源吸的热全部转变为对环境做的功,但系统的状态发生了变化(膨胀了)。

可以用反证法证明,热力学第二定律的上述两种经典表述是等效的。

此外,亦可以用“第二类永动机(second kind of perpetual motion machine)不能制成”来表述热力学第二定律,这种机器是指从单一热源取热使之全部转化为功,而不留下其他变化。

总之,热力学第二定律的实质是:断定自然界中一切自发进行的宏观过程都是不可逆的,即不可能自发逆转。

1.10 熵、热力学第二定律的数学表达式

1.10.1 熵的定义

将式(1-69)推广到多个热源的无限小循环过程,有

$$\sum \frac{\delta Q}{T_{su}} \leqslant 0 \quad \begin{array}{l}\text{不可逆热机}\\\text{可逆热机}\end{array} \Leftrightarrow \oint \frac{\delta Q}{T_{su}} \leqslant 0 \quad \begin{array}{l}\text{不可逆热机}\\\text{可逆热机}\end{array}$$

上式表明,热温商 $\left(\dfrac{\delta Q}{T_{su}}\right)$,沿任意可逆循环的闭积分等于零,沿任意不可逆循环的闭积分总是小于零 —— **克劳休斯定理**(Clausius theorem)。

上式可分成两部分

$$\oint \frac{\delta Q_r}{T} = 0 \quad \text{可逆循环} \tag{1-70}$$

$$\oint \frac{\delta Q_{ir}}{T_{su}} < 0 \quad \text{不可逆循环} \quad \text{(\textbf{克劳休斯不等式})} \tag{1-71}$$

式中,下标"r"及"ir"分别表示"可逆"与"不可逆"。

式(1-70)表明,若封闭曲线积分等于零,则被积变量 $\left(\dfrac{\delta Q_r}{T}\right)$ 应为某状态函数的全微分(积分定理)。令该状态函数以 S 表示,即定义

$$dS \stackrel{\text{def}}{=\!=} \frac{\delta Q_r}{T} \tag{1-72}$$

式中,S 叫做**熵**(entropy),单位为 $J \cdot K^{-1}$。

从**熵**的定义式(1-72)来理解,熵是状态函数,是广度性质,宏观量,单位为 $J \cdot K^{-1}$,这是我们对熵的暂时的理解。在本章以后几节的学习中,对它的物理意义将会有进一步的认识。

将式(1-72)积分,有

$$\int_{S_A}^{S_B} dS = S_B - S_A = \Delta S = \int_A^B \frac{\delta Q_r}{T} \tag{1-73}$$

即熵变 ΔS 可由可逆途径的 $\displaystyle\int_A^B \frac{\delta Q_r}{T}$ 出发来计算。

1.10.2 热力学第二定律的数学表达式

设有一循环过程由两步组成,如图1-11所示,将克劳休斯不等式用于图1-11则有

$$\int_A^B \frac{\delta Q_{ir}}{T_{su}} + \int_B^A \frac{\delta Q_r}{T} < 0 \quad \text{(不可逆循环)}$$

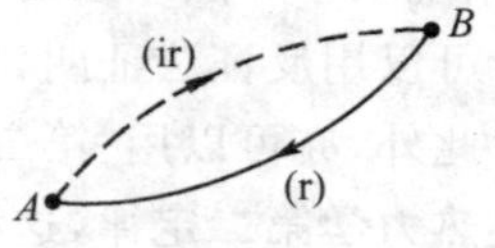

因

$$\int_B^A \frac{\delta Q_r}{T} = -\int_A^B \frac{\delta Q_r}{T}$$

图 1-11 不可逆循环过程

所以

$$\int_A^B \frac{\delta Q_{ir}}{T_{su}} < \int_A^B \frac{\delta Q_r}{T} = \Delta S$$

即

$$\Delta S > \int_A^B \frac{\delta Q_{ir}}{T_{su}} \quad \text{或} \quad dS > \frac{\delta Q_{ir}}{T_{su}}$$

$$\Delta S = \int_A^B \frac{\delta Q_r}{T} \quad 或 \quad dS = \frac{\delta Q_r}{T}$$

以上二式合并表示

$$\Delta S \geqslant \int_A^B \frac{\delta Q}{T_{su}} \begin{matrix} 不可逆 \\ 可逆 \end{matrix} \quad 或 \quad dS \geqslant \frac{\delta Q}{T_{su}} \begin{matrix} 不可逆 \\ 可逆 \end{matrix} \tag{1-74}$$

式(1-74)即作为热力学第二定律的数学表达式。

1.10.3   熵增原理及平衡的熵判据

1. 熵增原理

对绝热过程,$\delta Q = 0$,由式(1-74),有

$$\Delta S_{绝热} \geqslant 0 \begin{matrix} 不可逆 \\ 可逆 \end{matrix} \quad 或 \quad dS_{绝热} \geqslant 0 \begin{matrix} 不可逆 \\ 可逆 \end{matrix} \tag{1-75}$$

式(1-75)表明,封闭系统经绝热过程由一状态达到另一状态熵值不减少 —— **熵增原理**(the principle of the increase of entropy)。

熵增原理表明:在绝热条件下,封闭系只可能发生 $dS \geqslant 0$ 的过程,其中 $dS = 0$ 表示可逆过程;$dS > 0$ 表示不可逆过程;$dS < 0$ 的过程是不可能发生的。但可逆过程毕竟是一个理想过程,因此,在绝热条件下,封闭系统可能发生的一切实际过程都使系统的熵增大,直至达到平衡态。

2. 熵判据

在隔离系统中发生的过程,$\delta Q = 0$,且 $\delta W = 0$,则由式(1-74)有

$$\Delta S_{隔} \geqslant 0 \begin{matrix} 自发 \\ 平衡 \end{matrix} \quad 或 \quad dS_{隔} \geqslant 0 \begin{matrix} 自发 \\ 平衡 \end{matrix} \tag{1-76}$$

式(1-76)叫**平衡的熵判据**(entropy criterion of equilibrium)。它表明:(i) 在隔离系统中发生任意有限的或微小的状态变化时,若 $\Delta S_{隔} = 0$ 或 $dS_{隔} = 0$,则该隔离系统处于平衡态;(ii) 导致隔离系统熵增大,即 $\Delta S_{隔} > 0$ 或 $dS_{隔} > 0$ 的过程有可能自发发生。

隔离系统与环境不发生相互作用,变化的动力蕴藏在系统内部,因此在隔离系统中可以实际发生的过程都是自发过程。换言之,隔离系统的熵有自发增大的趋势。当达到平衡后,宏观的实际过程不再发生,熵不再继续增加,即隔离系统的熵达到某个极大值。

3. 环境熵变的计算

对于封闭系统,可将环境看做一系列热源(或热库),则 ΔS_{su} 的计算只需考虑热源的贡献,而且总是假定每个热源都足够大且体积固定,在传热过程中温度始终均匀且保持不变,即热源的变化总是可逆的。于是

$$dS_{su} = \frac{(-\delta Q_{sy})}{T_{su}} \quad 或 \quad \Delta S_{su} = -\int \frac{\delta Q_{sy}}{T_{su}} \tag{1-77}$$

若 T_{su} 不变,则

$$\Delta S_{su} = -\frac{Q_{sy}}{T_{su}} \tag{1-78}$$

式中,下标"sy"表示"系统",在不至于混淆的情况下,一般省略该下标。

注意 $-Q_{sy} = Q_{su}$。

1.11   系统熵变的计算

由 $dS = \frac{\delta Q_r}{T}$ 出发,对定温过程

$$\Delta S = \int \frac{\delta Q_r}{T} = \frac{Q_r}{T} \tag{1-79}$$

式(1-79)对定温可逆的单纯 p、V 变化,可逆的相变化均适用。

1.11.1 单纯 p、V、T 变化过程熵变的计算

1. 实际气体、液体或固体的 p、V、T 变化过程

(1) 定压变温过程

由
$$\delta Q_p = dH = nC_{p,m}dT$$

所以
$$\Delta S = \int \frac{\delta Q_p}{T} = \int_{T_1}^{T_2} \frac{nC_{p,m}dT}{T} \tag{1-80}$$

若将 $C_{p,m}$ 视为常数,则

$$\Delta S = nC_{p,m}\ln\frac{T_2}{T_1} \tag{1-81}$$

显然,若 $T\uparrow$,则 $S\uparrow$。

(2) 定容变温过程

由
$$\delta Q_V = dU = nC_{V,m}dT$$

所以
$$\Delta S = \int \frac{\delta Q_r}{T} = \int_{T_1}^{T_2} \frac{nC_{V,m}dT}{T} \tag{1-82}$$

若将 $C_{V,m}$ 视为常数,则

$$\Delta S = nC_{V,m}\ln\frac{T_2}{T_1} \tag{1-83}$$

显然,若 $T\uparrow$,则 $S\uparrow$。

(3) 液体或固体定温下 p、V 变化过程

定 T 时,当 p、V 变化不大时,对液、固体的熵变影响很小,其变化值可忽略不计,即 $\Delta S = 0$。

对实际气体,定 T,而 p、V 变化时,对熵变影响较大,且关系复杂,本课程不讨论。

2. 理想气体的 p、V、T 变化过程

由 $dS = \dfrac{\delta Q_r}{T} = \dfrac{dU + pdV}{T}(\delta W' = 0)$,$dU = nC_{V,m}dT$,则

$$dS = \frac{nC_{V,m}dT}{T} + \frac{nRdV}{V} \tag{1-84}$$

将 $pV = nRT$ 两端取对数,微分后将 $\dfrac{dp}{p} + \dfrac{dV}{V} = \dfrac{dT}{T}$ 及 $C_{p,m} - C_{V,m} = R$ 代入式(1-84),

得
$$dS = \frac{nC_{p,m}dT}{T} - \frac{nRdp}{p} \tag{1-85}$$

及
$$dS = \frac{nC_{V,m}dp}{p} + \frac{nC_{p,m}dV}{V} \tag{1-86}$$

若视 $C_{p,m}$、$C_{V,m}$ 为常数,将式(1-84)、式(1-85)、式(1-86) 积分,可得

$$\Delta S = n\left(C_{V,m}\ln\frac{T_2}{T_1} + R\ln\frac{V_2}{V_1}\right) \tag{1-87}$$

$$\downarrow 定容 \qquad\qquad \downarrow 定温$$

$$\Delta S = nC_{V,m}\ln\frac{T_2}{T_1} \qquad \Delta S = nR\ln\frac{V_2}{V_1}$$

$$(若\ T\uparrow,则\ S\uparrow) \qquad (若\ V\uparrow,则\ S\uparrow)$$

$$\Delta S = n\left(C_{p,m}\ln\frac{T_2}{T_1} + R\ln\frac{p_1}{p_2}\right) \tag{1-88}$$

$$\downarrow \text{定压} \qquad\qquad \downarrow \text{定温}$$

$$\Delta S = nC_{p,m}\ln\frac{T_2}{T_1} \qquad \Delta S = nR\ln\frac{p_1}{p_2}$$

$$(\text{若 } T\uparrow,\text{则 } S\uparrow) \qquad (\text{若 } p\downarrow,\text{则 } S\uparrow)$$

$$\Delta S = n\left(C_{V,m}\ln\frac{p_2}{p_1} + C_{p,m}\ln\frac{V_2}{V_1}\right) \tag{1-89}$$

$$\downarrow \text{定容} \qquad\qquad \downarrow \text{定压}$$

$$\Delta S = n\,C_{V,m}\ln\frac{p_2}{p_1} \qquad \Delta S = n\,C_{p,m}\ln\frac{V_2}{V_1}$$

$$(\text{若 } p\uparrow,\text{则 } T\uparrow,\text{必有 } S\uparrow) \qquad (\text{若 } V\uparrow,\text{则 } S\uparrow)$$

3. 理想气体定温、定压下的混合过程

如图 1-12 所示,一容器中间以隔板相隔,左右两部分体积分别为 V_1 和 V_2,各充有物质的量为 n_1、n_2 的气体,抽掉隔板,两气体混合可在瞬间完成,本是不可逆过程,可设计一装置使混合过程在定温、定压下以可逆方式进行,据此可推导出两种宏观性质不同的理想气体混合过程熵变计算公式。

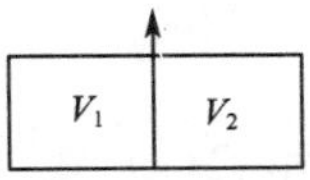

图 1-12　气体混合

$$\Delta_{\mathrm{mix}}S = n_1 R\ln\frac{V_1+V_2}{V_1} + n_2 R\ln\frac{V_1+V_2}{V_2} \tag{1-90}$$

式中,下标"mix"表示"混合"。

因为定温、定压时,有 $\dfrac{V_1}{V_1+V_2}=y_1$, $\quad\dfrac{V_2}{V_1+V_2}=y_2$

则式(1-90)变成 $\qquad\qquad \Delta_{\mathrm{mix}}S = -R(n_1\ln y_1 + n_2\ln y_2) \tag{1-91}$

因为 $y_1<1$,$y_2<1$,所以 $\Delta_{\mathrm{mix}}S>0$。

式(1-90)及式(1-91)可用于宏观性质(如密度)不同的理想气体(如 N_2 和 O_2)的混合。对于两份隔开的气体无法凭任何宏观性质加以区别(如隔开的两份同种气体),则混合后观察不到宏观性质发生变化,可见系统的状态没有改变,因而系统的熵也不变。

【例 1-11】 10.00 mol 理想气体,由 25 ℃,1.000 MPa 膨胀到 25 ℃,0.100 MPa。假定过程是:(a)可逆膨胀;(b)自由膨胀;(c)对抗恒外压 0.100 MPa 膨胀。计算:(1)系统的熵变 ΔS_{sy};(2)环境的熵变 ΔS_{su}。

解 (1)题中系统三种变化过程始态相同、终态相同,因此 ΔS_{sy} 相等,即可按可逆途径算出。

$$\Delta S_{\mathrm{sy}} = nR\ln\frac{p_1}{p_2} = 10.00\ \mathrm{mol}\times 8.314\,5\ \mathrm{J\cdot K^{-1}\cdot mol^{-1}}\times\ln\frac{1.000\ \mathrm{MPa}}{0.100\ \mathrm{MPa}} = 191\ \mathrm{J\cdot K^{-1}}$$

(2)(a)可逆过程, $\qquad\qquad \Delta S_{\mathrm{su}} = -\Delta S_{\mathrm{sy}} = -191\ \mathrm{J\cdot K^{-1}}$

(b) $\qquad\qquad\qquad\qquad Q=0,\Delta S_{\mathrm{su}}=0$

(c) $\qquad\qquad\qquad\qquad -Q = W_{\mathrm{v}} \quad (\text{因 } \Delta U = 0)$

$$W_{\mathrm{v}} = -p_{\mathrm{su}}(V_2 - V_1) = -p_{\mathrm{su}}\left(\frac{nRT}{p_2} - \frac{nRT}{p_1}\right) = -nRT\left(\frac{p_{\mathrm{su}}}{p_2} - \frac{p_{\mathrm{su}}}{p_1}\right)$$

$$\Delta S_{\mathrm{su}} = \frac{-Q}{T_{\mathrm{su}}} = \frac{W_{\mathrm{v}}}{T} = -nR\left(\frac{p_{\mathrm{su}}}{p_2} - \frac{p_{\mathrm{su}}}{p_1}\right)$$

$$= -10.00 \text{ mol} \times 8.314\,5 \text{ J} \cdot \text{K}^{-1} \cdot \text{mol}^{-1} \times \left(\frac{0.100}{0.100} - \frac{0.100}{1.000} \right)$$

$$= -74.8 \text{ J} \cdot \text{K}^{-1}$$

【例 1-12】 5 mol 氮气，由 25 ℃、1.01 MPa 对抗恒外压 0.101 MPa 绝热膨胀到 0.101 MPa。$C_{p,m}(\text{N}_2) = \frac{7}{2}R$。计算 ΔS。

解   始态：$T_1 = 298.15$ K，$p_1 = 1.01$ MPa；终态：$T_2 = ?$ $p_2 = 0.101$ MPa。

先求 T_2：绝热过程（$Q = 0$）， $\Delta U = W_v$ (a)

将此条件下 N_2 视为理想气体，则

$$\Delta U = C_V \Delta T = nC_{V,m}(T_2 - T_1) = n \times \frac{5}{2}R(T_2 - T_1) \tag{b}$$

$$W_v = -p_{su}\Delta V = -p_2 \left(\frac{nRT_2}{p_2} - \frac{nRT_1}{p_1} \right) = nR \left(\frac{p_2}{p_1}T_1 - T_2 \right) \tag{c}$$

由式(a)、式(b)、式(c)得 $\frac{5}{2}(T_2 - T_1) = \left(\frac{p_2}{p_1}T_1 - T_2 \right)$

$$T_2 = \frac{\left(\frac{5}{2} + \frac{p_2}{p_1} \right)T_1}{\frac{5}{2} + 1} = \frac{\left(\frac{5}{2} + \frac{0.101 \text{ MPa}}{1.01 \text{ MPa}} \right) \times 298.15 \text{ K}}{\frac{5}{2} + 1} = 221 \text{ K}$$

所以

$$\Delta S = nC_{p,m}\ln\frac{T_2}{T_1} - nR\ln\frac{p_2}{p_1}$$

$$= 5 \text{ mol} \times 8.314\,5 \text{ J} \cdot \text{K}^{-1} \cdot \text{mol}^{-1} \times \left(\frac{7}{2}\ln\frac{221 \text{ K}}{298.15 \text{ K}} - \ln\frac{0.101 \text{ MPa}}{1.01 \text{ MPa}} \right)$$

$$= 52.2 \text{ J} \cdot \text{K}^{-1}$$

绝热膨胀降温：由式（1-87）看出，S 随 T、V 增加而增大。但在绝热膨胀中，V 增大而 T 下降，二者对 S 的影响相反。已知绝热可逆过程的 $dS = 0$，表示 T 与 V 对 S 的影响正好抵消；不可逆绝热过程 $dS > 0$，可见对于相同的 ΔV，不可逆绝热膨胀时 T 的下降小于可逆绝热膨胀。

1.11.2   相变化过程熵变的计算

1. 平衡温度、压力下的相变化过程

平衡温度、压力下的相变化是可逆的相变化过程。因是定温、定压，且 $W' = 0$，所以有 $Q_p = \Delta H$，又因是定温可逆，故

$$\Delta S = \frac{n\Delta H_m}{T} \tag{1-92}$$

ΔH_m 为摩尔相变焓。由于 $\Delta_{fus}H_m > 0$，$\Delta_{vap}H_m > 0$，因此由式(1-92)可知，同一物质在一定 T、p 下，气、液、固三态的熵值 $S_m(s) < S_m(l) < S_m(g)$。

2. 非平衡温度、压力下的相变化过程

非平衡温度、压力下的相变化是不可逆的相变化过程，其 ΔS 需寻求可逆途径进行计算。如

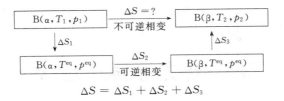

则

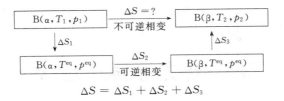

则
$$\Delta S_1 = \int_{T_1}^{T^{eq}} nC_{p,m}(H_2O,l)\,\mathrm{d}T/T, \quad \Delta S_2 = \frac{n\Delta_{vap}H_m}{T}, \quad \Delta S_3 = \int_{T^{eq}}^{T_2} nC_{p,m}(H_2O,g)\,\mathrm{d}T/T$$

$$\Delta S = \Delta S_1 + \Delta S_2 + \Delta S_3$$

寻求可逆途径的原则:(i) 途径中的每一过程必须可逆;(ii) 途径中每一过程 ΔS 的计算有相应的公式可利用;(iii) 有每一过程 ΔS 计算式所需的热数据。

【例 1-13】　1 mol 268.2 K 的过冷液态苯,凝结成 268.2 K 的固态苯,问此过程是否能实际发生。已知苯的熔点为 5.5 ℃,摩尔熔化焓 $\Delta_{fus}H_m = 992\ 3\ \mathrm{J \cdot mol^{-1}}$,摩尔定压热容 $C_{p,m}(C_6H_6,l) = 126.9\ \mathrm{J \cdot K^{-1} \cdot mol^{-1}}$,$C_{p,m}(C_6H_6,s) = 122.7\ \mathrm{J \cdot K^{-1} \cdot mol^{-1}}$。

解　判断过程能否实际发生须用隔离系统的熵变。首先计算系统的熵变。题中给出苯的凝固点为 5.5 ℃(278.7 K),可近似看成液态苯与固态苯在 5.5 ℃、100 kPa 下呈平衡。设计如下途径可计算 ΔS_{sy}:

$$\Delta S_{sy} = \Delta S_1 + \Delta S_2 + \Delta S_3$$

$$= \int_{268.2\ K}^{278.7\ K} nC_{p,m}(C_6H_6,l)\frac{\mathrm{d}T}{T} - \frac{n\Delta_{fus}H_m}{T} + \int_{278.7\ K}^{268.2\ K} nC_{p,m}(C_6H_6,s)\frac{\mathrm{d}T}{T}$$

$$= 1\ mol \times 126.9\ \mathrm{J \cdot K^{-1} \cdot mol^{-1}} \times \ln\frac{278.7\ K}{268.2\ K} - \frac{1\ mol \times 992\ 3\ \mathrm{J \cdot mol^{-1}}}{278.7\ K} +$$

$$1\ mol \times 122.7\ \mathrm{J \cdot K^{-1} \cdot mol^{-1}} \times \ln\frac{268.2\ K}{278.7\ K}$$

$$= -35.50\ \mathrm{J \cdot K^{-1}}$$

由式(1-78)计算环境熵变

$$\Delta S_{su} = -\frac{Q_{sy}}{T_{su}} = -\frac{\Delta H}{T}$$

$$\Delta H = \Delta H_1 + \Delta H_2 + \Delta H_3$$

$$= \int_{268.2\ K}^{278.7\ K} nC_{p,m}(C_6H_6,l)\,\mathrm{d}T - n\Delta_{fus}H_m + \int_{278.7\ K}^{268.2\ K} nC_{p,m}(C_6H_6,s)\,\mathrm{d}T$$

$$= 1\ mol \times (126.9 - 122.7)\ \mathrm{J \cdot K^{-1} \cdot mol^{-1}} \times 10.5\ K - 992\ 3\ \mathrm{J}$$

$$= -987\ 9\ \mathrm{J}$$

$$\Delta S_{su} = \frac{987\ 9\ \mathrm{J}}{268.2\ K} = 36.83\ \mathrm{J \cdot K^{-1}}$$

$$\Delta S_{隔离} = \Delta S_{sy} + \Delta S_{su} = -35.50 \text{ J} \cdot \text{K}^{-1} + 36.83 \text{ J} \cdot \text{K}^{-1} = 1.33 \text{ J} \cdot \text{K}^{-1} > 0$$

因此,上述相变化有可能实际发生。

Ⅳ　热力学第三定律

1.12　热力学第三定律

1.12.1　热力学第三定律

1906 年,**能斯特**(Nernst W)根据**理查兹**(Richards T W)测得的可逆电池电动势随温度变化的数据,提出了称之为"能斯特热定理"的假设,1911 年,**普朗克**(Planck M)对热定理作了修正,后人又对他们的假设进一步修正,形成了**热力学第三定律**。因此热力学第三定律是科学实验的总结。

1. 热力学第三定律的经典表述

能斯特(1906 年)说法:随着绝对温度趋于零,凝聚系统定温反应的熵变趋于零。后人将此称之为**能斯特热定理**(Nernst heat theorem),亦称为**热力学第三定律**(third law of thermodynamics)。

普朗克(1911 年)说法:凝聚态纯物质在 0 K 时的熵值为零。后经路易斯(Lewis G N)和**吉布森**(Gibson G E)(1920 年)修正为:纯物质完美晶体在 0 K 时的熵值为零。所谓完美晶体是指晶体中原子或分子只有一种排列形式。例如 NO 晶体可以有 NO 和 ON 两种排列形式,所以不能认为是完美晶体。

2. 热力学第三定律的数学式表述

按照能斯特说法,可表述为

$$\lim_{T \to 0} \Delta S^*(T) = 0 \text{ J} \cdot \text{K}^{-1} \tag{1-93}$$

按照普朗克修正说法,可表述为

$$S^*(完美晶体,0 \text{ K}) = 0 \text{ J} \cdot \text{K}^{-1} \quad （"*"为纯物质） \tag{1-94}$$

1.12.2　规定摩尔熵和标准摩尔熵

根据热力学第二定律

$$S(T) - S(0\text{K}) = \int_{0\text{ K}}^{T} \frac{\delta Q_r}{T}$$

而由热力学第三定律,$S(0\text{K}) = 0$,于是,对单位物质的量的 B

$$S_m(B,T) = \int_{0\text{ K}}^{T} \frac{\delta Q_{r,m}}{T} \tag{1-95}$$

把 $S_m(B,T)$ 叫 B 在温度 T 时的**规定摩尔熵**(conventional molar entropy)(也叫**绝对熵**)。而标准态下($p^{\ominus} = 100$ kPa)的规定摩尔熵又叫**标准摩尔熵**(standard molar entropy),用 $S_m^{\ominus}(B,\beta,T)$ 表示。

纯物质任何状态下的标准摩尔熵可通过下述步骤求得

$$S_m^{\ominus}(g,T,p^{\ominus}) = \int_0^{10K} \frac{aT^3}{T} dT + \int_{10K}^{T_f^*} \frac{C_{p,m}^{\ominus}(s,T)}{T} dT + \frac{\Delta_{fus}H_m^{\ominus}}{T_f^*} +$$

$$\int_{T_f^*}^{T_b^*} \frac{C_{p,m}^{\ominus}(l,T)}{T} dT + \frac{\Delta_{vap}H_m^{\ominus}}{T_b^*} + \int_{T_b^*}^{T} \frac{C_{p,m}^{\ominus}(g,T)}{T} dT \qquad (1\text{-}96)$$

式中，aT^3 是因为在 10 K 以下，实验测定 $C_{p,m}^{\ominus}$ 难以进行，而用**德拜**(Debye P) 推出的理论公式

$$C_{V,m} = aT^3 \qquad (1\text{-}97)$$

式中，a 为一物理常数，低温下晶体的 $C_{p,m}$ 与 $C_{V,m}$ 几乎相等。

通常在手册中可查到 B 的标准摩尔熵 $S_m^{\ominus}(B,\beta,298.15\ K)$。

1.13　化学反应熵变的计算

有了标准摩尔熵的数据，则在温度 T 时化学反应 $0 = \sum_B \nu_B B$ 的标准摩尔熵[变]可由下式计算

$$\Delta_r S_m^{\ominus}(T) = \sum_B \nu_B S_m^{\ominus}(B,\beta,T) \qquad (1\text{-}98)$$

或

$$\Delta_r S_m^{\ominus}(298.15\ K) = \sum_B \nu_B S_m^{\ominus}(B,\beta,298.15\ K) \qquad (1\text{-}99)$$

如对反应 $aA(g) + bB(s) \Longrightarrow yY(g) + zZ(s)$，当 $T = 298.15\ K$ 时，

$$\Delta_r S_m^{\ominus}(298.15\ K) = y S_m^{\ominus}(Y,g,298.15\ K) + z S_m^{\ominus}(Z,s,298.15\ K) -$$
$$a S_m^{\ominus}(A,g,298.15\ K) - b S_m^{\ominus}(B,s,298.15\ K)$$

温度为 T 时，$\Delta_r S_m^{\ominus}(T)$ 可由下式计算

$$\Delta_r S_m^{\ominus}(T) = \Delta_r S_m^{\ominus}(298.15\ K) + \int_{298.15K}^{T} \frac{\sum_B \nu_B C_{p,m}^{\ominus}(B) dT}{T} \qquad (1\text{-}100)$$

【例 1-14】　二氧化碳甲烷化的反应为

$$CO_2(g) + 4H_2(g) \Longrightarrow CH_4(g) + 2H_2O(g)$$

已知有关物质的热力学数据如下：

物质	$\dfrac{S_m^{\ominus}(298.15\ K)}{J \cdot mol^{-1} \cdot K^{-1}}$	$\dfrac{C_{p,m}(298.15 \sim 800.15\ K)}{J \cdot mol^{-1} \cdot K^{-1}}$	物质	$\dfrac{S_m^{\ominus}(298.15\ K)}{J \cdot mol^{-1} \cdot K^{-1}}$	$\dfrac{C_{p,m}(298.15 \sim 800.15\ K)}{J \cdot mol^{-1} \cdot K^{-1}}$
$CO_2(g)$	213.93	45.56	$CH_4(g)$	186.52	49.56
$H_2(g)$	130.75	28.33	$H_2O(g)$	188.95	36.02

计算该反应在 800.15 K 时的 $\Delta_r S_m^{\ominus}$。

解　$\Delta_r S_m^{\ominus}(298.15\ K) = \sum_B \nu_B S_m^{\ominus}(B,\beta,298.15\ K) = -172.51\ J \cdot K^{-1} \cdot mol^{-1}$

$\sum_B \nu_B C_{p,m}(B,298.15 \sim 800.15\ K) = -37.28\ J \cdot K^{-1} \cdot mol^{-1}$

$\Delta_r S_m^{\ominus}(800.15\ K) = \Delta_r S_m^{\ominus}(298.15\ K) + \int_{298.15K}^{800.15K} \frac{\sum_B \nu_B C_{p,m}(B) dT}{T}$

$= -172.51\ J \cdot K^{-1} \cdot mol^{-1} + \int_{298.15K}^{800.15K} \frac{-37.28\ J \cdot K^{-1} \cdot mol^{-1}}{T} dT$

$= -209.31\ J \cdot K^{-1} \cdot mol^{-1}$

1.14 熵的物理意义

1.14.1 系统各种变化过程的熵变与系统无序度的关系

1. p、V、T 变化过程的熵变与系统的无序度

由式(1-81)及式(1-83)可知,系统在定压或定容条件下升温,则 $\Delta S > 0$,即熵增加。我们知道,当升高系统的温度时,必然引起系统中物质分子的热运动程度的加剧,亦即系统内物质分子的**无序度**(或称为混乱度,randomness)增大。

从式(1-87)可知,对理想气体定温变容过程,若系统体积增大,则 $\Delta S > 0$,即熵增加,显然在定温下,系统体积增加,分子运动空间增大,必导致系统内物质分子的无序度增大。同理,从式(1-91)可知,对于理想气体定温、定压下的混合过程,$\Delta S > 0$,是系统的熵增加过程,亦是系统内物质分子无序度增加的过程。

2. 相变化过程的熵变与系统的无序度

从式(1-92)可知,通过相变化过程熵变的计算结果,在相同 T、p 下,$S_m(s) < S_m(l) < S_m(g)$,也是系统的熵增加与系统的无序度增加同步。

3. 化学变化过程的熵变与系统的无序度

例如

$$H_2O(g) \longrightarrow H_2(g) + \frac{1}{2}O_2(g)$$

$\Delta_r S_m^{\ominus}(298.15\ \text{K}) = 44.441\ \text{J} \cdot \text{K}^{-1} \cdot \text{mol}^{-1} > 0$,是熵增加的反应,伴随着系统无序度增加(反应后分子数增加)。凡是分子数增加的反应都是熵增加的反应。

1.14.2 熵是系统无序度的量度

归纳以上情况,我们可以得出结论:熵的量值是系统内部物质分子的无序度的量度,系统的无序度愈大,则熵的量值愈高,即系统的熵增加与系统的无序度的增加是同步的。系统的无序度用 Ω 表示。当系统中所含粒子的数目 $N \to \infty$ 时,

$$S = k\ln\Omega \tag{1-101}$$

式(1-101)称为**玻耳兹曼关系式**(Boltzmann relation)。式中 k 为**玻耳兹曼常量**。

联系到熵判据式(1-76),自然得到:在隔离系统中,实际发生的过程的方向总是从有序到无序。

V 亥姆霍茨函数、吉布斯函数

1.15 亥姆霍茨函数、亥姆霍茨函数判据

1.15.1 亥姆霍茨函数

由热力学第二定律

$$dS \geqslant \frac{\delta Q}{T_{su}} \begin{array}{l} 不可逆 \\ 可逆 \end{array}$$

对定温过程,则

$$\Delta S \geqslant \frac{Q}{T_{su}}$$

所以

$$T_{su}(S_2 - S_1) \geqslant Q$$

定温时

$$T_2 S_2 - T_1 S_1 = \Delta(TS) \geqslant Q$$

又由热力学第一定律

$$Q = \Delta U - W$$

所以

$$\Delta(TS) \geqslant \Delta U - W$$

或

$$-\Delta(U - TS) \geqslant -W$$

定义

$$A \stackrel{\text{def}}{=\!=\!=} U - TS \tag{1-102}$$

A 称 为 **亥 姆 霍 茨 函 数**(Helmholtz function) 或 叫 **亥 姆 霍 茨 自 由 能**(Helmholtz free energy),因为 U、TS 都是状态函数,所以 A 也是状态函数,是广度性质,都有与 U 相同的单位。于是

$$-\Delta A_T \geqslant -W \begin{array}{l} 不可逆 \\ 可逆 \end{array}$$

即

$$\Delta A_T \leqslant W \begin{array}{l} 不可逆 \\ 可逆 \end{array}, \quad dA_T \leqslant \delta W \begin{array}{l} 不可逆 \\ 可逆 \end{array} \tag{1-103}$$

式(1-103)表明,系统在定温可逆过程中所做的功($-W$),在量值上等于亥姆霍茨函数 A 的减少;系统在定温不可逆过程中所做的功($-W$),在量值上恒小于亥姆霍茨函数 A 的减少。

1.15.2　　亥姆霍茨函数判据

在定温、定容下,$-\int p_{su} dV = 0$,所以 $W = W'$。于是

$$dA_{T,V} \leqslant \delta W' \begin{array}{l} 自发 \\ 平衡 \end{array} \tag{1-104}$$

若 $\delta W' = 0$,则

$$dA_{T,V} \leqslant 0 \begin{array}{l} 自发 \\ 平衡 \end{array} \quad 或 \quad \Delta A_{T,V} \leqslant 0 \begin{array}{l} 自发 \\ 平衡 \end{array} \tag{1-105}$$

式(1-105)叫**亥姆霍茨函数判据**(Helmholtz function criterion)。它指明,在定温、定容且 $W' = 0$ 时,过程只能向亥姆霍茨函数减小的方向自发地进行,直到 $\Delta A_{T,V} = 0$ 时系统达到平衡。

1.16　　吉布斯函数、吉布斯函数判据

1.16.1　　吉布斯函数

对定温过程,已有

$$\Delta(TS) \geqslant \Delta U - W$$

若再加定压条件,$p_1 = p_2 = p_{su}$,则

$$W = -p_{su}(V_2 - V_1) + W' = -p_2 V_2 + p_1 V_1 + W' = -\Delta(pV) + W'$$

所以

$$\Delta(TS) \geqslant \Delta U + \Delta(pV) - W'$$

$$-[\Delta U + \Delta(pV) - \Delta(TS)] \geqslant -W'$$

$$-\Delta(U + pV - TS) \geqslant -W'$$

$$\Delta(H - TS) \leqslant W'$$

定义
$$G \overset{\text{def}}{=\!=} H - TS = U + pV - TS = A + pV \tag{1-106}$$

G 称为**吉布斯函数**，或叫**吉布斯自由能**（Gibbs function or Gibbs free energy）。因为 H、TS 都是状态函数，所以 G 也是状态函数，是广度性质，有与 H 相同的单位，于是

$$\Delta G_{T,p} \leqslant W' \begin{smallmatrix}\text{不可逆}\\\text{可逆}\end{smallmatrix} \quad \text{或} \quad dG_{T,p} \leqslant \delta W' \begin{smallmatrix}\text{不可逆}\\\text{可逆}\end{smallmatrix} \tag{1-107}$$

式(1-107)表明，系统在定温、定压可逆过程中所做的非体积功($-W'$)，在量值上等于吉布斯函数 G 的减少；而在定温、定压不可逆过程中所做的非体积功($-W'$)，在量值上恒小于 G 的减少。

1.16.2　吉布斯函数判据

由
$$\Delta G_{T,p} \leqslant W' \begin{smallmatrix}\text{不可逆}\\\text{可逆}\end{smallmatrix}, \quad dG_{T,p} \leqslant \delta W' \begin{smallmatrix}\text{不可逆}\\\text{可逆}\end{smallmatrix} \tag{1-108}$$

若 $W' = 0$ 或 $\delta W' = 0$ 时，则
$$\Delta G_{T,p} \leqslant 0 \begin{smallmatrix}\text{自发}\\\text{平衡}\end{smallmatrix}, \quad dG_{T,p} \leqslant 0 \begin{smallmatrix}\text{自发}\\\text{平衡}\end{smallmatrix} \tag{1-109}$$

式(1-109)叫**吉布斯函数判据**（Gibbs function criterion）。它指明，定温、定压且 $W' = 0$ 或 $\delta W' = 0$ 时，过程只能自发地向吉布斯函数 G 减小的方向自发地进行，直到 $\Delta G_{T,p} = 0$ 时，系统达到平衡。

1.17　p、V、T 变化及相变化过程 ΔA、ΔG 的计算

由 $G = H - TS$ 及 $A = U - TS$ 两个定义式出发，对定温的单纯 p、V 变化过程及相变化过程均可利用

$$\Delta A = \Delta U - T\Delta S \quad \text{及} \quad \Delta G = \Delta H - T\Delta S \tag{1-110}$$

计算过程的 ΔA 及 ΔG。对化学反应过程 ΔG 的计算将在第 3 章中讨论。

1.17.1　定温的单纯 p、V 变化过程 ΔA、ΔG 的计算

由式(1-103)
$$dA_T \leqslant \delta W \begin{smallmatrix}\text{不可逆}\\\text{可逆}\end{smallmatrix}$$

若过程为定温、可逆，则有
$$dA_T = \delta W_r = -pdV + \delta W_r'$$

若 $\delta W_r' = 0$ 则
$$dA_T = -pdV$$

积分上式，得
$$\Delta A_T = -\int_{V_1}^{V_2} pdV \tag{1-111}$$

式(1-111)适用于封闭系统，$W' = 0$ 时，气、液、固体的定温、可逆的单纯 p、V 变化过程的 ΔA 的计算。

若气体为理想气体，将 $pV = nRT$ 代入式(1-111)，得
$$\Delta A_T = -nRT\ln\frac{V_2}{V_1} = nRT\ln\frac{p_2}{p_1} \tag{1-112}$$

式(1-112)的应用条件除式(1-111)的全部条件外,还必须是理想气体系统。

由 $G = A + pV$,则

$$dG = dA + pdV + Vdp$$

对定温、可逆,且 $\delta W'_r = 0$ 的过程,则 $dA = -pdV$,代入上式,得

$$dG_T = Vdp$$

积分上式,得

$$\Delta G_T = \int_{p_1}^{p_2} Vdp \tag{1-113}$$

式(1-113)适用于封闭系统,$W' = 0$ 时,气、液、固体的定温、可逆的单纯 p、V 变化过程的 ΔG 的计算。

若气体为理想气体,将 $pV = nRT$ 代入式(1-113),得

$$\Delta G_T = nRT\ln\frac{p_2}{p_1} = -nRT\ln\frac{V_2}{V_1} \tag{1-114}$$

式(1-114)的应用条件除式(1-113)的全部条件外,还必须是理想气体系统。

比较式(1-112)及式(1-114),对理想气体定温过程显然有

$$\Delta G_T = \Delta A_T = nRT\ln\frac{p_2}{p_1} = -nRT\ln\frac{V_2}{V_1}$$

【例1-15】 5 mol 理想气体在 25 ℃ 下由 1.000 MPa 膨胀到 0.100 MPa,计算下列过程的 ΔA 和 ΔG:(1) 定温可逆膨胀;(2) 自由膨胀。

解 无论实际过程是(1)还是(2),都可按定温可逆途径计算同一状态变化的状态函数改变量。

$$\Delta A_T = -\int_{V_1}^{V_2} pdV = -nRT\int_{V_1}^{V_2}\frac{dV}{V} = -nRT\ln\frac{V_2}{V_1} = -nRT\ln\frac{p_1}{p_2}$$

$$= -5 \text{ mol} \times 8.3145 \text{ J} \cdot \text{K}^{-1} \cdot \text{mol}^{-1} \times 298.15 \text{ K} \times \ln\frac{1.000 \text{ MPa}}{0.100 \text{ MPa}}$$

$$= -28.54 \text{ kJ}$$

$$\Delta G_T = \Delta A_T = -28.54 \text{ kJ}$$

1.17.2 相变化过程 ΔA 及 ΔG 的计算

1. 定温、定压下可逆相变化过程 ΔA 及 ΔG 的计算

由式(1-106),因定温、定压下可逆相变化有 $\Delta H = T\Delta S$,则 $\Delta G = 0$。

对定温、定压下,由凝聚相变为蒸气相,且气相可视为理想气体时,由式(1-49)

$$\Delta U = \Delta H - nRT$$

则

$$\Delta A = \Delta H - nRT - T\Delta S = -nRT$$

2. 不可逆相变化过程 ΔA 及 ΔG 的计算

计算不可逆相变的 ΔA、ΔG 时,如同非平衡温度、压力下的不可逆相变的熵变 ΔS 的计算方法一样,需设计一条可逆途径,途径中包括可逆的 p、V、T 变化步骤及可逆的相变化步骤,步骤如何选择视所给数据而定。

【例1-16】 已知 -5 ℃ 过冷水和冰的饱和蒸气压分别为 421 Pa 和 401 Pa,-5 ℃ 水和冰的密度分别为 1.0 g·cm^{-3} 和 0.91 g·cm^{-3}。求在 -5 ℃、100 kPa 下 5 mol 水凝结为冰的 ΔG 和 ΔA。

解 $p^{\ominus} = 100$ kPa,$p_1^* = 421$ Pa,$p_s^* = 401$ Pa,拟出计算途径:

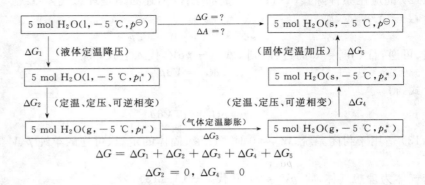

$$\Delta G = \Delta G_1 + \Delta G_2 + \Delta G_3 + \Delta G_4 + \Delta G_5$$

$$\Delta G_2 = 0, \quad \Delta G_4 = 0$$

对液体及固体

$$\Delta G_T = \int V\,\mathrm{d}p = V\Delta p = n\frac{M}{\rho}\Delta p$$

则

$$\Delta G_1 = \frac{5\ \text{mol} \times 18 \times 10^{-3}\ \text{kg}\cdot\text{mol}^{-1}}{1.0 \times 10^3\ \text{kg}\cdot\text{m}^{-3}} \times (421\ \text{Pa} - 1 \times 10^5\ \text{Pa}) = -9.0\ \text{J}$$

$$\Delta G_5 = \frac{5\ \text{mol} \times 18 \times 10^{-3}\ \text{kg}\cdot\text{mol}^{-1}}{0.91 \times 10^3\ \text{kg}\cdot\text{m}^{-3}} \times (1 \times 10^5\ \text{Pa} - 401\ \text{Pa}) = 9.9\ \text{J}$$

对理想气体,由式(1-114)

$$\Delta G_3 = \int_{p_1^*}^{p_s^*} V\mathrm{d}p = nRT\ln\frac{p_s^*}{p_1^*} = 5\ \text{mol} \times 8.314\ 5\ \text{J}\cdot\text{K}^{-1}\cdot\text{mol}^{-1} \times 268.15\ \text{K} \times \ln\frac{401\ \text{Pa}}{421\ \text{Pa}} = -542\ \text{J}$$

$$\Delta G = (-9.0 + 9.9 - 542)\text{J} = -541\ \text{J}$$

液体和固体的 $V\Delta p$ 远小于气体的 $\int V\mathrm{d}p$,并且 ΔG_1 和 ΔG_5 的正负号相反,所以有理由认为 $(\Delta G_1 + \Delta G_5) \ll \Delta G_3$,得到

$$\Delta G \approx \Delta G_3 = -542\ \text{J}$$

$$\Delta A = \Delta G - \Delta(pV) \xrightarrow{\text{定压}} \Delta G - p\Delta V \approx \Delta G$$

Ⅵ 热力学函数的基本关系式

1.18 热力学基本方程、吉布斯-亥姆霍茨方程

到上节为止,我们以热力学第一、第二定律为理论基础,共引出或定义了 5 个状态函数 U、H、S、A、G,再加上 p、V、T 共 8 个最基本最重要的热力学状态函数。它们之间的关系,首先是它们的定义式 $H = U + pV, A = U - TS, G = H - TS = U + pV - TS = A + pV$,可表示成如图 1-13 所示。此外,本节及下一节应用热力学第一、第二定律还可以推出另一些很重要的热力学函数间的关系式。

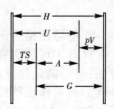

图 1-13　最基本的 8 个热力学状态函数之间的关系

1.18.1　热力学基本方程

在封闭系统中,若发生一微小可逆过程,由热力学第一、二定律,有 $dU = \delta Q_r + \delta W_r$,$dS = \dfrac{\delta Q_r}{T}$ 及 $\delta W_r' = 0$ 时,则 $\delta W_r = -pdV$,于是

$$dU = TdS - pdV \quad (1\text{-}115)$$

微分 $A = U - TS$
结合式(1-115),得

$$dA = -SdT - pdV \quad (1\text{-}117)$$

微分 $H = U + pV$
结合式(1-115),得

$$dH = TdS + Vdp \quad (1\text{-}116)$$

微分 $G = H - TS$
结合式(1-116),得

$$dG = -SdT + Vdp \quad (1\text{-}118)$$

式(1-115) ～ 式(1-118) 称为**热力学基本方程**(master equation of thermodynamics)。
四个热力学基本方程,分别加上相应的条件,如

式(1-115),
$$dV = 0 \Rightarrow \left(\frac{\partial U}{\partial S}\right)_V = T, \quad dS = 0 \Rightarrow \left(\frac{\partial U}{\partial V}\right)_S = -p \tag{1-119}$$

式(1-116),
$$dp = 0 \Rightarrow \left(\frac{\partial H}{\partial S}\right)_p = T, \quad dS = 0 \Rightarrow \left(\frac{\partial H}{\partial p}\right)_S = V \tag{1-120}$$

式(1-117),
$$dV = 0 \Rightarrow \left(\frac{\partial A}{\partial T}\right)_V = -S, \quad dT = 0 \Rightarrow \left(\frac{\partial A}{\partial V}\right)_T = -p \tag{1-121}$$

式(1-118),
$$dp = 0 \Rightarrow \left(\frac{\partial G}{\partial T}\right)_p = -S, \quad dT = 0 \Rightarrow \left(\frac{\partial G}{\partial p}\right)_T = V \tag{1-122}$$

式(1-115) ～ 式(1-122) 的应用条件是:(i) 封闭系统;(ii) 无非体积功;(iii) 可逆过程。不过,当用于由两个独立变量可以确定系统状态的系统,包括:(i) 定量纯物质单相系统;(ii) 定量、定组成的单相系统;(iii) 保持相平衡及化学平衡的系统时,相当于具有可逆过程的条件。

1.18.2　吉布斯 - 亥姆霍茨方程

由 $\left(\dfrac{\partial G}{\partial T}\right)_p = -S$,有

$$\left[\frac{\partial (G/T)}{\partial T}\right]_p = \frac{1}{T}\left(\frac{\partial G}{\partial T}\right)_p - \frac{G}{T^2} = -\frac{S}{T} - \frac{G}{T^2} = -\frac{(TS+G)}{T^2} = -\frac{H}{T^2}$$

即

$$\left[\frac{\partial (G/T)}{\partial T}\right]_p = -\frac{H}{T^2} \tag{1-123}$$

同理,有

$$\left[\frac{\partial (A/T)}{\partial T}\right]_V = -\frac{U}{T^2} \tag{1-124}$$

式(1-123) 及式(1-124) 叫**吉布斯 - 亥姆霍茨方程**。

1.19　麦克斯韦关系式、热力学状态方程

1.19.1　麦克斯韦关系式

推导麦克斯韦关系式需要数学的一个结论。

若 $Z = f(x, y)$，且 Z 有连续的二阶偏微商，则必有

$$\frac{\partial^2 Z}{\partial x \partial y} = \frac{\partial^2 Z}{\partial y \partial x}$$

即二阶偏微商与微分先后顺序无关。

把以上结论应用于热力学基本方程有

$$dU = TdS - pdV$$

$$\downarrow dS = 0 \qquad\qquad \downarrow dV = 0$$

$$\left(\frac{\partial U}{\partial V}\right)_S = -p \qquad\qquad \left(\frac{\partial U}{\partial S}\right)_V = T$$

$$V\text{一定，对} S \text{微分} \downarrow \qquad\qquad \downarrow S\text{一定，对} V \text{微分}$$

$$\left(\frac{\partial^2 U}{\partial V \partial S}\right) = -\left(\frac{\partial p}{\partial S}\right)_V = \left(\frac{\partial^2 U}{\partial S \partial V}\right) = \left(\frac{\partial T}{\partial V}\right)_S$$

$$\downarrow$$

$$-\left(\frac{\partial p}{\partial S}\right)_V = \left(\frac{\partial T}{\partial V}\right)_S \tag{1-125}$$

同理，将上述结论应用于 $dH = TdS + Vdp, dA = -SdT - pdV, dG = -SdT + Vdp$ 可得

$$\left(\frac{\partial T}{\partial p}\right)_S = \left(\frac{\partial V}{\partial S}\right)_p \tag{1-126}$$

$$\left(\frac{\partial S}{\partial V}\right)_T = \left(\frac{\partial p}{\partial T}\right)_V \tag{1-127}$$

$$\left(\frac{\partial S}{\partial p}\right)_T = -\left(\frac{\partial V}{\partial T}\right)_p \tag{1-128}$$

式(1-125) ～ 式(1-128) 叫**麦克斯韦关系式**（Maxwell's relations）。各式表示的是系统在同一状态下的两种变化率量值相等。因此，应用于某种场合等式左右可以代换。常用的是式(1-127) 及式(1-128)，这两等式右边的变化率是可以由实验直接测定的，而左边则不能，于是需要时可用等式右边的变化率代替等式左边的变化率。

1.19.2　热力学状态方程

由

$$dU = TdS - pdV$$

定温下

$$dU_T = TdS_T - pdV_T$$

等式两边除以 dV_T，即

$$\frac{dU_T}{dV_T} = T\frac{dS_T}{dV_T} - p$$

$$\left(\frac{\partial U}{\partial V}\right)_T = T\left(\frac{\partial S}{\partial V}\right)_T - p$$

由麦克斯韦关系式

$$\left(\frac{\partial S}{\partial V}\right)_T = \left(\frac{\partial p}{\partial T}\right)_V$$

于是
$$\left(\frac{\partial U}{\partial V}\right)_T = T\left(\frac{\partial p}{\partial T}\right)_V - p \tag{1-129}$$

同理，由 $dH = TdS + Vdp$，并用麦克斯韦关系式

$$\left(\frac{\partial S}{\partial p}\right)_T = -\left(\frac{\partial V}{\partial T}\right)_p$$

可得
$$\left(\frac{\partial H}{\partial p}\right)_T = -T\left(\frac{\partial V}{\partial T}\right)_p + V \tag{1-130}$$

式（1-129）及式（1-130）都叫**热力学状态方程**（state equation of thermodynamics）。

VII　　化学势

1.20　　多组分系统及其组成标度

1.20.1　混合物、溶液

含一个以上组分（关于组分的严格定义将在第 2.1 节中学习）的系统称为**多组分系统**（multicomponent system），可进一步分为

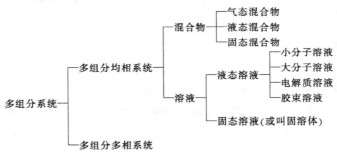

（i）对**溶液**（solution），将其中的组分区分为**溶剂**（solvent，相对量大的组分）和**溶质**（solute，相对量小的组分，如果是气体或固体溶解于液体中构成溶液，通常把被溶解的气体或固体称为溶质，而液体称为溶剂），且对溶剂及溶质分别采用不同的热力学标准态（见 2.3.4 节）进行热力学处理。

（ii）对**混合物**（mixture），则不区分溶剂和溶质，将其中任意组分 B 均采用相同的热力学标准态（即 T、$p^\ominus$ 下的纯液态 B）进行热力学处理（见 2.3.3 节）。

（iii）本书主要讨论液态混合物及液态溶液（简称溶液），但处理它们的热力学方法对固态混合物及固态溶液也是适用的。

（iv）本书将在第 2 章集中讨论液态混合物及小分子溶液，在第 5 章集中讨论电解质溶液，在第 6 章集中讨论大分子溶液和胶束溶液。

（v）对多组分多相系统，将在后续的章节中陆续涉及。例如，第 2 章中将会用图解的方法讨论单组分多相系统和多组分多相系统的相平衡问题。在第 6 章中将讨论溶胶、乳状液、悬浮液（体）等多组分多相系统的性质和应用。

1.20.2　混合物的组成标度、溶液中溶质 B 的组成标度

1. 混合物常用的组成标度

在 GB 3102.8—1993 中,有关混合物的组成标度有:

(1)B 的分子浓度(molecular concentration of B)

$$C_B \overset{def}{=\!=\!=} N_B/V \tag{1-131}$$

式中,N_B 为混合物的体积 V 中 B 的分子数。C_B 的单位为 m^{-3}。

(2)B 的质量浓度(mass concentration of B)

$$\rho_B \overset{def}{=\!=\!=} m_B/V \tag{1-132}$$

式中,m_B 为混合物的体积 V 中 B 的质量。ρ_B 的单位为 $kg \cdot m^{-3}$。

(3)B 的质量分数(mass fraction of B)

$$w_B \overset{def}{=\!=\!=} m_B \Big/ \sum_A m_A \tag{1-133}$$

式中,m_B 代表 B 的质量;$\sum\limits_A m_A$ 代表混合物的质量。w_B 为量纲一的量,单位为 1。

注意　不能把 w_B 写成 B% 或 w_B%,也不能称为 B 的"质量百分浓度"或 B 的"质量百分数"。例如将 $w(H_2SO_4) = 0.15$ 写成 H_2SO_4% $= 15\%$ 是错误的。

(4)B 的浓度(concentration of B)或 B 的物质的量浓度(amount of substance concentration of B)

$$c_B \overset{def}{=\!=\!=} n_B/V \tag{1-134}$$

式中,n_B 为混合物的体积 V 中所含 B 的物质的量。c_B 的单位为 $mol \cdot m^{-3}$,常用单位为 $mol \cdot dm^{-3}$。要注意,式(1-134)中的混合物的体积 V 不能理解为溶液的体积。由于混合物体积 V 在指定压力 p 时还要受温度 T 的影响,因此在热力学研究中选它作为溶液中溶质 B 的组成标度是很不方便的。有关溶液中溶质 B 的组成标度将在下面提到。

(5)B 的摩尔分数(mole fraction of B)

$$x_B[\text{或}\ y_B \text{——气体混合物,见 1.1.5 节}] \overset{def}{=\!=\!=} n_B \Big/ \sum_A n_A \tag{1-135}$$

式中,n_B 为 B 的物质的量;$\sum\limits_A n_A$ 代表混合物的物质的量。x_B 为量纲一的量,其单位为 1。x_B 也称为 B 的物质的量分数(amount of substance fraction of B)。

2. 溶液(溶质 B)的组成标度

对液态或固态溶液,组成标度是溶质 B 的质量摩尔浓度(molality of solute B)和溶质 B 的摩尔比(mole ratio of solute B)。热力学中,对溶液的处理方法与对混合物的处理方法是不同的,对溶液中溶质 B 的处理方法与对溶剂 A 的处理方法也是不同的,故对组成变量的选择不同。国家标准中对溶质的组成特别加上了"溶质 B[的](of solute B)",一般不宜省略。

(1)溶质 B 的质量摩尔浓度(molality of solute B)

$$b_B(\text{或}\ m_B) \overset{def}{=\!=\!=} n_B/m_A \tag{1-136}$$

式中,n_B 代表溶质 B 的物质的量;m_A 代表溶剂 A 的质量。b_B(或 m_B)的单位为 $mol \cdot kg^{-1}$。

溶质 B 的质量摩尔浓度 b_B 也可以用下式定义

$$b_B（或\ m_B）\stackrel{\text{def}}{=\!=\!=} n_B/(n_A M_A)$$

(1-137)

式中，n_A 和 n_B 分别代表溶剂 A 和溶质 B 的物质的量；M_A 代表溶剂 A 的摩尔质量。

（2）溶质 B 的摩尔比（mole ratio of solute B）

$$r_B \stackrel{\text{def}}{=\!=\!=} n_B/n_A$$

(1-138)

式中，n_A、n_B 分别代表溶剂 A、溶质 B 的物质的量。r_B 为量纲一的量，其单位为 1。

1.21　偏摩尔量

系统的状态函数中 V、U、H、S、G 等为广度性质，对单组分（即纯物质）系统，若系统由 B 组成，其物质的量为 n_B，则有 $V_{m,B}^* \stackrel{\text{def}}{=\!=\!=} V/n_B$，$U_{m,B}^* \stackrel{\text{def}}{=\!=\!=} U/n_B$，$H_{m,B}^* \stackrel{\text{def}}{=\!=\!=} H/n_B$，$S_{m,B}^* \stackrel{\text{def}}{=\!=\!=} S/n_B$，$A_{m,B}^* \stackrel{\text{def}}{=\!=\!=} A/n_B$，$G_{m,B}^* \stackrel{\text{def}}{=\!=\!=} G/n_B$。它们分别叫 B 的**摩尔体积**（molar volume），**摩尔热力学能**（molar thermodynamic energy），**摩尔焓**（molar enthalpy），**摩尔熵**（molar entropy），**摩尔亥姆霍茨函数**（molar Helmhotz function），**摩尔吉布斯函数**（molar Gibbs function），它们都是强度性质。这是 GB 3102.8—1993 给出的关于**摩尔量**（molar quantity）的定义。

但对于由一个以上的纯组分混合构成的多组分均相系统（混合物或溶液），则其广度性质与混合前的纯组分的广度性质的总和通常并不相等（质量除外），现以广度性质体积 V 为代表，例如，25 ℃、101.325 kPa 时，

$$18.07\ \text{cm}^3\ H_2O(l) + 5.74\ \text{cm}^3\ C_2H_5OH(l) = 23.30\ \text{cm}^3[(H_2O+C_2H_5OH)](l) \neq$$

$$23.81\ \text{cm}^3[(H_2O+C_2H_5OH)](l)$$

即混合后体积缩小了，这是因为液态混合物或溶液混合前后各组分的分子间力有所改变的缘故。

因此，用摩尔量的概念已不能描述多组分系统的热力学性质，而必须引入新的概念，这就是**偏摩尔量**（partial molar quantity）的概念。

1.21.1　偏摩尔量的定义

设 X 代表 V、U、H、S、A、G 这些广度性质，则对多组分均相系统，其量值不仅为温度、压力（不考虑其他广义力）所决定，还与系统的物质组成有关，故有

$$X = f(T, p, n_A, n_B, \cdots)$$

其全微分则为

$$dX = \left(\frac{\partial X}{\partial T}\right)_{p, n_B} dT + \left(\frac{\partial X}{\partial p}\right)_{T, n_B} dp + \left(\frac{\partial X}{\partial n_A}\right)_{T, p, n(C, C \neq A)} dn_A + \left(\frac{\partial X}{\partial n_B}\right)_{T, p, n(C, C \neq B)} dn_B + \cdots$$

定义

$$X_B \stackrel{\text{def}}{=\!=\!=} \left(\frac{\partial X}{\partial n_B}\right)_{T, p, n(C, C \neq B)}$$

(1-139)

式中，X_B 称为**偏摩尔量**；下标 T、p 表示 T、p 恒定；$n(C, C \neq B)$ 表示除组分 B 外，其余所有组分（以 C 代表）均保持恒定不变。X_B 代表：

$$V_B = \left(\frac{\partial V}{\partial n_B}\right)_{T, p, n(C, C \neq B)}，称为\textbf{偏摩尔体积}（partial\ molar\ volume，以下类推）$$

$$U_B = \left(\frac{\partial U}{\partial n_B}\right)_{T, p, n(C, C \neq B)}，称为\textbf{偏摩尔热力学能}$$

$$H_B = \left(\frac{\partial H}{\partial n_B}\right)_{T,p,n(C,C\neq B)}, \text{称为偏摩尔焓}$$

$$S_B = \left(\frac{\partial S}{\partial n_B}\right)_{T,p,n(C,C\neq B)}, \text{称为偏摩尔熵}$$

$$A_B = \left(\frac{\partial A}{\partial n_B}\right)_{T,p,n(C,C\neq B)}, \text{称为偏摩尔亥姆霍茨函数}$$

$$G_B = \left(\frac{\partial G}{\partial n_B}\right)_{T,p,n(C,C\neq B)}, \text{称为偏摩尔吉布斯函数}$$

于是
$$dX = \left(\frac{\partial X}{\partial T}\right)_{T,p,n_B} dT + \left(\frac{\partial X}{\partial p}\right)_{T,p,n_B} dp + X_A dn_A + X_B dn_B + \cdots$$

若 $dT = 0, dp = 0$，则

$$dX = X_A dn_A + X_B dn_B + \cdots = \sum_{B=A}^{S} X_B dn_B \tag{1-140}$$

当 X_B 视为常数时,积分上式,得

$$X = \sum_{B=A}^{S} n_B X_B \tag{1-141}$$

式(1-141)适用于任何广度性质,例如,对混合物或溶液的体积 V,则
$$V = n_A V_A + n_B V_B + \cdots + n_S V_S$$

注意 关于偏摩尔量的概念有以下几点:

(i) 偏摩尔量的含义:偏摩尔量 X_B 是在 T、p,以及除 n_B 外所有其他组分的物质的量都保持不变的条件下,任意广度性质 X 随 n_B 的变化率。也可理解为在定温、定压下,向大量的某一定组成的混合物或溶液中加入单位物质的量的 B 时引起的系统的广度性质 X 的改变量。

(ii) 只有系统的广度性质才有偏摩尔量,而偏摩尔量则为强度性质。

(iii) 只有在定温、定压下,某广度性质对组分 B 的物质的量的偏微分才叫偏摩尔量。

(iv) 任何偏摩尔量都是状态函数,且为 T、p 和组成的函数。

(v) 由偏摩尔量的定义式(1-139)知,它可正、可负。例如在 $MgSO_4$ 稀水溶液($b_B < 0.07$ mol·kg^{-1})中添加 $MgSO_4$,溶液的体积不是增加而是缩小(由于 $MgSO_4$ 有很强的水合作用)。

(vi) 纯物质的偏摩尔量就是摩尔量。

1.21.2 不同组分同一偏摩尔量之间的关系

定温、定压下微分式(1-141),得
$$dX = \sum_B n_B dX_B + \sum_B X_B dn_B$$

将上式与式(1-140)比较,得

$$\sum_B n_B dX_B = 0 \tag{1-142}$$

将式(1-142)除以 $n = \sum_B n_B$,得

$$\sum_B x_B dX_B = 0 \tag{1-143}$$

式(1-142)、式(1-143)都叫**吉布斯 - 杜亥姆**(Gibbs-Duhem)**方程**。它表示混合物或溶液中不同组分同一偏摩尔量间的关系。

若为 A、B 二组分混合物或溶液,则

$$x_A dX_A = - x_B dX_B \tag{1-144}$$

由式(1-144)可见,在一定的温度、压力下,当混合物(或溶液)的组成发生微小变化时,两个组分的偏摩尔量不是独立变化的,如果一个组分的偏摩尔量增大,则另一个组分的偏摩尔量必然减小。

1.21.3　同一组分不同偏摩尔量间的关系

混合物或溶液中同一组分,如组分 B,它的不同偏摩尔量如 V_B、U_B、H_B、S_B、A_B、G_B 等之间的关系类似于纯物质各摩尔量间的关系。如

$$H_B = U_B + pV_B \tag{1-145}$$

$$A_B = U_B - TS_B \tag{1-146}$$

$$G_B = H_B - TS_B = U_B + pV_B - TS_B = A_B + pV_B \tag{1-147}$$

$$(\partial G_B / \partial p)_{T, n_A} = V_B \tag{1-148}$$

$$[\partial (G_B / T) / \partial T]_{p, n_A} = - H_B / T^2 \tag{1-149}$$

1.22　化学势、化学势判据

化学势是化学热力学中最重要的一个物理量。我们将看到,相平衡或化学平衡的条件首先要通过化学势来表达;利用化学势可以建立物质平衡判据,即相平衡判据和化学平衡判据。

1.22.1　化学势的定义

混合物或溶液中,组分 B 的偏摩尔吉布斯函数 G_B 在化学热力学中有特殊的重要性,又把它叫做**化学势**(chemical potential),用符号 μ_B 表示。所以化学势的定义式为

$$\mu_B \stackrel{\text{def}}{=\!=\!=} G_B = \left(\frac{\partial G}{\partial n_B} \right)_{T, p, n(C, C \neq B)} \tag{1-150}$$

1.22.2　多组分组成可变系统的热力学基本方程

1. 多组分组成可变均相系统的热力学基本方程

对多组分组成可变的均相系统(混合物或溶液),有

$$G = f(T, p, n_A, n_B \cdots)$$

其全微分为

$$dG = \left(\frac{\partial G}{\partial T} \right)_{p, n_B} dT + \left(\frac{\partial G}{\partial p} \right)_{T, n_B} dp + \left(\frac{\partial G}{\partial n_A} \right)_{T, p, n(C, C \neq A)} dn_A + \left(\frac{\partial G}{\partial n_B} \right)_{T, p, n(C, C \neq B)} dn_B + \cdots$$

或

$$dG = \left(\frac{\partial G}{\partial T} \right)_{p, n_B} dT + \left(\frac{\partial G}{\partial p} \right)_{T, n_B} dp + \sum_B \left(\frac{\partial G}{\partial n_B} \right)_{T, p, n(C, C \neq B)} dn_B$$

在组成不变的条件下与式(1-118)对比,有

$$\left(\frac{\partial G}{\partial T} \right)_{p, n_B} = - S, \quad \left(\frac{\partial G}{\partial p} \right)_{T, n_B} = V$$

再结合式(1-150),于是有

$$dG = -SdT + Vdp + \sum_B \mu_B dn_B \tag{1-151}$$

再由 $dG = dA + d(pV) = dA + pdV + Vdp$,结合式(1-151),得

$$dA = -SdT - pdV + \sum_B \mu_B dn_B \tag{1-152}$$

由 $dA = dU - d(TS) = dU - TdS - SdT$,结合式(1-152),得

$$dU = TdS - pdV + \sum_B \mu_B dn_B \tag{1-153}$$

而由 $dU = dH - d(pV) = dH - pdV - Vdp$,结合式(1-153),得

$$dH = TdS + Vdp + \sum_B \mu_B dn_B \tag{1-154}$$

式(1-151)～式(1-154)为**多组分组成可变的均相系统的热力学基本方程**。它不仅适用于组成可变的均相封闭系统,也适用于均相敞开系统。

由式(1-152),若 $dT = 0, dV = 0, dn_C = 0$(除 B 以外的组分的物质的量均保持恒定,下同),则

$$\mu_B = \left(\frac{\partial A}{\partial n_B}\right)_{T,V,n(C,C \neq B)} \tag{1-155}$$

由式(1-153),若 $dS = 0, dV = 0, dn_C = 0$,则

$$\mu_B = \left(\frac{\partial U}{\partial n_B}\right)_{S,V,n(C,C \neq B)} \tag{1-156}$$

由式(1-154),若 $dS = 0, dp = 0, dn_C = 0$,则

$$\mu_B = \left(\frac{\partial H}{\partial n_B}\right)_{S,p,n(C,C \neq B)} \tag{1-157}$$

式(1-155)～式(1-157)中的 3 个偏微商也叫**化学势**。

注意   只有式(1-150)中的偏微商既是化学势又是偏摩尔量,而式(1-155)～式(1-157)只叫化学势而不是偏摩尔量。

设有纯 B,若物质的量为 n_B,则

$$G^*(T,p,n_B) = n_B G_{m,B}^*(T,p) \tag{1-158}$$

将上式微分,移项后,有

$$\left(\frac{\partial G^*}{\partial n_B}\right)_{T,p} = \mu_B = G_{m,B}^*(T,p) \tag{1-159}$$

式(1-159)表明,纯物质的化学势等于该物质的摩尔吉布斯函数。

2. 多组分组成可变多相系统的热力学基本方程

对于多组分组成可变的多相系统,则式(1-151)～式(1-154)中等式右边各项要对系统中所有相加和(用 $\sum_\alpha$ 表示),例如

$$dU = \sum_\alpha T^\alpha dS^\alpha - \sum_\alpha p^\alpha dV^\alpha + \sum_\alpha \sum_B \mu_B^\alpha dn_B^\alpha \tag{1-160}$$

当各相 T、p 相同时,式(1-160)变为

$$dU = TdS - pdV + \sum_\alpha \sum_B \mu_B^\alpha dn_B^\alpha \tag{1-161}$$

式(1-160)～式(1-161)为多组分组成可变的多相系统的热力学基本方程。

1.22.3　物质平衡的化学势判据

物质平衡包括相平衡及化学反应平衡。设系统是封闭的,但系统内物质可从一相转移到另一相,或有些物质可因发生化学反应而增多或减少。对于处于热平衡及力平衡的系统(不一定处于物质平衡),若 $\delta W' = 0$,由热力学第一定律 $dU = \delta Q - p dV$,代入式(1-161),得

$$T dS - \delta Q + \sum_{\alpha} \sum_{B} \mu_B^{\alpha} dn_B^{\alpha} = 0$$

再由热力学第二定律 $T dS \geqslant \delta Q$,代入上式,得

$$\sum_{\alpha} \sum_{B} \mu_B^{\alpha} dn_B^{\alpha} \leqslant 0 \quad \begin{matrix} 自发 \\ 平衡 \end{matrix} \tag{1-162}$$

式(1-162)就是由热力学第二定律得到的**物质平衡的化学势判据**的一般形式。

式(1-162)表明,当系统未达物质平衡时,可自发地发生 $\sum_{\alpha} \sum_{B} \mu_B^{\alpha} dn_B^{\alpha} < 0$ 的过程,直至 $\sum_{\alpha} \sum_{B} \mu_B^{\alpha} dn_B^{\alpha} = 0$ 时达到物质平衡。

1. 相平衡条件

考虑混合物或溶液中 $\qquad B(\alpha) \xrightarrow{T, p} B(\beta)$

若在无非体积功及定温、定压条件下,组分 B 有 dn_B 由 α 相转移到 β 相,由式(1-162),有

$$\mu_B^{\alpha} dn_B^{\alpha} + \mu_B^{\beta} dn_B^{\beta} \leqslant 0$$

因为 $\qquad\qquad dn_B^{\alpha} = - dn_B^{\beta}$

所以 $\qquad\qquad (\mu_B^{\alpha} - \mu_B^{\beta}) dn_B^{\beta} \geqslant 0$

因为 $\qquad\qquad dn_B^{\beta} > 0$

所以 $\qquad\qquad (\mu_B^{\alpha} - \mu_B^{\beta}) \geqslant 0 \quad \begin{matrix} 自发 \\ 平衡 \end{matrix} \tag{1-163}$

式(1-163)即为**相平衡的化学势判据**。表明在一定 T、p 下,若 $\mu_B^{\alpha} = \mu_B^{\beta}$,则组分 B 在 α、β 两相中达成平衡,这就是**相平衡条件**。若 $\mu_B^{\alpha} > \mu_B^{\beta}$,则 B 有从 α 相转移到 β 相的自发趋势。

对纯物质,因为 $\mu_B^{\alpha} = G_{m,B}^*(\alpha)$,$\mu_B^{\beta} = G_{m,B}^*(\beta)$,即纯 B^* 达成两相平衡的条件是 $G_{m,B}^*(\alpha) = G_{m,B}^*(\beta)$。

2. 化学反应平衡条件

以下讨论均相系统中,化学反应 $0 = \sum_{B} \nu_B B$ 的平衡条件。

设化学反应按方程 $0 = \sum_{B} \nu_B B$,发生的反应进度为 $d\xi$,则有 $dn_B = \nu_B d\xi$,于是,由式(1-162),对均相系统

$$\sum_{B} \mu_B dn_B = \sum_{B} \nu_B \mu_B d\xi \leqslant 0 \quad \begin{matrix} 自发 \\ 平衡 \end{matrix} \tag{1-164}$$

式(1-164)即为**化学反应平衡的化学势判据**。表明,$\sum_{B} \nu_B \mu_B < 0$ 时,有向 $d\xi > 0$ 的方向自发地发生反应的趋势,直至 $\sum_{B} \nu_B \mu_B = 0$ 时,达到反应平衡,这就是**化学反应的平衡条件**。如对反应

$$aA + bB \Longrightarrow yY + zZ$$

反应的平衡条件是

$$a\mu_A + b\mu_B = y\mu_Y + z\mu_Z$$

若定义

$$A \overset{\text{def}}{=\!=\!=} -\sum_B \nu_B \mu_B \tag{1-165}$$

式中，A 叫化学反应的亲和势（potential of chemical reaction）。

$$\left.\begin{array}{l} A = 0，反应处于平衡态 \\ A > 0，反应向右自发进行 \\ A < 0，反应向左自发进行 \end{array}\right\} \tag{1-166}$$

1.23　气体的化学势、逸度

由化学势的定义式(1-150)知，化学势亦是系统的状态函数，它与系统的温度、压力、组成有关。本节讨论气体的化学势与 T、p 及组成的关系，即气体（包括理想气体、真实气体及其混合物）化学势的表达式和逸度的概念。

1.23.1　理想气体的化学势表达式

1. 纯理想气体的化学势表达式

由式(1-159)可知，纯物质的化学势等于该物质的摩尔吉布斯函数，即

$$\mu^* = G_m^*$$

结合式(1-118)，则有

$$d\mu^* = -S_m^* dT + V_m^* dp$$

在定温条件下，上式化为

$$d\mu^* = V_m^* dp$$

对于理想气体，$V_m^* = \dfrac{RT}{p}$，于是有

$$d\mu^* = \frac{RT}{p} dp$$

$$\int_{\mu^\ominus}^{\mu^*} d\mu^* = \int_{p^\ominus}^{p} \frac{RT}{p} dp$$

则

$$\mu^*(g, T, p) = \mu^\ominus(g, T) + RT\ln\frac{p}{p^\ominus} \tag{1-167}$$

式(1-167)即为纯理想气体的化学势表达式（纯理想气体的化学势与温度、压力的关系式）。式中，$p^\ominus$ 代表标准压力；$\mu^\ominus(g, T)$ 为纯理想气体标准态化学势，这个标准态是温度为 T、压力为 $p^\ominus$ 下的纯理想气体状态（假想状态），因为压力已经给定，所以它仅是温度的函数，即 $\mu^\ominus(g, T) = f(T)$；$\mu^*(g, T, p)$ 为纯理想气体任意态化学势，这个任意态的温度与标准态相同，亦为 T，而压力 p 是任意给定的，故 $\mu^*(g, T, p) = f(T, p)$，即纯理想气体的化学势是温度和压力的函数。式(1-167)常简写为

$$\mu^*(g) = \mu^\ominus(g, T) + RT\ln\frac{p}{p^\ominus} \tag{1-168}$$

2. 理想气体混合物中任意组分 B 的化学势表达式

对混合理想气体来说，其中每种气体的行为与该气体单独占有混合气体总体积时的行

为相同。所以混合气体中某气体组分 B 的化学势表达式与该气体在纯态时的化学势表达式相似,即

$$\mu_B(g,T,p,y_C) = \mu_B^{\ominus}(g,T) + RT\ln\frac{p_B}{p^{\ominus}} \tag{1-169}$$

式中,$\mu_B^{\ominus}(g,T)$ 为标准态化学势,这个标准态与式(1-167)相同,即纯 B(或说 B 单独存在时)在温度为 T、压力为 $p^{\ominus}$ 下呈理想气体特性时的状态(假想状态);y_C 表示除 B 以外的所有其他组分的摩尔分数,显然 $y_B + y_C = 1$。

式(1-169)常简写为

$$\mu_B(g) = \mu_B^{\ominus}(g,T) + RT\ln\frac{p_B}{p^{\ominus}} \tag{1-170}$$

式中,$\mu_B = f(T,p,y_C)$,$\mu_B^{\ominus} = f(T)$。

1.23.2　真实气体的化学势表达式、逸度

1. 纯真实气体的化学势表达式、逸度

对于真实气体,在压力比较高时,就不能用式(1-168)表示其化学势,因为此时 $V_m^* \neq \dfrac{RT}{p}$。求真实气体的化学势可用真实气体状态方程,如范德华方程、维里方程等,代入积分项中,但积分过程和结果很复杂。为了使真实气体的化学势表达式具有理想气体化学势表达式那种简单形式,**路易斯**引入了逸度的概念,用符号 $\tilde{p}$ 表示,即

$$\mu^*(g) = \mu^{\ominus}(g,T) + RT\ln\frac{\tilde{p}}{p^{\ominus}} \tag{1-171}$$

式(1-171)与式(1-168)形式相似,只是用逸度 $\tilde{p}$ 代换了压力 p,而保持了公式的简单形式。为了在 $p \to 0$ 时,能使式(1-171)还原为式(1-168),则要求 $\tilde{p}$ 符合下式

$$\lim_{p \to 0}\frac{\tilde{p}}{p} = \lim_{p \to 0}\varphi = 1 \tag{1-172}$$

式(1-171)及式(1-172)即为**逸度**(fugacity)$\tilde{p}$ 的定义式,φ 为**逸度因子**(fugacity factor)。$\tilde{p}$ 与 p 有相同的量纲,单位为 Pa,而 φ 则为量纲一的量,单位为 1。可把 $\tilde{p}$ 理解为修正后的压力 $\tilde{p} = \varphi p$,则

$$\mu^*(g) = \mu^{\ominus}(g,T) + RT\ln\frac{\varphi p}{p^{\ominus}} \tag{1-173}$$

式(1-171)及式(1-173)中的 $\mu^{\ominus}(g,T)$ 为标准态的化学势。这个标准态与式(1-168)中的标准态是相同的,因为在引入逸度的概念时,并未涉及气体标准态选择的任何改变。

关于逸度 $\tilde{p}$ 与逸度因子 φ 的计算,可参考化工热力学等专业课程,此处不再叙述,仅指出 $\tilde{p}$ 与 φ 都是温度、压力的函数。

2. 真实混合气体中任意组分 B 的化学势表达式、路易斯 - 兰德尔规则

对真实混合气体中任一组分 B 的化学势表达式,由式(1-170),有

$$\mu_B(g) = \mu_B^{\ominus}(g,T) + RT\ln\frac{\tilde{p}_B}{p^{\ominus}} \tag{1-174}$$

式中

$$\tilde{p}_B = y_B\, \tilde{p}^*$$ （1-175）

式(1-175)叫**路易斯 - 兰德尔**（Lewis-Randall）**规则**。$\mu_B^{\ominus}(g,T)$ 与式(1-170)的含义相同。y_B 为混合气体中组分 B 的摩尔分数。$\tilde{p}^*$ 则为在相同温度、压力下 B 单独存在时的逸度。

本节得到的气体系统各有关组分的化学势表达式见表 1-3。

表 1-3　　　　气体系统有关组分的化学势表达式

系统性质	组　　分	化学势表达式
理想系统	纯理想气体	$\mu^*(g) = \mu^{\ominus}(g,T) + RT\ln\dfrac{p}{p^{\ominus}}$
	理想气体混合物中组分 B	$\mu_B(g) = \mu_B^{\ominus}(g,T) + RT\ln\dfrac{p_B}{p^{\ominus}}$
真实系统	纯真实气体	$\mu^*(g) = \mu^{\ominus}(g,T) + RT\ln\dfrac{\tilde{p}}{p^{\ominus}}$
	真实气体混合物中组分 B	$\mu_B(g) = \mu_B^{\ominus}(g,T) + RT\ln\dfrac{\tilde{p}_B}{p^{\ominus}}$

习　题

1-1 10 mol 理想气体由 25 ℃、1.00 MPa 膨胀到 25 ℃、0.100MPa。设过程为:(1)向真空膨胀;(2)对抗恒外压 0.100 MPa 膨胀。分别计算以上各过程的功。

1-2 求下列定压过程的体积功 W_v:(1)10 mol 理想气体由 25 ℃ 定压膨胀到 125 ℃;(2)在 100 ℃、0.100 MPa 下 5 mol 水变成 5 mol 水蒸气(设水蒸气可视为理想气体,水的体积与水蒸气的体积比较可以忽略);(3)在 25 ℃、0.100 MPa 下 1 mol CH_4 燃烧生成二氧化碳和水。

1-3 10 mol 理想气体从 2×10^6 Pa、10^{-3} m^3 定容降温使压力降到 2×10^5 Pa,再定压膨胀到 10^{-2} m^3。求整个过程的 W_v、Q、ΔU 和 ΔH。

1-4 10 mol 理想气体由 25 ℃、10^6 Pa 膨胀到 25 ℃、10^5 Pa,设过程为:(1)自由膨胀;(2)对抗恒外压 10^5 Pa 膨胀;(3)定温可逆膨胀。分别计算以上各过程的 W_v、Q、ΔU 和 ΔH。

1-5 氢气从 1.43 dm^3、3.04×10^5 Pa 和 298.15 K,可逆绝热膨胀到 2.86 dm^3。氢气的 $C_{p,m} = 28.8$ J·K^{-1}·mol^{-1},按理想气体处理。(1)求终态的温度和压力;(2)求该过程的 Q、W_v、ΔU 和 ΔH。

1-6 在 298.15 K、6×101.3 kPa 压力下,1 mol 单原子理想气体进行绝热膨胀,最终压力为 101.3 kPa,若为(1)可逆膨胀;(2)对抗恒外压 101.3 kPa 膨胀,求上述二绝热膨胀过程的气体的最终温度,气体对外界所做的功,气体的热力学能变化及焓变。(已知 $C_{p,m} = \dfrac{5}{2}R$)

1-7 1 mol 水在 100 ℃、101 325Pa 下变成同温同压下的水蒸气(视水蒸气为理想气体),然后定温可逆膨胀到 10 132.5 Pa,计算全过程的 ΔU、ΔH。已知水的摩尔汽化焓 $\Delta_{vap}H_m(373.15\ K) = 40.67$ kJ·mol^{-1}。

1-8 已知反应

(1) $CO(g) + H_2O(g) \longrightarrow CO_2(g) + H_2(g)$,$\Delta_r H_m^{\ominus}(298.15\ K) = -41.2$ kJ·mol^{-1}

(2) $CH_4(g) + 2H_2O(g) \longrightarrow CO_2(g) + 4H_2(g)$,$\Delta_r H_m^{\ominus}(298\ K) = 165.0$ kJ·mol^{-1}

计算下列反应的 $\Delta_r H_m^{\ominus}(298.15\ K)$:

$CH_4(g) + H_2O(g) \longrightarrow CO(g) + 3H_2(g)$

1-9 25 ℃ 时,$H_2O(l)$ 及 $H_2O(g)$ 的标准摩尔生成焓[变]分别为 -285.838 kJ·mol^{-1} 及 -241.825 kJ·mol^{-1}。计算水在 25 ℃ 时的汽化焓。

1-10 已知反应 C(石墨)$+ H_2O(g) \longrightarrow CO(g) + H_2(g)$ 的 $\Delta_r H_m^{\ominus}(298.15\ K) = 133$ kJ·mol^{-1},计算该

反应在 125 ℃ 时的 $\Delta_r H_m^{\ominus}$.假定各物质在 25~125 ℃ 的平均摩尔定压热容:

物质	$C_{p,m}^{\ominus}/(\text{J} \cdot \text{K}^{-1} \cdot \text{mol}^{-1})$	物质	$C_{p,m}^{\ominus}/(\text{J} \cdot \text{K}^{-1} \cdot \text{mol}^{-1})$
C(石墨)	8.64	CO(g)	29.11
H_2(g)	28.0	H_2O(g)	33.51

1-11 1 mol 理想气体由 25 ℃、1 MPa 膨胀到 0.1 MPa,假定过程分别为:(1)定温可逆膨胀;(2)向真空膨胀.计算各过程的熵变.

1-12 2 mol,27 ℃、20 dm³ 理想气体,在定温条件下膨胀到49.2 dm³,假定过程为:(1)可逆膨胀;(2)自由膨胀;(3)对抗恒外压1.013×10⁵ Pa 膨胀.计算各过程的 Q、W、ΔU、ΔH 及 ΔS.

1-13 5 mol 某理想气体($C_{p,m} = 29.10$ J·K⁻¹·mol⁻¹),由始态(400 K,200 kPa)分别经下列不同过程变到该过程所指定的终态.试分别计算各过程的 Q、W_v、ΔU、ΔH 及 ΔS.(1)定容加热到 600 K;(2)定压冷却到 300 K;(3)对抗恒外压 100 kPa,绝热膨胀到 100 kPa;(4)绝热可逆膨胀到 100 kPa.

1-14 1 mol 水由始态(100 kPa,标准沸点 372.8 K)向真空蒸发变成 372.8 K、100 kPa 水蒸气.计算该过程的 ΔS(已知水在 372.8 K 时的汽化焓为 40.60 kJ·mol⁻¹).

1-15 已知水的正常沸点是 100 ℃,摩尔定压热容 $C_{p,m} = 75.20$ J·K⁻¹·mol⁻¹,汽化焓 $\Delta_{vap} H_m = 40.67$ kJ·mol⁻¹,水蒸气摩尔定压热容 $C_{p,m} = 33.57$ J·K⁻¹·mol⁻¹,$C_{p,m}$ 和 $\Delta_{vap} H_m$ 均可视为常数.(1)求过程:1 mol H_2O(l,100 ℃,101 325 Pa) $\longrightarrow$ 1mol H_2O(g,100 ℃,101 325Pa) 的 ΔS;(2)求过程:1 mol H_2O(l,60 ℃,101 325 Pa) $\longrightarrow$ 1 mol H_2O(g,60 ℃,101 325 Pa) 的 ΔU、ΔH、ΔS.

1-16 已知 −5 ℃ 时,固态苯的蒸气压为 2 279 Pa,液态苯的蒸气压为 2 639 Pa.苯蒸气可视为理想气体.计算下列状态变化的 ΔG:

$$C_6H_6(l, -5 \text{ ℃}, 1.013 \times 10^5 Pa) \longrightarrow C_6H_6(s, -5 \text{ ℃}, 1.013 \times 10^5 Pa)$$

1-17 4 mol 理想气体从 300 K,$p^{\ominus}$ 下定压加热到 600 K,求此过程的 ΔU、ΔH、ΔS、ΔA、ΔG.已知此理想气体的 $S_m^{\ominus}(300 \text{ K}) = 150.0$ J·K⁻¹·mol⁻¹,$C_{p,m} = 30.00$ J·K⁻¹·mol⁻¹.

1-18 已知 298 K 时石墨和金刚石的标准摩尔燃烧焓分别为 −393.511 kJ·mol⁻¹ 和 −395.407 kJ·mol⁻¹,标准摩尔熵分别为 5.694 J·K⁻¹·mol⁻¹ 和 2.439 J·K⁻¹·mol⁻¹,密度分别为 2.260 g·cm⁻³ 和 3.520 g·cm⁻³.(1)计算 C(石墨) $\longrightarrow$ C(金刚石) 的 $\Delta G_m^{\ominus}(298 \text{ K})$;(2)在 25 ℃ 时需多大压力才能使上述转变成为可能(石墨和金刚石的压缩系数均可近似视为零).

习题答案

1-1 (1) 0;(2) − 22.31 kJ

1-2 (1) − 8.314 kJ;(2) − 15.51 kJ;(3) 4.958 kJ

1-3 $\Delta U = \Delta H = 0$,$Q = -W = 1.8$ kJ

1-4 (1) 0,0,0,0;(2) − 22.3 kJ,22.3 kJ,0,0;(3) − 57.1 kJ,57.1 kJ,0,0

1-5 (1) 225 K,1,14×10⁵ Pa;(2)0,− 262 J,− 262 J,− 368.4 J

1-6 (1) 145.6 K,− W = 1 902 J,ΔU = − 1 902 J,$Q = 0$,ΔH = − 3 171 J
(2) 198.8 K,$W = \Delta U$ = − 1 239 J,ΔH = − 2 065 J

1-7 ΔH = 40.67 kJ,ΔU = 37.57 kJ

1-8 206.2 kJ·mol⁻¹

1-9 44.01 kJ

1-10 135 kJ·mol⁻¹

1-11 (1)19.14 J·K⁻¹;(2)19.14 J·K⁻¹

1-12 (1) 4.49 kJ, -4.49 kJ, 0, 0, 15.0 J·K^{-1};(2) 0, 0, 0, 0, 15.0J·K^{-1}

     (3) 2.96 kJ, -2.96 kJ, 0, 0, 15.0J·K^{-1}

1-13 (1) 20.79 kJ, 0, 20.79 kJ, 29.10 kJ, 42.15 J·K^{-1}

     (2) -14.55 kJ, 4.15 kJ, -10.05 kJ, -14.55 kJ, -41.86 J·K^{-1}

     (3) 0, -5.94 kJ, -5.94 kJ, -8.31 kJ, 6.40 J·K^{-1}

     (4) 0, -7.47 kJ, -7.47 kJ, -10.46 kJ, 0

1-14 108.9 J·K^{-1}

1-15 (1) 109 J·K^{-1};(2) 39.57 kJ, 42.34 kJ, 113.7 J·K^{-1}

1-16 -327.0 J·mol^{-1}

1-17 26.02 kJ, 36.00 kJ, 83.18 J·K^{-1}, -203.9 kJ, -193.9 kJ

1-18 (1) 2.867 kJ·mol^{-1};(2) $p > 1.510 \times 10^9$ Pa

第2章

相平衡

2.0 相平衡研究的内容和方法

2.0.1 相平衡

相平衡（phase equilibrium）主要是应用热力学原理研究多相系统中有关相的变化方向与限度的规律。具体地说，就是研究温度、压力及组成等因素对相平衡状态的影响，包括单组分系统的相平衡及多组分系统的相平衡。相平衡研究方法包括解析法和图解法。

2.0.2 相 律

相律（phase rule）是各种相平衡系统所遵守的共同规律，它体现出各种相平衡系统所具有的共性，根据相律可以确定对相平衡系统有影响的因素有几个，在一定条件下平衡系统中最多可以有几个相存在等。

2.0.3 单组分系统相平衡热力学

单组分系统相平衡热力学是把热力学原理应用于解决纯物质有关相平衡的规律，主要是两相平衡的条件和平衡时温度、压力间的关系。表征纯物质两相平衡时温度、压力间关系的方程是**克拉珀龙**（Clapeyron B P E）**方程**，它是克拉珀龙首先在 1834 年得到的，后**克劳休斯**（Clausius R）又用热力学原理导出。这一方程是将热力学原理应用于解决各类平衡问题的典范。例如，应用克劳休斯‐克拉珀龙方程可很好地解决纯物质液⇌气或固⇌气两相平衡时饱和蒸气压和温度的依赖关系，满足了化学实验和化工生产中的许多实际需要。

2.0.4 多组分系统相平衡热力学

多组分系统相平衡热力学则是用多组分系统热力学原理解决有关混合物或溶液的相平衡问题。有关混合物或溶液的相平衡规律，早在 1803 年**亨利**（Henry W）就从实验中总结出有关微溶气体在一定温度下于液体中溶解度的经验规律；1887 年**拉乌尔**（Raoult F M）在研究非挥发性溶质在一定温度下溶解于溶剂构成稀溶液时，总结出非挥发性溶质引起溶剂蒸气压下降的经验规律。当多组分系统热力学理论逐渐完善之后，这些经验规律均可由多组分系统热力学理论推导出来。这之后,1901 年和 1907 年,**路易斯**(Lewis G H)又分别引入逸度和活度的概念,为处理多组分真实系统的相平衡和化学平衡问题铺平了道路。

2.0.5 相平衡强度状态图

用图解的方法研究由一种或数种物质所构成的相平衡系统的性质(如沸点、熔点、蒸气压、溶解度等)与条件(如温度、压力、组成)的函数关系,我们把表示这种关系的图叫做相平衡强度状态图(intensive state diagram of phase equilibrium),简称相图(phase diagram)。

相图按照组分数来分,可分为单组分系统、双组分系统、三组分系统相图等;按组分间相互溶解的情况又可分为完全互溶、部分互溶、完全不互溶系统相图等;按性质与组成的关系来分,则可分为蒸气压-组成图、沸点-组成图、熔点-组成图以及温度-溶解度图等。

该部分将以组分数为主要线索,穿插不同分类法来讨论不同类型的相图。学习时要紧紧抓住由看图来理解相平衡关系这一重要环节,并要明确,做图的根据是相平衡实验数据,从图中看到的是系统达到相平衡后的情况。

I 相 律

2.1 相 律

2.1.1 基本概念

1. 相数

关于相的定义已在 1.1.3 节中给出。而平衡时,系统相的数目称为**相数**(number of phase),用符号 ϕ 表示。

2. 系统的状态与强度状态

状态(state)是指各相的广度性质和强度性质共同确定的状态;**强度状态**(intensive state)是仅由各相强度性质所确定的状态。如某指定温度、压力下的 1 kg 水和 10 kg 水属不同状态,但都属于同一强度状态。区分系统的状态与强度状态对学习相平衡强度状态图很有帮助。

3. 影响系统状态的广度变量和强度变量

影响系统状态的广度变量是各相的物质的量(或质量),影响系统状态的强度变量通常是各相的温度、压力和组成,而影响系统的强度状态的变量仅为强度变量,即各相的温度、压力和组成。

4. 物种数和(独立)组分数

物种数(number of substances)是指平衡系统中存在的化学物质数,用符号 S 表示;(独立)**组分数**(number of components)用符号 C 表示,并由下式定义:

$$C \stackrel{\text{def}}{=\!=\!=} S - R - R' \tag{2-1}$$

式中,S 为物种数;R 为独立的化学反应计量式数目,对于同时进行多个化学反应的复杂平衡

系统,R 由下式确定:

$$R = S - e \quad (S > e) \tag{2-2}$$

式(2-2)中,S 为物种数,e 为组成所有物种 S 的物质的基本单元(或元素总数目),该式的应用条件是 $S > e$。例如,将 $C(s)$、$O_2(g)$、$CO(g)$、$CO_2(g)$ 放入一密闭容器中,常温下它们之间不发生反应,因此 $R = 0$;高温时发生以下反应:

$$C(s) + \frac{1}{2}O_2(g) \Longrightarrow CO(g) \tag{a}$$

$$C(s) + O_2(g) \Longrightarrow CO_2(g) \tag{b}$$

$$CO(s) + \frac{1}{2}O_2(g) \Longrightarrow CO_2(g) \tag{c}$$

$$C(s) + CO_2(g) \Longrightarrow 2CO(g) \tag{d}$$

由式(2-2),$S = 4$(C、O_2、CO、CO_2),$e = 2$(C、O_2),则

$$R = S - e = 4 - 2 = 2$$

即上述复杂反应系统中只有 2 个反应是独立的,其余的 2 个反应可由 2 个独立的反应的线性组合得到,即反应(c) = (b) - (a);反应(d) = (a) × 2 - (b)。

R' 为除一相中各物质的摩尔分数之和为 1 这个关系以外的不同物种的组成间的独立关系数,它包括:

(i) 当规定系统中部分物种只通过化学反应由另外物种生成时,由此可能带来的同一相的组成关系;

例如,由 $NH_4HS(s)$ 分解,建立如下的反应平衡:

$$NH_4HS(s) \Longrightarrow NH_3(g) + H_2S(g)$$

则系统的 $S = 3$,$R = 1$,$R' = 1$[$n(NH_3, g) : n(H_2S, g) = 1 : 1$,是由化学反应带来的同一相的组成关系]。

(ii) 当把电解质在溶液中的离子亦视为物种时,由电中性条件带来的同一相的组成关系。

例如,对于 $NaCl$ 水溶液构成的系统,若把 $NaCl$、H_2O 选择为物种,则系统的 $S = 2$,$R = 0$,$R' = 0$,$C = S - R - R' = 2 - 0 - 0 = 2$;若把 Na^+、Cl^-、H^+、OH^-、H_2O 选为物种,则 $S = 5$,$R = 1$(存在电离平衡:$H_2O = H^+ + OH^-$),$R' = 2$[有 $n(H^+) : n(OH^-) = 1 : 1$,是由电离平衡带来的同一相的组成关系及 Na^+、H^+、Cl^-、OH^- 正、负离子的电中性关系],$C = S - R - R' = 5 - 1 - 2 = 2$,两种处理方法虽物种数 S 选法不同,但组分数 C 相同。

5. 自由度数

自由度数(number of degrees of freedom) 为用以确定相平衡系统的强度状态的独立强度变量数,用符号 f 表示。

2.1.2　相律的数学表达式

相律是**吉布斯**(Gibbs J W)深入研究相平衡规律时推导出来的,其数学表达式为

$$f = C - \phi + 2 \tag{2-3}$$

若除了推导相律时列举的强度变量间的独立关系数外,对平衡态的性质再添加 b 个特殊

规定(如规定 T 或 p 不变、$x_B^\alpha = x_B^\beta$ 等),剩下的可独立改变的强度变量数为 f',则

$$f' = f - b \tag{2-4}$$

式中,f' 称为**条件(或剩余)自由度数**。

【例 2-1】 试确定 $H_2(g) + I_2(g) = 2HI(g)$ 的平衡系统中,在下述情况下的(独立)组分数:(1)反应前只有 $HI(g)$;(2)反应前 $H_2(g)$ 及 $I_2(g)$ 两种气体的物质的量相等;(3)反应前有任意量的 $H_2(g)$ 与 $I_2(g)$。

解 由式(2-1),有

$$C = S - R - R'$$

(1) 因为 $S = 3,R = 1,R' = 1$,所以 $C = 3 - 1 - 1 = 1$。

(2) 因为 $S = 3,R = 1,R' = 1$,所以 $C = 3 - 1 - 1 = 1$。

(3) 因为 $S = 3,R = 1,R' = 0$,所以 $C = 3 - 1 - 0 = 2$。

【例 2-2】 Na_2CO_3 与 H_2O 可以生成水化物:$Na_2CO_3 \cdot H_2O(s)$、$Na_2CO_3 \cdot 7H_2O(s)$ 和 $Na_2CO_3 \cdot 10H_2O(s)$。

(1) 试指出在标准压力 $p^\ominus$ 下,与 Na_2CO_3 的水溶液、冰 $H_2O(s)$ 平衡共存的水化物最多可有几种?(2)试指出 30 ℃ 时,与水蒸气 $H_2O(g)$ 平衡共存的 Na_2CO_3 水化物(固)最多可有几种?

解 由式(2-1),有 $\qquad C = S - R - R'$

因为 $\qquad\qquad S = 5,R = 3,R' = 0$(水与 Na_2CO_3 均为任意量)

所以 $\qquad\qquad C = S - R - R' = 5 - 3 - 0 = 2$

(1) 因为压力已固定为 $p^\ominus$,即 $b = 1$,则由式(2-4)

$$f' = f - b = C - \phi + 2 - 1 = C - \phi + 1$$

因为 $f' = 0$ 时,ϕ 最多,故

$$0 = C - \phi + 1 = 2 - \phi + 1 = 3 - \phi$$
$$\phi = 3$$

这 3 个相中,除 Na_2CO_3 的水溶液(液相)及冰 $H_2O(s)$ 外,还有 1 个相,这就是 Na_2CO_3 水化物(固)—— 即最多只能有 1 种 Na_2CO_3 水化物(固)与 Na_2CO_3 水溶液及冰平衡共存。

(2) 因为温度已固定为 30 ℃,则由式(2-4)

$$f' = C - \phi + 1 = 3 - \phi$$

当 $f' = 0$ 时,平衡相数最多,故

$$\phi = 3$$

这 3 个相中,除已有的水蒸气 $H_2O(g)$ 外,还可有 2 个水化物(固)与之构成平衡系统 —— 即最多有两种 Na_2CO_3 水化物(固)与水蒸气 $H_2O(g)$ 平衡共存。

【例 2-3】 指出下列平衡系统的(独立)组分数 C、相数 ϕ 及自由度数 f:

(1)$NH_4Cl(s)$ 放入一抽空容器中,与其分解产物 $NH_3(g)$ 和 $HCl(g)$ 达成平衡;(2)任意量的 $NH_3(g)$、$HCl(g)$ 及 $NH_4Cl(s)$ 达成平衡;(3)$NH_4HCO_3(s)$ 放入一抽空容器中,与其分解产物 $NH_3(g)$、$H_2O(g)$ 和 $CO_2(g)$ 达成平衡。

解 (1) 存在的平衡反应为 $NH_4Cl(s) \rightleftharpoons NH_3(g) + HCl(g)$,所以 $S = 3,R = 1,R' = 1[n(NH_3,g):n(HCl,g) = 1:1]$。又 $\phi = 2$,则 $C = 3 - 1 - 1 = 1,f = C - \phi + 2 = 1 - 2 + 2 = 1$。

(2) 存在的平衡反应为 $NH_4Cl(s) \rightleftharpoons NH_3(g) + HCl(g)$，所以 $S = 3, R = 1$，但 $R' = 0$（因为 3 种物质为任意量，$NH_3(g)$ 与 $HCl(g)$ 不存在由反应带来的组成关系），又 $\phi = 2$，所以 $C = S - R - R' = 3 - 1 - 0 = 2, f = C - \phi + 2 = 2 - 2 + 2 = 2$。

(3) 存在的平衡反应为 $NH_4HCO_3(s) \rightleftharpoons NH_3(g) + H_2O(g) + CO_2(g)$，所以 $S = 4, R = 1, R' = 2[n(NH_3, g) : n(H_2O, g) : n(CO_2, g) = 1 : 1 : 1$，即存在 2 个独立的由反应带来的组成关系]，又 $\phi = 2$，所以 $C = 4 - 1 - 2 = 1, f = C - \phi + 2 = 1 - 2 + 2 = 1$。

【例 2-4】　试求下述系统的（独立）组分数：(1) 由任意量 $CaCO_3(s)$、$CaO(s)$、$CO_2(g)$ 反应达到平衡的系统；(2) 仅由 $CaCO_3(s)$ 部分分解达到平衡的系统。

解　(1) 因为 $S = 3, R = 1[CaCO_3(s) \rightleftharpoons CaO(s) + CO_2(g)], R' = 0$，故 $C = 2$。即可用 $CaCO_3(s)$、$CaO(s)$、$CO_2(g)$ 中的任何两种物质形成含 3 种物质的系统的各种可能状态。

(2) 由于 $CaCO_3(s)$、$CaO(s)$、$CO_2(g)$ 不在同一相内，即不存在同一相中的不同物质的组成关系，所以 $S = 3, R = 1, R' = 0$，故 $C = 2$。即由 $CaCO_3(s)$ 一种物质只能形成含 3 种物质系统的各种强度状态[因为总是存在 $n(CaO) = n(CO_2)$，即各相的量不能任意]，所以要形成各种状态仍需 2 种物质。因此，"$CaCO_3(s)$ 部分分解"这句话只能指出所说系统的性质。

相律是 f、C、ϕ 三者的关系，当 f、ϕ 易确定而 C 有疑问时，可由 f、ϕ 算 C，即 $C = f + \phi - 2$。对该系统，因为 $\phi = 3$（两固相一气相），$f = 1[T$ 一定，则平衡时 $p(CO_2)$ 一定]，所以 $C = 1 + 3 - 2 = 2$。

Ⅱ　相平衡热力学

2.2　单组分系统相平衡热力学

2.2.1　单组分系统两相平衡关系

研究单组分系统两相平衡，包括：液⇌气、固⇌气、固⇌液、液$(\alpha) \rightleftharpoons$ 液(β)、固$(\alpha) \rightleftharpoons$ 固(β) 等两相平衡。

应用相律 $f = C - \phi + 2$ 于单组分系统两相平衡，因为 $C = 1, \phi = 2$，则

$$f = 1 - 2 + 2 = 1$$

表明，单组分系统两相平衡时，温度和压力两个强度变量中，只有一个是独立可变的，若改变压力，温度即随之而定，反之亦然。二者之间必定存在着相互依赖的函数关系，这个关系可用热力学原理推导出来，这就是克拉珀龙方程。

2.2.2　克拉珀龙方程

设若纯 B^* 在温度 T、压力 p 下，在 α、β 两相间达成平衡，表示成

$$B^*(\alpha, T, p) \overset{\text{平衡}}{\rightleftharpoons} B^*(\beta, T, p)$$

则由纯物质两相平衡条件,有

$$G_m^*(B^*,\alpha,T,p) = G_m^*(B^*,\beta,T,p)$$

若改变该平衡系统的温度,即温度变为 $T+dT$,则压力随之变为 $p+dp$ 重新建立平衡,即

$$B^*(\alpha,T+dT,p+dp) \underset{}{\overset{\text{平衡}}{\rightleftharpoons}} B^*(\beta,T+dT,p+dp)$$

则有

$$G_m^*(B^*,\alpha,T,p) + dG_m^*(\alpha) = G_m^*(B^*,\beta,T,p) + dG_m^*(\beta)$$

显然

$$dG_m^*(\alpha) = dG_m^*(\beta)$$

由热力学基本方程式(1-118),可得

$$-S_m^*(\alpha)dT + V_m^*(\alpha)dp = -S_m^*(\beta)dT + V_m^*(\beta)dp$$

移项,整理得

$$\frac{dp}{dT} = \frac{S_m^*(\beta) - S_m^*(\alpha)}{V_m^*(\beta) - V_m^*(\alpha)} = \frac{\Delta_\alpha^\beta S_m^*}{\Delta_\alpha^\beta V_m^*}$$

因 $\Delta_\alpha^\beta S_m^* = \dfrac{\Delta_\alpha^\beta H_m^*}{T}$,代入上式得

$$\frac{dp}{dT} = \frac{\Delta_\alpha^\beta H_m^*}{T\Delta_\alpha^\beta V_m^*} \tag{2-5}$$

式(2-5)称为**克拉珀龙**(Clapeyron B E P)**方程**[1]。式(2-5)还可写成

$$\frac{dT}{dp} = \frac{T\Delta_\alpha^\beta V_m^*}{\Delta_\alpha^\beta H_m^*} \tag{2-6}$$

式(2-5)或式(2-6)表示纯物质在任意两相(α 与 β)间建立平衡时,其平衡温度 T、平衡压力 p 二者的依赖关系,即要保持纯物质两相平衡,温度、压力不能同时独立改变,若其中一个变化,另一个必按式(2-5)或式(2-6)的关系改变。式(2-5)是平衡压力随平衡温度改变的变化率;式(2-6)则是平衡温度随平衡压力改变的变化率。例如,若将式(2-5)应用于纯物质的液、气两相平衡,它就是纯液体的饱和蒸气压随温度变化的依赖关系,而将式(2-6)应用于纯物质的固、液两相平衡时,它就是纯固体的熔点随外压的改变而变化的依赖关系。

分析式(2-5),若 $\Delta_\alpha^\beta H_m^* > 0$,$\Delta_\alpha^\beta V_m^* > 0$(或 $\Delta_\alpha^\beta H_m^* < 0$,$\Delta_\alpha^\beta V_m^* < 0$),则

$$\frac{dp}{dT} > 0, \quad T\uparrow \Rightarrow p\uparrow$$

若 $\Delta_\alpha^\beta H_m^* > 0$,$\Delta_\alpha^\beta V_m^* < 0$(或 $\Delta_\alpha^\beta H_m^* < 0$,$\Delta_\alpha^\beta V_m^* > 0$)则

$$\frac{dp}{dT} < 0, \quad T\uparrow \Rightarrow p\downarrow$$

注意 在应用式(2-5)及式(2-6)计算时,$\Delta_\alpha^\beta H_m^*$ 与 $\Delta_\alpha^\beta V_m^*$ 的变化方向要一致,即始态均为 α,终态均为 β。

【例 2-5】 在 0 ℃ 附近,纯水和纯冰呈平衡,已知 0 ℃ 时,冰与水的摩尔体积分别为 $0.019\,64 \times 10^{-3}\ m^3 \cdot mol^{-1}$ 和 $0.018\,00 \times 10^{-3}\ m^3 \cdot mol^{-1}$,冰的摩尔熔化焓为 $\Delta_{fus} H_m^* = 6.029\ kJ \cdot mol^{-1}$,试确定 0 ℃ 时冰的熔点随压力的变化率 dT/dp。

---

[1] 克拉珀龙方程是克拉珀龙于 1834 年分析了包括气液平衡的卡诺循环而首先得到,而后又于 1850 年由克劳休斯用严格的热力学方法推导出来,故有的教材又把它称为克拉珀龙－克劳休斯方程。

解　此为固 $\rightleftharpoons$ 液两相平衡。由式

$$\frac{\mathrm{d}T}{\mathrm{d}p} = \frac{T[V_m^*(l) - V_m^*(s)]}{\Delta_{fus}H_m^*}$$

代入所给数据,得

$$\frac{\mathrm{d}T}{\mathrm{d}p} = \frac{273.15\ \mathrm{K} \times (0.018\ 00 - 0.019\ 64) \times 10^{-3}\ \mathrm{m^3 \cdot mol^{-1}}}{6.029 \times 10^3\ \mathrm{J \cdot mol^{-1}}} = -7.400 \times 10^{-8}\ \mathrm{K \cdot Pa^{-1}}$$

计算结果表明,冰的熔点随压力升高而降低。

【例 2-6】　有人提出用 10.10 MPa,100 ℃ 的液态 Na(l) 作原子反应堆的液体冷却剂。试根据克拉珀龙方程判断金属钠在该条件下是否为液态。已知钠在 101.325 kPa 压力下的熔点为 97.6 ℃,摩尔熔化焓为 3.05 kJ · mol^{-1},固体和液体钠的摩尔体积分别为 $24.16 \times 10^{-6}\ \mathrm{m^3 \cdot mol^{-1}}$ 及 $24.76 \times 10^{-6}\ \mathrm{m^3 \cdot mol^{-1}}$。

解　本题意是计算 10.10 MPa 下金属钠的熔点,若该熔点低于 100 ℃,则金属钠为液态,若该熔点高于 100 ℃,则金属钠为固态。

由克拉珀龙方程式

$$\frac{\mathrm{d}T}{\mathrm{d}p} = \frac{T[V_m^*(l) - V_m^*(s)]}{\Delta_{fus}H_m^*}, \qquad \frac{\mathrm{d}T}{T} = \frac{[V_m^*(l) - V_m^*(s)]}{\Delta_{fus}H_m^*}\mathrm{d}p$$

则

$$\mathrm{dln}\{T\} = \frac{(24.76 - 24.16) \times 10^{-6}\ \mathrm{m^3 \cdot mol^{-1}}}{3.05 \times 10^3\ \mathrm{J \cdot mol^{-1}}}\mathrm{d}p$$

$$\ln\left(\frac{T}{370.75\ \mathrm{K}}\right) = 1.967 \times 10^{-10}\ \mathrm{Pa^{-1}} \times (10.10 - 0.101\ 325) \times 10^6\ \mathrm{Pa}$$

解得 $T = 371.5\ \mathrm{K} < 373.15\ \mathrm{K}$,故 10.10 MPa 下,100 ℃ 时,金属钠为液态。

2.2.3　克劳休斯－克拉珀龙方程

以液相 $\overset{T,p}{\rightleftharpoons}$ 气相两相平衡为例。由克拉珀龙方程式(2-5),得

$$\frac{\mathrm{d}p^*}{\mathrm{d}T} = \frac{\Delta_{vap}H_m^*}{T[V_m^*(g) - V_m^*(l)]}$$

作以下近似处理:

(i) 因为 $V_m^*(g) \gg V_m^*(l)$,所以 $[V_m^*(g) - V_m^*(l)] \approx V_m^*(g)$;

(ii) 若气体视为理想气体,则 $V_m^*(g) = \dfrac{RT}{p^*}$,代入上式,得

$$\frac{\mathrm{d}p^*}{\mathrm{d}T} = \frac{\Delta_{vap}H_m^*}{RT^2}p^*$$

可写成

$$\frac{\mathrm{dln}\{p\}}{\mathrm{d}T} = \frac{\Delta_{vap}H_m^*}{RT^2} \tag{2-7}$$

式(2-7)叫**克劳休斯－克拉珀龙**(Clausius-Clapeyron)**方程**(微分式),简称**克-克方程**。

由于克-克方程是在克拉珀龙方程基础上作了两项近似处理而得到的,所以式(2-7)的精确度不如式(2-5)和式(2-6)高。

若视 $\Delta_{vap}H_m^*$ 为与温度 T 无关的常数,将式(2-7)进行不定积分,得

$$\ln\{p\} = -\frac{\Delta_{vap}H_m^*}{RT} + B \tag{2-8}$$

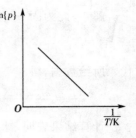

式(2-8)为克 - 克方程的不定积分式。若以 $\ln\{p\}$ 对 $\frac{1}{T/K}$ 做图,如图 2-1 所示。由直线的斜率可求 $\Delta_{vap}H_m^*$,由截距可确定常数 B。

若将 $\Delta_{vap}H_m^*$ 视为常数,将式(2-7)分离变量进行定积分,代入上、下限,得

$$\ln\frac{p_2}{p_1} = \frac{\Delta_{vap}H_m^*}{R}\left(\frac{1}{T_1} - \frac{1}{T_2}\right) \tag{2-9}$$

图 2-1 $\ln\{p\}$ - $\frac{1}{T/K}$ 图

式(2-9)为克 - 克方程的定积分式。对固 $\overset{T,p}{\rightleftharpoons}$ 气两相平衡,式(2-9)可变为

$$\ln\frac{p_2}{p_1} = \frac{\Delta_{sub}H_m^*}{R}\left(\frac{1}{T_1} - \frac{1}{T_2}\right) \tag{2-10}$$

注意 式(2-7)~式(2-10)只能用于凝聚相(液或固) $\overset{T,p}{\rightleftharpoons}$ 气相两相平衡,而不能应用于固 $\overset{T,p}{\rightleftharpoons}$ 液或固 $\overset{T,p}{\rightleftharpoons}$ 固两相平衡。

2.2.4 特鲁顿规则

在缺少 $\Delta_{vap}H_m^*$ 数据时,可利用**特鲁顿规则**(Trouton rule)求取,即对不缔合性液体

$$\frac{\Delta_{vap}H_m^*}{T_b^*} = 88 \text{ J} \cdot \text{K}^{-1} \cdot \text{mol}^{-1} \tag{2-11}$$

式中,T_b^* 为纯液体的正常沸点。

2.2.5 液体的蒸发焓 $\Delta_{vap}H_m^*$ 与温度的关系

式(2-9)是视 $\Delta_{vap}H_m^*$ 为与温度无关的常数,积分式(2-7)而得的。如果精确计算,则要考虑 $\Delta_{vap}H_m^*$ 与温度的关系。这一关系可应用热力学原理推得

$$\frac{d(\Delta_{vap}H_m^*)}{dT} \approx \Delta_l^g C_{p,m}(T) \tag{2-12}$$

2.2.6 外压对液(或固)体饱和蒸气压的影响

在一定温度下,若作用于纯液(固)体上的外压增加,则液(固)体的饱和蒸气压增加。以液体为例,其定量关系亦可由热力学原理推导出来,即

$$\frac{dp^*(l)}{dp} = \frac{V_m^*(l)}{V_m^*(g)} \tag{2-13}$$

式中,$p^*(l)$ 和 p 分别为液体的饱和蒸气压和液体所受的外压。因 $V_m^*(l)/V_m^*(g) > 0$,它表明外压增加,液体的饱和蒸气压增大,又 $V_m^*(g)$ 远大于 $V_m^*(l)$,所以外压增加,液体的饱和蒸气压增加的并不大,通常外压对蒸气压的影响可以忽略。

2.3　多组分系统相平衡热力学

2.3.1　液态混合物及溶液的气液平衡

如图 2-2 所示,设由组分 A、B、C、… 组成液态混合物或溶液。T 一定时,达到气液两相平衡。平衡时,液态混合物或溶液中各组分的摩尔分数分别为 $x_A, x_B, x_C, \cdots$(已不是开始混合时的组成);而气相混合物中各组分的摩尔分数分别为 $y_A, y_B, y_C, \cdots$。一般地,$x_A \neq y_A, x_B \neq y_B, x_C \neq y_C, \cdots$(因为各组分的蒸发能力不一样)。此时,气态混合物的总压力 p,即为温度 T 下该液态混合物或溶液的饱和蒸气压。按分压定义 $p_A = y_A p, p_B = y_B p, p_C = y_C p, \cdots$,则

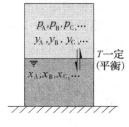

图 2-2　稀溶液的
气液平衡

$$p = p_A + p_B + p_C + \cdots = \sum_B p_B$$

若其中某组分是不挥发的,则其蒸气压很小,可以略去不计。

对由 A、B 二组分形成的液态混合物或溶液(设溶液中组分 A 代表溶剂,组分 B 代表溶质),若组分 B(或溶质)不挥发,则 $p = p_A$。

液态混合物或溶液的饱和蒸气压不仅与液态混合物或溶液中各组分的本性及温度有关,而且与组成有关。这种关系一般较为复杂,但对稀溶液则有简单的经验规律。

2.3.2　拉乌尔定律、亨利定律

1. 拉乌尔定律

1887 年,拉乌尔根据实验总结出一条经验规律,可表述为:平衡时,稀溶液中溶剂 A 在气相中的蒸气分压 p_A 等于同一温度下该纯溶剂的饱和蒸气压 p_A^* 与该溶液中溶剂的摩尔分数 x_A 的乘积。这就是**拉乌尔定律**(Raoult's law),其数学表达式为

$$p_A = p_A^* x_A \tag{2-14}$$

若溶液由溶剂 A 和溶质 B 组成,则有

$$p_A = p_A^*(1 - x_B), \quad 即 (p_A^* - p_A)/p_A^* = x_B \tag{2-15}$$

拉乌尔定律的适用条件及对象是稀溶液中的溶剂。

2. 亨利定律

1803 年,亨利通过实验研究发现:如图 2-3 所示,一定温度下,微溶气体 B 在溶剂 A 中的摩尔分数 x_B 与该气体在气相中的平衡分压 p_B 成正比。这就是**亨利定律**(Henry's law),其数学表达式为

$$x_B = k'_{x,B} p_B \tag{2-16}$$

式中,$k'_{x,B}$ 为**亨利系数**(Henry's coefficient),其单位为压力单位的倒数,即为 Pa^{-1}。它与温度、压力以及溶剂、溶质的性质均有关。

实验表明,亨利定律也适用于稀溶液中挥发性溶质的气、液平衡(如乙醇水溶液)。所以亨利定律又可表述为:在一定温度下,稀溶液中挥发性溶质 B 在平衡气相中的分压力 p_B 与该溶质 B 在平衡液相中的摩尔分数 x_B 成正比。其数学表达式为

$$p_B = k_{x,B} x_B \qquad (2\text{-}17)$$

式中，$k_{x,B}$ 为亨利系数。与式(2-16)比较，显然 $k_{x,B} = \dfrac{1}{k_{x,B}}$，所以 $k_{x,B}$ 与 p_B 有相同的单位，即单位为 Pa。它也与温度、压力，以及溶剂和溶质的性质均有关。

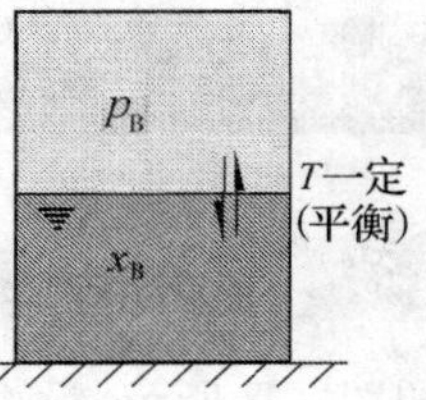

3. 亨利定律的不同形式

因为稀溶液中溶质 B 的组成标度可用 b_B(或 m_B)、x_B、c_B 等表示，所以亨利定律亦可有不同形式，如

$$p_B = k_{b,B} b_B \qquad (2\text{-}18)$$
$$p_B = k_{c,B} c_B \qquad (2\text{-}19)$$

还可以表示成

$$c_B = k'_{c,B} p_B \qquad (2\text{-}20)$$
$$b_B = k'_{b,B} p_B \qquad (2\text{-}21)$$

所以应用亨利定律时，要注意由手册中所查得亨利系数与所对应的数学表达式。如果知道亨利系数的单位，就可知道它所对应的数学表达式。

在应用亨利定律时还要求稀溶液中的溶质在气、液两相中的分子形态必须相同。如 HCl 溶解于苯中所形成的稀溶液，HCl 在气相和苯中分子形态均为 HCl 分子，可应用亨利定律；而 HCl 溶解于水中则成 H^+ 与 Cl^- 离子形态，与气相中的分子形态 HCl 不同，故不能直接应用亨利定律。

图 2-3　气体 B 的溶解平衡

2.3.3　理想液态混合物

1. 理想液态混合物的定义和特征

在一定温度下，液态混合物中任意组分 B 在全部组成范围内($x_B = 0 \to x_B = 1$)都遵守拉乌尔定律 $p_B = p_B^* x_B$ 的液态混合物，叫**理想液态混合物**(mixture of ideal liquid)。

理想液态混合物具有以下微观和宏观特征：

(1) 微观特征

(i) 理想液态混合物中各组分间的分子间作用力与各组分在混合前纯组分的分子间作用力相同(或几近相同)，可表示为 $f_{AA} = f_{BB} = f_{AB}$。f_{AA} 表示纯组分 A 与 A 分子间作用力，f_{BB} 表示纯组分 B 与 B 分子间作用力，而 f_{AB} 表示 A 与 B 混合后 A 与 B 分子间作用力。

(ii) 理想液态混合物中各组分的分子体积大小几近相同，可表示为 $V(A 分子) = V(B 分子)$。

(2) 宏观特征

由于理想液态混合物具有上述微观特征，于是在宏观上反映出如下的特征：

(i) 由一个以上纯组分 $\xrightarrow[\text{混合}(T,p)]{\Delta_{mix}H = 0}$ 理想液态混合物("mix"表示混合)，即由纯组分在定温、定压下混合成理想液态混合物，混合过程的焓变为零。

(ii) 由一个以上纯组分 $\xrightarrow[\text{混合}(T,p)]{\Delta_{mix}V = 0}$ 理想液态混合物，即由纯组分在定温、定压下混合成理想液态混合物，混合过程不发生体积变化。

2. 理想液态混合物中任意组分的化学势

如图 2-4 所示，设有一理想液态混合物在温度 T、压力 p 下与其蒸气呈平衡，若该理想液

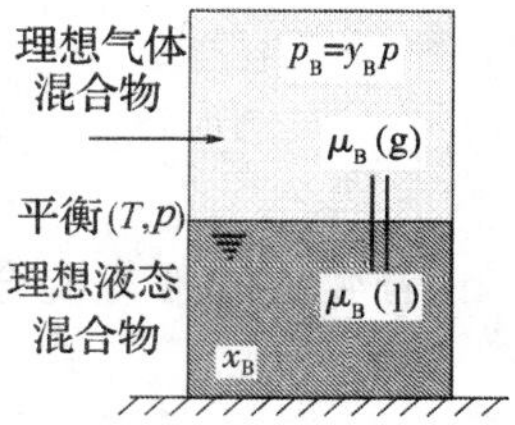

态混合物中任意组分 B 的化学势以 $\mu_B(l, T, p, x_C)$ 表示（x_C 表示除 B 以外的所有其他组分的摩尔分数，应有 $x_B + x_C = 1$），简化表示成 $\mu_B(l)$。假定与之呈平衡的蒸气可视为理想气体混合物，该理想气体混合物中组分 B 的化学势为 $\mu_B(pgm, T, p_B = y_B p, y_C)$，简化表示成 $\mu_B(g)$。

图 2-4　理想液态混合物的气液平衡

由相平衡条件式(1-163)，对上述系统，在 T、p 下达成气液两相平衡时，任意组分 B 在两相中的化学势应相等，即有

$$\mu_B(l, T, p, x_C) = \mu_B(pgm, T, p_B = y_B p, y_C)$$

或简化写成

$$\mu_B(l) = \mu_B(g)$$

而由式(1-170)

$$\mu_B(g) = \mu_B^{\ominus}(g, T) + RT \ln \frac{p_B}{p^{\ominus}}$$

所以

$$\mu_B(l) = \mu_B^{\ominus}(g, T) + RT \ln \frac{p_B}{p^{\ominus}}$$

又因为理想液态混合物中任意组分 B 都遵守拉乌尔定律，则 $p_B = p_B^* x_B$，代入上式得

$$\mu_B(l) = \mu_B^{\ominus}(g, T) + RT \ln \frac{p_B^* x_B}{p^{\ominus}} = \mu_B^{\ominus}(g, T) + RT \ln \frac{p_B^*}{p^{\ominus}} + RT \ln x_B \tag{2-22}$$

令

$$\mu_B^* = \mu_B^{\ominus}(g, T) + RT \ln \frac{p_B^*}{p^{\ominus}}$$

对纯液体 B，其饱和蒸气压 p_B^* 是 T、p 的函数，则 μ_B^* 也是 T、p 的函数，以 $\mu_B^*(l, T, p)$ 表示。以往教材中，常把 $\mu_B^*(l, T, p)$ 作为标准态的化学势。但 GB 3102.8—1993 中，不管是纯液体 B 还是混合物中组分 B 的标准态已选定为温度 T、压力 $p^{\ominus}$（$= 100$ kPa）下液体纯 B 的状态为标准态，标准态的化学势用 $\mu_B^{\ominus}(l, T)$ 表示。$p^{\ominus}$ 与 p 的差别引起的 $\mu_B^{\ominus}(l, T)$ 与 $\mu_B^*(l, T, p)$ 的差别可由式(1-113)得到，即

$$\mu_B^*(l, T, p) = \mu_B^{\ominus}(l, T) + \int_{p^{\ominus}}^{p} V_{m,B}^*(l, T, p) \mathrm{d}p \tag{2-23}$$

把式(2-23)代入式(2-22)，得

$$\mu_B(l) = \mu_B^{\ominus}(l, T) + RT \ln x_B + \int_{p^{\ominus}}^{p} V_{m,B}^*(l, T, p) \mathrm{d}p \tag{2-24}$$

式(2-24)即为理想液态混合物中任意组分 B 的化学势表达式。在通常压力下，p 与 $p^{\ominus}$ 差别不大时，对凝聚系统的化学势值影响不大，所以式(2-24)中的积分项可以忽略不计，而简化为

$$\mu_B(l) = \mu_B^{\ominus}(l, T) + RT \ln x_B \tag{2-25}$$

式(2-25)即为理想液态混合物中组分 B 的化学势表达式的简化式，以后经常用到。式中，$\mu_B^{\ominus}(l, T)$ 即为标准态的化学势，这个标准态就是本书在 1.6 节按 GB 3102.8—1993 所选的标准态，亦即温度为 T、压力为 $p^{\ominus}$（$= 100$ kPa）下的纯液体 B 的状态。

注意　对理想液态混合物中的各组分，不区分为溶剂和溶质，都选择相同的标准态，任意组分 B 的化学势表达式都是式(2-25)。

3. 理想液态混合物的混合性质

在定温、定压下，由若干纯组分混合成理想液态混合物时，混合过程的体积不变，焓不变，但熵增大，而吉布斯函数减少，是自发过程。这些都称为**理想液态混合物的混合性质**（properties of mixing）。用公式表示，即

$$\Delta_{mix}V = 0 \tag{2-26}$$

$$\Delta_{mix} H = 0 \tag{2-27}$$

$$\Delta_{mix} S = -R \sum n_B \ln x_B \tag{2-28a}$$

$$\Delta_{mix} G = RT \sum n_B \ln x_B \tag{2-29a}$$

若生成的液态混合物的物质的量为单位物质的量,则

$$\Delta_{mix} S_m = -R \sum x_B \ln x_B \tag{2-28b}$$

$$\Delta_{mix} G_m = RT \sum x_B \ln x_B \tag{2-29b}$$

理想液态混合物的混合性质是宏观表现,但从微观上也可以理解。根据其微观特征,理想液态混合物中无论同类还是异类分子,分子之间的相互作用力相同,各类分子的体积相等,因此各种分子在混合物中受力情况与在纯组分中几乎等同,混合时不发生体积变化,分子间势能也不改变,因而混合时不伴随放热、吸热现象,故熔不变。另一方面,混合物中各种分子的受力情况相同,在空间分布的概率均等。根据这种模型,可用统计方法推导出和上述结果一样的混合熵。

4. 理想液态混合物的气液平衡

以 A、B 均能挥发的二组分理想液态混合物的气液平衡为例,如图 2-5 所示,平衡时,有

$$p = p_A + p_B$$

(1)平衡气相的蒸气总压与平衡液相组成的关系

由于两组分都遵守拉乌尔定律,故

$$p_A = p_A^* x_A, \quad p_B = p_B^* x_B$$

则

$$p = p_A + p_B = p_A^* x_A + p_B^* x_B$$

又

$$x_A = 1 - x_B$$

故得

$$p = p_A^* + (p_B^* - p_A^*) x_B \tag{2-30}$$

式(2-30)即是二组分理想液态混合物平衡气相的蒸气总压 p 与平衡液相组成 x_B 的关系。它是一个直线方程。当 T 一定,$p_A^* > p_B^*$ 时,可用图 2-6 表示 p_A 与 x_A (直线 $\overline{p_A^* B}$),p_B 与 x_B (直线 $\overline{A p_B^*}$)以及 $p = f(x_B)$ 的关系(直线 $\overline{p_A^* p_B^*}$)。

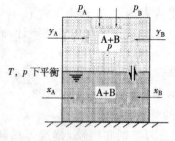

图 2-5 二组分理想液态混合物的气液平衡

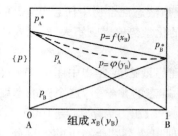

图 2-6 二组分理想液态混合物的蒸气压-组成图

(2)平衡气相组成与平衡液相组成的关系由分压定义,$p_A = y_A p$,$p_B = y_B p$;由拉乌尔定律 $p_A = p_A^* x_A$,$p_B = p_B^* x_B$,得

$$y_A/x_A = p_A^*/p, \quad y_B/x_B = p_B^*/p \tag{2-31}$$

由式(2-31)可知,若 $p_A^* > p_B^*$,则对二组分理想液态混合物,在一定温度下达成气液平衡时

必有 $p_A^* > p > p_B^*$，于是必有 $y_A > x_A, y_B < x_B$。这表明易挥发组分(蒸气压大的组分)在气相中的摩尔分数总是大于平衡液相中的摩尔分数，难挥发组分(蒸气压小的组分)则相反。

（3）平衡气相的蒸气总压与平衡气相组成的关系

由 $p = p_A^* + (p_B^* - p_A^*)x_B$ 及 $y_B/x_B = p_B^*/p$，可得

$$p = \frac{p_A^* p_B^*}{p_B^* - (p_B^* - p_A^*)y_B} \tag{2-32}$$

由式(2-32)可知，p 与 y_B 的关系不是直线关系。如图 2-6 所示，即 $p = \varphi(y_B)$ 所表示的虚曲线。

【例 2-7】　液体 A 和 B 可形成理想液态混合物。把组成为 $y_A = 0.4$ 的蒸气混合物放入一带有活塞的气缸中进行恒温压缩(温度为 t)，已知温度 t 时 p_A^* 和 p_B^* 分别为 40 530 Pa 和 121 590 Pa。(1)计算刚开始出现液相时的蒸气总压；(2)求 A 和 B 的液态混合物在 101 325 Pa 下沸腾时液相的组成。

解　(1)刚开始出现液相时气相组成仍为 $y_A = 0.4, y_B = 0.6$，而 $p_B = p y_B$，故

$$p = p_B/y_B = p_B^* x_B/y_B \tag{a}$$

又

$$p = p_A^* + (p_B^* - p_A^*)x_B \tag{b}$$

联立式(a)、式(b)，代入 $y_B = 0.6, p_A^* = 40\ 530$ Pa，$p_B^* = 121\ 590$ Pa，解得 $x_B = 0.333$。再代入式(a)，解得 $p = 67\ 583.8$ Pa。

（2）由式(b)

$$101\ 325\ \text{Pa} = 40\ 530\ \text{Pa} + (121\ 590\ \text{Pa} - 40\ 530\ \text{Pa})x_B$$

解得

$$x_B = 0.75$$

2.3.4　理想稀溶液

1. 理想稀溶液的定义和气液平衡

（1）理想稀溶液的定义

一定温度下，溶剂和溶质分别遵守拉乌尔定律和亨利定律的无限稀薄溶液称为**理想稀溶液**(ideal dilute solution)。在这种溶液中，溶质分子间距离很远，溶剂和溶质分子周围几乎全是溶剂分子。

理想稀溶液的定义与理想液态混合物的定义不同，理想液态混合物不区分为溶剂和溶质，任意组分都遵守拉乌尔定律；而理想稀溶液区分为溶剂和溶质(通常溶液中含量多的组分叫溶剂，含量少的组分叫溶质)，溶剂遵守拉乌尔定律，溶质却不遵守拉乌尔定律而遵守亨利定律。理想稀溶液的微观和宏观特征也不同于理想液态混合物，理想稀溶液各组分分子体积并不相同，溶质与溶剂间的相互作用和溶剂与溶质分子各自之间的相互作用大不相同；宏观上，当溶剂和溶质混合成理想稀溶液时，会产生吸热或放热现象及体积变化。

（2）理想稀溶液的气液平衡

对溶剂、溶质都挥发的二组分理想稀溶液，在达成气液两相平衡时，当溶质的组成标度分别用 x_B、b_B 表示时，溶液的气相平衡总压与溶液中溶质的组成标度的关系，有

$$p = p_A + p_B$$

将式(2-14)、式(2-17)和式(2-18)代入上式，得

$$p = p_A^* x_A + k_{x,B} x_B \tag{2-33}$$

$$p = p_A^* x_A + k_{b,B} b_B \tag{2-34}$$

若溶质不挥发，则溶液的气相平衡总压仅为溶剂的气相平衡分压 $p = p_A = p_A^* x_A$。

【例2-8】 在60 ℃，把水（A）和有机物（B）混合，形成两个液层。一层（α）为水中含质量分数 $w_B = 0.17$ 有机物的稀溶液；另一层（β）为有机物液体中含质量分数 $w_A = 0.045$ 水的稀溶液。若两液层均可看做理想稀溶液，求此混合系统的气相总压及气相组成。已知在60 ℃ 时 $p_A^* = 19.97$ kPa，$p_B^* = 40.00$ kPa，有机物的相对分子质量为 $M_r = 80$。

解 理想稀溶液，溶剂符合拉乌尔定律，溶质符合亨利定律。水相以 α 表示，有机相用 β 表示，则有

$$p = p_A^{\alpha} + p_B^{\alpha} = p_A^* x_A^{\alpha} + k_{x,B}^{\alpha} x_B^{\alpha} = p_B^{\beta} + p_A^{\beta} = p_B^* x_B^{\beta} + k_{x,A}^{\beta} x_A^{\beta}$$

平衡时，$p_A^{\alpha} = p_A^{\beta}$，$p_B^{\alpha} = p_B^{\beta}$，则

$$p = p_A^* x_A^{\alpha} + p_B^* x_B^{\beta}$$

$$= 1.997 \times 10^4 \text{ Pa} \times \frac{83 \text{ g}/(18 \text{ g} \cdot \text{mol}^{-1})}{83 \text{ g}/(18 \text{ g} \cdot \text{mol}^{-1}) + 17 \text{ g}/(80 \text{ g} \cdot \text{mol}^{-1})} +$$

$$4.000 \times 10^4 \text{ Pa} \times \frac{95.5 \text{ g}/(80 \text{ g} \cdot \text{mol}^{-1})}{95.5 \text{ g}/(80 \text{ g} \cdot \text{mol}^{-1}) + 4.5 \text{ g}/(18 \text{ g} \cdot \text{mol}^{-1})}$$

$$= 52.17 \text{ kPa}$$

$$y_A = \frac{p_A^* x_A^{\alpha}}{p} = \frac{1.997 \times 10^4 \text{ Pa} \times 0.956}{5.217 \times 10^4 \text{ Pa}} = 0.366$$

$$y_B = 1 - y_A = 0.634$$

2. 理想稀溶液中溶剂和溶质的化学势

把理想稀溶液中的组分区分为溶剂和溶质，并采用不同的标准态加以研究，得到不同形式的化学势表达式，这种区分法是出于实际需要和处理问题的方便。

（1）溶剂 A 的化学势

理想稀溶液的溶剂遵守拉乌尔定律，所以溶剂的化学势与温度 T 及组成 x_A（A 代表溶剂）关系的导出与理想液态混合物中任意组分 B 的化学势表达式的导出方法一样，结果与式（2-25）相似，即

$$\mu_A(l) = \mu_A^{\ominus}(l, T) + RT \ln x_A \tag{2-35}$$

式中，x_A 为溶液中溶剂 A 的摩尔分数；$\mu_A^{\ominus}(l, T)$ 为标准态的化学势，此标准态选为纯液体 A 在 T、$p^{\ominus}$ 下的状态，即 1.6.3 节中所选的标准态。

由于 ISO 及 GB 已选定 b_B 为溶液中溶质 B 的组成标度，故对理想稀溶液中的溶剂，有

$$x_A = \frac{1/M_A}{1/M_A + \sum_B b_B} = \frac{1}{1 + M_A \sum_B b_B}$$

式中，$\sum_B b_B$ 为理想稀溶液中所有溶质的质量摩尔浓度的总和。

由

$$\ln x_A = \ln \frac{1}{1 + M_A \sum_B b_B} = -\ln(1 + M_A \sum_B b_B)$$

对理想稀溶液，则 $M_A \sum_B b_B \ll 1$，于是

$$-\ln(1 + M_A \sum_B b_B) = -M_A \sum_B b_B + (M_A \sum_B b_B)^2/2 + \cdots \approx -M_A \sum_B b_B$$

故对理想稀溶液中溶剂 A 的化学势的表达式,当用溶质的质量摩尔浓度表示时,式(2-35)可改写成

$$\mu_A(l) = \mu_A^{\ominus}(l, T) - RTM_A \sum_B b_B \tag{2-36}$$

(2) 溶质 B 的化学势[①]

由于 ISO 及 GB 仅选用 b_B 作为溶液中溶质 B 的组成标度,因此我们只讨论溶质的组成标度用 b_B 表示的化学势表达式。

设有一理想稀溶液,在温度 T、压力 p 下与其蒸气呈平衡,假定其溶质均挥发,溶质 B 的化学势用 $\mu_{b,B}(溶质, T, p, b_C)$ 表示(b_C 表示除溶质 B 以外的其他溶质 C 的质量摩尔浓度),简化表示为 $\mu_{b,B}(溶质)$。假定与之呈平衡的蒸气可视为理想气体混合物,该理想气体混合物中组分 B(即挥发到气相的溶质 B)的化学势为 $\mu_B(pgm, T, p_B = y_B p, y_C)$,简化表示成 $\mu_B(g)$。

由相平衡条件式(1-163),上述系统达到气液两相平衡时,组分 B 在两相中的化学势应相等,即有

$$\mu_{b,B}(溶质, T, p, b_C) = \mu_B(pgm, T, p_B = y_B p, y_C)$$

或简写成

$$\mu_{b,B}(溶质) = \mu_B(g)$$

由式(1-170),得

$$\mu_{b,B}(溶质) = \mu_B^{\ominus}(g, T) + RT \ln \frac{p_B}{p^{\ominus}}$$

又因理想稀溶液中的溶质 B 遵守亨利定律,将 $p_B = k_{b,B} b_B$ 代入上式得

$$\mu_{b,B}(溶质) = \mu_B^{\ominus}(g, T) + RT \ln \frac{k_{b,B} b_B}{p^{\ominus}} = \mu_B^{\ominus}(g, T) + RT \ln \frac{k_{b,B} b^{\ominus}}{p^{\ominus}} + RT \ln \frac{b_B}{b^{\ominus}} \tag{2-37}$$

式中,$b^{\ominus} = 1 \ mol \cdot kg^{-1}$,叫溶质 B 的标准质量摩尔浓度。

令

$$\mu_{b,B}(溶质, T, p, b^{\ominus}) = \mu_B^{\ominus}(g, T) + RT \ln \frac{k_{b,B} b^{\ominus}}{p^{\ominus}}$$

是溶液中溶质 B 的质量摩尔浓度 $b_B = b^{\ominus}$ 时,溶液中 B 的化学势。对于一定的溶剂和溶质,它是温度和压力的函数。当压力选定为 $p^{\ominus}$ 时,用 $\mu_{b,B}^{\ominus}(溶质, T, b^{\ominus})$ 表示,即标准态的化学势。这一标准态是指温度为 T、压力为 $p^{\ominus}$ 下,溶质 B 的质量摩尔浓度 $b_B = b^{\ominus}$,又遵守亨利定律的溶液的(假想)状态,如图 2-7 所示。

$\mu_{b,B}^{\ominus}(溶质, T, b^{\ominus})$ 与 $\mu_{b,B}(溶质, T, p, b^{\ominus})$ 的关系为

$$\mu_{b,B}(溶质, T, p, b^{\ominus}) = \mu_{b,B}^{\ominus}(溶质, T, b^{\ominus}) +$$
$$\int_{p^{\ominus}}^{p} V_B^{\infty}(溶质, T, p) dp \tag{2-38}$$

式中,V_B^{∞} 为理想稀溶液("∞"表示无限稀薄)中溶质 B 的偏摩尔体积。

将式(2-38)代入式(2-37),则有

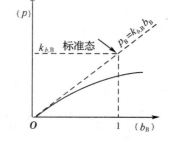

图 2-7　理想稀溶液中溶质 B 的标准态(以 b_B 表示)

---

① 由于 ISO 及 GB 未选用 x_B 及 c_B 作为溶液中溶质 B 的组成标度,故本书不再讨论用该两种组成标度表示的溶质 B 的化学势表达式。

$$\mu_{b,B}(溶质) = \mu_{b,B}^{\ominus}(溶质,T,b^{\ominus}) + RT\ln\frac{b_B}{b^{\ominus}} + \int_{p^{\ominus}}^{p} V_B^{\infty}(溶质,T,p)dp \qquad (2\text{-}39)$$

当 p 与 $p^{\ominus}$ 差别不大时,对凝聚相的化学势值影响不大,式(2-39)中的积分项可以略去,于是式(2-37)可近似表示为

$$\mu_{b,B}(溶质) = \mu_{b,B}^{\ominus}(溶质,T,b^{\ominus}) + RT\ln\frac{b_B}{b^{\ominus}} \qquad (2\text{-}40)$$

或简写成

$$\mu_{b,B} = \mu_{b,B}^{\ominus}(T) + RT\ln\frac{b_B}{b^{\ominus}} \qquad (2\text{-}41)$$

式(2-40)及式(2-41)就是理想稀溶液中溶质 B 的组成标度用溶质 B 的质量摩尔浓度 b_B 表示时,溶质 B 的化学势表达式。

注意 式(2-40)中溶质 B 的标准态化学势的标准状态的选择与理想稀溶液中溶剂 A 的标准态化学势的标准状态的选择[式(2-35)]不同,前已述及,对多组分均相系统区分为混合物和溶液;对混合物则不分为溶剂和溶质,对其中任何组分均选用同样的标准态[式(2-25)];而对溶液则区分为溶剂和溶质,且对溶剂和溶质采用不同的标准态[对溶剂,见式(2-35),对溶质,见式(2-41)和图 2-7]。这是在热力学中,处理多组分理想系统时,采用理想液态混合物及理想稀溶液的定义所带来的必然结果。这种处理方法也为处理多组分均相实际系统带来了方便。

【例 2-9】 设葡萄糖在人体血液中和尿中的质量摩尔浓度分别为 5.50×10^{-3} mol·kg^{-1} 和 5.50×10^{-5} mol·kg^{-1},若将 1 mol 葡萄糖从尿中可逆地转移到血液中,肾脏至少需做多少功?(设体温为 36.8 ℃)

解 由 $W' = \Delta G_m(T,p)$,而

$$\Delta G_m(T,p) = \Delta\mu = \mu(葡萄糖,血液中) - \mu(葡萄糖,尿中)$$

因为葡萄糖在人体血液中和尿中的浓度均很稀薄,所以均可视为理想稀溶液。由理想稀溶液中溶质化学势表达式(2-41)(可近似取做相同的标准态),有

$$\mu(葡萄糖,血液中) = \mu_{b,B}^{\ominus}(T) + RT\ln\frac{b(葡萄糖,血液中)}{b^{\ominus}}$$

$$\mu(葡萄糖,尿中) = \mu_{b,B}^{\ominus}(T) + RT\ln\frac{b(葡萄糖,尿中)}{b^{\ominus}}$$

于是

$$\Delta\mu = \mu(葡萄糖,血液中) - \mu(葡萄糖,尿中) = RT\ln\frac{b(葡萄糖,血液中)}{b(葡萄糖,尿中)}$$

$$= 8.3145\ \text{J}\cdot\text{mol}^{-1}\cdot\text{K}^{-1}\times309.95\ \text{K}\times\ln\frac{5.50\times10^{-3}\ \text{mol}\cdot\text{kg}^{-1}}{5.50\times10^{-5}\ \text{mol}\cdot\text{kg}^{-1}}$$

$$= 11.9\ \text{kJ}\cdot\text{mol}^{-1}$$

3. 理想稀溶液的依数性

所谓"依数性"顾名思义是依赖于数量的性质。理想稀溶液中溶剂的蒸气压下降、凝固点降低(析出固态纯溶剂时)、沸点升高(溶质不挥发时)及渗透压等的量值均与理想稀溶液中所含溶质的数量有关,这些性质都称为理想稀溶液的**依数性**(colligative properties)。

(1)蒸气压下降

对二组分理想稀溶液,溶剂的蒸气压下降

$$\Delta p = p_A^* - p_A = p_A^* x_B \tag{2-42}$$

即 Δp 的量值正比理想稀溶液中所含溶质的数量 —— 溶质的摩尔分数 x_B，其比例系数即为纯 A 的饱和蒸气压 p_A^*。

（2）凝固点（析出固态纯溶剂时）降低

当理想稀溶液冷却到凝固点时析出的可能是纯溶剂，也可能是溶剂和溶质一起析出。当只析出纯溶剂时，即与固态纯溶剂成平衡的理想稀溶液的凝固点 T_f 比相同压力下纯溶剂的凝固点 T_f^* 低，实验结果表明，凝固点降低的量值与理想稀溶液中所含溶质的数量成正比，即

$$\Delta T_f \xlongequal{\text{def}} T_f^* - T_f = k_f b_B \tag{2-43}$$

比例系数 k_f 叫**凝固点降低系数**（freezing point lowering coefficients），它与溶剂性质有关，而与溶质性质无关。

【例 2-10】　在 25 g 水中溶有 0.771 g CH_3COOH，测得该溶液的凝固点降低 0.937℃。已知水的凝固点降低系数为 1.86 K·kg·mol^{-1}。另在 20 g 苯中溶有 0.611 g CH_3COOH，测得该溶液的凝固点降低 1.254℃。已知苯的凝固点降低系数为 5.12 K·kg·mol^{-1}。求 CH_3COOH 在水和苯中的摩尔质量，所得结果说明什么问题？

解　由式（2-43），有

$$\Delta T_f = k_f b_B$$

而

$$b_B = \frac{m_B}{M_B m_A}, \quad M_B = \frac{k_f m_B}{m_A \Delta T_f}$$

则 CH_3COOH 在水中，

$$M_B = \frac{1.86 \text{ K·kg·mol}^{-1} \times 0.771 \text{ g}}{25 \text{ g} \times 0.937 \text{ K}} = 61.2 \text{ g·mol}^{-1}$$

CH_3COOH 在苯中，

$$M_B' = \frac{5.12 \text{ K·kg·mol}^{-1} \times 0.611 \text{ g}}{20 \text{ g} \times 1.254 \text{ K}} = 124.7 \text{ g·mol}^{-1}$$

$M_B' \approx 2M_B$，表明 CH_3COOH 在苯中缔合为 $(CH_3COOH)_2$。

（3）沸点升高

沸点是液体或溶液的蒸气压 p 等于外压 p_{su} 时的温度。若溶质不挥发，则溶液的蒸气压等于溶剂的蒸气压，$p = p_A$。对理想稀溶液，$p_A = p_A^* x_A$，$p_A < p_A^*$，所以在 p-T 图上（图 2-8），理想稀溶液的蒸气压曲线在纯溶剂蒸气压曲线之下。由图可知，当 $p = p_{su}$ 时，溶液的沸点 T_b 必大于纯溶剂的沸点 T_b^*，即沸点升高（溶质不挥发时）。实验结果表明，含不挥发性溶质的理想稀溶液的沸点升高为

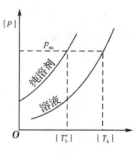

图 2-8　稀溶液沸点升高

$$\Delta T_b \xlongequal{\text{def}} T_b - T_b^* = k_b b_B \tag{2-44}$$

式（2-44）亦可用热力学方法推出，并得到

$$k_b \xlongequal{\text{def}} \frac{R(T_b^*)^2 M_A}{\Delta_{vap} H_{m,A}^*}$$

式中，k_b 叫**沸点升高系数**（boiling point elevation coefficients）。它与溶剂的性质有关，而与溶质性质无关。

【例 2-11】　122 g 苯甲酸 C_6H_5COOH 溶于 1 kg 乙醇后，使乙醇的沸点升高 1.13 K，计算苯甲酸的摩尔质量。已知乙醇的沸点升高系数为 1.20 K·kg·mol^{-1}。

解 设苯甲酸的摩尔质量为 M_B

$$\Delta T_b = k_b b_B = k_b \frac{m_B/M_B}{m_A}$$

$$1.13 \text{ K} = 1.20 \text{ K} \cdot \text{kg} \cdot \text{mol}^{-1} \times \frac{122 \times 10^{-3} \text{ kg}}{M_B \times 1 \text{ kg}}$$

$$M_B = 0.1296 \text{ kg} \cdot \text{mol}^{-1} = 129.6 \text{ g} \cdot \text{mol}^{-1}$$

（4）渗透压

若在 U 形管底部用一种半透膜把某一理想稀溶液和与其相同的纯溶剂隔开，这种膜允许溶剂但不允许溶质透过（图 2-9）。实验结果表明，左侧纯溶剂将透过膜进入右侧溶液，使溶液的液面不断上升，直到两液面达到相当大的高度差 h 时才能达到渗透平衡［图 2-9(a)］。要使两液面不发生高度差，可在溶液液面上施加额外的压力。假定在一定温度下，当溶液的液面上施加压力为 Π 时，两液面可持久保持同样水平，即达到渗透平衡［图 2-9(b)］，这个 Π 的量值叫溶液的**渗透压**（osmotic pressure）。

根据实验得到，理想稀溶液的渗透压 Π 与溶质 B 的浓度 c_B 成正比，比例系数的量值为 RT，即

$$\Pi = c_B RT \tag{2-45}$$

式（2-45）亦可应用热力学原理推导出来。

由上面的讨论可知，若在溶液液面上施加的额外压力大于渗透压 Π，则溶液中的溶剂将会通过半透膜渗透到纯溶剂中去，这种现象叫做反渗透。

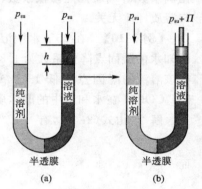

图 2-9　渗透压

渗透和反渗透作用是膜分离技术的理论基础。在生物体内的细胞膜上的"水通道"广泛存在着水的渗透和反渗透作用；在生物学领域以及纺织工业、制革工业、造纸工业、食品工业、化学工业、医疗保健、水处理中广泛使用膜分离技术。例如，利用人工肾进行血液透析，利用膜分离技术进行海水、苦咸水淡化以及果汁浓缩等。

【例 2-12】　血液是大分子的水溶液，人体血液的凝固点为 272.59 K。求体温 37 ℃时人体血液的渗透压。已知水的凝固点降低系数为 1.86 K · kg · mol^{-1}。

解

$$\Delta T_f = k_f b_B$$

$$b_B = \frac{\Delta T_f}{k_f} = \frac{(273.15 - 272.59)\text{K}}{1.86 \text{ K} \cdot \text{kg} \cdot \text{mol}^{-1}} = 0.30 \text{ mol} \cdot \text{kg}^{-1}$$

由于血液是很稀的水溶液，认为它的密度与水的密度相同，为 1 g · cm^{-3}。

$$\Pi = \frac{n_B RT}{V} = \left[\frac{0.30 \times 8.3145 \times (273.15 + 37)}{\frac{1000}{1} \times 10^{-6}} \right] \text{Pa} = 7.74 \times 10^5 \text{ Pa}$$

2.3.5　真实液态混合物、真实溶液、活度

1. 正偏差与负偏差

真实液态混合物的任意组分均不遵守拉乌尔定律；真实溶液的溶剂不遵守拉乌尔定律，溶质也不遵守亨利定律。它们都对理想液态混合物及理想稀溶液所遵守的规律产生偏差。由 A、B 二组分形成的真实液态混合物或真实溶液与理想液态混合物或理想稀溶液发生偏差的

情况如图 2-10 所示。图 2-10(a) 为发生**正偏差**(positive deviation)，图 2-10(b) 为发生**负偏差**(negative deviation)。图中实线表示真实液态混合物或溶液各组分的蒸气压以及蒸气总压与混合物或溶液组成的关系；而虚线则表示按拉乌尔定律计算的液态混合物各组分或溶液中溶剂的蒸气压以及蒸气总压与混合物或溶液组成的关系；点线则表示按亨利定律计算的溶液中溶质的蒸气压与溶液组成的关系，实线与虚线或点线的偏离即代表真实液态混合物和真实溶液对理想液态混合物和理想稀溶液所遵守规律的偏差。

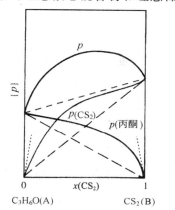 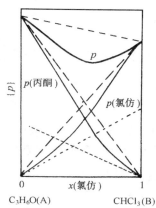

(a) 29 ℃ 时丙酮 -CS₂ 溶液(对拉乌尔定律正偏差)　(b) 35℃ 时丙酮 - 氯仿溶液(对拉乌尔定律负偏差)

图 2-10　真实液态混合物和溶液对理想液态混合物和理想稀溶液的偏差

(蒸气分压和蒸气总压 - 组成关系)

2. 真实液态混合物中任意组分 B 的化学势

对真实液态混合物，其任意组分 B 的化学势不能用式(2-25)表示，但为了保持式(2-25)的简单形式，**路易斯**提出活度的概念，在压力 p 与 $p^{\ominus}$ 差别不大时，把真实液态混合物相对于理想液态混合物中任意组分 B 的化学势表达式的偏差完全放在表达式中的混合物组分 B 的组成标度上来校正，保持原来理想液态混合物中任意组分 B 的化学势表达式中的标准态化学势 $\mu_B^{\ominus}(1, T)$ 不变，从而保留了原表达式的简单形式，即以式(2-25)为参考，在混合物组成项上乘以校正因子 f_B，得

$$\mu_B(1) = \mu_B^{\ominus}(1, T) + RT\ln(f_B x_B) \tag{2-46}$$

或

$$\mu_B(1) = \mu_B^{\ominus}(1, T) + RT\ln a_B \tag{2-47}$$

式(2-46)～(2-47)为真实液态混合物中任意组成 B 的化学式。其中 a_B 为真实液态混合物中任意组分 B 的**活度**，f_B 为组分 B 的**活度因子**(activity factor)。

$$a_B \overset{\text{def}}{=\!=\!=} f_B x_B \tag{2-48}$$

$$\lim_{x_B \to 1} f_B = \lim_{x_B \to 1} (a_B / x_B) = 1 \tag{2-49}$$

当 $x_B = 1$，$f_B = 1$，则 $a_B = 1$，即 $\mu_B^{\ominus}(1, T) = \mu_B(1)$ 为标准态的化学势，这个标准态与式(2-25)的标准态相同，仍是纯液体 B 在 T、$p^{\ominus}$ 下的状态。

对真实液态混合物中任意组分 B 的活度和活度因子，若混合物平衡气相可视为理想气体混合物，可根据拉乌尔定律计算，即 $p_B = p_B^* a_B$，$a_B = f_B x_B$，则

$$f_B = p_B / (p_B^* x_B) \tag{2-50}$$

3. 真实溶液中溶剂的化学势

对真实溶液中的溶剂 A,与真实液态混合物中任意组分活度的定义相似,定义了真实溶液中溶剂的活度为 a_A,当压力 p 与 $p^\ominus$ 差别不大时,则有

$$\mu_A(l) = \mu_A^\ominus(l, T) + RT\ln a_A \tag{2-51}$$

但是,在 GB 3102.8—1993 中并未定义溶剂 A 的活度因子,而定义了溶剂 A 的**渗透因子**(osmotic factor of solvent A)φ

$$\varphi \stackrel{\text{def}}{=\!=} -\left(M_A \sum_B b_B\right)^{-1} \ln a_A \tag{2-52}$$

式中,M_A 为溶剂 A 的摩尔质量,而 $\sum\limits_B b_B$ 代表对全部溶质求和。

将式(2-52)代入式(2-51),得

$$\mu_A(l) = \mu_A^\ominus(l, T) - RT\varphi M_A \sum_B b_B \tag{2-53}$$

式(2-51)和(2-53)为真实溶液中溶剂 A 的化学势。

4. 真实溶液中溶质的化学势

当真实溶液中溶质 B 的组成标度用溶质 B 的质量摩尔浓度表示,且压力 p 与 $p^\ominus$ 差别不大时,参考式(2-41),有

$$\mu_{b,B} = \mu_{b,B}^\ominus(T) + RT\ln a_{b,B} \tag{2-54}$$

并定义

$$a_{b,B} \stackrel{\text{def}}{=\!=} \gamma_{b,B} b_B / b^\ominus \tag{2-55}$$

且

$$\lim_{\sum b_B \to 0} \gamma_{b,B} = \lim_{\sum b_B \to 0} \frac{a_{b,B} b^\ominus}{b_B} = 1 \tag{2-56}$$

将式(2-55)代入式(2-54),有

$$\mu_{b,B} = \mu_{b,B}^\ominus(T) + RT\ln(\gamma_{b,B} b_B / b^\ominus) \tag{2-57}$$

式(2-54)和式(2-57)为真实溶液中的溶质 B 的化学势。$a_{b,B}$ 和 $\gamma_{b,B}$ 分别为当真实溶液中溶质 B 的组成标度为 B 的质量摩尔浓度 b_B 表示时,溶质 B 的活度和活度因子。

注意　式(2-56)、式(2-57)中标准态化学势所选定的标准态与式(2-41)中标准态化学势所选定的标准态相同。

下面把液态混合物和溶液系统中有关组分的化学势表达式归纳为表 2-1。

表 2-1　　　　　**液态混合物和溶液系统有关组分的化学势表达式**

系统性质	组分	化学势表达式
理想系统	理想液态混合物中任意组分 B	$\mu_B(l) = \mu_B^\ominus(l, T) + RT\ln x_B$
	理想稀溶液中的溶剂 A	$\mu_A(l) = \mu_A^\ominus(l, T) + RT\ln x_A$ 或 $\mu_A(l) = \mu_A^\ominus(l, T) - RTM_A \sum\limits_B b_B$
	理想稀溶液中的溶质 B	$\mu_{b,B} = \mu_{b,B}^\ominus(T) + RT\ln \dfrac{b_B}{b^\ominus}$
真实系统	真实液态混合物中任意组分 B	$\mu_B(l) = \mu_B^\ominus(l, T) + RT\ln a_B$
	真实溶液中的溶剂 A	$\mu_A(l) = \mu_A^\ominus(l, T) + RT\ln a_A$ 或 $\mu_A(l) = \mu_A^\ominus(l, T) - RT\varphi M_A \sum\limits_B b_B$
	真实溶液中的溶质 B	$\mu_{b,B} = \mu_{b,B}^\ominus(T) + RT\ln a_{b,B}$

Ⅲ 相平衡强度状态图

2.4 单组分系统相图

将吉布斯相律应用于单组分系统,得

$$f = 1 - \phi + 2 = 3 - \phi \quad (C = 1)$$

因 $f \not< 0$,$\phi \neq 0$,所以 $\phi \leqslant 3$。若 $\phi = 1$,则 $f = 2$,称双变量系统;$\phi = 2$,$f = 1$,称单变量系统;$\phi = 3$,$f = 0$,称无变量系统。

上述结果表明,对单组分系统,最多只能 3 相平衡,自由度数最多为 2,即最多有 2 个独立的强度变量,也就是温度和压力。所以以压力为纵坐标,温度为横坐标的平面图,即 $p\text{-}T$ 图,可以完满地描述单组分系统的相平衡关系。

以水的 $p\text{-}T$ 图为例讨论单组分系统相图。

水在通常压力下,可以处于以下任何一种平衡状态:单相平衡 —— 水,气或冰;两相平衡 —— 水 $\rightleftharpoons$ 气,冰 $\rightleftharpoons$ 气,冰 $\rightleftharpoons$ 水;三相平衡 —— 冰 $\rightleftharpoons$ 水 $\rightleftharpoons$ 气。

表 2-2 是由实验测得的 H_2O 的相平衡数据。

表 2-2 H_2O 的相平衡数据

$t/\,^\circ\!C$	两相平衡			三相平衡
	水或冰的饱和蒸气压 /Pa		平衡压力 /MPa	平衡压力 /Pa
	水 $\rightleftharpoons$ 气	冰 $\rightleftharpoons$ 气	冰 $\rightleftharpoons$ 水	冰 $\rightleftharpoons$ 水 $\rightleftharpoons$ 气
−20	—	103.4	199.6	—
−15	(190.5)	165.2	161.1	—
−10	(285.8)	295.4	115.0	—
−5	(421.0)	410.3	61.8	—
0.01	611.0	611.0	611.0×10^{-6}	611.0
20	2 337.8	—	—	—
60	19 920.5	—	—	—
99.65	100 000	—	—	—
100	101 325	—	—	—
374.2	22 119 247	—	—	—

若将表 2-2 的数据描绘在 $p\text{-}T$ 图上(图 2-11),则由水 $\rightleftharpoons$ 气两相平衡数据得到 OC 曲线,也就是水在不同温度下的饱和蒸气压曲线。在一定温度下(临界温度以下)增加压力可以使气体液化,故 OC 线以左的相区为液相区,以右的相区为气相区。显然 OC 线向上只能延至临界温度 374.2 ℃,临界压力 22.1 MPa。因为在 C 点气、液的差别已消失,超过 C 点不能存在气、液两相平衡,OC 线到此为止。

若使水的温度降低,则其蒸气压量值将沿 CO 线向 O 点移动,到了 O 点(0.01 ℃,611.0 Pa)冰应出现,但是如果我们特别小心,可使水冷却至相当于图中虚线上的状态而仍无冰出现,这种现象叫**过冷现象**(supercooled phenomenon),OC' 线代表过冷水的饱和蒸气压曲线。处于过冷状态的水虽可与其蒸气处于两相共存状态,但不如热力学平衡那样稳定,一旦受到剧烈震荡或加入少量冰作为晶种,会立即凝固为冰,所以称为**亚稳状态**(metastable state)。

由冰 $\rightleftharpoons$ 气两相平衡数据,得到图中 OB 曲线,也就是冰的饱和蒸气压曲线,表明冰的饱和蒸气压随温度降低而降低。在 OB 线以上，表示同样温度下压力大于固体饱和蒸气压，因而为固相区，即为冰的相区；OB 线以下则相反，为气相区。理论上 OB 线向下可以延至 0 K。从图中可看出，温度对冰的饱和蒸气压的影响（$\mathrm{d}p/\mathrm{d}T$）比对水的饱和蒸气压的影响大，这从表 2-2 的数据亦可看出，但不如图明显；从克拉珀龙方程亦可得出这个结论。

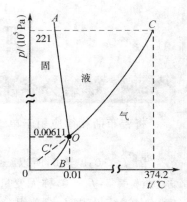

图 2-11　H_2O 的 $p\text{-}T$ 图

从冰 $\rightleftharpoons$ 水两相平衡数据，得到图中 OA 线，即冰的熔点随压力变化曲线。曲线斜率为负值，表明随压力增加，冰的熔点降低。当 OA 线向上延至 202 MPa 以上时，人们发现还有 5 种不同晶型的冰。

3 个相区 BOA、AOC、BOC 分别为固、液、气的单相平衡区，各区均为双变量系统，即 $f = 2$，p 和 T 都可以在有限范围内任意改变而不致引起原有相的消失或新相的生成；OA、OB、OC 为两相平衡曲线，均为单变量系统，即 $f = 1$，p、T 二者只有一个可以独立改变，另一个将随之而定，即不可能同时独立改变，否则系统的平衡状态将离开曲线而改变相数。

当固、液、气三相平衡共存时，$f = 1 - 3 + 2 = 0$，为无变量系统，即如图 2-11 所示的 O 点，叫三相点（triple point），它的温度、压力的量值是确定的，即 0.01 ℃，611.0 Pa。此时若温度、压力发生任何微小变化，都会使三相中的一相或两相消失。

注意　相图中的任何一点，都是该系统处于平衡状态的一个强度状态点，它指示出平衡系统的相数、相的聚集态、温度、压力和组成（单组分系统即为纯物质），而未规定物量（物质的量或质量），物量是任意的，因为强度状态与物量无关。为简单起见，本书把相图中的强度状态点统称为**系统点**（system point）。

2.5　二组分系统相图

2.5.1　二组分系统气液平衡相图

将吉布斯相律应用于二组分系统，

$$f = 2 - \phi + 2 = 4 - \phi \quad (C = 2)$$

若 $\phi = 1$，则 $f = 3$；$\phi = 2$，$f = 2$；$\phi = 3$，$f = 1$；$\phi = 4$，$f = 0$。

上述结果表明，二组分系统最多只能四相平衡，而自由度数最大为 3，即最多有 3 个独立强度变量，这三个独立的强度变量除了温度、压力外，还有系统的组成（液相组成 x，气相组成 y），显然，这样的系统需要用三维空间的坐标图。但要将温度、压力二者中固定一个就可用平面坐标图，如定温下的**蒸气压-组成图**（vapor pressure-composition diagram），即 $p\text{-}x(y)$ 图，或恒压下的**沸点-组成图**（boiling point-composition diagram），即 $t\text{-}x(y)$ 图，来描述系统的相平衡强度状态。

由相律可知，当固定温度或压力时，对二组分系统 $f' = 3 - \phi$，所以在 $p\text{-}x(y)$ 或 $t\text{-}x(y)$ 图中，最多只能有三相平衡共存。

1. 二组分液态完全互溶系统的蒸气压-组成图

两个组分在液态时以任意比例混合都能完全互溶时，这样的系统叫**液态完全互溶系统**

(liquid full miscible system)。

（1）蒸气压 - 组成曲线无极大和极小值的类型

以 $C_6H_5CH_3(A)$-$C_6H_6(B)$ 系统为例，取 A 和 B 以各种比例配成混合物，将盛有混合物的容器浸在恒温浴中，在恒定温度下达到相平衡后，测出混合物的蒸气总压 p、液相组成 x_B 及气相组成 y_B。表 2-3 是在 79.70 ℃ 下，由实验测得的不同组成的混合物的蒸气压数据（包括纯 A 及纯 B 的蒸气压）。

表 2-3　$C_6H_5CH_3(A)$-$C_6H_6(B)$ 系统的蒸气压与液相组成及气相组成的关系（79.70 ℃）

x_B	y_B	p/kPa	x_B	y_B	p/kPa
0	0	38.46	0.634 4	0.817 9	77.22
0.116 1	0.253 0	45.53	0.732 7	0.878 2	83.31
0.227 1	0.429 5	52.25	0.824 3	0.924 0	89.07
0.338 3	0.566 7	59.07	0.918 9	0.967 2	94.85
0.453 2	0.665 6	66.50	0.956 5	0.982 7	97.79
0.545 1	0.757 4	71.66	1.000 0	1.000 0	99.82

若以混合物的蒸气总压 p 为纵坐标，以组成（液相组成 x_B，气相组成 y_B）为横坐标绘制成 p-$x(y)$ 图，则由表 2-3 的数据，得到图 2-12。这种绘制相图的实验方法叫**蒸馏法**（distillation method）。

图中，p_A^*、p_B^* 分别为 79.70 ℃ 时纯甲苯及纯苯的饱和蒸气压。上面的直线是混合物的蒸气总压 p 随液相组成 x_B 变化的关系线，叫做**液相线**（line of liquid phase）。下面的曲线是 p 随气相组成 y_B 变化的曲线，叫**气相线**（line of gas phase）。两条线把图分成三个区。在液相线以上，系统的压力高于相应组成混合物的饱和蒸气压，气相不可能稳定存在，所以为液相区，用 $l(A+B)$ 表示。在气相线以下，系统的压力低于相应组成混合物的饱和蒸气压，液相不可能稳定存在，所以为气相区，用 $g(A+B)$ 表示。液相线和气相线之间则为气液两相平衡共存区，用 $g(A+B) \rightleftharpoons l(A+B)$ 表示。

蒸气压 - 组成图中，每一个点有两个坐标，用来表示系统的压力和组成（T 一定）的强度状态点称为**系统点**（system point），用来表示一个相的压力和组成（x_B 或 y_B，T 一定）的强度状态点称为**相点**（phase point）。在气相区或液相区中的系统点亦即相点。在气液两相平衡区表示系统的平衡态同时需要两个点。平衡时，系统的压力及两相的组成是一定的，所以两个相点和系统点的连线必是与横坐标平行的线。因此，通过系统点作平行于横坐标的水平线与液相线及气相线的交点即是两个相点。例如，由系统的压力和组成可在图 2-12 中标出系统点 M，则其气、液两相的组成分别由 L 和 G 两点所对应的横坐标指示，L、G 两点分别叫**液相点**和**气相点**，$\overline{LG}$ 线称为定压连接线。所以在两相区要区分系统点和相点的不同含义。在图中只要给出系统点，从系统点在图中的位置即知该系统的总组成 x_B、温度、压力、平衡相的相数、各相的聚集态，以及相组成等。例如图 2-12 中的系统点 M，它的总组成 $x_B = 0.5$，温度

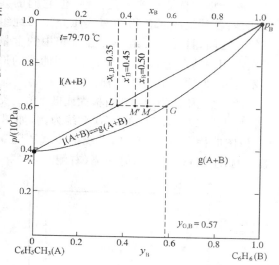

图 2-12　$C_6H_5CH_3(A)$-$C_6H_6(B)$ 系统的蒸气压 - 组成图

$t = 79.70$ ℃，压力 $p = 60$ kPa，相数 $\phi = 2$，一相为液相 $l(A+B)$，另一相为气相 $g(A+B)$，相组成 $x_B = 0.35$，$y_B = 0.57$。

由相律可知，在同一连接线上的任何一个系统点，其总组成虽然不同，但相组成却是相同的。例如 $\overline{LG}$ 连接线上的 M' 点，总组成 $x'_B \approx 0.45$，其气相及液相的组成仍为 G、L 两相点所指示的组成。另一方面，在密闭容器中系统的压力改变时(例如，通过移动活塞来改变容积)，系统的总组成不变，但在不同压力下两相平衡时，相的组成却随压力而变。

从图 2-12 可以看出，各种组成混合物的蒸气压总是介于两纯组分蒸气压之间。对于这种类型的相图，在两相共存区的任何一个系统点，易挥发组分 B 在气相中的含量均大于在液相中的含量，即 $y_B > x_B$。应用这个图可研究改变压力后蒸气中两组分相对含量的变化规律。

如图 2-13 所示是 $H_2O(A)$-$C_3H_6O(B)$ 系统在 25 ℃ 时的蒸气压 - 组成图。图 2-13 与图 2-12 比较，不同点是后者的液相线是直线(这是理想液态混合物的特征)，前者是曲线，但它们的共同特征是：各种组成混合物的蒸气压介于两纯组分蒸气压之间，且易挥发组分 B 在气相中的含量大于在液相中的含量，即 $y_B > x_B$。两图曲线的形状虽不一样，但看图的方法一样。

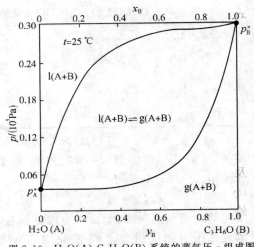

图 2-13　$H_2O(A)$-$C_3H_6O(B)$ 系统的蒸气压 - 组成图

(2) 蒸气压 - 组成曲线有极大或极小值的类型

以 $H_2O(A)$-$C_2H_5OH(B)$ 系统为例，如图 2-14 所示是该系统在 60 ℃ 时的蒸气压 - 组成图，该图的特点是：定温时，系统的蒸气压随 x_B 的变化出现极大值，两相区的相组成在极大值一侧(左侧)$y_B > x_B$，另一侧(右侧)$y_B < x_B$，在极大值处气相线与液相线相切，$y_B = x_B$。

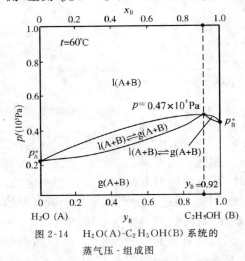

图 2-14　$H_2O(A)$-$C_2H_5OH(B)$ 系统的蒸气压 - 组成图

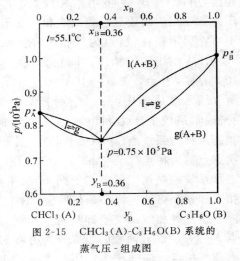

图 2-15　$CHCl_3(A)$-$C_3H_6O(B)$ 系统的蒸气压 - 组成图

如图 2-15 所示是 $CHCl_3(A)$-$C_3H_6O(B)$ 系统的蒸气压 - 组成图，该图的特点是：定温时，系统的蒸气压随 x_B 的变化出现极小值，两相区的相组成在极小值一侧(左侧)$y_B < x_B$，另

一侧(右侧)$y_B > x_B$,在极小值处气相线与液相线相切,$y_B = x_B$。

2. 二组分液态完全互溶系统的沸点 - 组成图

精馏操作通常在定压下进行,为了提高分离效率,必须了解在定压下混合物的沸点和组成之间的关系。**沸点 - 组成图**即是描述这种关系的相图。

(1) 沸点 - 组成图无极大和极小值的类型

以 $C_6H_5CH_3(A)$-$C_6H_6(B)$ 系统为例,$p = 101\ 325\ Pa$ 下,测得混合物沸点与液相组成 x_B 及气相组成 y_B 的数据(包括纯 A 及纯 B 的沸点)见表 2-4。

表 2-4　　$C_6H_5CH_3(A)$-$C_6H_6(B)$ 系统在 $p = 101\ 325\ Pa$ 下沸点与液相组成及气相组成的数据

$t/\ ℃$	x_B	y_B	$t/\ ℃$	x_B	y_B	$t/\ ℃$	x_B	y_B
110.62	0	0	97.76	0.325	0.530	86.41	0.712	0.853
108.75	0.042	0.089	95.01	0.467	0.619	84.10	0.810	0.911
104.87	0.132	0.257	92.79	0.483	0.688	81.99	0.900	0.958
103.00	0.183	0.384	90.76	0.551	0.742	80.10	1.000	1.000
101.52	0.219	0.395	88.63	0.628	0.800			

由表 2-4 绘制的 $C_6H_5CH_3(A)$-$C_6H_6(B)$ 系统的沸点 - 组成图,如图 2-16 所示。图中 t_A^* 及 t_B^* 分别为 $C_6H_5CH_3(A)$ 及 $C_6H_6(B)$ 的沸点(亦是单组分系统的两相点)。上面的曲线根据 t-y_B 数据绘制,表示混合物的沸点与气相组成的关系,叫**气相线**。下面的曲线根据 t-x_B 数据绘制,表示混合物的沸点与液相组成的关系,叫**液相线**。气相线以上为气相区,用 $g(A+B)$ 表示,液相线以下为液相区,用 $l(A+B)$ 表示。两线中间为气液两相平衡区,用 $g(A+B) \rightleftharpoons l(A+B)$ 表示,该区内任何系统点的平衡态为液气两相平衡共存,其相组成可分别由液相线及气相线上的两个相应的液相点及气相点所对应的横坐标指示的组成读出。例如,在 $p = 101\ 325\ Pa$ 下 95 ℃ 时,系统总组成 $x_B = 0.50$ 的系统点 M 为气液两相平衡,其相组成可通过 M 点作平行于横坐标的定温连接线与液相线及气相线的交点,即液相点 L 及气相点 G 读出($x_B \approx 0.41$,$y_B \approx 0.62$),$\overline{LG}$ 线即为**定温连接线**(isothermal line)。

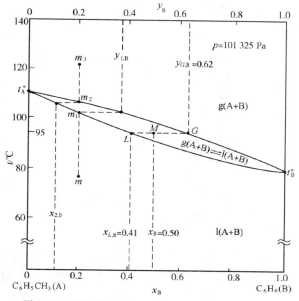

图 2-16　　$C_6H_5CH_3(A)$-$C_6H_6(B)$ 系统的沸点 - 组成图

将图 2-16 与图 2-12 相比可发现,两图的气相区和液相区、气相线和液相线的上下位置恰好相反(这很容易理解,因定压下升温则混合物汽化,而定温下加压则蒸气液化);同时看到沸点 - 组成图中液相线不是直线而是曲线。此外,蒸气压 - 组成图上,t 一定时,$p_A^* < p_B^*$,$p_A^* < p < p_B^*$;而沸点 - 组成图上,p 一定时,$t_A^* > t_B^*$,且 $t_A^* > t > t_B^*$,这是因为沸点高的液体蒸气压小(难挥发),沸点低的液体蒸气压大(易挥发),故在沸点 - 组成图中,在同一温度下气、液两相区的相组成 $y_B > x_B$,这正是精馏分离的理论基础。

如图 2-16 所示,若将系统点为 m 的混合物定压加热升温,则到 m_1 点后开始沸腾起泡,所以 m_1 点又叫**泡点**(bubble point),因而液相线又叫**泡点线**(bubble point line),产生的第一个气泡的组成为 $y_{1,B}$。严格说来,正好到 m_1 点时仍是液相,只有超过一点点才会出现第一个气泡,第一个气泡的组成亦应在 $y_{1,B}$ 左边一点点。系统点 m_2 点又叫**露点**(dew point),而气相线又叫**露点线**(dew point line),产生的第一个液珠的组成为 $x_{2,B}$。从 m 升温到 m_3 或从 m_3 冷却到 m,系统的总组成不变,但在两相平衡区时,两相的组成将随温度的改变而改变。

(2) 沸点 - 组成图有极小或极大值的类型

如图 2-17 及图 2-18 所示分别是 $H_2O(A)$-$C_2H_5OH(B)$ 及 $CHCl_3(A)$-$C_3H_6O(B)$ 系统的沸点 - 组成图。

图 2-17 及 2-18 与图 2-14 及 2-15 相比,可以明显看出,对拉乌尔定律有较大的正偏差,则蒸气压 - 组成图中有最高点,而在沸点 - 组成图中则相应有最低点;对拉乌尔定律有较大的负偏差,则蒸气压 - 组成图中有最低点,而在沸点 - 组成图中一般有最高点。我们把沸点 - 组成图中的最低点的温度叫**最低恒沸点**(minimum azeotropic point),具有最高点的温度叫**最高恒沸点**(maximum azeotropic point)。在最低恒沸点和最高恒沸点处,气相组成与液相组成相等,即 $y_B = x_B$,其量值叫**恒沸组成**(azeotropic composition)。具有该组成的混合物叫**恒沸混合物**(azeotropic mixture)。$H_2O(A)$-$C_2H_5OH(B)$ 系统具有最低恒沸点,即 $t_E = 78.15\ ℃$,恒沸组成 $x_B = y_B = 0.897$;$CHCl_3(A)$-$C_3H_6O(B)$ 系统具有最高恒沸点,即 $t_E = 64.4\ ℃$,恒沸组成 $x_B = y_B = 0.215$。

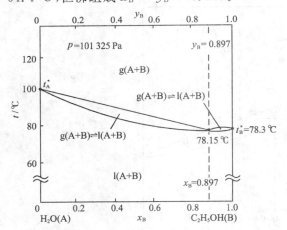

图 2-17 $H_2O(A)$-$C_2H_5OH(B)$ 系统的沸点 - 组成图

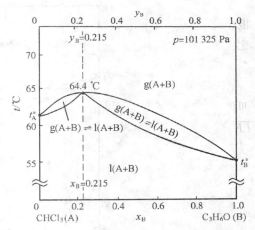

图 2-18 $CHCl_3(A)$-$C_3H_6O(B)$ 系统的沸点 - 组成图

对于恒沸混合物,以前人们曾误认为是化合物,后来实验发现,仅当外压一定时,恒沸混合物才有确定的组成,而当外压改变时,其恒沸温度及恒沸组成均随压力而变,这说明它不是化合物。$H_2O(A)$-$C_2H_5OH(B)$ 系统的恒沸温度及组成随压力变化数据见表2-5。

表 2-5　　　　　　　　　$H_2O(A)$-$C_2H_5OH(B)$ 系统的恒沸温度及组成随压力变化数据

压力 $p/(10^2\ kPa)$	恒沸温度 $t/℃$	恒沸组成 ($x_B = y_B$)	压力 $p/(10^2\ kPa)$	恒沸温度 $t/℃$	恒沸组成 ($x_B = y_B$)
0.127	33.35	0.986	1.013	78.15	0.897
0.173	39.20	0.972	1.434	87.12	0.888
0.265	47.63	0.930	1.935	95.35	0.887
0.539	63.04	0.909			

3. 杠杆规则

对二组分系统,在一定条件下达到两相平衡时,该两相的物质的量(或质量)关系可以根据系统的相图由杠杆规则作定量计算。

以如图 2-19 所示的 A、B 两组分在某压力下的沸点-组成图为例。设有总组成为 x_B,温度为 t_K 的系统点 K,该系统为气液两相平衡,气相点和液相点分别为 G 和 L,由图可读出该两相的组成(两相中 B 的摩尔分数)为 y_B^g 和 x_B^l。现在来考虑,此时气、液两相物质的量 n^g 及 n^l 与系统的总组成 x_B 及气、液两相的组成 y_B^g 及 x_B^l 的关系如何?

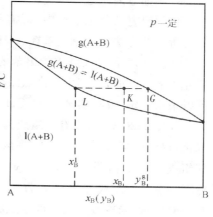

图 2-19　杠杆规则

从 $x_B \overset{def}{=\!=\!=} \dfrac{n_B}{n_A + n_B}$ 出发,

$$n_B = (n_B^g + n_B^l) = n^g y_B^g + n^l x_B^l$$

又　　$n_A + n_B = (n_A^g + n_B^g + n_A^l + n_B^l) = n^g + n^l$

代入 x_B 定义式的右边,则得

$$(n^g + n^l)x_B = n^g y_B^g + n^l x_B^l$$

于是,有

$$\frac{n^g}{n^l} = \frac{x_B - x_B^l}{y_B^g - x_B} \qquad (2\text{-}58a)$$

根据式(2-58a)可以求出在一定条件下二组分达到气液两相平衡时,气液两相的物质的量之比。

由图可以看出 $x_B - x_B^l = \overline{LK}$,$y_B^g - x_B = \overline{KG}$,所以又可得

$$n^g/n^l = \overline{LK}/\overline{KG} \qquad (2\text{-}58b)$$

即相互平衡的气液两相的物质的量之比,可由相图中连接两相点的两段定温连接线的长度 $\overline{LK}$ 与 $\overline{KG}$ 之比求得。式(2-58b)也可写成:

$$\overline{LK} \cdot n^l = \overline{KG} \cdot n^g \qquad (2\text{-}58c)$$

若相图中的组成坐标不用摩尔分数而是用质量分数表示,则

$$m^g/m^l = \overline{LK}/\overline{KG} \qquad (2\text{-}58d)$$

或　　　　　　　　　　$$\overline{LK} \cdot m^l = \overline{KG} \cdot m^g \qquad (2\text{-}58e)$$

式中,m^g 及 m^l 为相互平衡的气、液两相的物质的质量。式(2-58d)与式(2-58e)与力学中的以 K 为支点,挂在 G,L 处的质量为 m^g,m^l 的两物体平衡时的杠杆规则($\overline{LK} \cdot m^l = \overline{KG} \cdot m^g$)形式相似,故形象化地称式(2-58)为**杠杆规则**(lever rule)。杠杆规则适合于任何两相平衡系统。

有了相图,根据杠杆规则,若系统的物质的总物质的量为未知,仅可求出相互平衡的两

个相的物质的量之比；若系统的物质的总物质的量亦给定，可求出相互平衡的两个相各自的物质的量（或质量）。

【例 2-13】 利用表 2-4 的数据，并结合图 2-16，计算将总组成 $x_B = 0.50$ 的甲苯（A）-苯（B）的混合物 5 kmol，加热至 95 ℃，则气、液两相的物质的量各为多少？

解 由杠杆规则式（2-58a）及式（2-58b），有

$$\frac{n^g}{n^l} = \frac{x_B - x_B^l}{y_B^g - x_B} = \frac{0.50 - 0.41}{0.62 - 0.50} = \frac{0.09}{0.12} \tag{a}$$

又，混合物（即系统的）总的物质的量 $\quad n^g + n^l = 5 \text{ kmol}$ （b）

联立式（a）、式（b），解得 $\quad n^g = 2.14 \text{ kmol}, \quad n^l = 2.86 \text{ kmol}$

4. 精馏分离原理

化学研究及化工生产中，常需将含一个以上组分的混合物分离成纯组分（或接近纯组分），所用的方法之一就是**精馏**（rectification）。我们在讨论 $C_6H_5CH_3$（A）-C_6H_6（B）系统的沸点-组成图时（图 2-16）曾指出苯的沸点比甲苯的沸点低，即苯比甲苯易挥发，所以系统在一定外压下沸腾时，气相中低沸点组分（苯）的组成高于液相中低沸点组分的组成。借此原理，可以采用一定手段，实现 $C_6H_5CH_3$（A）-C_6H_6（B）系统中两个组分的完全分离。

如图 2-20 所示，设有一组成为 x_B 的 A-B 的液态混合物，将其加热到温度 t_3，则发生部分汽化，得到的蒸气组成为 $y_{3,B}$，将该组成的蒸气降温到 t_2，则发生部分冷凝，而未冷凝的蒸气，其组成为 $y_{2,B}$，由图可见 $y_{2,B} > y_{3,B}$，再将组成为 $y_{2,B}$ 的蒸气降温到 t_1，又发生部分冷凝，则未冷凝的蒸气的组成变为 $y_{1,B}$，且 $y_{1,B} > y_{2,B}$。如此多次进行部分冷凝，则如图中气相线上的箭头方向所示，未冷凝的蒸气的组成将逐渐接近纯的易挥发组分 B。

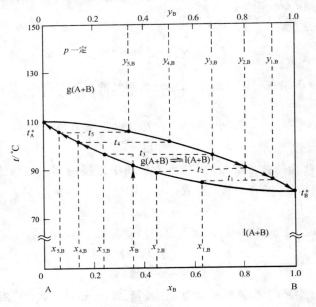

图 2-20　精馏分离原理

与部分冷凝同时，将在 t_3 时部分汽化后所剩的组成为 $x_{3,B}$ 的混合物加热到温度 t_4，则发生部分汽化，而未汽化的混合物的组成变为 $x_{4,B}$，且 $x_{4,B} < x_{3,B}$，再将组成为 $x_{4,B}$ 的混合物加

热到温度 t_5，则未汽化的混合物的组成变为 $x_{5,B}$，显然 $x_{5,B} < x_{4,B}$。如此多次进行部分汽化，则如图中液相线上的箭头方向所示，未汽化的液相的组成将逐渐接近纯的难挥发组分 A。

　　在化工生产中，上述部分冷凝和部分汽化过程是在精馏塔中连续进行的，塔顶温度比塔底温度低，结果在塔顶得到纯度较高的易挥发组分，而在塔底得到纯度较高的难挥发组分。关于精馏塔的结构和原理将在化工原理课中学习，此处不详述。

　　对具有最低或最高恒沸点的二组分系统，用简单精馏的方法不能将二组分完全分离，而只能得到其中某一纯组分及恒沸混合物。

　　以 $H_2O(A)$-$C_2H_5OH(B)$ 系统为例，如图 2-17 所示，恒沸混合物的沸点最低，若将组成为 $x_B = 0.60$ 的乙醇和水的混合物引入塔中进行精馏，则在塔顶得到的是恒沸混合物，在塔底得到的是纯水。可见，精馏的结果得不到纯乙醇。工业酒精中乙醇含量约为 $w(乙醇) = 0.95$，相当于 $x(乙醇) = 0.897$，就是由于不能用简单精馏方法实现两纯组分完全分离的缘故。市售的无水乙醇是通过其他方法生产的，例如利用生石灰除去其中的水；或利用苯，使其与水、乙醇一起共沸精馏，由于苯、水、乙醇形成三组分恒沸物，从塔顶蒸出，而塔底得到无水乙醇。

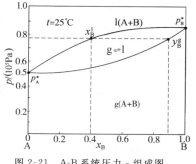

图 2-21　A-B 系统压力 - 组成图

　　【例 2-14】　如图 2-21 所示为 A-B 二组分系统气液。平衡的压力 - 组成图。假定混合物的组成为 $x_B = 0.4$，试根据相图计算：(1) 该混合物在 25 ℃ 时的饱和蒸气压；(2) 25 ℃ 时与该混合物呈平衡的气相组成 y_B；(3) 若以纯 B 为标准态，25 ℃ 时该混合物中 B 的活度因子 f_B 及活度 a_B。

　　解　(1) 如图 2-21 所示，该混合物在 25 ℃ 时的蒸气压为 77 kPa（x_B^l 对应的压力）；

　　(2) 25 ℃ 时与该混合物呈平衡的气相组成 $y_B^g \approx 0.9$；

　　(3) $f_B = \dfrac{p y_B}{p_B^* x_B} = \dfrac{77\ \text{kPa} \times 0.9}{85\ \text{kPa} \times 0.4} = 2.0$，　$a_B = f_B x_B = 2.0 \times 0.4 = 0.8$

　　【例 2-15】　如图 2-22(a) 所示为 A、B 两组分液态完全互溶系统的压力 - 组成图。试根据该图画出该系统的温度（沸点）- 组成图，并在图中标示各相区的聚集态及成分。

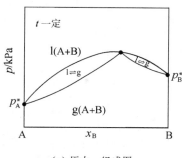
（a）压力 - 组成图

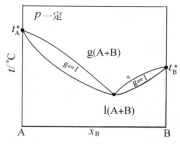
（b）温度（沸点）- 组成图

图 2-22　A-B 系统压力 - 组成及温度（沸点）- 组成图

　　解　由压力 - 组成图可知，$p_A^* < p_B^*$，则在温度（沸点）- 组成图中有 $t_A^* > t_B^*$（蒸气压小的液体沸点高，即不易挥发，蒸气压大的液体沸点低，即易挥发）。

　　由压力 - 组成图可知,液相线在气相线的上方;液相区在液相线以上,气相区在气相线以下,介于两线之间则为气液两相平衡区。而温度(沸点)- 组成图恰恰与压力 - 组成图相反,即液相线在气相线下方;液相区在液相线以下(低于沸点温度,则呈液体),气相区在气相线以上(高于沸点温度,则呈气体),介于两线之间则为气液两相平衡区。

　　由压力 - 组成图可知,液相线与气相线有相切点,且为最高点,则在温度(沸点)- 组成图中液相线与气相线也必有相切点,且必为最低点(蒸气压高,则沸点必低)。

　　综上分析,则该系统的温度(沸点)- 组成图如图 2-22(b) 所示。

【例 2-16】 如图 2-23 所示为 A-B 二组分液态完全互溶系统的沸点 - 组成图。(1)4 mol A 和 6 mol B 混合时,70 ℃ 时系统有几个相,各相的物质的量如何?各含 A、B 多少?(2)多少组成(即 $x_B = ?$)的 A、B 二组分混合物在 101 325 Pa 下沸点为 70 ℃?(3)70 ℃ 时,上述混合物中组分 A 的活度因子 $f_A = ?$ 活度 $a_A = ?$(均以纯液体 A 为标准态)。已知 $\Delta_f H_m^\ominus (A,l) = 300$ kJ · mol^{-1},$\Delta_f H_m^\ominus (A,g) = 328.4$ kJ · mol^{-1}。

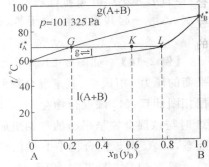

图 2-23　A-B 系统的沸点 - 组成图

　　解　(1)系统如图 2-23 中 K 点所示,有气、液两个相,相点如 G、L 两点所示,各相物质的量由杠杆规则得

$$\frac{n^g}{n^l} = \frac{\overline{KL}}{\overline{GK}} = \frac{0.78 - 0.60}{0.60 - 0.22} \tag{a}$$

又

$$n^g + n^l = 10 \text{ mol} \tag{b}$$

联立式(a)、式(b) 解得

$$n^g = 3.22 \text{ mol}, \quad \text{其中 } n_A^g = 2.51 \text{ mol}, n_B^g = 0.71 \text{ mol}$$

$$n^l = 6.78 \text{ mol}, \quad \text{其中 } n_A^l = 1.49 \text{ mol}, n_B^l = 5.29 \text{ mol}$$

　　(2)依据图 2-23,$x_B = 0.78$ 的混合物在 101 325 Pa 下沸点为 70 ℃。

　　(3)　　　　　$p_A^*(60 ℃) = 101 325$ Pa

$$\Delta_{vap} H_m^*(A) = \Delta_f H_m^\ominus(A,g) - \Delta_f H_m^\ominus(A,l) = (328.4 - 300) \text{ kJ · mol}^{-1}$$

$$\ln \frac{p_A^*(70 ℃)}{p_A^*(60 ℃)} = \frac{\Delta_{vap} H_m^*(A)}{R} \left[\frac{1}{(273.15 + 60) \text{ K}} - \frac{1}{(273.15 + 70) \text{ K}} \right]$$

解得

$$p_A^*(70 ℃) = 136.6 \text{ kPa}$$

所以

$$f_A = \frac{p y_A}{p_A^* x_A} = \frac{101.325 \text{ kPa} \times 0.78}{136.6 \text{ kPa} \times 0.22} = 2.63$$

$$a_A = f_A x_A = 2.63 \times 0.22 = 0.58$$

2.5.2　二组分系统液液、气液平衡相图

1. 二组分液态完全不互溶系统的沸点 - 组成图

　　两种液体绝对不互溶的情况是没有的,但是若它们的相互溶解度很小,以至可以忽略不计时,我们就把它视为**完全不互溶系统**。例如水与烷烃、水与芳香烃、水与汞等。

　　由于两个液态完全不互溶,当它们共存时,每个组分的性质与它们单独存在时完全一样,因此,在一定温度下,它们的蒸气总压等于两个液态组分在相同温度下的蒸气压之和,即

$$p = p_A^* + p_B^*$$

如图 2-24 所示为水、苯的 $p\text{-}T$ 图，以及两种液体共存时蒸气总压与温度的关系图。

当 $H_2O(A)\text{-}C_6H_6(B)$ 系统的蒸气总压等于外压 $(p = 101.325\ kPa)$ 时，由图可知，其沸点为 $343\ K(69.9\ ℃)$。只要容器中有这两种液体共存，沸点都是这一量值，与两液体的相对量无关，它比水的沸点 $(100\ ℃, 101.325\ kPa)$ 及纯苯的沸点 $(80.1\ ℃, 101.325\ kPa)$ 都低。

由分压定义可计算两液体与它们的蒸气在 $69.9\ ℃$ 平衡共存时气相的组成。已知，$69.9\ ℃$ 时，$p^*(C_6H_6) = 73\ 359.3\ Pa$，$p^*(H_2O) = 27\ 965.7\ Pa$，于是

$$y(C_6H_6) = \frac{p^*(C_6H_6)}{p^*(C_6H_6) + p^*(H_2O)} = \frac{73\ 359.3\ Pa}{73\ 359.3\ Pa + 27\ 965.7\ Pa} = 0.724$$

如图 2-25 所示为 $H_2O(A)\text{-}C_6H_6(B)$ 系统在 $101.325\ kPa$ 下的沸点-组成图，图中 t_A^*、t_B^* 分别为水和苯的沸点，$\overline{CED}$ 线为恒沸点线，即任何比例的水与苯的混合物其沸点均为 $69.9\ ℃$，系统点在 $\overline{CED}$ 线上（注意，C、D 两点不与两表示纯物质的温度坐标线重合，在两线内侧，且与两线相切）时出现三相平衡，即水（液）、苯（液）及 $y_B = 0.724$ 的蒸气。图中 $\overline{t_A^*E}$ 线上蒸气对水是饱和的，对苯则是不饱和的。$\overline{t_B^*E}$ 线上，蒸气对苯是饱和的，对水是不饱和的。

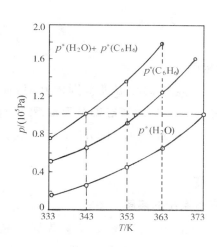

图 2-24　水、苯的蒸气压与温度的关系

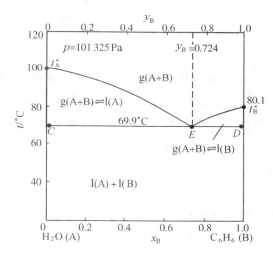

图 2-25　$H_2O(A)\text{-}C_6H_6(B)$ 系统的沸点-组成图

2. 水蒸气蒸馏原理

对于与水完全不互溶的有机液体，可用**水蒸气蒸馏**（steam distillation）的办法进行提纯。这是因为蒸气混合物蒸出并冷凝后分为两液层（有机物液体和水），容易分开；而且蒸馏的温度比纯有机物的沸点低，对高温下易分解的有机物的提纯有利。

蒸出一定质量的有机物 $m(有)$ 所需蒸气的质量可根据分压与物质的量的关系来计算。因为共沸时

$$p^*(水) = py(水) = p\frac{n(水)}{n(水) + n(有)}$$

$$p^*(有) = py(有) = p\frac{n(有)}{n(水) + n(有)}$$

其中，p 是总压；p^*（水）、p^*（有）为在水蒸气蒸馏的温度下（共沸温度），纯水及纯有机物的饱和蒸气压；y（水）、y（有）为气相中水与有机物的摩尔分数；n（水）、n（有）为它们的物质的量。以上二式相除，得

$$\frac{p^*（水）}{p^*（有）} = \frac{n（水）}{n（有）} = \frac{m（水）/M（水）}{m（有）/M（有）} = \frac{M（有）m（水）}{M（水）m（有）}$$

式中，m（水）为蒸出的有机物的质量为 m（有）时所需水蒸气的质量；M（水）与 M（有）分别为水及有机物的摩尔质量。整理上式，得

$$m（水） = \frac{m（有）M（水）p^*（水）}{M（有）p^*（有）} \tag{2-59}$$

【例 2-17】　某车间采用水蒸气蒸馏法提纯 200 kg 氯苯，试计算需消耗多少水蒸气（kg）？已知水与氯苯在 101 325 Pa 下的共沸温度为 90.2 ℃，该温度下，水与氯苯的饱和蒸气压分别为 72.26 kPa 及 29.10 kPa。

解　由式（2-59）有

$$m（水） = \frac{m（氯苯）M（水）p^*（水）}{M（氯苯）p^*（氯苯）}$$

$$= \frac{200 \text{ kg} \times 18 \times 10^{-3} \text{ kg·mol}^{-1} \times 72.26 \times 10^3 \text{ Pa}}{112.5 \times 10^{-3} \text{ kg·mol}^{-1} \times 29.10 \times 10^3 \text{ Pa}}$$

$$= 79.5 \text{ kg}$$

3. 二组分液态部分互溶系统的液液、气液平衡相图

两个组分性质差别较大，因而在液态混合时仅在一定比例和温度范围内互溶，而在另外的组成范围只能部分互溶，形成两个液相。这样的系统叫做**液态部分互溶系统**（liquid partially miscible system）。例如，$H_2O\text{-}C_6H_5OH$、$H_2O\text{-}C_6H_5NH_2$、$H_2O\text{-}C_4H_9OH$（正丁醇或异丁醇）等系统。

（1）二组分液态部分互溶系统的溶解度图（液液平衡）

以 $H_2O(A)\text{-}C_6H_5NH_2(B)$ 系统为例，讨论部分互溶系统的**溶解度图**。

如图 2-26 所示为根据 $H_2O(A)$ 与 $C_6H_5NH_2(B)$ 的相互溶解度实验数据绘制的 $H_2O(A)\text{-}C_6H_5NH_2(B)$ 系统的溶解度图。横坐标用 $C_6H_5NH_2(B)$ 的质量分数 w_B 表示。

图中曲线 FKG 的 FK 段，表示随着温度升高，苯胺在水中的溶解度增加；而 GK 段表示随着温度的升高，水在苯胺中的溶解度增加。曲线上的 K 点叫**临界会溶点**（critical consolute point），温度为 167 ℃，叫**临界会溶温度**，该系统点对应的组成 $w_B = 0.49$，在临界会溶温度以上，两组分以任意比例混合都完全互溶，形成均相系统。

图 2-26 中，FKG 曲线把全图分成两个区域：曲线外的区域为两个组分的完全互溶区，即均相区。曲线以内为两个组分部分互溶的两相区，含两个液相（即分层现象），下层为苯胺在水中的饱和溶液，简称水相，用符号 $l_\alpha(A+B)$ 表示；上层为水在苯胺中的饱和溶液，简称胺相，用符号 $l_\beta(A+B)$ 表示。在一定的温度下两相平衡共存（此两相称为共轭相）。

对于不包括气相的凝聚系统,不考虑压力影响(影响很小,可忽略不计),相律为

$$f' = C - \phi' + 1 \qquad (2\text{-}60)$$

ϕ' 为不包括气相的共存相数目;"1"是只考虑温度,不考虑压力影响的结果。应用此相律于图 2-26 中 FKG 曲线外的均相区

$$f' = C - \phi' + 1 = 2 - 1 + 1 = 2$$

这两个强度变量即系统的温度与组成,它们可以在该区内独立改变。而在曲线 FKG 内的两相区

$$f' = 2 - 2 + 1 = 1$$

即只有一个强度变量可以独立改变,也就是温度和组成二者中只有一个可以独立改变,另一个将随之而定。例如,改变了温度,则组成(两个相的组成)也就随之而定,不能再任意改变,反之亦然。

(2) 二组分液态部分互溶系统的液液气平衡相图

如图 2-27 所示是包括气相的液态部分互溶系统水(A)-正丁醇(B)的液液气平衡相图。

图中上半部分与具有最低恒沸点的两组分的沸点-组成图,与图 2-17 相似,t_A^* 及 t_B^* 分别为水及正丁醇在 101.325 kPa 下的沸点(100 ℃ 及 117.5 ℃)。曲线 $t_A^* E$ 和 $t_B^* E$ 是气相线,曲线 $t_A^* C$ 和 $t_B^* D$ 是液相线。气相线以上是气相区,气相线与液相线之间为气、液两相平衡区。图中的下半部分,即 $\overline{CED}$ 线以下,与图 2-26 相似。系统点在 $\overline{CED}$ 线上时可出现三相平衡(相点 C、D 所指示组成的两个共轭液相及 $w_B = 0.58$ 的气相)。

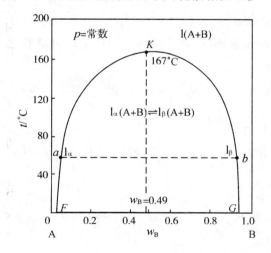 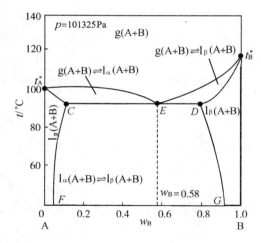

图 2-26　$H_2O(A)$-$C_6H_5NH_2(B)$ 系统的溶解度图　　　图 2-27　$H_2O(A)$-$C_4H_9OH(B)$ 系统的液液气平衡相图

【例 2-18】　A 与 B 在液态部分互溶,A 和 B 在 100 kPa 下的沸点分别为 120 ℃ 和 100 ℃,该二组分的气、液平衡相图如图 2-28 所示,且知 C、E、D 三个相点的相组成分别为 $x_{B,C} = 0.05$,$y_{B,E} = 0.60$,$x_{B,D} = 0.97$。(1) 试将图 2-28 中 ①、②、③、④ 及 $\overline{CED}$ 线所代表的相区的相数、聚集态及成分(聚集态用 g、l 及 s 表示气、液及固,成分用 A、B 或 (A+B) 表示),条件自由度数 f' 列成表格。(2) 试计算 3 mol B 与 7 mol A 的混合物,在 100 kPa、70 ℃ 达成平衡时

气液两相各相的物质的量各为多少摩尔?(3) 假定平衡相点 C 和 D 所代表的两个溶液均可视为理想稀溶液,试计算 60 ℃ 时纯 A(l) 及 B(l) 的饱和蒸气压及该两溶液中溶质的亨利系数(组成以摩尔分数表示)。

解 (1) 列表如下:

相区	相数	相的聚集态及成分	条件自由度数 f'
①	1	$g(A+B)$	2
②	2	$g(A+B)+l(A+B)$	1
③	1	$l_1(A+B)$	2
④	2	$l_1(A+B)+l_2(A+B)$	1
$\overline{CED}$ 线上	3	$l_1(A+B)+l_2(A+B)+g_E(A+B)$	0

(2) 如图 2-29 所示。将 3 mol B 与 7 mol A 的混合物(即 $x_{B,总}=0.30$)加热到 80 ℃(100 kPa 下),系统点为 K,为气液两相平衡,气相点为 G,液相点为 L,相组成分别为 $y_B^g=0.50$, $x_B^l=0.03$。

由杠杆规则

$$\frac{n^l}{n^g}=\frac{\overline{KG}}{\overline{LK}}=\frac{y_B^g-x_{B,总}}{x_{B,总}-x_B^l}=\frac{0.50-0.30}{0.30-0.03} \tag{a}$$

$$n^l+n^g=10 \text{ mol} \tag{b}$$

联立式(a)、式(b),解得

$$n^g=5.74 \text{ mol}, \quad n^l=4.26 \text{ mol}$$

(3) 若视相点 C、D 所指示组成的溶液为理想稀溶液,则理想稀溶液中的溶剂遵守拉乌尔定律,溶质遵守亨利定律,于是 60 ℃ 时:

溶液 C 中 A 是溶剂,B 是溶质,则对溶剂 A,有 $p_A=p_A^* x_A$,而 $p_A=py_{A,E}=100 \text{ kPa}\times 0.40=40 \text{ kPa}$,$x_A=0.95$,代入上式,解得

$$p_A^*=42.1 \text{ kPa}$$

对溶质 B,有 $p_B=k_{x,B}x_B$,而 $p_B=py_{B,E}=100 \text{ kPa}\times 0.60=60 \text{ kPa}$,$x_{B,C}=0.05$,代入上式,解得

$$k_{x,B}=1\,200 \text{ kPa}$$

溶液 D 中 B 是溶剂,A 是溶质,则对溶剂 B,有 $p_B=p_B^* x_B$,而 $p_B=py_{B,E}=100 \text{ kPa}\times 0.60=60 \text{ kPa}$,$x_{B,D}=0.97$,代入上式,解得

$$p_B^*=61.9 \text{ kPa}$$

对溶质 A,有 $p_A=k_{x,A}x_A$,而 $p_A=py_{A,E}=100 \text{ kPa}\times 0.40=40 \text{ kPa}$,$x_A=0.03$,代入上式,解得

$$k_{x,A}=1\,333 \text{ kPa}$$

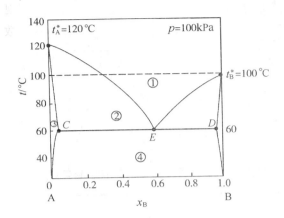

图 2-28　A-B 部分互溶系统的沸点 - 组成图

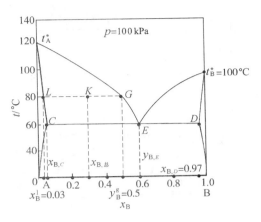

图 2-29　A-B 部分互溶系统的沸点 - 组成图

2.5.3　二组分系统固液平衡相图

1. 热分析法

热分析法（thermal analysis）是绘制熔点 - 组成图的最常用的实验方法。这种方法的原理是：将系统加热到熔化温度以上，然后使其徐徐冷却，记录系统的温度随时间的变化，并绘制温度 - 时间曲线，叫**步冷曲线**（cooling curve）。

在系统的冷却过程中，若不发生相变化，则系统逐渐散热时，所得步冷曲线为连续的曲线；若系统在冷却过程中有相变化发生，所得步冷曲线在一定温度时将出现**停歇点**（有一段时间散热时温度不变）或**转折点**（在该点前后散热速度不同），或两种情况兼有。

将两个组分配制成组成不同的混合物（包括两个纯组分）加热熔化后，测得一系列步冷曲线，进而可得到熔点 - 组成图。

2. 熔点 - 组成图

如图 2-30 所示为用热分析法由实验绘制的具有**最低共熔点**（eutectic point）（也叫**共晶点**）的邻硝基氯苯（A）- 对硝基氯苯（B）系统的**熔点 - 组成图**（melting point-composition diagram）。

图 2-30 中，t_A^* 及 t_B^* 分别为纯邻硝基氯苯及纯对硝基氯苯的熔点。$t_A^* E$ 及 $t_B^* E$ 是根据各个步冷曲线第一个转折点绘出的，所以是**结晶开始曲线**，是液固两相平衡中表示液相组成与温度关系的**液相线**（line of liquid phase），而 $t_A^* C$ 及 $t_B^* D$ 是相对应的**固相线**（line of solid phase）；$\overline{CED}$ 水平线是根据各步冷曲线的停歇点绘出的（注意，C、D 两点并不与两纵坐标轴重合，而是在两坐标轴内侧，且分别与两坐标轴相切）。系统的温度降到 $\overline{CED}$ 线的温度时，邻、对硝基氯苯一起结晶析出，所以又叫**共晶线**，是结晶终了线。在该条线上是两种晶体（纯 A 及纯 B）与溶液三相平衡，E 点即是溶液的相点，叫最低共熔点（或共晶点），温度降到该点时，邻硝基氯苯（A）与对硝基氯苯（B）共同结晶析出。各相区如图 2-30 所示。

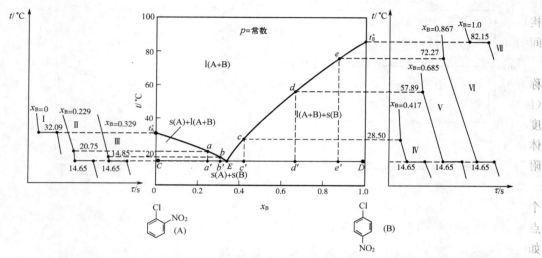

图 2-30　由热分析法绘制的邻硝基氯苯(A)- 对硝基氯苯(B) 系统的熔点 - 组成图

属于此类的有机化合物的固态完全不互溶的液固平衡的相图有苯(A)- 萘(B)、联苯(A)- 联苯醚(B)、邻硝基苯酚(A)- 对硝基苯酚(B) 等;许多二组分的无机盐或金属固态完全不互溶系统的液固平衡相图也属于此类型,例如,KCl(A)-AgCl(B),Bi(A)-Cd(B),Sb(A)-Pb(B),Si(A)-Al(B) 等系统。

【例 2-19】　A 和 B 固态时完全不互溶,101 325 Pa 时 A(s) 的熔点为 30 ℃,B(s) 的熔点为 50 ℃,A 和 B 在 10 ℃ 具有最低共熔点,其组成为 $x_{B,E} = 0.4$,设 A 和 B 相互溶解度曲线均为直线。(1) 画出该系统的熔点 - 组成图(t-x_B 图);(2) 今由 2 mol A 和 8 mol B 组成一系统,根据画出的 t-x_B 图,列表回答系统在 5 ℃、30 ℃、50 ℃ 时的相数、相的聚集态及成分、各相的物质的量、系统所在相区的条件自由度数。

解　(1) 熔点 - 组成(t-x_B) 图如图 2-31 所示。
(2) 列表如下:

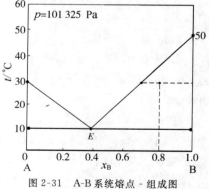

图 2-31　A-B 系统熔点 - 组成图

系统温度 / ℃	相数	相的聚集态及成分	各相的物质的量	系统所在相区的条件自由度数 f'
5	2	s(A),s(B)	$n_{s(A)} = 2$ mol $n_{s(B)} = 8$ mol	1
30	2	s(B),l(A + B)	$n_{l(A+B)} = 6.67$ mol $n_{s(B)} = 3.33$ mol	1
50	1	l(A + B)	$n_{l(A+B)} = 10$ mol	2

3. 二组分形成化合物系统的相图

有时两个组分能发生化学反应生成固体化合物。若固体化合物熔化后生成的液相的组成与该化合物的组成相同,则该化合物称为**相合熔点化合物**;若固体化合物加热到熔点得到组成与它不同的液相及一纯固体,则该化合物称为**不相合熔点化合物**。[①]

---

① 把相合熔点化合物称为稳定化合物,把不相合熔点化合物称为不稳定化合物,实际上并不合适,因为"稳定"化合物熔化成液态时也可能分解,也可能稳定存在,仅靠相图无法判断其是否稳定。

如图 2-32 所示是 Mg(A)-Si(B) 系统在一定压力下的熔点 - 组成图。由 Mg(A) 与 Si(B) 构成的系统中尽管有 Mg₂Si、Mg 和 Si 三种化学物质,但由于存在 Mg₂Si、Mg、Si 三种物质之间的反应平衡,所以仍是二组分系统。

固体化合物 Mg₂Si 熔化时,所得液相的组成与固体化合物的组成相同。因此把该化合物称为相合熔点化合物。若把具有该组成的熔体降温冷却,所得步冷曲线的形状与单组分系统(纯物质)的步冷曲线形状一样,即冷却到 C 点温度(1 102 ℃)之前呈连续状,冷却到 C 点温度有固体析出,出现停歇点,曲线呈水平状,待熔体完全固化后,温度才继续下降,表明该固体化合物在一定的压力下有固定的熔点,如图 2-32 所示的 C 点,熔点温度为 1 102 ℃,该点附近的液相线呈一条圆滑的山头形曲线,而不是两条液相线呈锐角相交。

该系统在固态时 Mg 与 Mg₂Si 完全不互溶,Mg₂Si 与 Si 也完全不互溶,它们之间形成两个低共晶点 E_1 [638 ℃,$w(Si) = 0.14$] 及 E_2 [950 ℃,$w(Si) = 0.58$],所以整个相图(除在 C 点处液相线的切线的斜率为零外)像是两个具有低共晶点的熔点 - 组成图组合而成。各相区如图所示,若化合物 C 在液相已分解(不存在),则液相为 l(A+B);若化合物 C 在液相稳定存在,则在化合物 C 的组成坐标左侧,液相为 l(A+C),右侧为 l(C+B)。仅凭相图无法判定化合物 C 在液相是否稳定存在。

如图 2-33 所示是 Na(A)-K(B) 系统在一定压力下的熔点 - 组成图。该图的特征与图 2-32 不同,这是由于 Na(A) 和 K(B) 所形成的化合物 Na₂K(C) 当加热到温度 t_P 时,按下式分解:

$$Na_2K(s) \rightleftharpoons Na(s) + 熔体[l(Na+K)]$$

所得熔体的组成与原化合物 Na₂K 的组成不同,同时生成另一种固体 Na(s),因此该化合物(Na₂K)称为不相合熔点化合物。上述化合物的分解反应称**转晶反应**(transition crystal reaction)。

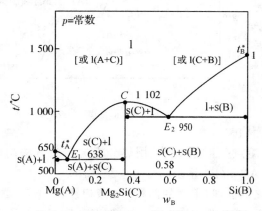

图 2-32 Mg(A)-Si(B) 系统的熔点 - 组成图
(生成相合熔点化合物系统)

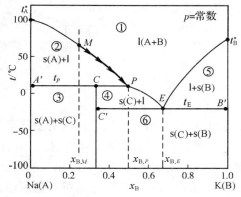

图 2-33 Na(A)-K(B) 系统的熔点 - 组成图
(生成不相合熔点化合物系统)

若把组成为 $x_{B,M}$ 的熔体从 80 ℃ 左右冷却到 M 点,固体钠开始从熔体中析出,熔体中 Na 含量沿曲线 MP 下降(图中 MP 曲线上的箭头走向),至温度 t_P 化合物 Na₂K 开始析出。图中的两条水平线均为三相平衡线,上面的一条水平线是固体 Na(相点 A')、化合物 Na₂K(C)(相点 C)与组成为 $x_{B,P}$ 的熔体(相点 P)在温度 t_P 下三相平衡,下面一条水平线是

固体化合物 $Na_2K(C)$（相点 C'）与固体 $K(B)$（相点 B'）及组成为 $x_{B,E}$ 的熔体（相点 E）在温度 t_E 下三相平衡。各相区如图所示。

【例 2-20】 $Au(A)$ 和 $Bi(B)$ 能形成不相合熔点化合物 Au_2Bi。Au 和 Bi 的熔点分别为 $1\,336.15\,℃$ 和 $544.52\,℃$。Au_2Bi 分解温度为 $650\,℃$，此时液相组成 $x_B = 0.65$。将 $x_B = 0.86$ 的熔体冷却到 $510\,℃$ 时，同时结晶出两种晶体（Au_2Bi 和 Bi）的混合物。(1)试根据实验数据绘出 Au-Bi 系统的熔点-组成图；(2)试列表说明每个相区的相数、各相的聚集态，及成分、相区的条件自由度数；(3)画出组成为 $x_B = 0.4$ 的熔体从 $1\,400\,℃$ 开始冷却的步冷曲线，并标明系统降温冷却过程中，在每一转折点或平台处出现或消失的相。

解 (1)Au-Bi 系统的熔点-组成图如图 2-34 所示。

(2)根据相图，列表如下：

相区	相数	相的聚集态及成分	相区条件自由度数 f'	相区	相数	相的聚集态及成分	相区条件自由度数 f'
①	1	$l(A+B)$	2	④	2	$s(C), l(A+B)$	1
②	2	$l(A+B), s(A)$	1	⑤	2	$s(B), l(A+B)$	1
③	2	$s(A), s(C)$	1	⑥	2	$s(C), s(B)$	1

注　Au、Bi、Au_2Bi 分别用 A、B、C 表示。

(3) $x_B = 0.4$ 的混合物的步冷曲线如图 2-35 所示。

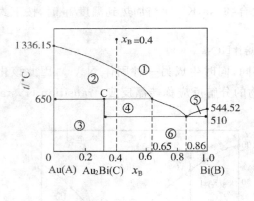

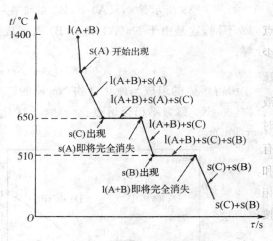

图 2-34　Au-Bi 系统熔点-组成图　　　　图 2-35　$x_B = 0.4$ 混合物的步冷曲线

4. 二组分固、液态完全互溶系统的固液平衡相图

二组分固态及液态都完全互溶的系统，其熔点-组成图也是用热分析的实验方法制作的。如图 2-36 所示即为由热分析法制作的 $Ge(A)$-$Si(B)$ 系统的熔点-组成图。

图 2-36(b) 中，根据第一个转折点温度连接的曲线（上面的曲线）称**液相线**，根据第二个转折点温度连接的曲线（下面的曲线）称**固相线**。液相线以上的相区为液相区，固相线以下的相区为固相区，均为单相区，即一相平衡，二线之间的相区为液固两相平衡共存区。

5. 二组分固态部分互溶、液态完全互溶系统的液固平衡相图

在一定组成范围内，液态完全互溶系统凝固后形成固溶体；而在另外的组成范围内，形成不同的两种互不相溶的固溶体。这样的系统称为液态完全互溶而固态部分互溶的系统，该类系统的熔点-组成图又分为具有低共熔点及具有转变温度两种，其图形特征与液态部分

互溶系统的沸点 - 组成图（图 2-27）相似。

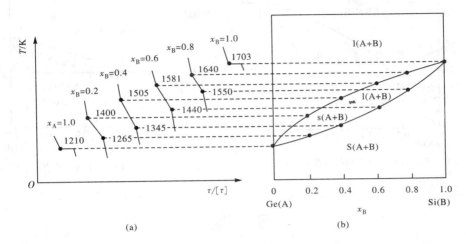

图 2-36 Ge(A)-Si(B) 系统的熔点 - 组成图

（1）具有低共熔点的熔点 - 组成图

如图 2-37 所示是 Sn(A)-Pb(B) 系统在一定压力下的熔点 - 组成图。图中 Sn 及 Pb 的熔点 t_A^* 及 t_B^* 分别为 232 ℃ 及 327 ℃。用 $s_\alpha(A+B)$ 及 $s_\beta(A+B)$ 分别表示 Sn 多 Pb 少及 Sn 少 Pb 多的固溶体，GC 及 FD 分别为 Pb 溶解在 Sn 中及 Sn 溶解在 Pb 中的溶解度曲线，$t_E=183.3$ ℃（图中 E 点）为最低共熔点，该点组成 $x(Pb)=0.26$；t_A^*E 及 t_B^*E 为结晶开始曲线或液相线，t_A^*C 及 t_B^*D 则为结晶终了曲线或固相线。而 $\overline{CED}$ 则为共晶线，当冷却到共晶线温度时，同时析出 $s_\alpha(A+B)$ 和 $s_\beta(A+B)$ 两种固溶体，所以在线上是三相平衡，这三相分别是具有相点 C 所指示的组成的 $s_\alpha(A+B)$ 固溶体，具有相点 D 所指示的组成的 $s_\beta(A+B)$ 固溶体和具有相点 E 所指示的组成的低共溶体。此时 $f'=2-3+1=0$，表明，系统的温度和三个相的组成均有确定的量值。各相区如图 2-37 所示。根据这类相图可知，要制备低熔点合金应按什么比例配制。此低熔点合金即是用于电子元件钎焊的"焊锡"。

（2）具有转变温度的熔点 - 组成图

如图 2-38 所示是 Ag(A)-Pt(B) 系统的熔点 - 组成图。图中 t_A^* 及 t_B^* 分别为 Ag 及 Pt 的熔点（961 ℃ 及 1 772 ℃）。GC、FD 为 Ag 及 Pt 的相互溶解度曲线。t_A^*E 及 t_B^*E 为结晶开始曲线即液相线，而 t_A^*C 及 t_B^*D 为结晶终了曲线即固相线。$\overline{ECD}$ 线为 $s_\alpha(A+B)$、$s_\beta(A+B)$ 及 l_E（具有相点 E 所指示组成的液溶体）三相平衡线，温度为 1 200 ℃，各相区如图 2-38 所示。

由图 2-38 可看出，在 1 200 ℃ 以上，$s_\alpha(A+B)$ 固溶体不存在，而 $s_\beta(A+B)$ 固溶体却可存在。在 1 200 ℃ 加热固溶体 $C(s_\alpha)$，它就在定温下转变为固溶体 $D(s_\beta)$ 和低共熔体 E，即

$$s_\alpha(A+B) \xrightarrow{\ 1\,200\ ℃\ } s_\beta(A+B)+l_E(A+B)$$

因此 1 200 ℃ 是 $s_\alpha(A+B)$、$s_\beta(A+B)$ 两固溶体的转变温度，上述反应式表示的变化称为**转晶反应**（transition crystal reaction）。

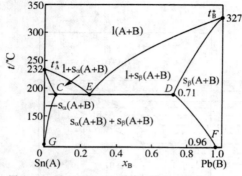

图 2-37 Sn(A)-Pb(B) 系统的熔点 - 组成图

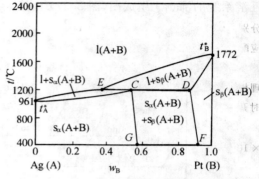

图 2-38 Ag(A)-Pt(B) 系统的熔点 - 组成图

习   题

2-1 指出下列相平衡系统中的化学物质数 S，独立的化学反应数 R，组成关系数 R'，组分数 C，相数 ϕ 及自由度数 f。

(1) $NH_4HS(s)$ 部分分解为 $NH_3(g)$ 和 $H_3S(g)$ 达成平衡；

(2) $NH_4HS(s)$ 和任意量的 $NH_3(g)$ 及 $H_2S(g)$ 达成平衡；

(3) $NaHCO_3(s)$ 部分分解为 $Na_2CO_3(s)$、$H_2O(g)$ 及 $CO_2(g)$ 达成平衡；

(4) $CaCO_3(s)$ 部分分解为 $CaO(s)$ 及 $CO_2(g)$ 达成平衡；

(5) 蔗糖水溶液与纯水用只允许水透过的半透膜隔开并达成平衡；

(6) $CH_4(g)$ 与 $H_2O(g)$ 反应，部分转化为 $CO(g)$、$CO_2(g)$ 和 $H_2(g)$ 达成平衡。

(7) C_2H_5OH 溶于 H_2O 中达成的溶解平衡；

(8) $CHCl_3$ 与 H_2O 及它们的蒸气达成的部分互溶平衡；

(9) 气态的 N_2、O_2 溶于水中达成的溶解平衡；

(10) 气态的 N_2、O_2 溶于 C_2H_5OH 水溶液中达成的溶解平衡；

(11) 气态的 N_2、O_2 溶于由 $CHCl_3$ 与 H_2O 达成的部分互溶的溶解平衡；

(12) K_2SO_4、$NaCl$ 的未饱和水溶液达成的平衡；

(13) $NaCl(s)$、$KCl(s)$、$NaNO_3(s)$、$KNO_3(s)$ 与 H_2O 达成的平衡。

2-2 在 101 325 Pa 的压力下，I_2 在液态水和 CCl_4 中达到分配平衡(无固态碘存在)，试计算该系统的条件自由度数。

2-3 已知水和冰的密度分别为 $0.999\ 8\ g \cdot cm^{-3}$ 和 $0.916\ 8\ g \cdot cm^{-3}$；冰在 0 ℃ 时的质量熔化焓为 $333.5\ J \cdot g^{-1}$，试计算在 -0.35 ℃ 下，要使冰融化所需的最小压力为多少？

2-4 20 ℃ 时，乙醚的蒸气压为 5.895×10^4 Pa。设在 100 g 乙醚中溶入某非挥发有机物质 10 g，乙醚的蒸气压下降到 5.679×10^4 Pa。计算该有机物质的摩尔质量。

2-5 20 ℃ 时，当 HCl 的分压为 1.013×10^5 Pa 时，它在苯中的平衡组成 $x(HCl)$ 为 0.042 5。若 20 ℃ 时纯苯的蒸气压为 0.100×10^5 Pa，问苯与 HCl 的总压为 1.013×10^5 Pa 时，100 g 苯中至多可溶解多少克 HCl？

2-6 $x_B = 0.001$ 的 A、B 二组分理想液态混合物，在 1.013×10^5 Pa 下加热到 80 ℃ 开始沸腾，已知纯 A 液体相同压力下的沸点为 90 ℃，假定 A 液体适用特鲁顿规则，计算当 $x_B = 0.002$ 时该液态混合物在 80 ℃ 的蒸气压和平衡气相组成。

2-7 C_6H_5Cl 和 C_6H_5Br 相混合可构成理想液态混合物。136.7 ℃ 时,纯 C_6H_5Cl 和纯 C_6H_5Br 的蒸气压分别为 1.150×10^5 Pa 和 0.604×10^5 Pa。计算:(1)要使混合物在 101 325 Pa 下沸点为 136.7 ℃,则混合物应配成怎样的组成?(2)在 136.7 ℃ 时,要使平衡蒸气相中两种物质的蒸气压相等,混合物的组成又如何?

2-8 100 ℃ 时,纯 CCl_4 及纯 $SnCl_4$ 的蒸气压分别为 1.933×10^5 Pa 及 0.666×10^5 Pa。这两种液体可组成理想液态混合物。假定以某种配比混合成的这种混合物,在外压为 1.013×10^5 Pa 的条件下,加热到 100 ℃ 时开始沸腾。计算:(1)该混合物的组成;(2)该混合物开始沸腾时的第一个气泡的组成。

2-9 C_6H_6(A)-$C_2H_4Cl_2$(B) 的混合液可视为理想液态混合物。50 ℃ 时,$p_A^* = 0.357 \times 10^5$ Pa,$p_B^* = 0.315 \times 10^5$ Pa。试分别计算 50 ℃ 时 $x_A = 0.250, 0.500, 0.750$ 的混合物的蒸气压及平衡气相组成。

2-10 樟脑的熔点是 172 ℃,$k_f = 40$ K·kg·mol^{-1}(这个量的量值很大,因此用樟脑做溶剂测溶质的摩尔质量,通常只需几毫克的溶质就够了)。现有 7.900 mg 酚酞和 129 mg 樟脑的混合物,测得该溶液的凝固点比樟脑低 8 ℃。求酚酞的相对分子质量。

2-11 苯在 101 325 Pa 下的沸点是 353.35 K,沸点升高系数是 2.62 K·kg·mol^{-1},求苯的摩尔汽化焓。

2-12 氯仿(A)-丙酮(B)混合物,$x_A = 0.713$,在 28.15 ℃ 时的饱和蒸气总压为 29 390 Pa,丙酮在气相的组成 $y_B = 0.818$,已知纯氯仿在同一温度下蒸气压为 29 564 Pa。若同温同压下纯氯仿为标准态,计算该混合物中氯仿的活度因子及活度。设蒸气可视为理想气体。

2-13 研究 C_2H_5OH(A)-H_2O(B)混合物。在 50 ℃ 时的一次实验结果如下:

p/Pa	p_A/Pa	p_B/Pa	x_A
24 832	14 182	10 650	0.443 9
28 884	21 433	7 451	0.881 7

已知该温度下纯乙醇的蒸气压 $p_A^* = 29\,444$ Pa;纯水的蒸气压 $p_B^* = 12\,331$ Pa。试以纯液体为标准态,根据上述实验数据,计算乙醇及水的活度因子和活度。

2-14 293 K 时 1 kg 水中溶有 1.64×10^{-6} mol 氢气,水面上 H_2 的平衡压力为 101.325 kPa。试计算:(1)293 K 时 H_2(g)在水中的亨利系数;(2)当水面上 H_2 的平衡压力增加为 1 013.25 kPa 时,293 K 的 1 kg 水中溶解多少克 H_2?已知 H_2 的摩尔质量为 2.016×10^{-3} kg·mol^{-1}。

2-15 固体 CO_2 的饱和蒸气压与温度的关系为

$$\lg\left(\frac{p^*(s)}{Pa}\right) = -\frac{1\,353}{T/K} + 11.957$$

已知其熔化焓 $\Delta_{fus}H_m^* = 8\,326$ J·mol^{-1},三相点温度为 -56.6 ℃。

(1)求三相点的压力;(2)在 100 kPa 下 CO_2 能否以液态存在?(3)找出液体 CO_2 的饱和蒸气压与温度的关系式。

2-16 在 $t = 25$ ℃ 时,C_3H_6O(A)-C_3H_8O(B)系统的气液平衡数据如下:

x_B	y_B	$p/(10^5$Pa$)$	x_B	y_B	$p/(10^5$Pa$)$
0	0	0.059	0	0	0.059
0.175	0.599	0.133	0.660	0.855	0.253
0.339	0.735	0.186	0.839	0.910	0.295
0.514	0.798	0.223	1.000	1.000	0.302

(1)根据上述数据,描绘该系统的 p-$x(y)$ 图,并标示图中各相区;(2)若 1 mol A 与 1 mol B 混合,在 $p = 20$ kPa 时,系统是几相平衡?平衡各相的组成如何?各相物质的量为多少?(3)求平衡液相混合物中 A 及 B 的活度因子(分别以纯液体 A 及 B 为标准态)。

2-17 在 $p = 101\,325$ Pa 下 CH_3COOH(A)-C_3H_6O(B)系统的液气平衡数据如下:

x_B	y_B	$t/℃$	x_B	y_B	$t/℃$	x_B	y_B	$t/℃$
0	0	118.1	0.300	0.725	85.8	0.700	0.969	66.1
0.050	0.162	110.0	0.400	0.840	79.7	0.800	0.984	62.6
0.100	0.306	103.8	0.500	0.912	74.6	0.900	0.993	59.2
0.200	0.557	93.2	0.600	0.947	70.2	1.000	1.000	56.1

(1) 根据上述数据描绘该系统的 t-$x(y)$ 图,并标示各相区;(2) 将 $x_B = 0.600$ 的混合物在一带活塞的密闭容器中加热到什么温度开始沸腾?产生的第一个气泡的组成如何?若只加热到 $80\,℃$,系统是几相平衡?各相组成如何?液相中 A 的活度因子是多少?(以纯液态 A 为标准态)?已知 A 的摩尔汽化焓为 $24\ 390\ J\cdot mol^{-1}$。

2-18 用热分析法测得间二甲苯(A)- 对二甲苯(B) 系统的步冷曲线的转折温度(或停歇点温度)如下:

组成标度 x(对二甲苯)	第一转折点 $t/℃$	停歇点 $t/℃$
0	-47.9(停歇点)	—
0.10	-50	-52.8
0.13	—	-52.8
0.70	-4	-52.8
1.00	13.3(停歇点)	—

(1) 根据上表数据绘出各条步冷曲线,并根据该组步冷曲线绘出该系统的熔点 - 组成图;(2) 标出图中各相区,计算其自由度数;(3) 若有 100 kg 含 w(对二甲苯)= 0.70 的混合物,用深冷法结晶,问冷却到 $-50\,℃$,能析出多少对二甲苯(kg)?平衡产率如何?所剩混合物组成如何?

2-19 化工厂中常用联苯 - 联苯醚的混合物(俗称道生)做载热体,已知该系统的熔点 - 组成图如图 2-39 所示。(1) 标示图中各相区;(2) 你认为道生的组成应配制何种比例才最合适?为什么?

2-20 用热分析法测得 Sb(A)-Cd(B) 系统步冷曲线的转折温度及停歇温度数据如下:

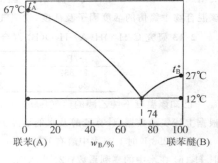

图 2-39

w(Cd)/%	转折温度 / ℃	停歇温度 / ℃	w(Cd)/%	转折温度 / ℃	停歇温度 / ℃
0	—	630	58	—	439
20	550	410	70	400	295
37	460	410	93	—	295
47	—	410	100	—	321
50	419	410			

(1) 由以上数据绘制步冷曲线(示意),并根据该组步冷曲线绘制 Sb(A)-Cd(B) 系统的熔点 - 组成图;(2) 由相图求 Sb 和 Cd 形成的化合物的最简分子式;(3) 将各相区的相数及自由度数(f')列成表。

2-21 标出如图 2-40(a)Mg(A)-Ca(B) 及图 2-40(b)CaF$_2$(A)-CaCl$_2$(B) 所示系统的各相区的相数、相态及自由度数(f');描绘系统点 a、b 的步冷曲线,指明步冷曲线上转折点或停歇点处系统的相态变化。

2-22 标出如图 2-41(a)FeO(A)-MnO(B) 及图 2-41(b)Ag(A)-Cu(B) 所示系统的相区,描绘系统点 a、b 的步冷曲线,指明步冷曲线上转折点处的相态变化,并说明图中水平线上的系统点是几相平衡?哪几个相?

2-23 Au(A)-Pt(B) 系统的熔点 - 组成图及溶解度图如图 2-42 所示。(1) 标示图中各相区;(2) 计算各相区的自由度数 f';(3) 描绘系统点 a 的步冷曲线,并标示出该曲线转折点处的相态变化。

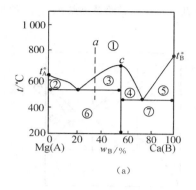

(a)

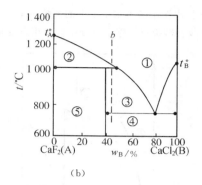

(b)

图 2-40

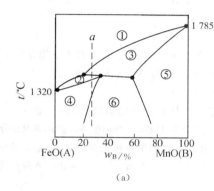

（a）

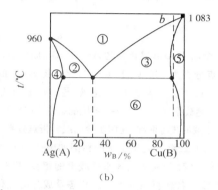

（b）

图 2-41

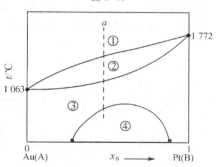

图 2-42

2-24 由热分析法得到的 Cu(A)-Ni(B) 系统的数据如下：

$w(Ni)/\%$	第一转折温度 /℃	第二转折温度 /℃
0	1 083	
10	1 140	1 100
40	1 270	1 185
70	1 375	1 310
100	1 452	

（1）根据表中数据描绘其步冷曲线，并由该组步冷曲线描绘 Cu(A)-Ni(B) 系统的熔点-组成图，并标出各相区；（2）今有含 $w(Ni) = 0.50$ 的合金，使其从 1 400 ℃ 冷却到 1 200 ℃，问在什么温度下有固体析出？最后一滴溶液凝结的温度为多少？在此状态下，溶液组成如何？

2-25 如图 2-43（a）所示为 Mg(A)-Pb(B)，如图 2-43（b）所示为 Al(A)-Zn(B) 系统的相图。（1）标示图中

各相区;(2)指出图中各条水平线上的系统点是几相平衡?哪几个相?(3)描绘系统点 a、b、c、d 的步冷曲线,指出步冷曲线上转折点及停歇点处系统的相态变化。

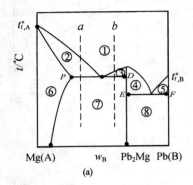 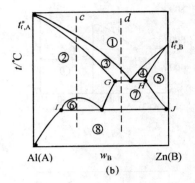

图 2-43

2-26 金属 A、B 形成化合物 AB_3、A_2B_3。固体 A、B、AB_3、A_2B_3 彼此不互溶,但在液态下能完全互溶。A、B 的正常熔点分别为 600 ℃、1 100 ℃。化合物 A_2B_3 的熔点为 900 ℃,与 A 形成的低共熔点为 450 ℃。化合物 AB_3 在 800 ℃ 下分解为 A_2B_3 和溶液,与 B 形成的低共熔点为 650 ℃。

根据上述数据:(1)画出 A-B 系统的熔点-组成图,并标示出图中各区的相态及成分;(2)画出 $x_A = 0.90$,$x_A = 0.30$ 熔化液的步冷曲线,注明步冷曲线转折点处系统相态及成分的变化和步冷曲线各段的相态及成分。

2-27 A-B 二组分凝聚系统的相图如图 2-44 所示。(1)列表示出图中各相区的相数、相态及成分和条件自由度数 f'。(2)列表指出各水平线上的相数、相态及成分和条件自由度数 f'。(3)画出 a、b 两点的步冷曲线,并在曲线上各转折点处表示出相态及成分的变化情况。

2-28 已知 A-B 二组分的熔点-组成图如图 2-45 所示。(1)列表示出图中各相区及各水平线上的相数、聚集态及成分和条件自由度数 f'。(2)画出 a、b 两点的步冷曲线,标明步冷曲线转折点处相态及成分的变化情况。

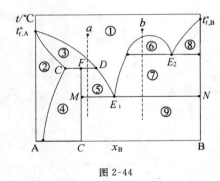 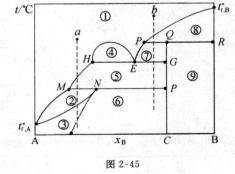

图 2-44   图 2-45

习题答案

2-1 (1)$S = 3,R = 1,R' = 1,C = 1,\phi = 2,f = 1$;(2)$S = 3,R = 1,R' = 0,C = 2,\phi = 2,f = 2$;
(3)$S = 4,R = 1,R' = 1,C = 2,\phi = 3,f = 1$;(4)$S = 3,R = 1,R' = 0,C = 2,\phi = 3,f = 1$;
(5)$S = 2,R = 0,R' = 0,C = 2,\phi = 2,f = 3$;(6)$S = 5,R = 2,R' = 0,C = 3,\phi = 1,f = 4$;
(7)$S = 2,R = 0,R' = 0,C = 2,\phi = 2,f = 2$;(8)$S = 2,R = 0,R' = 0,C = 2,\phi = 3,f = 1$;
(9)$S = 3,R = 0,R' = 0,C = 3,\phi = 2,f = 3$;(10)$S = 4,R = 0,R' = 0,C = 4,\phi = 2,f = 4$;
(11)$S = 4,R = 0,R' = 0,C = 4,\phi = 3,f = 3$;

(12)$S = 3, R = 0, R' = 0, C = 3, \phi = 1, f = 4$,或把离子亦视为物种,则有 $S = 7$(K^+、SO_4^{2-}、Na^+、Cl^-、H_2O、H_3^+O、OH^-);$R = 1$($2H_2O \rightleftharpoons H_3^+O + OH^-$);$R' = 3$[$c(H_3^+O) = c(OH^-)$、$2K^+$ 与 SO_4^{2-} 的电中性关系、Na^+ 与 Cl^- 的电中性关系;H_3^+O、OH^- 的电中性关系已不是独立的,故不加考虑];$C = S - R - R' = 7 - 1 - 3 = 3; \phi = 1; f = 4$。

(13)$S = 5, R = 0, R' = 0, C = 5, \phi = 5, f = 2$,或把离子亦视为物种,则有 $S = 11$[$NaCl(s)$、$KCl(s)$、$NaNO_3(s)$、$KNO_3(s)$、H_2O 及它们解离成的离子 Na^+、Cl^-、K^+、NO_3^-、H_3^+O、OH^-);$R = 5$($2H_2O \rightleftharpoons H_3^+O + OH^-$、$NaCl(s) \rightleftharpoons Na^+ + Cl^-$、$KCl(s) \rightleftharpoons K^+ + Cl^-$、$NaNO_3(s) \rightleftharpoons Na^+ + NO_3^-$、$KNO_3(s) \rightleftharpoons K^+ + NO_3^-$,这些解离反应都是独立的);$R' = 1$[$c(H_3^+) = c(OH^-)$],因为 K^+、Na^+、Cl^-、SO_4^{2-} 等离子分别参与上述溶解平衡,则 K^+ 与 Cl^-,Na^+ 与 Cl^-,K^+ 与 NO_3^-,Na^+ 与 NO_3^- 单独的电中性关系已不复存在,而 H_3^+O 与 OH^- 的电中性关系由于已考虑 $c(H_3^+O) = c(OH^-)$,故也不是独立的;$C = S - R - R' = 11 - 5 - 1 = 5; \phi = 5; f = 2$。

2-2 $f' = 2$

2-3 48.21×10^5 Pa

2-4 195 g·mol^{-1}

2-5 1.87 g

2-6 1.28×10^5 Pa,0.413,0.587

2-7 (1)0.75;(2)$x(C_6H_5Cl) = 0.344$

2-8 (1)$x(SnCl_4) = 0.726$;(2)$y(SnCl_4) = 0.478$

2-9 0.325×10^5 Pa,0.274;0.366×10^5 Pa,0.531;0.347×10^5 Pa,0.772

2-10 306 g·mol^{-1}

2-11 30.9 kJ·mol^{-1}

2-12 0.254,0.181

2-13 $x_A = 0.443\,9$ 时,$a_A = 0.481\,7$,$f_A = 1.085$;$a_B = 0.863\,7$,$f_B = 1.553$
　　　$x_A = 0.881\,7$ 时,$a_A = 0.727\,9$,$f_A = 0.825\,6$,$a_B = 0.604\,2$,$f_B = 5.107\,8$

2-14 (1)1.246×10^5 Pa·kg·mol^{-1};(2)1.64×10^{-2} g

2-15 (1)5.13×10^5 Pa;(2) 不能;(3)$\lg(p^*/Pa) = -\dfrac{918.2}{T/K} + 9.952$

2-16 (2) 二相平衡,$x_B = 0.40$,$y_B = 0.76$,$n_l = 1.44$ mol,$n_g = 0.56$ mol;(3)$f_A = 1.36$,$f_B = 1.26$

2-17 (2)70 ℃,$y_B = 0.95$,80 ℃,2 相,$x_B = 0.38$,$y_B = 0.80$,$f_A = 0.724$

2-18 (3)65 kg,93.9%,0.17

2-19 (2)$w_B = 0.78$

2-20 (2)Sb_2Cd_3

第3章

化学平衡

3.0　化学平衡研究的内容

3.0.1　化学反应的方向与限度

对于一个化学反应,在给定的条件(反应系统的温度、压力和组成)下,反应向什么方向进行?反应的最高限度是什么?如何控制反应条件,使反应向我们需要的方向进行,并预知给定条件下的最高反应限度?这些问题都是生产和科学实验中需要研究和解决的问题。例如,在 $560\ ℃$、$1×10^5\ Pa$ 下,将乙苯蒸气与水蒸气以 $1:10$(摩尔比)的比例混合,通入列管式反应装置进行乙苯脱氢生产苯乙烯的反应:

$$C_6H_5C_2H_5(g) \Longleftrightarrow C_6H_5C_2H_3(g) + H_2(g)$$

实践证明,反应主要向生成苯乙烯方向进行,在给定条件下,乙苯的最高转化率(平衡转化率)为 62.4%。这就是该反应在给定条件下的方向和限度。不论反应多长时间都不可能超过这个限度;也不可能通过添加或改变催化剂来改变这个限度。只有通过改变反应的条件(温度、压力,以及乙苯与水蒸气的摩尔比),才能在新的条件下达到新的限度。

任何化学反应都可按照反应方程的正向及逆向进行。化学平衡这一章就是用热力学原理研究化学反应的方向和限度,也就是研究一个化学反应,在一定温度、压力等条件下,按化学反应方程能够正向(向右)进行,还是逆向(向左)进行,以及进行到什么程度为止(达到平衡时,系统的温度、压力、组成如何)。

3.0.2　化学反应的摩尔吉布斯函数[变]

对于反应

$$aA + bB \Longleftrightarrow yY + zZ$$

$$\left. \begin{array}{l} \boldsymbol{A} = -(-a\mu_A - b\mu_B + y\mu_Y + z\mu_Z) = 0,\text{则反应达平衡} \\ \boldsymbol{A} = -(-a\mu_A - b\mu_B + y\mu_Y + z\mu_Z) > 0,\text{则}\ aA + bB \rightarrow yY + zZ \\ \boldsymbol{A} = -(-a\mu_A - b\mu_B + y\mu_Y + z\mu_Z) < 0,\text{则}\ aA + bB \leftarrow yY + zZ \end{array} \right\} \tag{3-1}$$

式(3-1)是用化学反应亲和势 $\boldsymbol{A}$ 或化学势表示的化学反应平衡判据。

若定义

$$\Delta_r G_m \stackrel{\text{def}}{=\!=} \sum_B \nu_B \mu_B. \tag{3-2}$$

由式(1-165)

$$\Delta_r G_m = -\boldsymbol{A} \tag{3-3}$$

即
$$\Delta_r G_m = (-a\mu_A - b\mu_B + y\mu_Y + z\mu_Z) = 0,\text{则反应达平衡}$$
$$\Delta_r G_m = (-a\mu_A - b\mu_B + y\mu_Y + z\mu_Z) < 0,\text{则} aA + bB \rightarrow yY + zZ$$
$$\Delta_r G_m = (-a\mu_A - b\mu_B + y\mu_Y + z\mu_Z) > 0,\text{则} aA + bB \leftarrow yY + zZ$$
$$\tag{3-4}$$

式(3-2)～式(3-4)的 $\Delta_r G_m$ 叫**化学反应的摩尔吉布斯函数[变]**(molar Gibbs function [change] of chemical reaction)。它也是状态函数,是系统在该状态(温度、压力,以及组成)下,$-a\mu_A$、$-b\mu_B$、$y\mu_Y$、$z\mu_Z$ 的代数和。

还可从另一角度来理解 $\Delta_r G_m$。由多组分组成可变的均相系统的热力学基本方程式(1-151),即

$$dG = -SdT + Vdp + \sum_B \mu_B dn_B$$

将反应进度的定义式(1-8)$d\xi = \dfrac{dn_B}{\nu_B}$ 代入上式,得

$$dG = -SdT + Vdp + \sum_B \nu_B \mu_B d\xi$$

在定温、定压下,则

$$dG_{T,p} = \sum_B \nu_B \mu_B d\xi \tag{3-5}$$

应用于化学反应
$$aA + bB \rightleftharpoons yY + zZ$$
有
$$dG_{T,p} = (y\mu_Y + z\mu_Z - a\mu_A - b\mu_B)d\xi \tag{3-6}$$

式(3-5)中的化学势 μ_B(B = A,B,Y,Z)除了与温度、压力有关外,还与系统的组成有关,即化学势 $\mu_B = f(T,p,\xi)$ 是温度、压力和反应进度的函数。因此,在反应过程中保持化学势 μ_B 不变的条件是:定温、定压下,在有限量的反应系统中,反应进度 ξ 的改变为无限小;或者设想在大量的反应系统中,发生了单位反应进度的化学反应。在这两种情况之一的条件下,系统的组成不会发生显著的变化,于是可以把化学势看做不变,式(3-5)便可写成

$$\left(\frac{\partial G}{\partial \xi}\right)_{T,p,\mu} = \sum_B \nu_B \mu_B \stackrel{\text{def}}{=\!=\!=} \Delta_r G_m \tag{3-7}$$

1922 年,**德唐德**(Donder De)首先引进偏微商 $\left(\dfrac{\partial G}{\partial \xi}\right)_{T,p,\mu}$ (即 $\Delta_r G_m$)的概念,其物理意义是:在 T、p、μ 一定时(即在一定的温度、压力和组成条件下),系统的吉布斯函数随反应进度的变化率;或者在 T、p、μ 一定时,大量的反应系统中发生单位反应进度时反应的吉布斯函数[变]。

将式(3-7)代入式(3-5),有

$$dG_{T,p} = \Delta_r G_m d\xi \tag{3-8}$$

在 T、p、μ 不变的条件下,积分式(3-8),得

$$\Delta_r G = \Delta_r G_m \Delta\xi, \quad \text{即} \Delta_r G_m = \Delta_r G / \Delta\xi \tag{3-9}$$

$\Delta_r G_m$ 与 $\Delta_r G$ 的单位不同。$\Delta_r G_m$ 的单位为 $J \cdot mol^{-1}$(mol^{-1} 为每单位反应进度),而 $\Delta_r G$ 的单位为 J。

如果以系统的吉布斯函数 G 为纵坐标,反应进度 ξ 为横坐标做图,如图 3-1 所示。$\left(\dfrac{\partial G}{\partial \xi}\right)_{T,p,\mu}$ 即是 G-ξ 曲线在某 ξ 处,曲线切线的斜率。根据式(3-6)和式(3-3),当 $\left(\dfrac{\partial G}{\partial \xi}\right)_{T,p,\mu} < 0$,即 $\Delta_r G_m(T,p,\xi) < 0$,$\boldsymbol{A} > 0$ 时,反应向 ξ 增加的方向进行;当 $\left(\dfrac{\partial G}{\partial \xi}\right)_{T,p,\mu} > 0$,即

$\Delta_r G_m(T, p, \xi) > 0$，$A < 0$ 时，反应向 ξ 减小的方向进行；

当 $\left(\dfrac{\partial G}{\partial \xi}\right)_{T,p,\mu} = 0$ 时，$A = 0$，曲线为最低点，G 值最小，反应达到平衡，这就是反应进行的限度。

以上讨论表明，在 $W' = 0$ 的情况下，对反应系统 $a\text{A}$ $+ b\text{B} \rightleftharpoons y\text{Y} + z\text{Z}$，若 $\left(\dfrac{\partial G}{\partial \xi}\right)_{T,p,\mu} < 0$，即 $A > 0$，反应有可能自发地向 ξ 增加的方向进行，直到进行到 $\left(\dfrac{\partial G}{\partial \xi}\right)_{T,p,\mu} = 0$，即 $A = 0$ 时为止，此时反应达到最高限度，反应进度为极限进度 ξ^{eq}（"eq" 表示平衡）。若再使 ξ 增大，由于 $\left(\dfrac{\partial G}{\partial \xi}\right)_{T,p,\mu}$

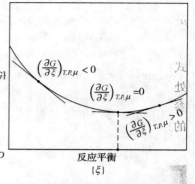

图 3-1　反应系统 G-ξ 关系示意图

> 0，$A < 0$，在无非体积功的条件下是不可能发生的，除非加入非体积功（如加入电功，如电解反应及放电的气相反应），且 $W' > \Delta_r G_m$ 时，反应才有可能使 ξ 继续增大。

应用热力学原理，由化学反应的平衡条件出发，结合各类反应系统中组分 B 的化学势表达式，定义一个标准平衡常数 $K^{\ominus}$，并且能由热力学公式及数据定量地计算出 $K^{\ominus}$，继而由 $K^{\ominus}$ 计算反应达到平衡时反应物的平衡转化率（在指定条件下的最高转化率）以及系统的平衡组成，这就是化学平衡所要解决的问题之一。这个问题的解决对化工生产至关重要，它是化工工艺设计以及选择最佳操作条件的主要依据之一。

本章主要讨论理想系统（理想气体混合物、理想液态混合物和理想稀溶液系统）中的化学反应平衡。理想系统中化学反应平衡的热力学关系式形式简单，便于应用。有些实际系统可近似地当做理想系统来处理；当实际系统偏离理想系统较大或计算的准确度要求较高时，可引入校正因子（如逸度因子、渗透因子、活度因子），对理想系统公式中的组成项加以校正，便可得到适用于实际系统的公式。所以研究理想系统的化学反应平衡是有实际意义的。

I　化学反应标准平衡常数

3.1　化学反应标准平衡常数的定义

3.1.1　化学反应的标准摩尔吉布斯函数［变］

对化学反应 $0 = \sum_{\text{B}} \nu_{\text{B}} \text{B}$，若反应的参与物 B（B = A, B, Y, Z）均处于标准态，则由式（3-2）及式（3-3），相应有

$$\Delta_r G_m^{\ominus}(T) = \sum_{\text{B}} \nu_{\text{B}} \mu_{\text{B}}^{\ominus}(T) \tag{3-10}$$

及

$$\Delta_r G_m^{\ominus}(T) = -A^{\ominus}(T) \tag{3-11}$$

式中，$\Delta_r G_m^{\ominus}(T)$ 称为**化学反应的标准摩尔吉布斯函数［变］**（standard molar Gibbs function [change] of chemical reaction），$A^{\ominus}(T)$ 称为**化学反应的标准亲和势**（standard affinity of chemical reaction）。

因纯物质的化学势即是其摩尔吉布斯函数 $[\mu(B,\beta,T) = G_m(B,\beta,T)]$，相应地有 $\mu^{\ominus}(B,\beta,T) = G_m^{\ominus}(B,\beta,T)$，故式(3-10)即为

$$\Delta_r G_m^{\ominus}(T) = \sum_B \nu_B G_m^{\ominus}(B,\beta,T) \tag{3-12}$$

式(3-12)表明，$\Delta_r G_m^{\ominus}(T)$ 的物理意义即是反应参与物 B(B = A,B,Y,Z) 在温度 T 各自单独处于标准状态下，发生单位反应进度时的摩尔吉布斯函数[变]，它是表征反应计量方程中各参与物质 B 在温度 T 下，标准态性质的量，所以 $\Delta_r G_m^{\ominus}(T)$ 取决于物质的本性、温度及标准态的选择，而与所研究状态下系统的组成无关。

注意　$\Delta_r G_m^{\ominus}(T)$ 与 $\Delta_r H_m^{\ominus}(T)$ 一样，其大小与化学反应计量方程的写法有关。

3.1.2　化学反应标准平衡常数

对任意化学反应 $0 = \sum_B \nu_B B$，定义

$$K^{\ominus}(T) \xlongequal{\text{def}} \exp\left[-\sum_B \nu_B \mu_B^{\ominus}(T)/RT\right] \tag{3-13}$$

式中，$K^{\ominus}(T)$ 称为**化学反应标准平衡常数**[1](standard equilibrium constant of chemical reaction)。由于 $K^{\ominus}(T)$ 是按式(3-13)定义的，所以它与参与反应的各物质的本性、温度及标准态的选择有关。对指定的反应，它只是温度的函数，为量纲一的量。

结合式(3-10)及式(3-13)，则有

$$K^{\ominus}(T) = \exp\left[-\frac{\Delta_r G_m^{\ominus}(T)}{RT}\right] \tag{3-14a}$$

或

$$\Delta_r G_m^{\ominus}(T) = -RT\ln K^{\ominus}(T) \tag{3-14b}$$

式(3-13)、式(3-14)对任何化学反应都适用，即无论是理想气体反应或真实气体反应，理想液态混合物中的反应或真实液态混合物中的反应，理想稀溶液中的反应或真实溶液中的反应，理想气体与纯固体(或纯液体)的反应以及电化学系统中的反应都适用。

3.1.3　化学反应标准平衡常数与计量方程的关系

$\Delta_r G_m^{\ominus}(T)$ 与化学反应计量方程写法有关，故根据式(3-14)，$K^{\ominus}(T)$ 必与化学反应的计量方程写法有关，即 $K^{\ominus}(T)$ 必须对应指定的化学反应计量方程。如

$$SO_2 + \frac{1}{2}O_2 = SO_3, \quad \Delta_r G_{m,1}^{\ominus}(T) = -RT\ln K_1^{\ominus}(T)$$

$$2SO_2 + O_2 = 2SO_3, \quad \Delta_r G_{m,2}^{\ominus}(T) = -RT\ln K_2^{\ominus}(T)$$

而 $\Delta_r G_{m,1}^{\ominus}(T) = \frac{1}{2}\Delta_r G_{m,2}^{\ominus}(T)$，故

---

① ISO 从 1980 年(第二版)起将此量称为标准平衡常数，并用符号 $K^{\ominus}$ 表示。GB 3102.8 从 1982 年(第一版)起按 ISO 定义了此量，也称为标准平衡常数，并以符号 $K^{\ominus}$ 表示。IUPAC 物理化学部热力学委员会以前称它为"热力学平衡常数"(thermodynamic equilibrium constant)，而以符号"K"表示，现在也按 ISO 将它称为标准平衡常数，也用 $K^{\ominus}$ 表示。现在 GB 3102.8—1993 中，定义

$$K^{\ominus}(T) \xlongequal{\text{def}} \prod_B \left[\lambda_B^{\ominus}(T)\right]^{-\nu_B}$$

本书中式(3-13)对 $K^{\ominus}(T)$ 的定义与此定义是等效的。

$$-RT\ln K_1^{\ominus}(T) = -\frac{1}{2}RT\ln K_2^{\ominus}(T)$$

即

$$[K_1^{\ominus}(T)]^2 = K_2^{\ominus}(T)$$

3.2 化学反应标准平衡常数的热力学计算法

本节讨论如何利用热力学方法计算化学反应的标准平衡常数。

由式(3-14b)

$$\Delta_r G_m^{\ominus}(T) = -RT\ln K^{\ominus}(T)$$

只要算得 $\Delta_r G_m^{\ominus}(T)$ 就可算得 $K^{\ominus}(T)$，下面介绍计算 $\Delta_r G_m^{\ominus}(T)$ 的两种方法。

3.2.1 用 $\Delta_f H_m^{\ominus}(B,\beta,T)$ 或 $\Delta_c H_m^{\ominus}(B,\beta,T)$、$S_m^{\ominus}(B,\beta,T)$ 和 $C_{p,m}^{\ominus}(B)$ 计算

由式(1-106)，定温时

$$\Delta G = \Delta H - T\Delta S$$

相应地，在定温及反应物和产物均处于标准状态下的反应，有

$$\Delta_r G_m^{\ominus}(T) = \Delta_r H_m^{\ominus}(T) - T\Delta_r S_m^{\ominus}(T) \tag{3-15}$$

若 $T = 298.15$ K，则由式(1-55)或式(1-57)计算 $\Delta_r H_m^{\ominus}(298.15$ K$)$，由式(1-99)计算 $\Delta_r S_m^{\ominus}(298.15$ K$)$，再由式(3-15)算得 $\Delta_r G_m^{\ominus}(298.15$ K$)$，最后由式(3-14b)算得 $K^{\ominus}(298.15$ K$)$。

若温度为 T，则可由式(1-59)算得 $\Delta_r H_m^{\ominus}(T)$，由式(1-100)算得 $\Delta_r S_m^{\ominus}(T)$，再由式(3-15)算得 $\Delta_r G_m^{\ominus}(T)$，最后由式(3-14b)算得 $K^{\ominus}(T)$。

3.2.2 用 $\Delta_f G_m^{\ominus}(B,\beta,T)$ 计算

1. 标准摩尔生成吉布斯函数[变]$\Delta_f G_m^{\ominus}(B,\beta,T)$ 的定义

与物质的标准摩尔生成焓[变]的定义相似，定义出物质的标准摩尔生成吉布斯函数[变]。即 B 的标准摩尔生成吉布斯函数[变](standard molar Gibbs function [change] of formation)，以符号 $\Delta_f G_m^{\ominus}(B,\beta,T)$ 表示，定义为：在温度 T，由参考态的单质生成 B($\nu_B = +1$) 时的标准摩尔吉布斯函数[变]。所谓参考态，一般是指每个单质在所讨论的温度 T 及标准压力 $p^{\ominus}$ 下最稳定状态[磷除外，是 P(s,白)而不是更稳定的 P(s,红)]。书写相应的生成反应化学方程式时，要使 B 的化学计量数 $\nu_B = +1$。例如，$\Delta_f G_m^{\ominus}(CH_3OH,l,298.15$ K$)$ 是下述反应的标准摩尔生成吉布斯函数[变]的简写：

C(石墨,298.15 K,$p^{\ominus}$) + 2H$_2$(g,298.15 K,$p^{\ominus}$) + $\frac{1}{2}$O$_2$(g,298.15 K,$p^{\ominus}$) = CH$_3$OH(l,298.15 K,$p^{\ominus}$)

当然，H$_2$ 和 O$_2$ 应具有理想气体的特性。所说的"摩尔"与一般反应的摩尔吉布斯函数[变]一样，是指每摩尔反应进度。

按上述定义，显然参考状态相态的单质的 $\Delta_f G_m^{\ominus}(B,\beta,T) = 0$。

物质的 $\Delta_f G_m^{\ominus}(B,\beta,298.15$ K$)$ 通常可由教材或手册中查得。

2. 由 $\Delta_f G_m^{\ominus}(B,\beta,T)$ 计算 $\Delta_r G_m^{\ominus}(T)$

与由 $\Delta_f H_m^{\ominus}(B,\beta,T)$ 计算 $\Delta_r H_m^{\ominus}(T)$ 的方法相似，利用 $\Delta_f G_m^{\ominus}(B,\beta,T)$ 计算 $\Delta_r G_m^{\ominus}(T)$ 的方法为

$$\Delta_r G_m^{\ominus}(T) = \sum_B \nu_B \Delta_f G_m^{\ominus}(B, \beta, T) \tag{3-16}$$

若 $T = 298.15$ K,则

$$\Delta_r G_m^{\ominus}(298.15 \text{ K}) = \sum_B \nu_B \Delta_f G_m^{\ominus}(B, \beta, 298.15 \text{ K}) \tag{3-17}$$

如对反应 $a\text{A(g)} + b\text{B(g)} = y\text{Y(g)} + z\text{Z(g)}$,则 $T = 298.15$ K 时

$$\Delta_r G_m^{\ominus}(298.15 \text{ K}) = y\Delta_f G_m^{\ominus}(Y, g, 298.15 \text{ K}) + z\Delta_f G_m^{\ominus}(Z, g, 298.15 \text{ K}) -$$
$$a\Delta_f G_m^{\ominus}(A, g, 298.15 \text{ K}) - b\Delta_f G_m^{\ominus}(B, g, 298.15 \text{ K})$$

【例 3-1】 已知如下数据:

气体	$\dfrac{\Delta_f H_m^{\ominus}(600 \text{ K})}{\text{kJ} \cdot \text{mol}^{-1}}$	$\dfrac{S_m^{\ominus}(600 \text{ K})}{\text{J} \cdot \text{K}^{-1} \cdot \text{mol}^{-1}}$	气体	$\dfrac{\Delta_f H_m^{\ominus}(600 \text{ K})}{\text{kJ} \cdot \text{mol}^{-1}}$	$\dfrac{S_m^{\ominus}(600 \text{ K})}{\text{J} \cdot \text{K}^{-1} \cdot \text{mol}^{-1}}$
CO	−110.2	218.68	CH_4	−83.26	216.2
H_2	0	151.09	H_2O(g)	−245.6	218.77

求 CO 甲烷化反应 $CO + 3H_2 \rule[0.5ex]{2em}{0.4pt} CH_4 + H_2O$(g),600 K 的标准平衡常数。

解 $\Delta_r H_m^{\ominus}(600 \text{ K}) = \Delta_f H_m^{\ominus}(H_2O, g, 600 \text{ K}) + \Delta_f H_m^{\ominus}(CH_4, 600 \text{ K}) - \Delta_f H_m^{\ominus}(CO, 600 \text{ K})$

$$= (-245.6 - 83.26 + 110.2) \text{kJ} \cdot \text{mol}^{-1}$$

$$= -218.7 \text{ kJ} \cdot \text{mol}^{-1}$$

$\Delta_r S_m^{\ominus}(600 \text{ K}) = S_m^{\ominus}(H_2O, g, 600 \text{ K}) + S_m^{\ominus}(CH_4, 600 \text{ K}) - S_m^{\ominus}(CO, 600 \text{ K}) - 3S_m^{\ominus}(H_2, 600 \text{ K})$

$$= (218.77 + 216.2 - 218.68 - 3 \times 151.09) \text{ J} \cdot \text{K}^{-1} \cdot \text{mol}^{-1}$$

$$= -237.0 \text{ J} \cdot \text{K}^{-1} \cdot \text{mol}^{-1}$$

$\Delta_r G_m^{\ominus}(600 \text{ K}) = \Delta_r H_m^{\ominus}(600 \text{ K}) - 600 \text{ K} \times \Delta_r S_m^{\ominus}(600 \text{ K})$

$$= -218.7 \times 10^3 \text{ J} \cdot \text{mol}^{-1} - 600 \text{ K} \times (-237.0 \text{ J} \cdot \text{K}^{-1} \cdot \text{mol}^{-1})$$

$$= -76.5 \text{ kJ} \cdot \text{mol}^{-1}$$

$K^{\ominus}(600 \text{ K}) = \exp[-\Delta_r G_m^{\ominus}(600 \text{ K})/RT]$

$$= \exp[-(-76.5 \times 10^3 \text{ J} \cdot \text{mol}^{-1})/(600 \text{ K} \times 8.314 \, 5 \text{ J} \cdot \text{K}^{-1} \cdot \text{mol}^{-1})]$$

$$= 4.57 \times 10^6$$

3.3　化学反应标准平衡常数与温度的关系

3.3.1　化学反应标准平衡常数 $K^{\ominus} = f(T)$ 的推导

由式(3-14),有

$$\ln K^{\ominus}(T) = -\frac{\Delta_r G_m^{\ominus}(T)}{RT}$$

所以

$$\frac{\text{d}\ln K^{\ominus}(T)}{\text{d}T} = -\frac{1}{R} \frac{\text{d}}{\text{d}T}\left[\frac{\Delta_r G_m^{\ominus}(T)}{T}\right]$$

应用吉布斯-亥姆霍茨方程式

$$\left[\frac{\partial}{\partial T}\left(\frac{G}{T}\right)\right]_p = -\frac{H}{T^2}$$

于化学反应方程中的每种物质,得

$$\frac{\text{d}}{\text{d}T}\left[\frac{\Delta_r G_m^{\ominus}(T)}{T}\right] = -\frac{\Delta_r H_m^{\ominus}(T)}{T^2}$$

于是

$$\frac{d\ln K^{\ominus}(T)}{dT} = \frac{\Delta_r H_m^{\ominus}(T)}{RT^2} ①$$

(3-18)

式(3-18)就是 $K^{\ominus}(T) = f(T)$ 的具体关系式,也叫**范特荷夫方程**(van't Hoff's equation)。

3.3.2 范特荷夫方程式的积分式

1. 视 $\Delta_r H_m^{\ominus}$ 为与温度 T 无关的常数

若温度变化不大,则 $\Delta_r H_m^{\ominus}$ 可近似看做与温度 T 无关的常数。这样,对式(3-18)分离变量作不定积分,得

$$\ln K^{\ominus}(T) = -\frac{\Delta_r H_m^{\ominus}}{RT} + B$$

(3-21)

式中,B 为积分常数。

由式(3-21),若以 $\ln K^{\ominus}(T)$ 对 $1/T$ 做图得一直线,直线斜率 $m = -\frac{\Delta_r H_m^{\ominus}}{R}$,如图 3-2 所示。由此可求得一定温度范围内反应的标准摩尔焓[变]的平均值$\langle \Delta_r H_m^{\ominus} \rangle$。

由 $-\Delta_r G_m^{\ominus}(T) = RT\ln K^{\ominus}(T)$ 及 $\Delta_r G_m^{\ominus}(T) = \Delta_r H_m^{\ominus}(T)$ $- T\Delta_r S_m^{\ominus}(T)$,得

$$\ln K^{\ominus}(T) = -\frac{\Delta_r H_m^{\ominus}}{RT} + \frac{\Delta_r S_m^{\ominus}}{R}$$

此式与式(3-21)比较,可见 $B = \frac{\Delta_r S_m^{\ominus}}{R}$。

设 T_1 和 T_2 两个温度下的标准平衡常数为 $K^{\ominus}(T_1)$ 及 $K^{\ominus}(T_2)$,则将式(3-18)分离变量作定积分,得

$$\ln \frac{K^{\ominus}(T_2)}{K^{\ominus}(T_1)} = \frac{\Delta_r H_m^{\ominus}}{R}\left(\frac{1}{T_1} - \frac{1}{T_2}\right)$$

(3-22)

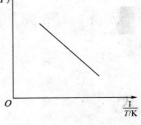

图 3-2 $\ln K^{\ominus}(T)$-$\frac{1}{T/K}$ 图

由式(3-22),若已知 $\Delta_r H_m^{\ominus}$,当 $T_1 = 298.15\ \text{K}$ 的 $K^{\ominus}(298.15\ \text{K})$ 为已知时,可求任意温度 T 时的 $K^{\ominus}(T)$;或已知任意两个温度 T_1、T_2 下的 $K^{\ominus}(T_1)$、$K^{\ominus}(T_2)$,可计算该两温度附近范围反应的标准摩尔焓[变]的平均值$\langle \Delta_r H_m^{\ominus} \rangle$。

2. 视 $\Delta_r H_m^{\ominus}(T)$ 为温度的函数

利用式(3-18)及式(1-59),可求得 $\ln K^{\ominus}(T) = f(T)$ 的关系式。

【**例 3-2**】 实验测知异构化反应:

---

① 对理想气体混合物反应,其组成亦可用物质浓度 c_B 表示。如对理想气体反应 $a\text{A} + b\text{B} = y\text{Y} + z\text{Z}$,平衡时亦可有

$$K_c^{\ominus}(T) = \frac{(c_Y^{eq}/c^{\ominus})^y (c_Z^{eq}/c^{\ominus})^z}{(c_A^{eq}/c^{\ominus})^a (c_B^{eq}/c^{\ominus})^b}$$

(3-19)

式中,$c^{\ominus} = 1\ \text{mol} \cdot \text{dm}^{-3}$,称做 **B 的标准量浓度**(standard concentration of B),$K_c^{\ominus}(T)$ 叫**平衡常数**(equilibrium constant)。

相应可有

$$\frac{d\ln K_c^{\ominus}(T)}{dT} = \frac{\Delta_r U_m^{\ominus}(T)}{RT^2}$$

(3-20)

与式(3-18)相似,式(3-20)也叫**范特荷夫方程**。不过由于物质浓度 c_B 随温度而变,因而在热力学研究中很少用到,由 c_B 表示的热力学公式由于缺少相关热力学数据,因此也就无计算意义。但在少数场合尚需用式(3-20)定性地分析一些问题。另外,在第 4 章化学动力学的讨论中也要用到式(3-19)及式(3-20)。所以这里以注解形式书写出来,供应用时参考。

$$C_6H_{12}(g) \Longrightarrow C_5H_9CH_3(g)$$

的 $K^{\ominus}$ 与 T 的关系式为

$$\ln K^{\ominus}(T) = 4.184 - \frac{2\ 059\ K}{T}$$

计算此异构化反应的 $\Delta_r H_m^{\ominus}(298.15\ K)$，$\Delta_r S_m^{\ominus}(298.15\ K)$ 和 $\Delta_r G_m^{\ominus}(298.15\ K)$。

解 关系式两边同乘以 $-RT$，得

$$-RT\ln K^{\ominus}(T) = -4.184 \times 8.314\ 5 \times T\ J \cdot mol^{-1} \cdot K^{-1} + 2\ 059 \times 8.314\ 5\ J \cdot mol^{-1}$$

即

$$\Delta_r G_m^{\ominus}(T) = 17\ 120\ J \cdot mol^{-1} - 34.79T\ J \cdot mol^{-1} \cdot K^{-1}$$

将该式与式(3-15)比较得

$$\Delta_r H_m^{\ominus}(298.15\ K) = 17.12\ kJ \cdot mol^{-1}$$

$$\Delta_r S_m^{\ominus}(298.15\ K) = 34.79\ J \cdot K^{-1} \cdot mol^{-1}$$

$$\Delta_r G_m^{\ominus}(298.15\ K) = (17\ 120 - 298.15 \times 34.79)\ J \cdot mol^{-1} = 6.75\ kJ \cdot mol^{-1}$$

Ⅱ 化学反应标准平衡常数的应用

3.4 理想气体混合物反应的化学平衡

设有理想气体混合物反应

$$0 = \sum_B \nu_B B(pgm)$$

式中，"pgm" 表示"理想(或完全)气体混合物"。由式(3-2)及式(3-3)，有

$$A = -\sum_B \nu_B \mu_B(pgm)$$

对理想气体混合物，其中任意组分 B 的化学势表达式，由式(1-170)，有

$$\mu_B(g) = \mu_B^{\ominus}(g,T) + RT\ln(p_B/p^{\ominus})$$

代入上式，整理，有

$$A(T) = -\sum_B \nu_B \mu_B^{\ominus}(pgm,T) - RT\ln\prod_B (p_B/p^{\ominus})^{\nu_B} \tag{3-23}$$

当反应平衡时，$A(T) = 0$，又由式(3-13)，对理想气体混合物的反应，有

$$K^{\ominus}(pgm,T) \stackrel{def}{=\!=\!=} \exp\left[-\sum_B \nu_B \mu_B^{\ominus}(pgm,T)/RT\right] \tag{3-24}$$

代入式(3-23)，得

$$K^{\ominus}(pgm,T) = \prod_B (y_B^{eq} p^{eq}/p^{\ominus})^{\nu_B} ① \tag{3-25a}$$

式(3-25a)是理想气体混合物反应的标准平衡常数与其平衡组成的关联式，或叫理想气体混合物化学反应的标准平衡常数的表示式。例如，对理想气体反应

---

① 式(3-25)亦可表示成

$$K^{\ominus}(pgm,T) = K_p(pgm,T)(p^{\ominus})^{-\sum_B \nu_B}，\quad 而\ K_p(pgm,T) \stackrel{def}{=\!=\!=} \prod_B (y_B^{eq} p^{eq})^{\nu_B} = \prod_B (p_B^{eq})^{\nu_B}$$

它称为理想气体混合物反应的平衡常数。对一定的理想气体反应，也只是温度的函数，但它的量纲则与具体的反应有关，单位为 $[p]^{\sum_B \nu_B}$，GB 3102.8—1993 已把它作为资料，故本书不在正文中详细讨论。

$$aA(g) + bB(g) = yY(g) + zZ(g)$$

$$K^{\ominus}(pgm,T) = \frac{(y_Y^{eq}\,p^{eq}/p^{\ominus})^y\,(y_Z^{eq}\,p^{eq}/p^{\ominus})^z}{(y_A^{eq}\,p^{eq}/p^{\ominus})^a\,(y_B^{eq}\,p^{eq}/p^{\ominus})^b} \tag{3-25b}$$

或

$$K^{\ominus}(pgm,T) = \frac{(p_Y^{eq}/p^{\ominus})^y\,(p_Z^{eq}/p^{\ominus})^z}{(p_A^{eq}/p^{\ominus})^a\,(p_B^{eq}/p^{\ominus})^b} \tag{3-25c}$$

注意 式(3-25)中的 y_B^{eq}、p_B^{eq}、p^{eq} 为系统达到反应平衡时组分 $B(B=A,B,Y,Z)$ 的摩尔分数、分压及系统的总压。式(3-25)不是 $K^{\ominus}(T)$ 的定义式。

由 $K^{\ominus}(pgm,T) = \exp\left[-\dfrac{\Delta_r G_m^{\ominus}(T)}{RT}\right]$ 求得 $K^{\ominus}(pgm,T)$ 后,则可由式(3-25)计算一定温度下反应物的平衡转化率及系统的平衡组成。

3.5 理想气体与纯固体(或纯液体)反应的化学平衡

3.5.1 化学反应标准平衡常数的表示式

以理想气体与纯固体反应为例

$$aA(g) + bB(s) == yY(g) + zZ(s)$$

各组分的化学势表达式,对理想气体组分为

$$\mu_A = \mu_A^{\ominus}(g,T) + RT\ln(p_A/p^{\ominus})$$

$$\mu_Y = \mu_Y^{\ominus}(g,T) + RT\ln(p_Y/p^{\ominus})$$

对纯固体组分为

$$\mu_B(s) = \mu_B^{\ominus}(s,T) + \int_{p^{\ominus}}^{p} V_{m,B}^* \, dp$$

$$\mu_Z(s) = \mu_Z^{\ominus}(s,T) + \int_{p^{\ominus}}^{p} V_{m,Z}^* \, dp$$

代入式(1-165),得

$$A = -\left[(-a\mu_A^{\ominus} - b\mu_B^{\ominus} + y\mu_Y^{\ominus} + z\mu_Z^{\ominus}) + RT\ln\frac{(p_Y/p^{\ominus})^y}{(p_A/p^{\ominus})^a} + \int_{p^{\ominus}}^{p}(-bV_{m,B}^* + zV_{m,Z}^*)dp\right]$$

由化学反应平衡条件式(3-1),$A=0$,并忽略压力对纯固体化学势的影响,得

$$K^{\ominus}(T) = \frac{(p_Y^{eq}/p^{\ominus})^y}{(p_A^{eq}/p^{\ominus})^a}$$

$$\overset{def}{=\!=\!=} \exp[-(-a\mu_A^{\ominus} - b\mu_B^{\ominus} + y\mu_Y^{\ominus} + z\mu_Z^{\ominus})/RT]$$

$$\overset{def}{=\!=\!=} \exp[-\Delta_r G_m^{\ominus}(T)/RT]$$

因为 $\mu_B^{\ominus}(B=A,B,Y,Z)$ 只是温度的函数,则 $\Delta_r G_m^{\ominus}(T)$ 也仅是温度的函数,所以 $K^{\ominus}(T)$ 只是温度的函数。

注意 在 $K^{\ominus}(T)$ 的表示式中,只包含参与反应的理想气体的分压,即

$$K^{\ominus}(T) = \frac{(p_Y^{eq}/p^{\ominus})^y}{(p_A^{eq}/p^{\ominus})^a} \tag{3-26}$$

而在 $K^{\ominus}(T)$ 的定义式中,却包括了参与反应的所有物质(包括理想气体各组分及纯固体各组分)的标准化学势 $\mu_B^{\ominus}(B=A,B,Y,Z)$,即

$$K^{\ominus}(T) \xLongequal{\text{def}} \exp[-(-a\mu_A^{\ominus} - b\mu_B^{\ominus} + y\mu_Y^{\ominus} + z\mu_Z^{\ominus})/RT]$$

3.5.2　纯固体化合物的分解压

以 $CaCO_3$ 的分解反应为例

$$CaCO_3(s) = CaO(s) + CO_2(g)$$

此分解反应在一定温度下达到平衡时,此时气体的压力,称为该固体化合物在该温度下的**分解压**(decomposition pressure)。按式(3-26)应有

$$K^{\ominus}(T) = p^{eq}(CO_2)/p^{\ominus}$$

即在一定温度下,固体化合物的分解压为常数。

若分解气体产物有一种以上,则产物气体总压称为分解压。

注意　应用热力学方法求 $K^{\ominus}(T)$ 时应包括参与反应的所有组分的热力学数据。

3.6　范特荷夫定温方程、化学反应方向的判断

对理想气体混合物反应,由式(3-23)

$$A(T) = -\sum_B \nu_B \mu_B^{\ominus}(\text{pgm}, T) - RT\ln\prod_B (p_B/p^{\ominus})^{\nu_B}$$

亦可表示成

$$A(T) = A^{\ominus}(T) - RT\ln\prod_B (p_B/p^{\ominus})^{\nu_B} \tag{3-27}$$

或

$$\Delta_r G_m(T) = \Delta_r G_m^{\ominus}(T) + RT\ln\prod_B (p_B/p^{\ominus})^{\nu_B} \tag{3-28}$$

式(3-27)及式(3-28)叫理想气体反应的**范特荷夫定温方程**(van't Hoff isothermal equation)。式中的 $\prod_B (p_B/p^{\ominus})^{\nu_B}$ 项中的 p_B 是反应系统处于任意状态(包括平衡态)时,组分 B 的分压,并定义

$$J^{\ominus}(\text{pgm}, T) \xLongequal{\text{def}} \prod_B (p_B/p^{\ominus})^{\nu_B} \tag{3-29}$$

式中,$J^{\ominus}(\text{pgm}, T)$ 为理想气体混合物的**分压比**(ratio of partial pressure)。于是式(3-27)及式(3-28)即可写成

$$A(T) = RT\ln K^{\ominus}(\text{pgm}, T) - RT\ln J^{\ominus}(\text{pgm}, T) \tag{3-30}$$

$$\Delta_r G_m(T) = -RT\ln K^{\ominus}(\text{pgm}, T) + RT\ln J^{\ominus}(\text{pgm}, T) \tag{3-31}$$

式(3-31)可简写成

$$\Delta_r G_m(T) = -RT\ln K^{\ominus}(T) + RT\ln J^{\ominus}(T) \tag{3-32}$$

式(3-32)为气体混合物反应的范特荷夫定温方程。

由式(3-32),可判断

若 $K^{\ominus}(T) = J^{\ominus}(T)$,即 $A(T) = 0$ 或 $\Delta_r G_m(T) = 0$,则反应达成平衡;

若 $K^{\ominus}(T) > J^{\ominus}(T)$,即 $A(T) > 0$ 或 $\Delta_r G_m(T) < 0$,则反应方向向右;

若 $K^{\ominus}(T) < J^{\ominus}(T)$,即 $A(T) < 0$ 或 $\Delta_r G_m(T) > 0$,则反应方向向左。

【例 3-3】 理想气体反应：$A(g) + 2B(g) \rightleftharpoons Y(g)$ 有关数据如下：

物质	$\dfrac{\Delta_f H_m^{\ominus}(298.15\ K)}{kJ \cdot mol^{-1}}$	$\dfrac{S_m^{\ominus}(298.15\ K)}{J \cdot K^{-1} \cdot mol^{-1}}$	$C_{p,m}^{\ominus} = a + bT$	
			$a/(J \cdot K^{-1} \cdot mol^{-1})$	$b/(10^{-3} J \cdot K^{-2} \cdot mol^{-1})$
A(g)	-210.0	126.0	25.20	8.40
B(g)	0	120.0	10.50	12.50
Y(g)	-140.0	456.0	56.20	34.40

(1) 计算 $K^{\ominus}(700\ K)$；(2) 700 K 时，将 2 mol A(g)，6 mol B(g) 及 2 mol Y(g) 混合成总压为 101 325 Pa 的理想混合气体，试判断反应方向。

解 (1)

$$\Delta_r H_m^{\ominus}(298.15\ K) = \sum_B \nu_B \Delta_f H_m^{\ominus}(B, \beta, 298.15\ K)$$

$$= \Delta_f H_m^{\ominus}(Y, g, 298.15\ K) - \Delta_f H_m^{\ominus}(A, g, 298.15\ K)$$

$$= [-140 - (-210)]\ kJ \cdot mol^{-1}$$

$$= 70.00\ kJ \cdot mol^{-1}$$

$$\Delta_r S_m^{\ominus}(298.15\ K) = \sum_B \nu_B S_B^{\ominus}(B, \beta, 298.15K)$$

$$= S_m^{\ominus}(Y, g, 298.15\ K) - 2 \times S_m^{\ominus}(B, g, 298.15\ K) - S_m^{\ominus}(A, g, 298.15\ K)$$

$$= (456.0 - 2 \times 120.0 - 126.0)\ J \cdot K^{-1} \cdot mol^{-1}$$

$$= 90.00\ J \cdot K^{-1} \cdot mol^{-1}$$

$$\sum_B \nu_B C_{p,m}^{\ominus}(B) = \sum \nu_B a + \sum \nu_B bT = (56.20 - 10.50 \times 2 - 25.20)\ J \cdot K^{-1} \cdot mol^{-1} +$$

$$(34.40 - 12.50 \times 2 - 8.40) \times 10^{-3}(T/K)\ J \cdot K^{-1} \cdot mol^{-1}$$

$$= [10.00 + 1.000 \times 10^{-3}(T/K)]\ J \cdot K^{-1} \cdot mol^{-1}$$

$$\Delta_r H_m^{\ominus}(700\ K) = \Delta_r H_m^{\ominus}(298.15\ K) + \int_{298.15\ K}^{700\ K} \sum_B \nu_B C_{p,m}^{\ominus}(B)dT$$

$$= 70.00\ kJ \cdot mol^{-1} + [10.00 \times (700 - 298.15) + \frac{1}{2} \times 10^{-3} \times$$

$$(700^2 - 298.15^2)] \times 10^{-3}\ kJ \cdot mol^{-1}$$

$$= 74.22\ kJ \cdot mol^{-1}$$

$$\Delta_r S_m^{\ominus}(700\ K) = \Delta_r S_m^{\ominus}(298.15\ K) + \int_{298.15\ K}^{700\ K} \sum_B \nu_B C_{p,m}^{\ominus}dT/T$$

$$= 90.00\ J \cdot mol^{-1} \cdot K^{-1} + [10.00 \times \ln\frac{700}{298.15} + 1 \times 10^{-3} \times (700 - 298.15)]\ J \cdot K^{-1} \cdot mol^{-1}$$

$$= 98.94\ J \cdot K^{-1} \cdot mol^{-1}$$

$$\Delta_r G_m^{\ominus}(700\ K) = \Delta_r H_m^{\ominus}(700\ K) - 700\ K\ \Delta_r S_m^{\ominus}(700\ K)$$

$$= (74.22 - 700 \times 98.94 \times 10^{-3})\ kJ \cdot mol^{-1}$$

$$= 4.962\ kJ \cdot mol^{-1}$$

$$K^{\ominus}(700\ K) = \exp\left[-\frac{\Delta_r G_m^{\ominus}(700\ K)}{RT}\right] = \exp\left(-\frac{4\ 962}{8.314\ 5 \times 700}\right) = 0.426$$

(2) $\quad n_{总} = 10\ mol, \quad y(Y) = 0.2, \quad y(B) = 0.6, \quad y(A) = 0.2$

$$J^{\ominus} = [p(Y)/p^{\ominus}]/\{[p(B)/p^{\ominus}]^2[p(A)/p^{\ominus}]\} = \frac{0.2}{0.6^2 \times 0.2} \times \left(\frac{101\ 325}{100\ 000}\right)^{-2} = 2.71$$

$J^{\ominus} > K^{\ominus}$，$\Delta_r G_m(700\ K) > 0$，$A(700\ K) < 0$，故反应不能向正方向进行。

3.7 反应物的平衡转化率及系统平衡组成的计算

所谓**平衡转化率**,是指在给定条件下反应达到平衡时,转化掉的某反应物的物质的量占其初始反应物的物质的量的百分率。通常选用反应物中组分之一作为**主反应物**(principal reactant),若以组分 A 代表主反应物(通常是反应原料中比较贵重的组分作为主反应物),设 $n_{A,0}(\xi=0$ 时$)$ 及 $n_A^{eq}(\xi=\xi^{eq}$ 时$)$ 分别代表反应初始时及反应达到平衡时组分 A 的物质的量,则定义

$$x_A^{eq} \overset{def}{=\!=\!=} \frac{n_{A,0}-n_A^{eq}}{n_{A,0}} \tag{3-33}$$

式中,x_A^{eq} 为反应达到平衡时 A 的转化率,它是给定条件下的最高转化率。在以后学习了化学动力学之后,我们会知道,无论采用什么样的催化剂,只能加快反应速率使反应尽快达到或接近给定条件下的平衡转化率,而不会超过它。

求得与给定反应的计量方程对应的标准平衡常数 $K^{\ominus}(T)$,并把它与反应物 A 的平衡转化率关联起来,即可由 $K^{\ominus}(T)$ 算出 x_A^{eq},进而可计算系统的平衡组成,或产物的平衡产率。有关这方面的计算方法早在无机化学中已经学过,此处不再重复,物理化学课程的任务旨在 $K^{\ominus}(T)$ 的热力学计算。

【例 3-4】 反应 $MCO_3(s) \Longrightarrow MO(s)+CO_2(g)$(M 为某金属)的有关数据如下:

物质	$\dfrac{\Delta_f H_m^{\ominus}(B,298.15\ K)}{kJ \cdot mol^{-1}}$	$\dfrac{S_m^{\ominus}(B,298.15\ K)}{J \cdot K^{-1} \cdot mol^{-1}}$	$\dfrac{C_{p,m}^{\ominus}(B,298.15\ K)}{J \cdot K^{-1} \cdot mol^{-1}}$
$MCO_3(s)$	-500	167.4	108.6
$MO(s)$	-29.00	121.4	68.40
$CO_2(g)$	-393.5	213.0	40.20

注:$C_{p,m}^{\ominus}(B,T)$ 可近似取 $C_{p,m}^{\ominus}(B,298.15\ K)$ 的值。

求:(1)该反应 $\Delta_r G_m^{\ominus}(T)$ 与 T 的关系;(2)设系统温度为 127 ℃,总压为 101 325 Pa,CO_2 的摩尔分数为 $y(CO_2)=0.01$,系统中 $MCO_3(s)$ 能否分解为 $MO(s)$ 和 $CO_2(g)$?(3)为防止 $MCO_3(s)$ 在上述系统中分解,则系统温度应低于多少?

解 (1)$\Delta_r H_m^{\ominus}(298.15\ K)=\sum_B \nu_B \Delta_f H_m^{\ominus}(B,298.15\ K)$

$=[-393.5-29.00-(-500)]\ kJ \cdot mol^{-1}$

$=77\ 500\ J \cdot mol^{-1}$

$\Delta_r S_m^{\ominus}(298.15\ K)=\sum_B \nu_B S_m^{\ominus}(B,298.15\ K)$

$=(213.0+121.4-167.4)\ J \cdot K^{-1} \cdot mol^{-1}$

$=167.0\ J \cdot K^{-1} \cdot mol^{-1}$

$\sum_B \nu_B C_{p,m}^{\ominus}(B,T) \approx \sum_B \nu_B C_{p,m}^{\ominus}(B,298.15\ K)$

$=(40.20+68.40-108.6)\ J \cdot K^{-1} \cdot mol^{-1}$

$=0$

所以 $\qquad\qquad \Delta_r H_m^{\ominus}(T)=\Delta_r H_m^{\ominus}(298.15\ K)$

$\Delta_r S_m^{\ominus}(T)=\Delta_r S_m^{\ominus}(298.15\ K)$

由式(3-15),得

$$\Delta_r G_m^\ominus = [77\ 500 - 167.0(T/\text{K})]\ \text{J} \cdot \text{mol}^{-1}$$

(2)
$$K^\ominus = \exp\left[-\frac{\Delta_r G_m^\ominus(T)}{RT}\right]$$

$$= \exp\{-[77\ 500 - 167.0 \times (127 + 273.15)]/[8.314\ 5 \times (127 + 273.15)]\}$$

$$= 0.040$$

$$J^\ominus = \left[\frac{p(\text{CO}_2)}{p^\ominus}\right]^{\Sigma \nu_B} = \left(\frac{101\ 325\ \text{Pa} \times 0.01}{10^5\ \text{Pa}}\right)^1 = 0.010$$

因 $J^\ominus < K^\ominus$,$A > 0$,反应能自动向正方向进行,$\text{MCO}_3(\text{s})$ 可以分解。

(3) 若防止 $\text{MCO}_3(\text{s})$ 分解,需 $J^\ominus > K^\ominus$,为此,需求 $K^\ominus < 0.010$ 时的温度($J^\ominus$ 不变)。即

$$\exp\{-[77\ 500 - 167.0(T/\text{K})]\ \text{J} \cdot \text{mol}^{-1}/RT\} < 0.010$$

变为
$$-\frac{9\ 321.1}{(T/\text{K})} + 20.07 < -4.605$$

解得
$$T < 377.75\ \text{K}$$

3.8　各种因素对化学平衡移动的影响

化学平衡移动是指在一定条件下已处于平衡态的反应系统,在条件发生变化时(改变温度、压力、添加惰性气体等),向新条件下的平衡移动(向左或向右)。

3.8.1　温度的影响

由式(3-18)可以看出,在定压下:

若 $\Delta_r H_m^\ominus(T) > 0$(即吸热反应),则 $T\uparrow$ 引起 $K^\ominus(T)\uparrow$,即反应平衡向右移动,对产物的生成有利;而 $T\downarrow$ 引起 $K^\ominus(T)\downarrow$,即反应平衡向左移动,对产物的生成不利。

若 $\Delta_r H_m^\ominus(T) < 0$(即放热反应),则 $T\downarrow$ 引起 $K^\ominus(T)\uparrow$,即反应平衡向右移动,对产物的生成有利;而 $T\uparrow$ 引起 $K^\ominus(T)\downarrow$,即反应平衡向左移动,对产物的生成不利。

3.8.2　压力的影响

因 $K^\ominus(T)$ 只是温度的函数,所以压力的改变对 $K^\ominus(T)$ 不产生影响,但系统总压的改变对反应的平衡却是有影响的。

由式(3-25a)得

$$K^\ominus(\text{pgm}, T) = (p^{eq}/p^\ominus)^{\Sigma \nu_B} \prod_B y_B^{\nu_B}$$

式中,$\sum_B \nu_B = -a - b + y + z$。

对指定反应,T 一定时,则 $K^\ominus(T)$ 一定。

若 $\sum_B \nu_B > 0$,则 $p\uparrow$ 引起 $(p^{eq}/p^\ominus)^{\Sigma \nu_B}\uparrow$,则 $\prod_B y_B^{\nu_B}\downarrow$,即平衡向左移动,对生成产物不利。

若 $\sum_B \nu_B < 0$,则 $p\uparrow$ 引起 $(p^{eq}/p^\ominus)^{\Sigma \nu_B}\downarrow$,则 $\prod_B y_B^{\nu_B}\uparrow$,即平衡向右移动,对生成产物有

利。可参见例 3-3 的计算结果。

若 $\sum\limits_{B} \nu_B = 0$，则 p 的改变不引起 $(p^{eq}/p^{\ominus})^{\sum \nu_B}$ 的变化，故对 $\prod\limits_{B} y_B^{\nu_B}$ 无影响，平衡不移动。

3.8.3   惰性气体存在的影响

在化学反应中，反应系统中存在的不参与反应的气体泛指惰性气体。设混合气体中组分 B 的摩尔分数为 y_B，则 $y_B = \dfrac{n_B}{\sum\limits_{B} n_B}$，$\sum\limits_{B} n_B$ 中即包含惰性气体组分。

由式(3-25)，

$$K^{\ominus}(\text{pgm}, T) = \prod_{B} (p_B^{eq}/p^{\ominus})^{\nu_B}$$

将 $y_B = \dfrac{n_B}{\sum\limits_{B} n_B}$ 代入上式，得

$$K^{\ominus}(\text{pgm}, T) = \left[p^{eq}/\left(p^{\ominus} \sum_{B} n_B \right) \right]^{\sum\limits_{B} \nu_B} \prod_{B} n_B^{\nu_B}$$

T、p^{eq} 一定时，由上式可分析 $\sum\limits_{B} n_B$ 对 $\prod\limits_{B} n_B^{\nu_B}$ 的影响。

若 $\sum\limits_{B} \nu_B > 0$，则 $\sum\limits_{B} n_B \uparrow$（惰性组分增加）引起 $\left[p^{eq}/\left(p^{\ominus} \sum_{B} n_B \right) \right]^{\sum\limits_{B} \nu_B} \downarrow$，则 $\prod\limits_{B} n_B^{\nu_B} \uparrow$，即平衡向右移动，对生成产物有利。

如乙苯脱氢生产苯乙烯的反应

$$C_6H_5C_2H_5(g) \longrightarrow C_6H_5C_2H_3(g) + H_2(g)$$

因为 $\sum\limits_{B} \nu_B > 0$，则 $\sum\limits_{B} n_B \uparrow$ 使反应向右移动，对生成苯乙烯有利。所以生产中采用加入 $H_2O(g)$ 的办法，而不采取负压办法（不安全）。

若 $\sum\limits_{B} \nu_B < 0$，则 $\sum\limits_{B} n_B \uparrow$ 引起 $\left[p^{eq}/\left(p^{\ominus} \sum_{B} n_B \right) \right]^{\sum\limits_{B} \nu_B} \uparrow$，则 $\prod\limits_{B} n_B^{\nu_B} \downarrow$，即平衡向左移动，不利于产物的生成。

如合成 NH_3 反应

$$N_2 + 3H_2 \longrightarrow 2NH_3$$

因为 $\sum\limits_{B} \nu_B < 0$，则 $\sum\limits_{B} n_B \uparrow$ 使反应向左移动，不利于 NH_3 的生成，所以生产中要不断去除反应系统中存在的不参加反应的气体 CH_4。

3.8.4   反应物的摩尔比的影响

对理想气体反应

$$aA(g) + bB(g) \longrightarrow yY(g) + zZ(g)$$

可以用数学上求极大值的方法证明，若反应开始时无产物存在，两反应物的初始摩尔比等于化学计量系数比，即 $n_B/n_A = b/a$，则平衡反应进度 ξ^{eq} 最大。

在 ξ^{eq} 最大时，平衡混合物中产物 Y 或 Z 的摩尔分数也最高。例如，由 CO 与 H_2 合成甲醇的反应 $CO + 2H_2 \Longrightarrow CH_3OH$，设 $n(H_2)/n(CO) = r$，则在 663.15 K，3.04×10^7 Pa 下进行

时,反应物 CO 的平衡转化率 $x^{eq}(CO)$ 随 r 的增大而升高(图 3-3 中的虚线), 而产物 CH_3OH 的平衡组成 $y^{eq}(CH_3OH)$(摩尔分数)则随 r 的改变经过一极大值(图 3-3 中实曲线),极大值处恰是 $n(H_2)/n(CO) = r = b/a = 2$。

因此在实际生产中,通常采取的比例是 $n_B/n_A = b/a$,如合成氨生产为 $n(N_2)/n(H_2) = 1/3$。若 A 和 B 两种反应物中 A 比 B 贵,为了提高 A 的转化率,可提高原料中 B 的比例,但亦不是 B 越多越好,因为 B 的含量太大将导致平衡组成中产物组成的降低,产物分离问题可转变成不经济的因素。

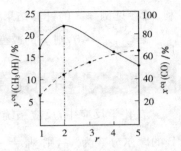

图 3-3　原料气配比对反应物平衡转化率及产物平衡组成的影响

【例 3-5】 理想气体反应:

$$2A(g) \rightleftharpoons Y(g)$$

气体	$\dfrac{\Delta_f H_m^{\ominus}(298.15\ K)}{kJ \cdot mol^{-1}}$	$\dfrac{S_m^{\ominus}(298.15\ K)}{J \cdot K^{-1} \cdot mol^{-1}}$	$\dfrac{C_{p,m}^{\ominus}(平均)}{J \cdot K^{-1} \cdot mol^{-1}}$
A(g)	35	250	38.0
Y(g)	10	300	76.0

求:(1) 在 310.15 K、100 kPa 下,A,Y 各为 $y = 0.5$ 的气体混合物反应向哪个方向进行?(2) 欲使反应向与上述(1)相反的方向进行,在其他条件不变时:(a) 改变压力,p 应控制在什么范围?(b) 改变温度,T 应控制在什么范围?(c) 改变组成,y_A 应控制在什么范围?

解　(1)　$\Delta_r H_m^{\ominus}(298.15\ K) = (10 - 2 \times 35)\ kJ \cdot mol^{-1} = -60\ kJ \cdot mol^{-1}$

$$\Delta_r S_m^{\ominus}(298.15\ K) = S_m^{\ominus}(Y, 298.15\ K) - 2S_m^{\ominus}(A, 298.15\ K)$$

$$= (300 - 2 \times 250)\ J \cdot K^{-1} \cdot mol^{-1}$$

$$= -200\ J \cdot K^{-1} \cdot mol^{-1}$$

$$\sum_B \nu_B C_{p,m}^{\ominus}(B) = C_{p,m}^{\ominus}(Y) - 2C_{p,m}^{\ominus}(A) = (76.0 - 2 \times 38.0)\ J \cdot K^{-1} \cdot mol^{-1} = 0$$

因为　$\Delta_r G_m^{\ominus}(310.15\ K) = \Delta_r H_m^{\ominus}(298.15\ K) - 310.15\ K \times \Delta_r S_m^{\ominus}(298.15\ K)$

$$= -60\ 000\ J \cdot mol^{-1} + 310.15\ K \times 200\ J \cdot K^{-1} \cdot mol^{-1}$$

$$= 2\ 030\ J \cdot mol^{-1}$$

$$K^{\ominus}(310.15\ K) = \exp\left[-\frac{\Delta_r G_m^{\ominus}(310.15\ K)}{R \times 310.15\ K}\right]$$

$$= \exp[-2\ 030\ J \cdot mol^{-1}/(8.314\ 5\ J \cdot K^{-1} \cdot mol^{-1} \times 310.15\ K)]$$

$$= 0.46$$

$$J^{\ominus}(310.15\ K) = \frac{p(Y)/p^{\ominus}}{[p(A)/p^{\ominus}]^2} = \frac{0.5 p_总/p^{\ominus}}{(0.5 p_总/p^{\ominus})^2}$$

因为 $p_总 = p^{\ominus}$,所以 $J^{\ominus} = 2.0 > K^{\ominus}$,反应向左方进行。

(2) 欲使反应向右进行,需 $J^{\ominus} < K^{\ominus}$

(a) $J^{\ominus} = \dfrac{p^{\ominus}}{0.5 p_总} < 0.46, p_总 > 434.8\ kPa$

(b) 令 $\ln K^{\ominus} > \ln 2.0$,则

$$\ln K^{\ominus} = -\frac{\Delta_r G_m^{\ominus}}{RT} = -\frac{\Delta_r H_m^{\ominus}}{RT} + \frac{\Delta_r S_m^{\ominus}}{R} > \ln 2.0$$

将 $\Delta_r H_m^{\ominus}$ 及 $\Delta_r S_m^{\ominus}$ 代入上式得 $T < 291.6\ K$。

（c）因为

$$J^{\ominus} = \frac{1 - y_A}{y_A^2} < 0.46$$

所以

$$y_A > 0.745$$

习　题

3-1 已知 298.15 K 时反应 $CO(g) + H_2(g) \Longrightarrow HCOH(l)$ 的 $\Delta_r G_m^{\ominus}(298.15\ K) = 28.95\ kJ \cdot mol^{-1}$，而 $p^*(HCOH, l, 298.15\ K) = 199.98\ kPa$，求 298.15 K 时，反应 $HCHO(g) \Longrightarrow CO(g) + H_2(g)$ 的 $K^{\ominus}$（pgm，298.15 K）。

3-2 通常钢瓶中装的氮气含有少量的氧气，在实验中为除去氧气，可将气体通过高温下的铜，发生下述反应

$$2Cu(s) + \frac{1}{2}O_2(g) \Longrightarrow Cu_2O(s)$$

已知此反应的 $\Delta_r G_m^{\ominus}/(J \cdot mol^{-1}) = -166\ 732 + 63.01\ T/K$。今若在 600 ℃ 时反应达到平衡，问经此处理后，氮气中剩余氧气的浓度为多少？

3-3 Ni 和 CO 能生成羰基镍：$Ni(s) + 4CO(g) \Longrightarrow Ni(CO)_4(g)$，羰基镍对人体有危害。若 150 ℃ 及含有 $w(CO) = 0.005$ 的混合气通过 Ni 表面，欲使 $w[Ni(CO)_4] < 1 \times 10^{-9}$，问：气体压力不应超过多大？已知上述反应 150 ℃ 时，$K^{\ominus} = 2.0 \times 10^{-6}$。

3-4 对反应 $H_2(g) + \frac{1}{2}S_2(g) \Longrightarrow H_2S(g)$，实验测得下列数据：

T/K	$\ln K^{\ominus}$	T/K	$\ln K^{\ominus}$
1 023	4.664	1 218	3.005
1 362	2.077	1 473	1.48

（1）求 1 000 ～ 1 700 K 反应的标准摩尔焓[变]；

（2）计算 1 500 K 时反应的 $K^{\ominus}$、$\Delta_r G_m^{\ominus}$、$\Delta_r S_m^{\ominus}$。

3-5 潮湿 Ag_2CO_3 在 110 ℃ 下用空气流进行干燥，试计算空气流中 CO_2 的分压最少应为多少方能避免 Ag_2CO_3 分解为 Ag_2O 和 CO_2。已知 $Ag_2CO_3(s)$、$Ag_2O(s)$、$CO_2(g)$ 在 25 ℃、100 kPa 下的标准摩尔熵分别为 167.36 J $\cdot$ K^{-1} $\cdot$ mol^{-1}、121.75 J $\cdot$ K^{-1} $\cdot$ mol^{-1}、213.80 J $\cdot$ K^{-1} $\cdot$ mol^{-1}，$\Delta_f H_m^{\ominus}(298.15\ K)$ 分别为 -501.7 kJ $\cdot$ mol^{-1}、-29.08 kJ $\cdot$ mol^{-1}、-393.46 kJ $\cdot$ mol^{-1}；在此温度间隔内平均定压摩尔热容分别为 109.6 J $\cdot$ K^{-1} $\cdot$ mol^{-1}、68.6 J $\cdot$ K^{-1} $\cdot$ mol^{-1}、40.2 J $\cdot$ K^{-1} $\cdot$ mol^{-1}。

3-6 已知：

	$\Delta_f H_m^{\ominus}(298.15\ K)/(kJ \cdot mol^{-1})$	$S_m^{\ominus}(298.15\ K)/(J \cdot K^{-1} \cdot mol^{-1})$	$C_{p,m}/(J \cdot K^{-1} \cdot mol^{-1})$
$Ag_2O(s)$	-30.59	121.71	65.69
$Ag(s)$	0	42.69	26.78
$O_2(g)$	0	205.029	31.38

（1）求 25 ℃ 时 Ag_2O 的分解压力；（2）纯 Ag 在 25 ℃、100 kPa 的空气中能否被氧化？（3）一种制备甲醛的工业方法是使 CH_3OH 与空气混合，在 500 ℃、100 kPa（总压）下自一种银催化剂上通过，此银渐渐失去光泽，并有一部分成粉末状，判断此现象是否因有 Ag_2O 生成所致。

习题答案

3-1 5.93×10^4

3-2 6.67×10^{-13} mol·m^{-3}

3-3 9.3×10^6 Pa

3-4 (1) -89 kJ·mol^{-1}；(2) 3.98，-17.23 kJ·mol^{-1}，-47.9 J·K^{-1}·mol^{-1}

3-5 $p(CO_2) > 1\ 233$ Pa

3-6 (1) 15.5 Pa；(2) 可以被氧化；(3) 不是

第4章

化学动力学基础

4.0 化学动力学研究的内容和方法

4.0.1 化学动力学研究的内容

化学动力学（chemical kinetics）研究的内容可概括为以下两个方面：

（i）研究各种因素，包括浓度、温度、催化剂、溶剂、光照等对**化学反应速率**（chemical reaction rate）影响的规律；

（ii）研究一个化学反应过程经历哪些具体步骤，即所谓**反应机理**（或叫**反应历程**）（mechanism of reaction）。

本章重点介绍内容（i），即各种因素对化学反应速率影响的规律，这部分内容构成**宏观反应动力学**（macroscopic reaction kinetics）

4.0.2 化学动力学研究的方法

研究宏观反应动力学的方法是宏观方法，例如，通过实验测定化学反应系统的浓度、温度、时间等宏观量间的关系，再把这些宏观量用经验公式关联起来，从而获得各种因素对反应速率影响的规律。化学动力学也应用微观方法，例如，它利用激光、分子束等实验技术，考查由某特定能态下的反应物分子通过碰撞转变成另一特定能态下的生成物分子的速率，从而可得到微观反应速率系数，把反应动力学的研究推向分子水平，从而构成了**微观反应动力学**（microscopic reaction kinetics）。由于课程学时所限，本课程对这部分内容不加论述，只讨论宏观反应动力学。

4.0.3 化学动力学与化学热力学的关系

如前所述，化学热力学是研究物质变化过程的能量效应及过程的方向与限度，即有关平衡的规律；它不研究完成该过程所需要的时间以及实现这一过程的具体步骤，即不研究有关速率的规律，而解决这一问题的科学正是化学动力学。所以它们之间的关系可以概括为：前者是解决物质变化过程的可能性，而后者是解决如何把这种可能性变为现实性。这是实现化学制品生产相辅相成的两个方面。当人们想要以某些物质为原料合成新的化学制品时，首先要对该过程进行热力学分析，得到过程可能实现的肯定性结论后，再作动力学分析，得到各种因素对实现这一化学制品合成速率的影响规律。最后，从热力学和动力学两方面综合考虑，选择该反应的最佳工艺操作条件及进行反应器的选型与设计。

Ⅰ 化学反应速率与浓度的关系

4.1 化学反应速率的定义

4.1.1 化学反应转化速率的定义

设有化学反应，其计量方程为

$$0 = \sum_{B} \nu_B B$$

按 IUPAC 的建议，该化学反应的**转化速率**（rate of conversion）定义为

$$\dot{\xi} \xrightarrow{\text{def}} \frac{d\xi}{dt} \tag{4-1}$$

式中，ξ 为化学反应进度；t 为化学反应时间；$\dot{\xi}$ 为化学反应转化速率，即单位时间内发生的反应进度。

设反应参与物的物质的量为 n_B，因有 $d\xi = \dfrac{dn_B}{\nu_B}$，所以式（4-1）可改写成

$$\dot{\xi} \xrightarrow{\text{def}} \frac{d\xi}{dt} = \frac{1}{\nu_B} \frac{dn_B}{dt} \tag{4-2}$$

4.1.2 定容反应的反应速率

对于定容反应，反应系统的体积不随时间而变，则 B 的浓度 $c_B = \dfrac{n_B}{V}$，于是式（4-2）可写成

$$\dot{\xi} \xrightarrow{\text{def}} \frac{d\xi}{dt} = \frac{V}{\nu_B} \frac{dc_B}{dt} \tag{4-3}$$

定义

$$v \xrightarrow{\text{def}} \frac{\dot{\xi}}{V} = \frac{1}{\nu_B} \frac{dc_B}{dt} \tag{4-4}$$

式（4-4）作为**定容反应速率**（rate of reaction）的常用定义。

由式（4-4），对反应

$$aA + bB \longrightarrow yY + zZ$$

则有

$$v = -\frac{1}{a} \frac{dc_A}{dt} = -\frac{1}{b} \frac{dc_B}{dt} = \frac{1}{y} \frac{dc_Y}{dt} = \frac{1}{z} \frac{dc_Z}{dt} \tag{4-5}$$

式中，$-\dfrac{dc_A}{dt}$、$-\dfrac{dc_B}{dt}$ 分别为反应物 A、B 的**消耗速率**（dissipate rate），即单位时间、单位体积中反应物 A、B 消耗的物质的量。

$$v_A = -\frac{dc_A}{dt}, \quad v_B = -\frac{dc_B}{dt} \tag{4-6}$$

$\dfrac{dc_Y}{dt}$、$\dfrac{dc_Z}{dt}$ 分别为生成物 Y、Z 的**增长速率**（increase rate），即单位时间、单位体积中生成物 Y、Z 增长的物质的量。

$$v_Y = \frac{dc_Y}{dt}, \quad v_Z = \frac{dc_Z}{dt} \tag{4-7}$$

在气相反应中，常用混合气体组分的分压的消耗速率或增长速率来表示反应速率，若为理想混合气体，则有 $p_B = c_B RT$，代入式（4-6）及式（4-7），则定温下

$$v_{B,p} = \pm \frac{dp_B}{dt} = \pm RT \frac{dc_B}{dt} \tag{4-8}$$

通常选用反应物之一作为**主反应物**（principal reactant），若以组分 A 代表主反应物，设 $n_{A,0}$ 及 n_A 分别为反应初始时及反应到时间 t 时 A 的物质的量，x_A 为时间 $t = 0 \rightarrow t = t$ 时反应物 **A 的转化率**（degree of dissociation of A），其定义为

$$x_A \stackrel{\text{def}}{=\!=\!=} \frac{n_{A,0} - n_A}{n_{A,0}} \tag{4-9}$$

x_A 通常称为 A 的**动力学转化率**（degree of dissociation of kinetics），$x_A \leqslant x_A^{eq}$，x_A^{eq} 为**热力学平衡转化率**（degree of dissociation under equilibrium of thermodynamics）。由式（4-9），有

$$n_A = n_{A,0}(1 - x_A) \tag{4-10}$$

当反应系统为定容时，则有

$$c_A = c_{A,0}(1 - x_A) \tag{4-11}$$

式中，$c_{A,0}$，c_A 分别为 $t = 0$ 及 $t = t$ 时反应物 A 的浓度。将式（4-11）代入式（4-6），有

$$v_A = -\frac{dc_A}{dt} = c_{A,0} \frac{dx_A}{dt} \tag{4-12}$$

4.2　化学反应速率方程

4.2.1　反应速率与浓度关系的经验方程

对于反应

$$a\,A + b\,B \longrightarrow y\,Y + z\,Z$$

其反应速率与反应物的浓度的关系可通过实验测定得到：

$$v_A = k_A c_A^\alpha c_B^\beta \tag{4-13}$$

式（4-13）叫**化学反应的速率方程**或叫**化学反应的动力学方程**（rate law），是一个经验方程。

1. 反应级数

式（4-13）中 α，β 分别叫对反应物 A 及 B 的**反应级数**（order of reaction），若令 $\alpha + \beta = n$，则 n 叫**反应的总级数**（overall order of reaction）。反应级数是反应速率方程中反应物的浓度的幂指数，它的大小表示反应物的浓度对反应速率影响的程度，级数越高，表明浓度对反应速率影响越强烈。反应级数一般是通过动力学实验确定的，而不是根据反应的计量方程写出来的，即一般 $\alpha \neq a$，$\beta \neq b$。反应级数可以是正数或负数，可以是整数或分数，也可以是零。有时反应速率只与生成物的浓度有关。有的反应速率方程很复杂，或确定不出简单的级数关系。

2. 反应速率系数

式(4-13) 中, k_A 叫对反应物 A 的**宏观反应速率系数**(macroscopic rate coefficients of reaction)。k_A 的物理意义是在一定温度下当反应物 A、B 的浓度 c_A、c_B 均为单位浓度时的反应速率, 即 $k_A = \dfrac{1}{c_A^a c_B^\beta} v_A = v_A [c]^{-n}$, 因此它与反应物的浓度无关, 当催化剂等其他条件确定时, 它只是温度的函数。显然 k_A 的单位与反应总级数有关, 即 $[k_A] = [t]^{-1} \cdot [c]^{1-n}$。

注意 用反应物或生成物等不同组分表示反应速率时, 其速率系数的量值一般是不一样的。

对反应 $a A + b B \longrightarrow y Y + z Z$, 有

$$v_A = k_A c_A^a c_B^\beta, \quad v_B = k_B c_A^a c_B^\beta, \quad v_Y = k_Y c_A^a c_B^\beta, \quad v_Z = k_Z c_A^a c_B^\beta$$

由式(4-5)~式(4-7), 则有

$$\frac{1}{a} k_A = \frac{1}{b} k_B = \frac{1}{y} k_Y = \frac{1}{z} k_Z \tag{4-14}$$

3. 以混合气体组分分压表示的气相反应的速率方程

如对反应

$$a A(g) \longrightarrow y Y(g)$$

其反应的速率方程可表示为

$$v_{A,p} = -\frac{\mathrm{d} p_A}{\mathrm{d} t} = k_{A,p} p_A^n$$

亦可表示成

$$v_{A,c} = -\frac{\mathrm{d} c_A}{\mathrm{d} t} = k_{A,c} c_A^n$$

式中, $k_{A,p}$, $k_{A,c}$ 分别为反应物 A 的组成分别用分压及物质的量浓度表示时的速率方程中的反应速率系数。若气相可视为理想混合气体, 则 $p_A = c_A RT$, 于是, 定温下

$$v_{A,p} = -\frac{\mathrm{d} p_A}{\mathrm{d} t} = -\frac{\mathrm{d}(c_A RT)}{\mathrm{d} t} = -RT \frac{\mathrm{d} c_A}{\mathrm{d} t} = RT k_{A,c} c_A^n$$

所以 $k_{A,p} p_A^n = RT k_{A,c} c_A^n$, 故得

$$k_{A,p} = k_{A,c} (RT)^{1-n} \tag{4-15}$$

4.2.2 反应速率方程的积分形式

对反应 $$0 = \sum_B \nu_B B$$

若实验确定其反应速率方程为

$$-\frac{\mathrm{d} c_A}{\mathrm{d} t} = k_A c_A^a c_B^\beta$$

则该式叫**反应的微分速率方程**(differential rate law), 在实际应用中通常需要积分形式。

1. 一级反应

若实验确定某反应物 A 的消耗速率与反应物 A 的浓度一次方成正比, 则该反应为**一级反应**(first order reaction), 其微分速率方程可表述为

$$-\frac{\mathrm{d} c_A}{\mathrm{d} t} = k_A c_A \tag{4-16}$$

一些物质的分解反应、异构化反应及放射性元素的蜕变反应常为一级反应。

（1）一级反应的积分速率方程

将式(4-16)分离变量，得

$$v_A = -\frac{dc_A}{c_A} = k_A dt$$

等式两边，时间由 $t=0 \to t=t$，相应时间组分 A 的浓度由 $c_A = c_{A,0} \to c_A = c_A$，积分，则有

$$\int_{c_{A,0}}^{c_A} -\frac{dc_A}{c_A} = \int_0^t k_A dt$$

因 k_A 为常数，积分后，得

$$t = \frac{1}{k_A} \ln \frac{c_{A,0}}{c_A} \tag{4-17}$$

或由式(4-12)结合式(4-16)，有

$$\frac{dx_A}{dt} = k_A(1 - x_A)$$

分离变量，得

$$\frac{dx_A}{1 - x_A} = k_A dt$$

等式两边，时间由 $t=0 \to t=t$，相应时间反应物 A 的转化率由 $x_A = 0 \to x_A = x_A$ 积分，即

$$\int_0^{x_A} \frac{dx_A}{1 - x_A} = \int_0^t k_A dt$$

积分后，得

$$t = \frac{1}{k_A} \ln \frac{1}{1 - x_A} \tag{4-18}$$

式(4-17)及式(4-18)为**一级反应的积分速率方程**（integral rate equation of first order reaction）的两种常用形式。

（2）一级反应的特征

(i) 由式(4-16)可知，一级反应的 k_A 的单位为 $[t]^{-1}$，可以是 s^{-1}，min^{-1}，h^{-1} 等。

(ii) 由式(4-17)或式(4-18)，当反应物 A 的浓度由 $c_{A,0} \to c_A = \frac{1}{2}c_{A,0}$ 或 $x_A = 0.5$ 时，所需时间用 $t_{1/2}$ 表示，叫**反应的半衰期**（half-life of reaction）。由式(4-17)或式(4-18)可知，一级反应的 $t_{1/2} = \frac{0.693}{k_A}$，与反应物 A 的初始浓度 $c_{A,0}$ 无关。

(iii) 由式(4-17)，移项可得

$$\ln\{c_A\} = -k_A t + \ln\{c_{A,0}\} \tag{4-19}$$

式(4-19)为一直线方程，即 $\ln\{c_A\}$-$\{t\}$ 图为一直线，如图 4-1 所示，由直线的斜率可求 k_A。

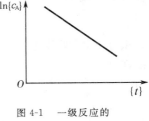

图 4-1　一级反应的
$\ln\{c_A\}$-$\{t\}$ 关系

2. 二级反应

（1）二级反应的积分速率方程

① 反应物只有一种的情况

若实验确定某反应物 A 的消耗速率与 A 的浓度的二次方成正比，则该反应为**二级反应**

（second order reaction），其微分速率方程可表述为

$$v_A = -\frac{dc_A}{dt} = k_A c_A^2 \tag{4-20}$$

将式（4-20）分离变量，得

$$-\frac{dc_A}{c_A^2} = k_A dt$$

等式两边，时间由 $t=0 \to t=t$，相应时间反应物 A 的浓度由 $c_A = c_{A,0} \to c_A = c_A$ 积分，即

$$\int_{c_{A,0}}^{c_A} -\frac{dc_A}{c_A^2} = \int_0^t k_A dt$$

积分后，得

$$t = \frac{1}{k_A}\left(\frac{1}{c_A} - \frac{1}{c_{A,0}}\right) \tag{4-21}$$

或由式（4-12）结合式（4-20），得

$$c_{A,0}\frac{dx_A}{dt} = k_A[c_{A,0}(1-x_A)]^2$$

分离变量，有

$$\frac{dx_A}{c_{A,0}(1-x_A)^2} = k_A dt$$

等式两边，时间由 $t=0 \to t=t$，相应时间反应物 A 的转化率由 $x_A = 0 \to x_A = x_A$，积分，即

$$\int_0^{x_A} \frac{dx_A}{c_{A,0}(1-x_A)^2} = \int_0^t k_A dt$$

积分后，得

$$t = \frac{x_A}{k_A c_{A,0}(1-x_A)} \tag{4-22}$$

式（4-21）及式（4-22）为只有一种反应物时的**二级反应的积分速率方程**（integral rate equation of second order reaction）的两种常用形式。

②反应物有两种的情况

如反应 $\qquad\qquad\qquad$ A+B $\longrightarrow$ Y+Z

有两种反应物，且反应计量系数均为1，若实验确定，反应物 A 的消耗速率与反应物 A 及 B 各自的浓度的一次方成正比，则总反应级数为二级，其微分速率方程可表述为

$$v_A = -\frac{dc_A}{dt} = k_A c_A c_B \tag{4-23}$$

为积分上式，需找出 c_A 与 c_B 的关系，这可通过反应的计量方程，由反应过程的物量衡算关系得到

$$\begin{array}{cccccc}
& A & + & B & \longrightarrow & Y+Z \\
t=0: & c_A = c_{A,0} & & c_B = c_{B,0} & & \\
t=t: & c_A = c_{A,0} - c_{A,x} & & c_B = c_{B,0} - c_{A,x} & & \\
t=t: & c_A = c_{A,0}(1-x_A) & & c_B = c_{B,0} - c_{A,0}x_A & &
\end{array}$$

或

式中，$c_{A,x}$ 为时间 t 时，反应物 A 反应掉的浓度。将以上关系分别代入式（4-23），得

$$-\frac{dc_A}{dt} = k_A(c_{A,0} - c_{A,x})(c_{B,0} - c_{A,x})$$

或

$$\frac{dx_A}{dt} = k_A(1-x_A)(c_{B,0} - c_{A,0}x_A)$$

将以上二式分离变量,上式时间由 $t = 0 \to t = t$,相应时间反应物 A 的浓度由 $c_A = c_{A,0} \to c_A = c_{A,0} - c_{A,x}$;下式时间由 $t = 0 \to t = t$,相应时间反应物 A 的转化率由 $x_A = 0 \to x_A = x_A$,分别积分,得

$$t = \frac{1}{k_A(c_{A,0} - c_{B,0})} \ln \frac{(c_{A,0} - c_{A,x})c_{B,0}}{c_{A,0}(c_{B,0} - c_{A,x})} \qquad (c_{A,0} \neq c_{B,0}) \tag{4-24}$$

或

$$t = \frac{1}{k_A(c_{A,0} - c_{B,0})} \ln \frac{c_{B,0}(1 - x_A)}{c_{B,0} - c_{A,0}x_A} \qquad (c_{A,0} \neq c_{B,0}) \tag{4-25}$$

注意 当 $c_{A,0} = c_{B,0}$ 时,式(4-24)及式(4-25)不适用,此时反应过程中必存在 $c_A = c_B$ 的关系,于是式(4-23)变为

$$-\frac{dc_A}{dt} = k_A c_A c_B = k_A c_A^2$$

其积分速率方程即为式(4-21)及式(4-22)。

(2)只有一种反应物的二级反应的特征

(i)由式(4-20)可知,二级反应的速率系数 k_A 的单位为 $[t]^{-1} \cdot [c]^{-1}$。

(ii)由式(4-21)或式(4-22),当 $c_A = \frac{1}{2}c_{A,0}$ 或 $x_A = 0.5$ 时,则

$$t_{1/2} = \frac{1}{c_{A,0}k_A}$$,即二级反应的半衰期与反应物 A 的初始浓度 $c_{A,0}$

成反比。

(iii)由式(4-21),移项可得

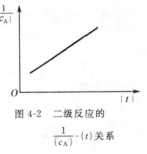

图 4-2 二级反应的 $\frac{1}{\{c_A\}}$-$\{t\}$ 关系

$$\frac{1}{c_A} = k_A t + \frac{1}{c_{A,0}} \tag{4-26}$$

式(4-26)为一直线方程,即 $\frac{1}{\{c_A\}}$-$\{t\}$ 图为一直线,如图 4-2 所示,直线的斜率为 k_A。

3. n 级反应

(1)n 级反应的积分速率方程

若由实验确定某反应物 A(只有一种反应物)的消耗速率与 A 的浓度的 n 次方成正比,则该反应为 n 级反应,其微分速率方程可表述为

$$v_A = -\frac{dc_A}{dt} = k_A c_A^n \tag{4-27}$$

将式(4-27)分离变量积分,可得

$$\int_{c_{A,0}}^{c_A} -\frac{dc_A}{c_A^n} = k_A \int_0^t dt$$

积分后,得

$$t = \frac{1}{k_A(n-1)} \left(\frac{1}{c_A^{n-1}} - \frac{1}{c_{A,0}^{n-1}} \right) \qquad (n \neq 1) \tag{4-28}$$

或将 $c_A = c_{A,0}(1 - x_A)$ 代入式(4-27),分离变量积分,得

$$t = \frac{1}{k_A(n-1)} \left[\frac{1 - (1 - x_A)^{n-1}}{c_{A,0}^{n-1}(1 - x_A)^{n-1}} \right] \qquad (n \neq 1) \tag{4-29}$$

式(4-28)及式(4-29)为 n 级反应($n \neq 1$)的积分速率方程的两种常用形式。$n = 2$ 时,式(4-28)或式(4-29)即成为式(4-21)或式(4-22);$n = 0$ 时,即为**零级反应**(zero-order reaction),则式(4-28)、式(4-29)分别变为

$$t = \frac{1}{k_A}(c_{A,0} - c_A) \tag{4-30}$$

$$t = \frac{1}{k_A}c_{A,0}x_A \tag{4-31}$$

式(4-30)及式(4-31)为**零级反应的积分速率方程**(integral rate equation of zero-order reaction)。

（2）只有一种反应物的 n 级反应的半衰期

将 $c_A = \frac{1}{2}c_{A,0}$ 或 $x_A = 0.5$ 代入式(4-28)或式(4-29)，可得 n 级($n \neq 1$)反应的半衰期为

$$t_{1/2} = \frac{2^{n-1} - 1}{(n-1)k_A c_{A,0}^{n-1}} \tag{4-32}$$

【例 4-1】 钋的同位素进行 β 放射时，经 14 天后，此同位素的放射性降低 6.85%，求：（1）此同位素的蜕变速率系数；（2）100 天后，放射性降低了多少？（3）钋的放射性蜕变掉 90% 需要多长时间？

解 放射性同位素的蜕变反应均属一级反应。

（1）将已知数据代入式(4-18)，得

$$k_A = \frac{1}{t}\ln\frac{1}{1-x_A} = \frac{1}{14\ \mathrm{d}}\ln\frac{1}{1-0.068\ 5} = 0.507 \times 10^{-2}\ \mathrm{d}^{-1}$$

（2）设 100 天后，钋的放射性降低的分数为 x_A，则由式(4-18)，有

$$\ln\frac{1}{1-x_A} = k_A t$$

将由(1)求得的 $k_A = 0.507 \times 10^{-2}\ \mathrm{d}^{-1}$ 及 $t = 100\ \mathrm{d}$ 代入，得

$$\ln\frac{1}{1-x_A} = 0.507 \times 10^{-2}\ \mathrm{d}^{-1} \times 100\ \mathrm{d}$$

解得
$$x_A = 39.8\%$$

（3）钋的放射性蜕变掉 90%，所需时间为

$$t = \frac{1}{k_A}\ln\frac{1}{1-x_A} = \frac{1}{0.507 \times 10^{-2}\ \mathrm{d}^{-1}}\ln\frac{1}{1-0.90} = 454\ \mathrm{d}$$

【例 4-2】 某反应 $A \longrightarrow Y + Z$，在一定温度下进行，当 $t=0, c_{A,0} = 1\ \mathrm{mol \cdot dm^{-3}}$ 时，测定反应的初始速率 $v_{A,0} = 0.01\ \mathrm{mol \cdot dm^{-3} \cdot s^{-1}}$。试计算反应物 A 的浓度 $c_A = 0.5\ \mathrm{mol \cdot dm^{-3}}$ 及 $x_A = 0.75$ 时所需时间，若对反应物 A 分别为（1）0 级；（2）1 级；（3）2 级；（4）2.5 级；（5）讨论以上结果。

解 （1）0 级
$$v_A = k_A c_A^0 = k_A, v_{A,0} = k_A c_{A,0}^0 = k_A = 0.01\ \mathrm{mol \cdot dm^{-3} \cdot s^{-1}}$$

$x_A = 0.50$ 时，由式(4-31)，

$$t_{1/2} = \frac{1}{k_A}c_{A,0}x_A = \frac{1\ \mathrm{mol \cdot dm^{-3} \times 0.50}}{0.01\ \mathrm{mol \cdot dm^{-3} \cdot s^{-1}}} = 50\ \mathrm{s}$$

$x_A = 0.75$ 时，由式(4-31)，

$$t = \frac{1}{k_A}c_{A,0}x_A = \frac{1\ \mathrm{mol \cdot dm^{-3} \times 0.75}}{0.01\ \mathrm{mol \cdot dm^{-3} \cdot s^{-1}}} = 75\ \mathrm{s}$$

（2）1 级

由式(4-16)，$v_A = k_A c_A, v_{A,0} = k_A c_{A,0}$，则

$$k_A = \frac{v_{A,0}}{c_{A,0}} = \frac{0.01 \text{ mol} \cdot \text{dm}^{-3} \cdot \text{s}^{-1}}{1 \text{ mol} \cdot \text{dm}^{-3}} = 0.01 \text{ s}^{-1}$$

由式(4-18),当 $x_A = 0.5$ 时,

$$t_{1/2} = \frac{0.693}{k_A} = \frac{0.693}{0.01 \text{ s}^{-1}} = 69.3 \text{ s}$$

$x_A = 0.75$ 时,

$$t = \frac{1}{k_A} \ln \frac{1}{1-x_A} = \frac{1}{0.01 \text{ s}^{-1}} \ln \frac{1}{1-0.75} = 138.6 \text{ s}$$

(3) 2 级

由式(4-20),$v_A = k_A c_A^2$,$v_{A,0} = k_A c_{A,0}^2$,则

$$k_A = \frac{v_{A,0}}{c_{A,0}^2} = \frac{0.01 \text{ mol} \cdot \text{dm}^{-3} \cdot \text{s}^{-1}}{(1 \text{ mol} \cdot \text{dm}^{-3})^2} = 0.01 \text{ mol}^{-1} \cdot \text{dm}^3 \cdot \text{s}^{-1}$$

由式(4-22),当 $x_A = 0.5$ 时,

$$t_{1/2} = \frac{1}{k_A c_{A,0}} = \frac{1}{0.01 \text{ mol}^{-1} \cdot \text{dm}^3 \cdot \text{s}^{-1} \times 1 \text{ mol} \cdot \text{dm}^{-3}} = 100 \text{ s}$$

$x_A = 0.75$ 时,

$$t = \frac{x_A}{k_A c_{A,0}(1-x_A)} = \frac{0.75}{0.01 \text{ mol}^{-1} \cdot \text{dm}^3 \cdot \text{s}^{-1} \times 1 \text{ mol} \cdot \text{dm}^{-3} \times 0.25} = 300 \text{ s}$$

(4) 2.5 级

由式(4-27),$v_A = k_A c_A^{2.5}$,$v_{A,0} = k_A c_{A,0}^{2.5}$,则

$$k_A = \frac{v_{A,0}}{c_{A,0}^{2.5}} = \frac{0.01 \text{ mol} \cdot \text{dm}^{-3} \cdot \text{s}^{-1}}{(1 \text{ mol} \cdot \text{dm}^{-3})^{2.5}} = 0.01 \text{ mol}^{-1.5} \cdot \text{dm}^{4.5} \cdot \text{s}^{-1}$$

由式(4-32),当 $x_A = 0.5$ 时,

$$t_{1/2} = \frac{2^{n-1} - 1}{(n-1)k_A c_{A,0}^{n-1}}$$

$$= \frac{2^{2.5-1} - 1}{(2.5-1) \times 0.01 \text{ mol}^{-1.5} \cdot \text{dm}^{4.5} \cdot \text{s}^{-1} \times (1 \text{ mol} \cdot \text{dm}^{-3})^{2.5-1}}$$

$$= 121.8 \text{ s}$$

由式(4-29),当 $x_A = 0.75$ 时,

$$t = \frac{1}{(n-1)k_A} \left[\frac{1-(1-x_A)^{n-1}}{c_{A,0}^{n-1}(1-x_A)^{n-1}} \right]$$

$$= \frac{1}{(2.5-1) \times 0.01 \text{ mol}^{-1.5} \cdot \text{dm}^{4.5} \cdot \text{s}^{-1}} \times \left[\frac{1-(1-0.75)^{1.5}}{(1 \text{ mol} \cdot \text{dm}^{-3})^{1.5}(1-0.75)^{1.5}} \right]$$

$$= 466.7 \text{ s}$$

(5) 讨论:由以上计算结果知

① k_A 与反应物 A 的浓度无关,其单位与级数有关。

② 反应级数表明反应物浓度对反应速率影响程度。反应级数越大,反应的速率随反应物的浓度下降而下降的趋势(或程度)越大,因而由同一初始浓度达到同一转化率所需时间就越长,如,反应级数由 $0 \rightarrow 1 \rightarrow 2 \rightarrow 2.5$,当 $c_{A,0} = 1 \text{ mol} \cdot \text{dm}^{-3}$,$x_A = 0.75$ 时,相应的时间 $t = 75s \rightarrow 138.6 \text{ s} \rightarrow 300 \text{ s} \rightarrow 466.7 \text{ s}$。

③ 对 1 级反应,$t_{1/2}$ 与 $c_{A,0}$ 无关,如从 (2) 的计算结果知,由 $c_{A,0} = 1 \text{ mol} \cdot \text{dm}^{-3}$ 变到 $c_A = 0.5 \text{ mol} \cdot \text{dm}^{-3}$ 及由 $c_A = 0.5 \text{ mol} \cdot \text{dm}^{-3}$ 变到 $c_A = 0.25 \text{ mol} \cdot \text{dm}^{-3}$ 所需时间是相同的,即 $(t_{1/2})_2 = (t_{1/2})_1$,或 $t_{3/4} = 2t_{1/2}$。除 1 级反应外的其他级数反应的半衰期不存在上述关

系。

【例 4-3】 在定温 300 K 的密闭容器中,发生如下气相反应:$A(g)+B(g) \longrightarrow Y(g)$,测得其速率方程为 $-\dfrac{\mathrm{d}p_A}{\mathrm{d}t}=k_{A,p}p_A p_B$,假定反应开始只有 $A(g)$ 和 $B(g)$(初始体积比为 1:1),初始总压力为 200 kPa,设反应进行到 10 min 时,测得总压力为 150 kPa,则该反应在 300 K 时的速率系数为多少?再过 10 min 时容器内总压力为多少?

解

$$
\begin{array}{ccccc}
& A(g) & + & B(g) & \longrightarrow & Y(g) \\
t=0 & p_{A,0} & & p_{B,0} & & 0 \\
t=t & p_A & & p_B & & p_{A,0}-p_A
\end{array}
$$

则经过时间 t 时的总压力为

$$p_t=p_A+p_B+p_{A,0}-p_A=p_B+p_{A,0}$$

因为 $p_{A,0}=p_{B,0}$ 符合计量系数比,所以

$$p_A=p_B$$

则

$$p_t=p_A+p_{A,0}$$

故

$$p_A=p_B=p_t-p_{A,0}$$

代入微分速率方程,得

$$-\frac{\mathrm{d}p_A}{\mathrm{d}t}=k_{A,p}(p_t-p_{A,0})^2$$

积分上式,得

$$\frac{1}{p_t-p_{A,0}}-\frac{1}{p_0-p_{A,0}}=k_{A,p}t$$

已知 $p_0=200$ kPa,$p_{A,0}=100$ kPa,即

$$\frac{1}{p_t-100\ \text{kPa}}-\frac{1}{100\ \text{kPa}}=k_{A,p}t$$

将 $t=10$ min 时,$p_t=150$ kPa 代入上式,得

$$k_{A,p}=0.001\ \text{kPa}^{-1}\cdot\text{min}^{-1}$$

当 $t=20$ min 时,可得 $p_t=133$ kPa。

4.3　化学反应速率方程的建立方法

4.3.1　反应参与物的浓度-时间曲线的实验测定

1. c_A-t 曲线或 x_A-t 曲线与反应速率

在一定温度下,随着化学反应的进行,反应物的浓度不断减少,生成物的浓度不断增加,或反应物的转化率不断增加(到平衡时为止)。通过实验可测得 c_A-t 数据或 x_A-t 数据(动力学实验数据),做图可得如图 4-3 所示的 c_A-t 曲线及 x_A-t 曲线,由曲线在某时刻切线的斜率,可确定该时刻的反应的瞬时速率 $v_A=-\dfrac{\mathrm{d}c_A}{\mathrm{d}t}$ 或 $v_A=c_{A,0}\dfrac{\mathrm{d}x_A}{\mathrm{d}t}$。

2. 测定反应速率的静态法和流动态法

实验室测定反应速率,视化学反应的具体情况,可以采用**静态法**(stop state methods)亦可采用**流动态法**(flow methods)。对同一反应不论采用何法,所得动力学结果是一致的(如反应级数及活化能等),所谓静态法是指反应器装置采用**间歇式反应器**(batch reactor)(如用实验室中的反应烧瓶或小型高压反应釜),反应物一次加入,生成物也一次取出。而流动态

法是指反应器装置采用**连续式反应器**（continuous reactor），反应物连续地由反应器入口引入，而生成物从出口不断流出。这种反应器又分为**连续管式反应器**（continuous plug flow reactor）和**连续槽式反应器**（continuous feed stirred tank reactor）。在多相催化反应的动力学研究中，连续管式反应器的应用最为普遍，应用这样的反应器当控制反应物的转化率较小，一般在 5％以下时称为**微分反应器**（differential reactor）；而控制反应物的转化率较大，一般超过 5％时称为**积分反应器**（integral reactor）。

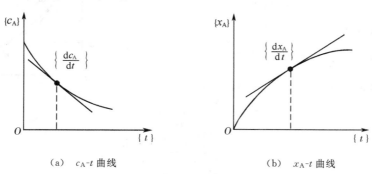

（a） c_A-t 曲线　　　　　　　　（b）　x_A-t 曲线

图 4-3　反应参与物的浓度-时间曲线

3. 温度的控制

反应速率与温度的关系将在下一节讨论。温度对反应速率的影响是强烈的，一般情况下温度每升高 10℃，反应速率会增加到原来的 2～4 倍。据统计，温度带来 ±1％的误差，可给反应速率带来 ±10％的误差。所以在研究反应速率与浓度的关系时，必须将温度固定，并要求较高的温控精确度，如间歇式反应器应放置在高精度恒温槽内，对连续式反应器采取有效的保温及定温措施等。

4. 反应物（或生成物）浓度的监测

反应过程中对反应物（或生成物）浓度的监测，通常有化学法和物理法。化学法通常是传统的定量分析法，取样分析时要终止样品中的反应。终止反应的方法有：降温冻结法、酸碱中和法、试剂稀释法、加入阻化剂法等，采用何种方法视反应系统的性质而定；物理方法通常是选定反应物（或生成物）的某种物理性质对其进行监测，所选定的物理性质一般与反应物（或生成物）浓度呈线性关系，如密度、气体的体积（或总压）、折射率、电导率、旋光度、吸光度等，一般采用较先进的仪器进行分析。物理法的优点是可在反应进行过程中连续监测，不必取样终止反应，如应用流动态法的连续管式反应器做动力学实验时可用气相色谱对反应转化率作连续的分析监测。

4.3.2　反应级数的确定

实验测得了 c_A-t 或 x_A-t 动力学数据，则可按以下数据处理法确定所测定反应的级数：

1. 积分法（尝试法或做图法）

将所测得的 c_A-t（或 x_A-t）数据代入式（4-17）或式（4-18）及式（4-21）或式（4-22）等积分速率方程，计算反应速率系数 k_A，若算得的 k_A 为常数，即为所代入方程的级数；或将 c_A-t 数据按式（4-19）或式（4-26）做图，若为直线，即为该式所表达的级数。

2. 微分法

将 c_A-t 数据做图，如图 4-4 所示，分别求得 t_1、t_2 时刻的瞬时速率 $-\dfrac{dc_{A,1}}{dt}$、$-\dfrac{dc_{A,2}}{dt}$，设反应为 n 级，则

$$-\frac{dc_{A,1}}{dt} = k_A c_{A,1}^n$$

$$-\frac{dc_{A,2}}{dt} = k_A c_{A,2}^n$$

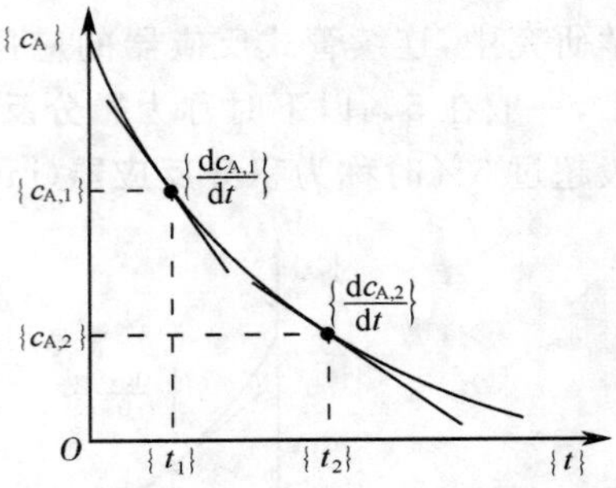

图 4-4　t_1、t_2 时刻的瞬时速率

以上二式分别取对数，得

$$\ln\{-\frac{dc_{A,1}}{dt}\} = \ln\{k_A\} + n\ln\{c_{A,1}\}$$

$$\ln\{-\frac{dc_{A,2}}{dt}\} = \ln\{k_A\} + n\ln\{c_{A,2}\}$$

以上二式相减、整理，得

$$n = \frac{\ln\{-\frac{dc_{A,1}}{dt}\} - \ln\{-\frac{dc_{A,2}}{dt}\}}{\ln\{c_{A,1}\} - \ln\{c_{A,2}\}} \tag{4-33}$$

3. 半衰期法

除一级反应外，对某反应，如以两个不同的开始浓度 $(c_{A,0})_1$、$(c_{A,0})_2$ 进行实验，分别测得半衰期为 $(t_{1/2})_1$ 及 $(t_{1/2})_2$，则由式 (4-32)，有

$$\frac{(t_{1/2})_2}{(t_{1/2})_1} = \frac{(c_{A,0})_1^{n-1}}{(c_{A,0})_2^{n-1}}$$

等式两边取对数，整理后，可确定反应的级数为

$$n = 1 + \frac{\ln\{t_{1/2}\}_1 - \ln\{t_{1/2}\}_2}{\ln\{c_{A,0}\}_2 - \ln\{c_{A,0}\}_1} \tag{4-34}$$

4. 隔离法

以上三种确定反应级数的方法，通常是直接应用于仅有一种反应物的简单情况。对有 2 种反应物，如

$$A + B \longrightarrow Y + Z$$

若其微分速率方程为

$$-\frac{dc_A}{dt} = k_A c_A^\alpha c_B^\beta$$

则可采用隔离措施，再应用上述三种方法之一分别确定 α 及 β。

隔离法的原理是：可首先确定 α，采取的隔离措施是实验时使 $c_{B,0}$ 远大于 $c_{A,0}$，于是反应过程中 c_B 保持为常数，反应的微分速率方程变为

$$-\frac{dc_A}{dt} = k_A' c_A^\alpha$$

式中，$k_A' = k_A c_B^\beta$，于是采用前述三种方法之一确定级数 α。同理，实验时再使 $c_{A,0}$ 远大于 $c_{B,0}$，则反应过程中 c_A 保持为常数，反应的微分速率方程变为

$$-\frac{dc_B}{dt} = k_B'' c_B^\beta$$

式中

$$k_B'' = k_B c_A^\alpha$$

于是采用前述三种方法之一确定级数 β。

【例 4-4】 已知反应 $2HI \longrightarrow I_2 + H_2$，在 508 ℃下，HI 的初始压力为 10 132.5 Pa 时，半衰期为 135 min；而当 HI 的初始压力为 101 325 Pa 时，半衰期为 13.5 min。试证明该反应为二级，并求出反应速率系数（以 $dm^3 \cdot mol^{-1} \cdot s^{-1}$ 及 $Pa^{-1} \cdot s^{-1}$ 表示）。

解　（1）由式（4-34），有

$$n = 1 + \frac{\ln(t_{1/2})_1 - \ln(t_{1/2})_2}{\ln\{c_{A,0}\}_2 - \ln\{c_{A,0}\}_1} = 1 + \frac{\ln(135/13.5)}{\ln(101\,325/10\,132.5)} = 2$$

（2）
$$k_{A,p} = \frac{1}{t_{1/2}\,p_{A,0}} = \frac{1}{135\ \text{min} \times 60\ \text{s} \cdot \text{min}^{-1} \times 10\,132.5\ \text{Pa}}$$
$$= 1.21 \times 10^{-8}\ \text{Pa}^{-1} \cdot \text{s}^{-1}$$

$$k_{A,c} = k_{A,p}(RT)^{2-1}$$
$$= 1.21 \times 10^{-8}\ \text{Pa}^{-1} \cdot \text{s}^{-1} \times (8.314\,5\ \text{J} \cdot \text{mol}^{-1} \cdot \text{K}^{-1} \times 781.15\ \text{K})$$
$$= 7.92 \times 10^{-5}\ \text{dm}^3 \cdot \text{mol}^{-1} \cdot \text{s}^{-1}$$

【例 4-5】 反应 $2NO + 2H_2 \longrightarrow N_2 + 2H_2O$ 在 700℃时测得如下动力学数据：

初始压力 p_0/kPa		初始速率 $v_0/(\text{kPa} \cdot \text{min}^{-1})$
NO	H_2	
50	20	0.48
50	10	0.24
25	20	0.12

设反应速率方程为 $v = k_p[p(NO)]^\alpha [p(H_2)]^\beta$，求 α、β 和 $n (= \alpha + \beta)$，并计算 k_p 和 k_c。

解　由动力学数据可看出：

当 $p(NO)$ 不变时，

$$\beta = \frac{\ln(v_{0,1}/v_{0,2})}{\ln(p_{0,1}/p_{0,2})} = \frac{\ln(0.48/0.24)}{\ln(20/10)} = 1$$

即该反应对 H_2 为一级，$\beta = 1$；

当 $p(H_2)$ 不变时，

$$\alpha = \frac{\ln(v_{0,1}/v_{0,3})}{\ln(p_{0,1}/p_{0,3})} = \frac{\ln(0.48/0.12)}{\ln(50/25)} = 2$$

即该反应对 NO 为二级，$\alpha = 2$；

总反应级数
$$n = \alpha + \beta = 2 + 1 = 3$$

$$k_p = \frac{-\mathrm{d}p/\mathrm{d}t}{[p(NO)]^2\,p(H_2)} = \frac{0.48\ \text{kPa} \cdot \text{min}^{-1}}{(50\ \text{kPa})^2 \times 20\ \text{kPa}} = 9.6 \times 10^{-12}\ \text{Pa}^{-2} \cdot \text{min}^{-1}$$

$$k_c = k_p(RT)^{3-1}$$
$$= 9.6 \times 10^{-12}\ \text{Pa}^{-2} \cdot \text{min}^{-1} \times (8.314\,5\ \text{J} \cdot \text{mol}^{-1} \cdot \text{K}^{-1} \times 973.15\ \text{K})^2$$
$$= 628\ \text{dm}^6 \cdot \text{mol}^{-2} \cdot \text{min}^{-1}$$

4.4　化学反应机理、元反应

4.4.1　化学反应机理

化学反应机理研究的内容是揭示一个化学反应由反应物到生成物的反应过程中究竟经历了哪些真实的反应步骤，这些真实反应步骤的集合构成**反应机理**（mechanism of reaction),而总的反应,则称为**总包反应**(overall reaction)。

确定一个总包反应的机理要进行大量的实验研究,是非常困难的工作。

例如,反应

$$H_2 + I_2 \longrightarrow 2HI$$

表面上看,它是千千万万个化学反应中一个较为简单的反应。但对该反应机理的研究却经历了百余年的历史,目前仍无定论。下面简要介绍对该反应机理研究的历史经过。

(1)一步机理

早在 1894 年**博登斯坦**(Bodenstein M)研究该反应,发现在 556 K~781 K 反应的速率方程为

$$v(H_2) = k(H_2)c(H_2)c(I_2)$$

即对 H_2 及 I_2 均为一级,总级数为二级。于是认为反应的真实过程是 H_2 分子与 I_2 分子直接碰撞生成 HI 分子,即所谓"一步机理"。

然而,这一机理随着结构化学的发展,首先在理论上遇到了困难。即从分子轨道对称性守恒原理来分析,认为"一步机理"是受对称性禁阻的。

(2)三步机理

1967 年,**沙利文**(Sullivan J M)由实验证实,于 418 K~520 K 在光照下加速了该反应,他从光化学反应的实验数据与热化学反应数据加以比较,涉及 I_2 分子解离成 I 原子的步骤,于是进一步否定了"一步机理",而提出如下的"三步机理",即

$$I_2 \rightleftharpoons 2I$$
$$2I + H_2 \longrightarrow 2HI$$

由"三步机理"也得到总包反应为二级的实验结果。

沙利文的工作使得很多人相信"一步机理"是错误的。但 1974 年哈麦斯(Hammes G G)等人从理论上进一步讨论沙利文的数据,认为亦可与"一步机理"一致。总之,尽管一个反应从计量方程看似乎很简单,但要确定其机理却是十分复杂的事。合理的假设只能指导进一步的实验,而不能代替更不能超越实验。在反应机理的研究中,有时假设一个反应机理解释了当时的各种实验事实,并认为是正确的,但是随着科学的发展,新的实验现象或理论的提出,代之以新的反应机理;有时一个反应的若干实验现象,同时被几个所假设的机理解释,也许同一反应在不同条件下进行时呈现出不同的机理。

4.4.2 元反应及反应分子数

通过对总包反应机理的研究,若证实了某总包反应是分若干真实步骤进行的,如总包反应 $H_2 + I_2 \longrightarrow 2HI$ 的每种反应机理中的每一步若都代表反应的真实步骤,则其中的每一个真实步骤均被称为**元反应**(elementary reaction)。元反应中实际参加反应的分子数目,称为**反应分子数**(molecularity of reaction)。根据反应分子数可把元反应区分为**单分子反应**(unimolecular reaction)、**双分子反应**(bimolecular reaction)、**三分子反应**(termolecular reaction);四分子反应几乎不可能发生,因为四个分子同时在空间某处相碰撞的概率实在是太小了。

注意 不要把反应分子数与反应级数相混淆,它们是两个完全不同的物理概念,前者是元反应中实际参加的反应物分子数,只能是 1、2、3 正整数;而后者是反应速率方程中浓度项的幂指数。对于元反应,反应级数与反应分子数量值相等;而对于总包反应,反应级数可以

为正数或负数,整数或分数。

4.4.3　元反应的质量作用定律

对总包反应,其反应的速率方程必须通过实验来建立,即通过实验来确定参与反应的各个反应物(有时涉及到产物)的级数,而不能由反应的计量方程的化学计量数直接写出。

而对元反应,它的反应速率与元反应中各反应物浓度的幂乘积成正比,其中各反应物浓度的幂指数为元反应方程中各反应物的分子数。这一规律称为元反应的**质量作用定律**(mass action law)。

设一总包反应　　　　　　　　　　　$A + B \longrightarrow Y$

若其机理为　　　　　　　　　　　　$A + B \underset{k_{-1}}{\overset{k_1}{\rightleftharpoons}} D$　　　　　　　　(a)

$$D \overset{k_2}{\longrightarrow} Y \qquad\qquad\text{(b)}$$

式中,k_1、k_2、k_{-1} 为元反应的反应速率系数,叫**微观反应速率系数**(microscopic rate coefficient of reaction)。

根据质量作用定律,应有

$$-\frac{\mathrm{d}c_A}{\mathrm{d}t} = k_1 c_A c_B - k_{-1} c_D$$

$$-\frac{\mathrm{d}c_D}{\mathrm{d}t} = k_{-1} c_D - k_1 c_A c_B + k_2 c_D$$

$$\frac{\mathrm{d}c_Y}{\mathrm{d}t} = k_2 c_D$$

Ⅱ　化学反应速率与温度的关系

4.5　化学反应速率与温度关系的经验方程

在讨论反应速率与浓度关系时将温度恒定。现在讨论反应速率与温度的关系亦应将反应物浓度恒定,否则温度及浓度两个因素交织在一起会使问题十分复杂。将反应物的浓度恒定,对式(4-13)可令 $c_A = c_B$,并取其为单位浓度,此时反应速率与温度的关系,其实质是反应速率系数 k 与温度的关系。k 与温度的关系,其实验结果有如图 4-5 所示的 5 种情况:

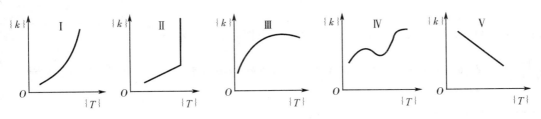

图 4-5　k-T 关系的 5 种情况

第Ⅰ种情况是大多数常见反应;第Ⅱ种情况为爆炸反应;第Ⅲ种情况为酶催化反应;第

IV 种情况为碳的氧化反应；第 V 种情况为 $2NO + O_2 \longrightarrow 2NO_2$ 反应，k 随反应温度的升高而下降。

4.5.1 范特荷夫规则

范特荷夫（van't Hoff）通过对大多数常见反应的 k 与 T 的关系的实验结果，得出如下经验规律

$$\gamma = \frac{k(T + 10\mathrm{K})}{k(T)} = 2 \sim 4$$

式中，γ 称为反应速率系数的温度系数（temperature coefficients of rate coefficients），这是一个粗略的经验规则，却很有实际应用价值。

4.5.2 阿仑尼乌斯方程

温度对反应速率的影响较浓度对反应速率的影响更显著。阿仑尼乌斯通过实验研究并在范特荷夫工作的启发下，关于温度对反应速率系数的影响规律，提出如下一指数函数形式的经验方程

$$k = k_0 \exp\left(-\frac{E_a}{RT}\right) \tag{4-35}$$

式(4-35)叫**阿仑尼乌斯方程**（Arrhenius equation）。式中，R 为摩尔气体常量；k_0 及 E_a 为两个经验参量，分别叫**指（数）前参量**（pre-exponential parameter）[①]**及活化能**（activation energy）。k_0 与 k 有相同的量纲。

在温度范围不太宽时，阿仑尼乌斯方程适用于元反应和许多总包反应，也常应用于一些非均相反应。阿仑尼乌斯因这一贡献荣获 1903 年度诺贝尔化学奖。

在应用时，阿仑尼乌斯方程可变换成多种形式。把式(4-35)应用于主反应物 A，并取对数，对温度 T 微分，得

$$\frac{\mathrm{d}\ln\{k_A\}}{\mathrm{d}T} = \frac{E_a}{RT^2} \tag{4-36}$$

若视 E_a 与温度无关，把式(4-36)进行定积分和不定积分，分别有

$$\ln\frac{k_{A,2}}{k_{A,1}} = \frac{E_a}{R}\left(\frac{1}{T_1} - \frac{1}{T_2}\right) \tag{4-37}$$

$$\ln\{k_A\} = -\frac{E_a}{RT} + \ln\{k_0\} \tag{4-38}$$

由式(4-38)，$\ln\{k_A\}$-$\dfrac{1}{T/\mathrm{K}}$ 图如图 4-6 所示，由图可知 $\ln\{k_A\}$-$\dfrac{1}{T/\mathrm{K}}$ 为一直线，通过直线的斜率可求 E_a，通过直线截距可求 k_0。

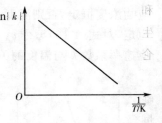

图 4-6 $\ln\{k\}$-$\dfrac{1}{T/\mathrm{K}}$ 关系

---

① 按 GB 3102—1993 中有关物理量的名称术语命名的有关规则，把 k_0 称为因子是不合适的，这由式(4-35)可以看出，k_0 与 k 有相同的量纲，而且不是量纲一的量，真正可以称为因子的是 $\exp(-E_a/RT)$ 这一项，即玻耳兹曼因子。而把 k_0 称为参量是妥当的。

4.6　活化能 E_a 及指前参量 k_0

4.6.1　活化能 E_a 及指前参量 k_0 的定义

按 IUPAC 的建议,采用阿仑尼乌斯方程作为 E_a 及 k_0 的定义式,即

$$E_a \stackrel{\text{def}}{=\!=\!=} RT^2 \frac{\mathrm{d}\ln\{k_A\}}{\mathrm{d}T} \tag{4-39}$$

$$k_0 \stackrel{\text{def}}{=\!=\!=} k_A \exp(E_a/RT) \tag{4-40}$$

这里,E_a 及 k_0 为两个经验参量,可由实验测得的 k_A-T 数据计算,而把 E_a 及 k_0 均视为与温度无关。但实质上在较宽的温度范围内,由阿仑尼乌斯方程计算的结果是有误差的。

严格来说,E_a 是与温度 T 有关的量。在较宽的温度范围内,当考虑 E_a 与温度的关系时,可采用如下的三参量方程:

$$k = k_0' T^m \exp\left(-\frac{E'}{RT}\right) \tag{4-41}$$

一般来说,$0<m<4$,溶液中离子反应的 m 较大,而气相反应的 m 较小。

将式(4-41)取对数,有

$$\ln\{k\} = \ln\{k_0'\} + m\ln\{T\} - \frac{E'}{RT} \tag{4-42}$$

将式(4-42)对 T 微分后代入式(4-39),可得

$$E_a = E' + mRT \tag{4-43}$$

式(4-43)表明了 E_a 与温度 T 的关系。由于一般反应 m 较小,加之在温度不太高时 mRT 一项的数量级与 E' 相比可略而不计,此时即可看作 E_a 与温度无关。

4.6.2　托尔曼对元反应活化能的统计解释

阿仑尼乌斯设想,在一个反应系统中,反应物分子可区分为**活化分子**(activated molecular)和非活化分子,并认为只有活化分子的碰撞才能发生化学反应,而非活化分子的碰撞是不能发生化学反应的。当从环境向系统供给能量时,非活化分子吸收能量可转化为活化分子。因此,阿仑尼乌斯认为由非活化分子转变为活化分子所需要的摩尔能量就是活化能 E_a。

随着科学技术的发展,特别是统计热力学的发展,在阿仑尼乌斯关于活化分子概念的基础上,托尔曼(Tolman)提出,元反应的活化能是一个统计量。通常研究的反应系统是由大量分子组成的,反应物分子处于不同的运动能级,其所具有的能量是参差不齐的,而不同能级的分子反应性能是不同的,若用 $k(E)$ 表示能量为 E 的分子的微观反应速率系数,则用宏观实验方法测得的宏观反应速率系数 $k(T)$,应是各种不同能量分子的 $k(E)$ 的统计平均值 $\langle k(E)\rangle$,于是托尔曼用统计热力学方法推出

$$E_a = \langle E^{\neq}\rangle - \langle E\rangle \tag{4-44}$$

式中,$\langle E\rangle$ 为反应物分子的平均摩尔能量,$\langle E^{\neq}\rangle$ 为活化分子(发生反应的分子)的平均摩尔

能量。式(4-44)就是托尔曼对活化能 E_a 的统计解释。由于 $\langle E\rangle$ 和 $\langle E^{\neq}\rangle$ 都与温度有关,显然 E_a 必然与温度有关,但由于 E_a 是 $\langle E\rangle$ 与 $\langle E^{\neq}\rangle$ 之差,则温度效应彼此抵消,因而 E_a 与温度关系不大,是可以理解的。

根据托尔曼对活化能的统计解释,若反应是可逆的 $A \underset{k_{-1}}{\overset{k_1}{\rightleftharpoons}} Y$,则正、逆元反应的活化能及其反应的热力学能[变]的关系,可表示为如图 4-7 所示。

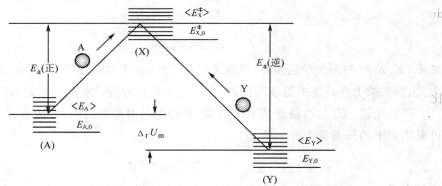

图 4-7　活化能的统计解释

图 4-7 中,$E_{A,0}$、$E_{Y,0}$ 为 A、Y 处于最低能级的摩尔能量,$\langle E_A\rangle$、$\langle E_Y\rangle$ 为温度 T 时,布居在各能级上反应物 A 及生成物 Y 的平均摩尔能量;$E_{X,0}^{\neq}$ 为活化分子处于最低能级的摩尔能量,$\langle E^{\neq}\rangle$ 为温度 T 时,布居在活化分子能级上的平均摩尔能量。则 $E_a(正)=\langle E^{\neq}\rangle-\langle E_A\rangle$,$E_a(逆)=\langle E^{\neq}\rangle-\langle E_Y\rangle$,$E_a(正)$、$E_a(逆)$ 为正、逆反应的活化能。由图可知,$E_a(正)-E_a(逆)$ $=\langle E_A\rangle-\langle E_Y\rangle=\Delta_r U_m(T)$,$\Delta_r U_m(T)$ 为反应的定容反应摩尔热力学能[变]。

【例 4-6】　设有 $E_{a,1}=50.00\ \text{kJ}\cdot\text{mol}^{-1}$,$E_{a,2}=150.00\ \text{kJ}\cdot\text{mol}^{-1}$,$E_{a,3}=300.00$ $\text{kJ}\cdot\text{mol}^{-1}$ 的 3 个反应。(1)计算它们在 0 ℃ 和 400 ℃ 两个起始温度下,为使速率系数加倍,所需要升高的温度是多少?(2)讨论上述三个反应速率系数对温度变化的敏感性。

　　解　(1)由式(4-37),即

$$\ln\frac{k_2}{k_1}=\frac{E_a}{R}\left(\frac{1}{T_1}-\frac{1}{T_2}\right)$$

使速率系数加倍,亦即 $k_2/k_1=2$,代入上式整理后,得

$$T_2=\frac{E_a}{(E_a/T_1)-R\ln 2}$$

T_2 即为使速率系数加倍所需由起始温度升高到的温度,进而可算得所需升高的温度 $\Delta T=T_2-T_1$,计算结果列入下表:

起始温度/℃	$\Delta T/\text{K}$		
	反应 1	反应 2	反应 3
0	8.87	2.89	1.00
400	56.61	17.86	8.82

(2)由(1)的计算结果可知,不管反应的起始温度高低如何,不同反应,活化能愈高,使速率系数加倍所需提高的温度愈小。表明活化能愈高,反应的速率系数对温度变化愈敏感。

对同一反应,反应的起始温度愈低,使速率系数加倍所需提高的温度愈小。这表明,对同一反应,活化能一定,反应的起始温度愈低,反应的速率系数对温度的变化愈敏感。

【例 4-7】　定容气相反应 A＋2B ⟶ Y,已知反应速度系数 k_B 与温度关系为

$$\ln[k_B/(dm^3 \cdot mol^{-1} \cdot s^{-1})] = -\frac{9\,622}{T/K} + 24.00$$

(1)计算该反应的活化能 E_a;(2)若反应开始时,$c_{A,0} = 0.1\ mol \cdot dm^{-3}$,$c_{B,0} = 0.2\ mol \cdot dm^{-3}$,欲使 A 在 10 min 内转化率达 90%,则反应温度 T 应控制在多少?

解　(1)　将本题所给定反应的 k_B 与 T 的关系式与阿仑尼乌斯方程式(4-38)

$$\ln(k/[k]) = -\frac{E_a}{RT} + \ln\{k_0\}$$

比较可知

$$-\frac{E_a}{R} = -9\,622\ K$$

$$E_a = 9\,622\ K \times 8.314\,5\ J \cdot K^{-1} \cdot mol^{-1} = 80.00\ kJ \cdot mol^{-1}$$

(2)

$$-\frac{dc_A}{dt} = k_A c_A c_B, \quad -\frac{dc_B}{dt} = k_B c_A c_B$$

由计量关系式知

$$k_A = \frac{1}{2} k_B$$

$$-\frac{dc_A}{dt} = \frac{1}{2} k_B c_A c_B$$

又 $c_{A,0} : c_{B,0} = 1:2$,即 $c_B = 2c_A$,代入上式,分离变量,积分,得

$$\frac{1}{c_{A,t}} - \frac{1}{c_{A,0}} = k_B t$$

把 $t = 10\ min$,$c_{A,0} = 0.1\ mol \cdot dm^{-3}$,$c_{A,t} = c_{A,0}(1-0.9) = 0.01\ mol \cdot dm^{-3}$,代入上式,得

$$k_B = \frac{1}{t}\left(\frac{1}{c_{A,t}} - \frac{1}{c_{A,0}}\right) = \frac{1}{10\ min}\left(\frac{1}{0.01} - \frac{1}{0.1}\right) mol^{-1} \cdot dm^3$$

$$= 9\ dm^3 \cdot mol^{-1} \cdot min^{-1}$$

$$= 1.500 \times 10^{-1}\ dm^3 \cdot mol^{-1} \cdot s^{-1}$$

所以

$$\ln \frac{1.500 \times 10^{-1}\ dm^3 \cdot mol^{-1} \cdot s^{-1}}{dm^3 \cdot mol^{-1} \cdot s^{-1}} = -\frac{9\,622}{T/K} + 24.00$$

解得 $T = 371.5\ K$。

Ⅲ　复合反应动力学

4.7　基本型的复合反应

所谓**复合反应**通常是指两个或两个以上元反应的组合。其中基本型的复合反应有 3 类:**平行反应**、**对行反应**和**连串反应**。对于由级数已知的总包反应组合而成的复合反应,其动力学处理方法与由元反应组合而成的复合反应动力学处理方法是一样的。本节以由元反应组合成的复合反应为例,讨论其动力学处理。

4.7.1 平行反应

有一种或几种相同反应物参加同时存在的反应,称为**平行反应**(side reaction)。

1. 平行反应的微分和积分速率方程

以由两个单分子反应(或两个一级总包反应)组合成的平行反应为例,设有

$$A \xrightarrow{\substack{k_1 \\ k_2}} \begin{array}{l} Y(主产物) \\ Z(副产物) \end{array}$$

式中,k_1、k_2 分别为主、副反应的微观速率系数(对元反应而言),由质量作用定律,对两个元反应,有

$$\frac{dc_Y}{dt} = k_1 c_A, \qquad \frac{dc_Z}{dt} = k_2 c_A \qquad (4-45)$$

A 的消耗速率,必等于 Y 与 Z 的增长速率之和

$$-\frac{dc_A}{dt} = \frac{dc_Y}{dt} + \frac{dc_Z}{dt} = k_1 c_A + k_2 c_A = (k_1 + k_2)c_A \qquad (4-46)$$

式(4-46)为两个单分子反应(或两个一级总包反应)组成的平行反应的微分速率方程。

将式(4-46)分离变量积分

$$\int_{c_{A,0}}^{c_A} -\frac{dc_A}{c_A} = (k_1 + k_2)\int_0^t dt$$

得

$$t = \frac{1}{k_1 + k_2} \ln \frac{c_{A,0}}{c_A} \qquad (4-47a)$$

或由式(4-11)、式(4-12)及式(4-46),有

$$\frac{dx_A}{dt} = (k_1 + k_2)(1 - x_A) \qquad (4-48)$$

将式(4-48)分离变量积分

$$\int_0^{x_A} \frac{dx_A}{1 - x_A} = (k_1 + k_2)\int_0^t dt$$

得

$$t = \frac{1}{k_1 + k_2} \ln \frac{1}{1 - x_A} \qquad (4-47b)$$

式(4-47a)及式(4-47b)为两个单分子反应(或两个一级总包反应)组合成的平行反应的积分速率方程。

2. 平行反应的主、副反应的竞争

由式(4-45)两式相比,且当 $c_{Y,0} = 0, c_{Z,0} = 0$ 时,积分后,得

$$\frac{c_Y}{c_Z} = \frac{k_1}{k_2} \qquad (4-49)$$

式(4-49)表明,由反应分子数相同的两个元反应(或级数已知并相同的总包反应)组合而成的平行反应,其主、副反应产物浓度之比等于其速率系数之比。只要两个元反应的分子数相同(或总包反应的级数相同),这个结论恒成立。由此结论,我们可以通过改变温度或选用不同催化剂以改变速率系数 k_1、k_2,从而改变主、副产物浓度之比,提高**原子经济性**(atomeconomy,原料中的原子转化为目的产物的百分率),实现废物(无用的副产物)的零排放,达

到绿色化学的要求,保护环境。

【例 4-8】　平行反应

$$A \xrightarrow{k_A} \begin{array}{c} \xrightarrow{k_1} Y \quad (主反应) \\ \xrightarrow{k_2} Z \quad (副反应) \end{array}$$

k_A 为表观速率系数,其速率方程可用下式表示

$$v_A = -\frac{dc_A}{dt} = k_A c_A^n$$

在一定条件下,得到下列数据:

编号	$v_A/(\mathrm{mol \cdot dm^{-3} \cdot s^{-1}})$	$c_A/(\mathrm{mol \cdot dm^{-3}})$
1	3.85×10^{-3}	7.69×10^{-6}
2	1.67×10^{-2}	3.33×10^{-5}

(1)试确定反应级数 n;算出反应的半衰期,及在上述条件下,A 反应掉 80% 所需时间;
(2)k_1、k_2 和温度的关系式为

$$k_1 = 1.2 \times 10^3 \ \mathrm{s^{-1}} \exp\left(-\frac{90\,000 \ \mathrm{J \cdot mol^{-1}}}{RT}\right)$$

$$k_2 = 8.9 \ \mathrm{s^{-1}} \exp\left(-\frac{80\,000 \ \mathrm{J \cdot mol^{-1}}}{RT}\right)$$

若产物不含 A,试计算含 Y 的摩尔分数达到 0.95 时,反应温度为多少? 并通过计算说明升高温度能否得到含 Y 的摩尔分数为 0.995 的产品?

解　(1)把所给数据代入 $v_A = k_A c_A^n$ 中,因 $v_{A,1}/v_{A,2} = \frac{c_{A,1}}{c_{A,2}}$,所以 $n = 1$,则

$$k_A = \frac{v_A}{c_A} = \frac{3.85 \times 10^{-3} \ \mathrm{mol \cdot dm^{-3} \cdot s^{-1}}}{7.69 \times 10^{-6} \ \mathrm{mol \cdot dm^{-3}}} = 500 \ \mathrm{s^{-1}}$$

对于一级反应,半衰期　　　$t_{1/2} = \frac{0.693}{k_A} = 1.39 \times 10^{-3} \ \mathrm{s}$

又　　　　　　　　　　　　$k_A t = \ln\frac{1}{1 - x_A}$

所以,当 $x_A = 80\%$ 时,　　　$t = 3.22 \times 10^{-3} \ \mathrm{s}$

(2)　　　$\frac{c_Y}{c_Z} = \frac{k_1}{k_2} = \frac{1.2 \times 10^3}{8.9} \times \exp\left(\frac{80\,000 \ \mathrm{J \cdot mol^{-1}} - 90\,000 \ \mathrm{J \cdot mol^{-1}}}{RT}\right)$

$$= 134.8 \exp\left(\frac{-10\,000 \ \mathrm{J \cdot mol^{-1}}}{RT}\right)$$

整理,得

$$T = \frac{1\,202.8 \ \mathrm{K}}{4.904 - \ln(c_Y/c_Z)}$$

当 Y 的摩尔分数达到 0.95 时,$c_Y/c_Z = \frac{0.95}{0.05} = 19$,$\ln(c_Y/c_Z) = 2.944$,代入上式,得

$$T = \frac{1\,202.8 \ \mathrm{K}}{4.904 - 2.944} = 613.7 \ \mathrm{K}$$

因为

$$c_Y/c_Z = 134.8 \exp\left(-\frac{10\,000 \ \mathrm{J \cdot mol^{-1}}}{RT}\right)$$

当 $T \to \infty$ 时,$c_Y/c_Z \to 134.8$,相应的 Y 的最大摩尔分数为 x_Y,则

$$\frac{x_Y}{1 - x_Y} = 134.8, \quad x_Y = 0.992\,6 < 0.995$$

所以升高温度不可能得到含 Y 的摩尔分数为 0.995 的产品。

【例 4-9】 平行反应

$$A+B \begin{array}{c} \xrightarrow{k_1} Y \\ \xrightarrow{k_2} Z \end{array}$$

两反应对 A 和 B 均为一级反应，若反应开始时 A 和 B 的浓度均为 $0.5 \text{ mol} \cdot \text{dm}^{-3}$，则 30 min 后有 15% 的 A 转化为 Y，25% 的 A 转化为 Z，求 k_1 和 k_2 的值。

解

$$\frac{k_1}{k_2} = \frac{c_Y}{c_Z} = \frac{0.5 \text{ mol} \cdot \text{dm}^{-3} \times 0.15}{0.5 \text{ mol} \cdot \text{dm}^{-3} \times 0.25} = 0.6 \tag{a}$$

$$k_1 + k_2 = \frac{1}{t} \times \frac{x_A}{c_{A,0}(1 - x_A)} \tag{b}$$

$$= \frac{0.15 + 0.25}{30 \text{ min}^{-1} \times 0.5 \text{ mol} \cdot \text{dm}^{-3} \times (1 - 0.15 - 0.25)}$$

$$= 0.044\,4 \text{ dm}^3 \cdot \text{mol}^{-1} \cdot \text{min}^{-1}$$

把式（a）代入式（b），得

$$k_1 = 0.016\,6 \text{ dm}^3 \cdot \text{mol}^{-1} \cdot \text{min}^{-1}$$

$$k_2 = 0.027\,8 \text{ dm}^3 \cdot \text{mol}^{-1} \cdot \text{min}^{-1}$$

4.7.2 对行反应

正、逆方向同时进行的反应称为**对行反应**（opposing reaction），又称为**可逆反应**（reversible reaction）。

1. 对行反应的微分和积分速率方程

仍以由两个单分子反应（或两个一级总包反应）组合成的对行反应为例，设有

$$A \underset{k_{-1}}{\overset{k_1}{\rightleftharpoons}} Y$$

式中，k_1、k_{-1} 分别为正、逆反应的微观速率系数（对元反应而言），由质量作用定律，对两个元反应，有

正向反应，A 的消耗速率 $\qquad -\dfrac{dc_A}{dt} = k_1 c_A$

逆向反应，A 的增长速率 $\qquad \dfrac{dc_A}{dt} = k_{-1} c_Y$

则 A 的净消耗速率为同时进行的正、逆反应反应物 A 的变化速率的代数和，即

$$-\frac{dc_A}{dt} = k_1 c_A - k_{-1} c_Y \tag{4-50}$$

式（4-50）为两单分子反应（或两个一级总包反应）组合而成的对行反应的微分速率方程。若

$$A \underset{k_{-1}}{\overset{k_1}{\rightleftharpoons}} Y$$

$$t = 0 \qquad c_A = c_{A,0} \qquad\qquad 0$$

$$t = t \qquad c_A = c_{A,0}(1 - x_A) \qquad c_Y = c_{A,0} x_A$$

将上述物量衡算关系代入式（4-50），分离变量积分可得

$$t = \frac{1}{k_1 + k_{-1}} \ln \frac{k_1}{k_1 - (k_1 + k_{-1}) x_A} \tag{4-51}$$

式(4-51)为两个单分子反应(或两个一级总包反应)组合成的对行反应积分速率方程。

2. 对行反应正、逆反应活化能与反应的摩尔热力学能[变]的关系

由

$$\frac{k_1}{k_{-1}} = K_c$$

则

$$\ln\{k_1\} - \ln\{k_{-1}\} = \ln\{K_c\}$$

$$\frac{\mathrm{d}\ln\{k_1\}}{\mathrm{d}T} - \frac{\mathrm{d}\ln\{k_{-1}\}}{\mathrm{d}T} = \frac{\mathrm{d}\ln\{K_c\}}{\mathrm{d}T}$$

由式(4-36)及式(3-20),得

$$\frac{E_1}{RT^2} - \frac{E_{-1}}{RT^2} = \frac{\Delta_r U_m(T)}{RT^2}$$

于是

$$E_1 - E_{-1} = \Delta_r U_m(T) \tag{4-52}$$

式中,E_1、E_{-1} 分别为正、逆反应的活化能,$\Delta_r U_m(T)$ 为定容反应摩尔热力学能[变]。

若反应为定压反应,则有

$$E_1 - E_{-1} = \Delta_r H_m^{\ominus}(T) \tag{4-53}$$

4.7.3　连串反应

当一个反应的部分或全部生成物是下一个反应的部分或全部反应物时的反应称为**连串反应**(consecutive reaction)。

1. 连串反应的微分和积分速率方程

设有一由两个单分子反应(或两个一级总包反应)组合成的连串反应

$$A \xrightarrow{k_1} B \xrightarrow{k_2} Y$$

式中,k_1、k_2 分别为两个单分子反应的速率系数。则由质量作用定律,对两个元反应,有

A 的消耗速率:

$$-\frac{\mathrm{d}c_A}{\mathrm{d}t} = k_1 c_A \tag{4-54}$$

B 的增长速率:

$$\frac{\mathrm{d}c_B}{\mathrm{d}t} = k_1 c_A - k_2 c_B \tag{4-55}$$

Y 的增长速率:

$$\frac{\mathrm{d}c_Y}{\mathrm{d}t} = k_2 c_B \tag{4-56}$$

式(4-54)～式(4-56)为由两个单分子反应(或两个一级总包反应)组合成的连串反应的微分速率方程。将式(4-54)分离变量积分,得

$$\ln\frac{c_{A,0}}{c_A} = k_1 t \quad \text{或} \quad c_A = c_{A,0}\,\mathrm{e}^{-k_1 t} \tag{4-57}$$

将式(4-55)分离变量,并将式(4-57)代入,得

$$\frac{\mathrm{d}c_B}{\mathrm{d}t} + k_2 c_B = k_1 c_{A,0}\,\mathrm{e}^{-k_1 t} \tag{4-58}$$

式(4-58)是 $\dfrac{\mathrm{d}y}{\mathrm{d}x} + py = Q$ 型的一阶线性微分方程,方程的解为

$$c_B = \frac{k_1 c_{A,0}}{k_2 - k_1}(\mathrm{e}^{-k_1 t} - \mathrm{e}^{-k_2 t}) \tag{4-59}$$

而

$$c_A + c_B + c_Y = c_{A,0}$$

于是

$$c_Y = c_{A,0} - c_A - c_B = c_{A,0}\left[1 - \frac{1}{k_2 - k_1}(k_2\,\mathrm{e}^{-k_1 t} - k_1\,\mathrm{e}^{-k_2 t})\right] \tag{4-60}$$

式(4-58)~式(4-60)为由两单分子反应(或两个一级总包反应)组合成的连串反应的积分速率方程。

根据式(4-58)~式(4-60)做 c-t 图，由于 k_1 和 k_2 的相对大小不同，可得如图4-8所示的图形。

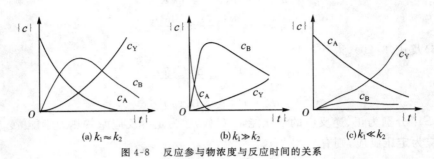

(a) $k_1 \approx k_2$ (b) $k_1 \gg k_2$ (c) $k_1 \ll k_2$

图4-8　反应参与物浓度与反应时间的关系

2. 反应速率控制步骤

在连串反应中，若其中某一步骤的速率系数对总反应的速率起着决定性影响，该步骤即为**速率控制步骤**(rate determining step)。

如连串反应 $A \xrightarrow{k_1} B \xrightarrow{k_2} Y$，若 $k_1 \gg k_2$，则反应总速率由第二步控制[图4-8(b)]；若 $k_1 \ll k_2$，则反应总速率由第一步控制[图4-8(c)]。为加快总反应速率，关键在于加快控制步骤的速率。

【例4-10】 连串反应 $A \xrightarrow[(i)]{k_1} B \xrightarrow[(ii)]{k_2} Y$，若反应的指前参量 $k_{0,1} < k_{0,2}$，活化能 $E_1 < E_2$；回答下列问题：(1)在同一坐标图中绘制两个反应的 $\ln\{k\}$-$\{\frac{1}{T}\}$ 示意图；(2)说明：在低温及高温时，总反应速率各由哪一步[指(i)和(ii)]控制？

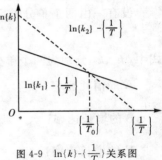

图4-9　$\ln\{k\}$-$\{\frac{1}{T}\}$关系图

解 (1)由阿仑尼乌斯方程可知，对反应(i)及(ii)分别有

$$\ln\{k_1\} = -\frac{E_1}{RT} + \ln\{k_{0,1}\}, \quad \ln\{k_2\} = -\frac{E_2}{RT} + \ln\{k_{0,2}\}$$

因为 $k_{0,1} < k_{0,2}$，$E_1 < E_2$，则上述两直线在坐标图上相交，如图4-9所示，实线为 $\ln\{k_1\}$-$\{\frac{1}{T}\}$，虚线为 $\ln\{k_2\}$-$\{\frac{1}{T}\}$。

(2)化学反应速率一般由慢步骤即 k 小的步骤控制。所以从图4-9可以看出：当 $T > T_0$ 时，即高温时，$k_2 > k_1$，则总反应由(i)控制；当 $T < T_0$ 时，即在低温时，$k_2 < k_1$，总反应由(ii)控制。

4.8　链反应

链反应(chain reaction)是由元反应组合而成的更为复杂的复合反应。氢的燃烧反应，一些碳氢化合物的燃烧反应，某些聚合反应等均属链反应。链反应中的中间物通常是一些自由原子(free atom)或自由基(free radical)，均含有未配对电子，如 H·、Cl·、HO·、CH_3· 等，为方便起见，以后书写时把"·"省略。

4.8.1　链反应的共同步骤

以反应 $H_2 + Cl_2 \longrightarrow 2HCl$ 为例。实验证明,其机理如下:

链的引发:　　　　　　　　　$Cl_2 + M \xrightarrow{k_1} 2Cl + M$

链的传递:

$$Cl + H_2 \xrightarrow{k_2} HCl + H$$
$$H + Cl_2 \xrightarrow{k_3} HCl + Cl$$

一次循环 $\Big\}$ n 次循环

$\cdots$

链的终止:　　　　　　　　　$2Cl + M \xrightarrow{k_4} Cl_2 + M$

式中,M 为能量的授受体。引发剂、光子、高能量分子可以作为能量的授予体;稳定分子或容器壁可以作为能量的接受体。

各步骤的分析如下:

(i) **链的引发**(chain initiation)步骤是,反应物稳定态分子接受能量分解成活性传递物(自由原子或自由基)。链常用的引发方法有:热引发、光引发和引发剂引发等。

(ii) **链的传递**(chain transfer or chain propagation)步骤是,由引发的活性传递物再与稳定分子发生作用形成产物,同时又生成新的活性传递物,使反应如同链锁一样一环扣一环地发展下去。

(iii) **链的终止**(chain termination)步骤是,链的活性传递物在气相中相互碰撞发生重合(如 $Cl + Cl \longrightarrow Cl_2$)或歧化(如 $2C_2H_5 \longrightarrow C_2H_4 + C_2H_6$)形成稳定分子放出能量;也可能在气相中或器壁上发生三体碰撞(如 $2Cl + M \longrightarrow Cl_2 + M$ 或 $2H + 器壁 \longrightarrow H_2$)形成稳定分子,其放出的能量被 M 或器壁所吸收,最终使链的发展终止。

4.8.2　链反应的分类

按照链传递时的不同机理,可以把链反应分为**直链反应**(straight chain reaction)和**支链反应**(chain-branching reaction)。前者是消耗一个活性质点(自由基或自由原子)只产生一个新的活性质点;后者是每消耗一个活性质点同时可产生两个或两个以上的新的活性质点。如图 4-10 所示。

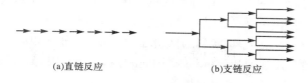

(a)直链反应　　　　　　　　　(b)支链反应

图 4-10　直链反应和支链反应

4.8.3　链爆炸与链爆炸反应的界限

爆炸反应分为两种,一为**热爆炸**(heat explosion),一为**链爆炸**(chain explosion)。

热爆炸是由于反应大量放热而引起的。因为反应速率系数与温度呈指数函数关系 $k_A = k_0 e^{-E_a/RT}$,如果反应释放出的热量不能及时传出,则造成系统温度急剧升高,进而反应速率变得更快,放热更多,如此发展下去,最后导致爆炸。

链爆炸是由支链反应引起的,随着支链的发展,链传递物(活性质点)剧增,反应速率愈来愈大,最后导致爆炸。

链爆炸反应的温度、压力、组成通常都有一定的爆炸区间,称为**爆炸界限**(explosion limit)。

以 $H_2 + \frac{1}{2}O_2 \longrightarrow H_2O$ 反应为例,它是一个支链反应,机理如下:

(i)链的引发: $H_2 + O_2 + 器壁 \longrightarrow HO_2 + H$

(ii)链的传递: $H + O_2 \longrightarrow HO + O$

$O + H_2 \longrightarrow HO + H$

$H_2 + HO \longrightarrow H + H_2O$

(iii)链的终止: $H + H + M \longrightarrow H_2 + M$

$\left. \begin{array}{l} H + O_2 + M \longrightarrow HO_2 + M \\ H + HO + M \longrightarrow H_2O - M \end{array} \right\}$(气相中销毁)

$H + HO + 器壁 \longrightarrow 稳定分子(器壁上销毁)$

当该反应以 $n(H_2):n(O_2) = 1:\frac{1}{2}$,在一个内径为 7.4 cm 内壁涂有 KCl 的玻璃反应管中进行时,实验结果得到如图 4-11 所示的爆炸反应的温度与压力界限。温度低于 673 K 时,系统在任何压力下都不爆炸,在有火花引发的情况下,H_2 和 O_2 将平稳地反应;温度高于 673 K 就有可能爆炸,这要看产生支链和断链作用的相对大小。下面以 800 K 时的反应情况来分析。实验中可观测到有三个爆炸界限,如图 4-11 所示。压力低于第一限时反应极慢;压力在第一限和第二限之间时,发生爆炸;压力高于第二限后反应又平稳进行,但速率随压力增高而增大;压力达到和超过第三限后则又发生爆炸。

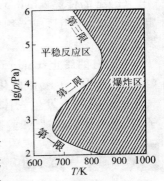

图 4-11 H_2 与 O_2 按 2:1(物质的量)混合时的爆炸界限

从实验得知,爆炸第一限的压力量值与容器的性质及大小有关。第一限的存在,可解释为在低压下,链传递体很容易扩散至器壁而被销毁($\phi < 0$)。当压力逐步增加时,链传递体向器壁扩散受到阻碍,而气相中,三体碰撞的机会增加,器壁断链作用很小,而气相断链作用又不够大,所以压力到达第一限(低限)以后,就进入了爆炸区($\phi > 0$)。

第二限主要由压力来决定,可解释为随着压力的增加,分子相碰的机会增多,因而链传递体在气相中的销毁作用逐渐加强(使 $\phi < 0$),压力越过第二限(高限)后($\phi < 0$),即进入平稳反应区。但压力越过第三限后又出现爆炸。

第三限的出现一般认为是热爆炸,但很可能不是单纯的热爆炸,压力增大后发生 $HO_2 + H_2 \longrightarrow HO + H_2O$ 也会引起爆炸。

除了受温度和压力影响外,爆炸还与气体的成分有关。

表 4-1 列出了某些可燃气体爆炸时的组成界限(用体积分数 φ_B 表示)。

表 4-1 一些可燃气体常温常压下在空气中的爆炸界限

可燃气体	爆炸界限 $\varphi_B/\%$	可燃气体	爆炸界限 $\varphi_B/\%$	可燃气体	爆炸界限 $\varphi_B/\%$
H_2	$4\sim74$	C_4H_{10}	$1.9\sim8.4$	CH_3OH	$7.3\sim36$
NH_3	$16\sim27$	C_5H_{12}	$1.6\sim7.8$	C_2H_5OH	$4.3\sim19$
CS_2	$1.25\sim14$	CO	$12.5\sim74$	$(C_2H_5)_2O$	$1.9\sim48$
C_2H_4	$3.0\sim29$	CH_4	$5.3\sim14$	$CH_3COOC_2H_5$	$2.1\sim8.5$
C_2H_2	$2.5\sim80$	C_2H_6	$3.2\sim12.5$		
C_3H_8	$2.4\sim9.5$	C_6H_6	$1.4\sim6.7$		

IV 催化剂对化学反应速率的影响

4.9 催化剂、催化作用

4.9.1 催化剂的定义

什么叫**催化剂**(catalyst),按 IUPAC1982 年推荐的定义:存在少量就能显著加速反应而不改变反应的总吉布斯函数[变]的物质称为该反应的**催化剂**。催化剂的这种作用称为**催化作用**(catalysis)。按上述定义,则减慢反应速率的物质称为**阻化剂**(inhibitors)(以前曾叫负催化剂)。有时,反应产物之一也对反应本身起催化作用,这叫**自动催化作用**(autocatalysis)。

现代的化工生产,如合成氨、石油裂解、合成燃料、油脂的加氢与脱氢、三大合成材料(合成塑料、合成橡胶、合成纤维)、基本有机合成(醇、醛、酮、酸、酐等的合成)、精细化工产品(药品、染料、助剂)、三酸(硫酸、硝酸、盐酸)两碱(氢氧化钠、碳酸钠)等的合成与生产很少不使用催化剂。据统计,在现代化工生产中80%~90%的反应过程都使用催化剂,催化剂已成为现代化学工业的基石。因而催化剂作用的研究已成为现代化学研究领域的一个重要分支。

4.9.2 催化作用的分类

按催化反应系统所处相态来分,可分为**均相催化**(homogeneous catalysis)和**非均相催化**(non-homogeneous catalysis),后者也叫**多相催化**(heterogeneous catalysis)。

1. 均相催化

反应物、产物及催化剂都处于同一相内,即为均相催化。有气相均相催化,如

$$SO_2 + \frac{1}{2}O_2 \xrightarrow{NO} SO_3$$

机理为

$$NO + \frac{1}{2}O_2 \longrightarrow NO_2$$

$$SO_2 + NO_2 \longrightarrow SO_3 + NO$$

其中,NO 即为气体催化剂,它与反应物及产物处于同一相内。也有液相均相催化,如蔗糖水解反应

$$C_{12}H_{22}O_{11} + H_2O \xrightarrow{H^+} C_6H_{12}O_6 + C_6H_{12}O_6$$

是以 H_2SO_4 为催化剂,反应在水溶液中进行。

2. 多相催化

反应物、产物及催化剂可在不同的相内。有气-固相催化,如合成氨反应

$$N_2 + 3H_2 \xrightarrow[K_2O, Al_2O_3]{Fe} 2NH_3$$

催化剂为固相,反应物及产物均为气相,这种气-固相催化反应的应用最为普遍。此外还有气-液相、液-固相、液-液相、气-液-固三相的多相催化反应。

4.9.3 催化作用的共同特征

1. 催化剂不能改变反应的平衡规律(方向与限度)

(i) 对 $\Delta_r G_m(T, p) > 0$ 的反应,加入催化剂也不能促使其发生;

(ii) 由 $\Delta_r G_m^{\ominus}(T) = -RT\ln K^{\ominus}(T)$ 可知,由于催化剂不能改变 $\Delta_r G_m^{\ominus}(T)$,所以也就不能改变反应的标准平衡常数;

(iii) 由于催化剂不能改变反应的平衡,而 $K_c = k_1/k_{-1}$,所以催化剂加快正逆反应的速率系数 k_1 及 k_{-1} 的倍数必然相同。

2. 催化剂参与了化学反应,为反应开辟了一条新途径,与原途径同时进行

(i)催化剂参与了化学反应,如反应

$$A + B \xrightarrow{K} AB \quad (K \text{ 为催化剂})$$
$$A + K \longrightarrow AK$$
$$AK + B \longrightarrow AB + K$$

(ii)开辟了新途径,与原途径同时进行

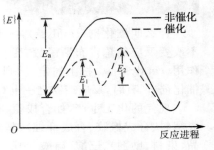

图 4-12 反应进程中能量的变化

如图 4-12 所示。实线表示无催化剂参与反应的原途径。虚线表示加入催化剂后为反应开辟的新途径,与原途径同时发生。

(iii)新途径降低了活化能

如图 4-12 所示,新途径中两步反应的活化能 E_1、E_2 与无催化剂参与的原途径活化能 E_a 比,$E_1 < E_a$,$E_2 < E_a$。个别能量高的活化分子仍可按原途径进行反应。

3. 催化剂具有选择性

催化剂的选择性(selective)有两方面含义:其一,不同类型的反应需用不同的催化剂,例如氧化反应和脱氢反应的催化剂则是不同类型的催化剂,即使同一类型的反应,通常催化剂也不同,如 SO_2 的氧化用 V_2O_5 做催化剂,而乙烯氧化却用 Ag 做催化剂;其二,对同样的反应物选择不同的催化剂可得到不同的产物,例如乙醇转化,在不同催化剂作用下可制取 25 种产物:

$$C_2H_5OH
\begin{cases}
\xrightarrow[200 \sim 250℃]{Cu} CH_3CHO + H_2 \\
\xrightarrow[350 \sim 360℃]{Al_2O_3 \text{ 或 } ThO_2} C_2H_4 + H_2O \\
\xrightarrow[250℃]{Al_2O_3} (C_2H_5)_2O + H_2O \\
\xrightarrow[400 \sim 450℃]{ZnO \cdot Cr_2O_3} CH_2{=}CH{-}CH{=}CH_2 + 2H_2O + H_2 \\
\xrightarrow{Na} C_4H_9OH + H_2O \\
\cdots
\end{cases}$$

4.10　固体催化剂的组成

固体催化剂通常由以下几部分组成：

主催化剂（principal catalysts）——具有催化活性的主体。

助催化剂（promoter）——本身无催化活性或活性很少，但加入之后可提高主催化剂的活性或延长主催化剂的寿命等。

载体（carrier）——对主催化剂及助催化剂起承载和分散作用。载体往往是一些天然的或人造的多孔性物质，如天然沸石、硅胶、人造分子筛等。

4.11　关于催化剂的一些基本知识

催化剂的**活性**（active）与**活性中心**（active centres）。催化剂的活性是指其加快反应速率能力的大小，可以用不同的指标来表示。活性中心是固体催化剂表面具有催化能力的活性部位，它占整个催化剂固体表面的很少部分。活性中心往往是催化剂的晶体的棱、角、台阶、缺陷等部位，或晶体表面的游离原子等。

催化剂的寿命（life of catalysts）、**中毒**（poison）与**再生**（regeneration）——催化剂的使用具有一定时间，诱导期→成熟期→衰减期即为催化剂的整个寿命。开发一个新催化剂常常要做寿命实验，以考查它的使用寿命。反应系统中某些杂质的存在往往会使催化剂**中毒**，中毒分为暂时中毒和永久中毒两类，暂时中毒可以通过一定的办法**再生**恢复其活性，而永久中毒则不能再生。

V　应用化学动力学

4.12　溶液中反应动力学

均相反应包括气相均相反应（homogeneous reaction in gas phase）和溶液中的均相反应（homogeneous reaction in solution）。溶液中的反应动力学较之气相均相反应动力学更为复杂，表现在：(i)反应物分子由于受溶剂分子的包围而不能像在气相中那样自由地运动和碰撞；(ii)溶剂分子以其自身的物理或化学性质对反应速率直接产生影响，给溶液中反应动力学的研究增加了困难。目前就液相中的简单的物理迁移过程尚不能作严格处理，因此建立起令人满意的溶液反应动力学理论就更为困难。

4.12.1　溶剂的笼效应和分子遭遇

溶液中的每个反应物分子，都处在溶剂分子的包围之中（图 4-13），亦即溶液中的反应物分子大部分时间是在由溶剂分子构筑起的**笼**（cage）中与周围溶剂分子发生碰撞，如同在笼中做振动，其振动频率约为 10^{13} s^{-1}，而在笼中的平均停留时间约为 10^{-11} s，即每个反应物分子与其周围溶剂分子要经历 10^{13} $s^{-1} \times 10^{-11}$ s＝100次碰撞才能挤出旧笼，但立即又陷入一个相邻的新笼之中。故溶液中反应物分子的迁移不像气相中分子那样自由，而受到溶剂分子包围的影响,这称为**笼效应**(cage effect)。

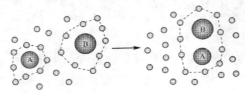

(a)笼效应　　　　(b)分子遭遇

图 4-13　反应物 A 和 B 在溶液中扩散的示意图

(虚线表示溶剂笼)

当处在两个不同的笼中的两个反应物分子 A 与 B 冲出旧笼而扩散至同一个新笼中时称为**遭遇**(encounter)。因此,溶液中的反应也有其有利的一面,两反应物分子由于笼效应的影响不易遭遇,而一旦遭遇,就有充分的机会在笼中通过反复碰撞获得能量,又在适当方位碰撞而实现反应。

4.12.2　扩散控制的反应和活化控制的反应

溶液中的反应大体上可以看做由两个步骤组成。首先,反应物分子通过扩散在同一个笼中遭遇;第二步,遭遇分子对形成产物有两种极端情况:(i)对于活化能小的反应,如原子、自由基的重合等,反应物分子一旦遭遇就能反应,整个反应由**扩散步骤控制**;(ii)对于活化能相当大的反应,反应步骤的速率比扩散步骤慢得多,整个反应由反应步骤控制,叫**活化步骤控制**。如反应

$$A + B \underset{k_{-D}}{\overset{k_D}{\rightleftharpoons}} (AB) \xrightarrow{k_1} Z$$

若 $k_1 \gg k_{-D}$,则反应由**扩散步骤控制**;若 $k_1 \ll k_{-D}$,则反应由**活化步骤(反应步骤)控制**。一般情况下 $k_1 \approx k_{-D}$,不存在单独由哪一步控制的问题。

4.12.3　溶剂性质对反应速率的影响

溶剂对速率的影响是复杂和多方面的,除了笼效应以外,还有其自身的物理和化学性质起作用,有时效果十分显著,可使速率系数相差上万倍(表 4-2)。

下面由经验总结的规律,可供选择溶剂时参考。

(i)溶剂物理性质的影响:对于产物极性比反应物极性大的反应,在极性溶剂中进行有利。表 4-2 中的反应就是例子,产物 $(C_2H_5)_4NI$ 属于盐类,它的极性远比反应物大,故随着溶剂极性的增加,速率系数增大。

表 4-2　　　　溶剂对反应 $(C_2H_5)_3N + C_2H_5I \longrightarrow (C_2H_5)_4NI$ 的 k 的影响

溶剂	极性	$k(100℃)/(dm^3 \cdot mol^{-1} \cdot s^{-1})$	溶剂	极性	$k(100℃)/(dm^3 \cdot mol^{-1} \cdot s^{-1})$
己烷	增↓强	0.000 18	氯苯	增↓强	0.023
苯		0.005 8	硝基苯		70.1

(ii)溶剂化的影响:一般说,反应物、产物和活化络合物,在溶液中都能发生溶剂化作用,溶剂化过程因放热而使能量降低,溶剂化程度不同,使能量降低的幅度也不一样。若反应物

基本上不溶剂化,而活化络合物溶剂化强烈(与溶剂生成中间化合物),结果则减小了活化络合物与反应物的能量差距,使反应的活化能降低。

此外,某些具有特殊性能的溶剂,对溶液中的反应速率会产生较大的影响。例如,近年来以超临界 CO_2 流体做溶剂的催化加氢反应、不饱和羰基类化合物的多相加氢反应等,已取得有意义的研究成果,受到国内外化学界的广泛关注。超临界流体由于其具有良好的溶解性能和传质性能以及能大幅度改善催化剂的活性、稳定性和选择性,从而可显著加快溶液中的反应速率;同时,反应后又无需分离过程,可直接得到产物,具有绿色化学特征。

超临界 CO_2 流体和离子液体均为绿色溶剂,但各有特点,二者结合使用不但可以发挥各自特点,而且具有二者单独使用都不具备的优点,这方面的研究正不断引起人们的重视。

4.13　光化学反应动力学

4.13.1　光与光化学反应

光具有波粒二象性,光束可视为**光量子流**(flow of light quantum)。**光量子**,简称**光子**(photon),是基本粒子之一,是辐射能的最小单位,稳定,不带电,静止质量等于零。一个光子的能量 ε 是

$$\varepsilon = h\nu \tag{4-61}$$

式中,h 为普朗克常量;ν 为频率。摩尔光量子的能量为

$$E_m = Lh\nu \text{①} \tag{4-62}$$

式中,L 为阿伏加德罗常量。

在光束的照射下,可以发生各种化学变化(如染料褪色、胶片感光、光合作用等),这种由于吸收光量子而引起的化学反应称为**光化学反应**(photochemical reaction)。例如

$$NO_2 \xrightarrow{h\nu} NO_2^{\ddagger} \longrightarrow NO + \frac{1}{2}O_2$$

反应物吸收光量子后从基态跃迁到激发态(电子的振动激发态用"$\ddagger$"表示,如 $NO_2^{\ddagger}$)然后再导致各种化学和物理过程的发生。通常我们把第一步吸收光量子的过程称做**初级过程**(primary process),相继发生的其他过程称为**次级过程**(secondary process)。

对光化学反应有效的是可见光(visible light)及紫外光(ultraviolet light);红外辐射(infrared radiative)能激发分子的转动和振动,不能产生电子的激发态;X 射线则可产生核或分子内层深部电子的跃迁,这不属于光化学范畴,而属于辐射化学。

以前我们讨论的化学反应中,活化能靠分子热运动的相互碰撞来积聚,故称为**热化学反应**(thermochemical reaction),或称为**黑暗反应**(dark reaction)。以后还要研究**电化学反应**(electrochemical reaction),其反应的活化能靠电能来供应。热化学反应中分子的能量服从玻耳兹曼分布规律,其反应速率对温度十分敏感,遵从阿仑尼乌斯方程;而光化学反应的速

---

① 以往的教材称 $E_m = Lh\nu$ 为一个"Einstein",现在有了物质的量 n 的定义(单位为 mol),作为摩尔光量子能量的单位"Einstein"已废除。

率与光的强度有关,可用一定波长的单色光来控制其反应速率,对温度变化不敏感,不遵从阿仑尼乌斯方程。

4.13.2 光化学基本定律、量子效率

1. 光化学基本定律

光化学有两条基本定律,**光化学第一定律**(the first law of photochemistry)是在 1818 年由 Grotthuss 和 Draper 提出的:只有被系统吸收的光才可能产生光化学反应。不被吸收的光(透过的光和反射的光)则不能引起光化学反应。**光化学第二定律**(the second law of photochemistry)是在 1908~1912 年由 Einstein 和 Stark 提出的:在初级过程中,一个光量子活化一个分子。

2. 光化学的量子效率

为了衡量一个光量子引发的指定物理或化学过程的效率,在光化学中定义了**量子效率**(quantum yield)ϕ

$$\phi \overset{def}{=\!=} \frac{发生反应的分子数}{吸收的光子数}$$

多数光化学反应的量子效率不等于 1。

$\phi > 1$ 是由于在初级过程中虽然吸收一个光量子只活化了一个反应物分子,但活化后的分子还可以进行次级过程。如反应 $2HI \longrightarrow H_2 + I_2$,初级过程是

$$HI + h\nu \longrightarrow H + I$$

次级过程则为

$$H + HI \longrightarrow H_2 + I$$
$$I + I \longrightarrow I_2$$

总的效果是每个光量子分解了两个 HI 分子,故 $\phi = 2$。又如,$H_2 + Cl_2 \longrightarrow 2HCl$,初级过程是

$$Cl_2 + h\nu \longrightarrow Cl_2^{\ddagger}$$

$Cl_2^{\ddagger}$ 表示激发态分子。而次级过程则是链反应

$$\left. \begin{array}{l} Cl_2^{\ddagger} + H_2 \longrightarrow HCl + HCl^{\ddagger} \\ HCl^{\ddagger} + Cl_2 \longrightarrow HCl + Cl_2^{\ddagger} \end{array} \right\} (链的传递)$$

$$\left. \begin{array}{l} Cl_2^{\ddagger} \longrightarrow Cl_2 + h\nu \\ Cl_2^{\ddagger} + M \longrightarrow Cl_2 + M \end{array} \right\} (链的终止)$$

因此 ϕ 可以大到 10^6。

$\phi < 1$ 的光化学反应是,当分子在初级过程吸收光量子之后,处于激发态的高能分子有一部分还未来得及反应便发生分子内的物理过程或分子间的传能过程而失去活性。

量子效率 ϕ 是光化学反应中一个很重要的物理量,可以说它是研究光化学反应机理的敲门砖,可为光化学反应动力学提供许多信息。

【例 4-11】 用波长 253.7 nm 的紫外光照射 HI 气体时,因吸收 307 J 的光能,HI 分解 1.300×10^{-3} mol。分解反应式 $2HI \longrightarrow I_2 + H_2$,(1)求此光化学反应的量子效率;(2)从量子效率推断可能的机理。

解 (1)一个光量子的能量为 $\varepsilon = h\nu$,而 $\nu = \dfrac{c}{\lambda}$,所以 $\varepsilon = h\dfrac{c}{\lambda}$。

用波长 253.7 nm 的光照射 HI 时,气体系统所吸收的光能为 307 J,则吸收的光量子数为307 J/$\left(h\dfrac{c}{\lambda}\right)$,而引发反应的分子数为 1.300×10^{-3} mol$\times6.022\times10^{23}$ mol^{-1}。

该过程的量子效率为

$$\phi = \frac{1.300\times10^{-3}\ \text{mol}\times6.022\times10^{23}\ \text{mol}^{-1}}{\dfrac{307\ \text{J}}{6.626\times10^{-34}\ \text{J}\cdot\text{s}\times\dfrac{2.998\times10^{8}\ \text{m}\cdot\text{s}^{-1}}{253.7\times10^{-9}\ \text{m}}}} = 2$$

(2)从 $\phi = 2$ 知,一个光子可使两个 HI 分子分解,可能的机理为

$$HI + h\nu \longrightarrow H + I$$
$$H + HI \longrightarrow H_2 + I$$
$$I + I \longrightarrow I_2$$

习 题

4-1 蔗糖在稀水溶液中,按下式水解:

$$C_{12}H_{22}O_{11}(A) + H_2O \xrightarrow{H^+} C_6H_{12}O_6(葡萄糖) + C_6H_{12}O_6(果糖)$$

其速率方程为 $-\dfrac{dc_A}{dt} = k_A c_A$,已知,当盐酸的浓度为 0.1 mol·dm^{-3}(催化剂),温度为 48 ℃ 时,$k_A = 0.019\ 3$ min^{-1}。现将蔗糖浓度为 0.02 mol·dm^{-3} 的溶液 2.0 dm^3 置于反应器中,在上述催化剂和温度条件下反应。计算:(1)反应的初始速率 $v_{A,0}$;(2)反应到 10.0 min 时,蔗糖的转化率为多少?(3)得到 0.012 8 mol 果糖需多少时间?(4)反应到 20.0 min 时的瞬时速率如何?

4-2 40 ℃,N_2O_5 在 CCl_4 溶液中进行分解反应,反应为一级,测得初始速率 $v_{A,0} = 1.00\times10^{-5}$ mol·dm^{-3}·s^{-1},1 h 时的瞬时反应速率 $v_A = 3.26\times10^{-6}$ mol·dm^{-3}·s^{-1},试求:(1)反应速率系数 k_A;(2)半衰期 $t_{1/2}$;(3)初始浓度 $c_{A,0}$。

4-3 二甲醚的气相分解反应是一级反应:

$$CH_3OCH_3(g) \longrightarrow CH_4(g) + H_2(g) + CO(g)$$

504 ℃ 时,把二甲醚充入真空反应器内,测得反应到 777 s 时,容器内压力为 65.1 kPa;反应无限长时间,容器内压力为 124.1 kPa,计算 504 ℃ 时该反应的速率系数。

4-4 反应 2A+B$\longrightarrow$Y,由实验测得为二级反应,其反应速率方程为 $-\dfrac{dc_A}{dt} = k_A c_A c_B$。70 ℃ 时,已知反应速率系数 $k_B = 0.400$ dm^3·mol^{-1}·s^{-1},若 $c_{A,0} = 0.200$ mol·dm^{-3},$c_{B,0} = 0.100$ mol·dm^{-3},试求反应物 A 转化 90% 时所需时间 t。

4-5 1,3-二氯丙醇(A),在 NaOH(B)存在条件下,发生环化作用生成环氧氯丙烷的反应为二级反应(对 A 和 B 均为一级)。已知 8.8 ℃ 时,$k_A = 3.29$ dm^3·mol^{-1}·min^{-1},若反应在 8.8 ℃ 进行,计算:(1)当 A 和 B 的初始浓度同为 0.282 mol·dm^{-3},A 转化 95% 所需的时间;(2)当 A 和 B 的初始浓度分别为 0.282 mol·dm^{-3} 和 0.365 mol·dm^{-3},反应经 9.95 min 时,A 的转化率可达多少?

4-6 A 溶液与含有相同物质的量且等体积的 B 溶液相混合,发生 A+B $\longrightarrow$ Z 的反应,1 h 时 A 反应掉 75%。求经 3 h 时 A 反应掉的百分率。若:(1)对 A 是一级,对 B 是零级;(2)对 A 和 B 都是一级;(3)对 A 和 B 都是零级。

4-7 氰酸铵在水溶液中转化为尿素的反应为 NH$_4$OCN(A)$\longrightarrow$CO(NH$_2$)$_2$,测得动力学数据如下,试确

定反应级数。

$c_{A,0}/(\text{mol} \cdot \text{dm}^{-3})$	$t_{1/2}/\text{h}$
0.05	37.03
0.10	19.15
0.20	9.45

4-8 反应 $2NO_2 \longrightarrow N_2 + 2O_2$，测得如下动力学数据，试确定该反应的级数。

$c(NO_2)/(\text{mol} \cdot \text{dm}^{-3})$	$-\dfrac{dc(NO_2)}{dt}/(\text{mol} \cdot \text{dm}^{-3} \cdot \text{s}^{-1})$
0.022 5	0.003 3
0.016 2	0.001 6

4-9 丙酮的热分解反应：

$$CH_3COCH_3(g) \longrightarrow C_2H_4(g) + H_2(g) + CO(g)$$

试建立反应的速率方程，计算反应速率系数。反应过程中，测得系统(定容)的总压随时间的变化如下：

t/min	p/kPa	t/min	p/kPa
0	41.60	13.0	65.06
6.5	54.40	19.9	74.93

4-10 $N_2O(g)$ 的热分解反应 $2N_2O(g) \longrightarrow 2N_2(g) + O_2(g)$，在一定温度下，反应的半衰期与初始压力成反比。在 694 ℃，$N_2O(g)$ 的初始压力为 3.92×10^4 Pa 时，半衰期为 1 520 s；在 757 ℃，初始压力为 4.8×10^4 Pa时，半衰期为 212 s。(1)求 694 ℃ 和 757 ℃ 时反应的速率系数；(2)求反应的活化能和指前参量；(3)在 757 ℃，初始压力为 5.33×10^4 Pa(假定开始只有 N_2O 存在)。求总压达 6.4×10^4 Pa所需的时间。

4-11 有两反应，其活化能相差 4.184 kJ $\cdot$ mol^{-1}，若忽略此两反应指前参量的差异，试计算此两反应速率系数之比值。(1) $T = 300$ K；(2) $T = 600$ K。

4-12 已知某反应 $B \longrightarrow Y + Z$ 在一定温度范围内，其速率系数与温度的关系为

$$\lg(k_B/\text{min}^{-1}) = \frac{-4\ 000}{T/\text{K}} + 7.000$$

(1)求该反应的活化能 E_a 及指前参量 k_0；(2)若需在 30 s 时 B 反应掉 50%，问反应温度应控制在多少度？

4-13 在 $T = 300$ K 的恒温槽中测定反应的速率系数 k，设 $E_a = 84$ kJ $\cdot$ mol^{-1}。如果温度的波动范围为 ±1 K，求温度及速率系数的相对误差。

4-14 某反应 $B \longrightarrow Y$，在 40 ℃ 时，完成 20% 所需时间为 15 min，60 ℃ 时完成 20% 所需时间为 3 min，求反应的活化能。(设初始浓度相同)

4-15 某药物在一定温度下每小时分解率与浓度无关，速率系数与温度关系为

$$\ln(k/\text{h}^{-1}) = -\frac{8\ 938}{T/\text{K}} + 20.40$$

(1)在 30 ℃ 时每小时分解率是多少？(2)若此药物分解 30% 即无效，问在 30 ℃ 保存，有效期为多少个月？(3)欲使有效期延长到 2 年以上，保存温度不能超过多少度？

4-16 气相反应 $A_2 + B_2 \longrightarrow 2AB$ 的反应速率方程为 $\dfrac{dc_{AB}}{dt} = k_{AB}c(A_2)c(B_2)$。已知

$$\lg[k_{AB}/(\text{dm}^3 \cdot \text{mol}^{-1} \cdot \text{s}^{-1})] = -\frac{9\ 510}{T/\text{K}} + 12.30$$

(1)求反应的活化能 E_a；(2)在 700 K，A_2 和 B_2 的初始分压分别为 60.8 kPa 和 40.5 kPa，反应开始时没有 AB，计算反应 5 min 时，dc_{AB}/dt 和 $-dc_{A_2}/dt$。

4-17 平行反应

$$A + 2B \begin{cases} \xrightarrow{k_{A,1}, E_1} Y & \text{(主反应)} \\ \xrightarrow{k_{A,2}, E_2} Z & \text{(副反应)} \end{cases}$$

总反应对 A 和 B 均为一级,对 Y 和 Z 均为零级,已知:

$$\lg[k_{A,1}/(dm^3 \cdot mol^{-1} \cdot min^{-1})] = -\frac{8\,000}{T/K} + 15.700$$

$$\lg[k_{A,2}/(dm^3 \cdot mol^{-1} \cdot min^{-1})] = -\frac{8\,500}{T/K} + 15.700$$

(1)若 A 和 B 的初始浓度分别为 $c_{A,0} = 0.100$ mol·dm^{-3},$c_{B,0} = 0.200$ mol·dm^{-3},计算 500 K 时经过 30 min,A 的转化率为多少?此时 Y 和 Z 的浓度各为多少?(2)分别计算活化能 E_1 和 E_2;(3)试用有关公式计算分析,改变温度时,能否改变 c_Y/c_Z?要提高主产物的收率应采用降温措施,还是升温措施?并用 500 K 和 400 K 的计算结果验证;(4)若不改变温度,能否有其他办法改变 c_Y/c_Z?

4-18 反应 $A(g) \underset{k_{-1}}{\overset{k_1}{\rightleftharpoons}} B(g) + Y(g)$ 25 ℃时 k_1 和 k_{-1} 分别是 0.20 s^{-1} 和 4.94×10^{-9} Pa^{-1}·s^{-1},且温度升高 10 ℃时 k_1 和 k_{-1} 都加倍。试计算:(1)25 ℃时反应的平衡常数 K_p;(2)正反应和逆反应的活化能;(3)反应热力学能[变];(4)如果开始时只有 A,且开始压力为 10^5 Pa,求总压达到 1.5×10^5 Pa 时所需的时间(可忽略逆反应)。

4-19 大部分化学反应活化能在 $4×10^4 \sim 4×10^5$ J·mol^{-1}。若反应 $H_2(g) + Cl_2(g) \longrightarrow 2HCl(g)$ 中的 $\varepsilon_{Cl-Cl} = 242.67$ kJ·mol^{-1},今用光引发:

$$Cl_2 + h\nu \longrightarrow 2Cl$$

使之发生链反应。求所需光的波长。

习题答案

4-1 (1) 3.86×10^{-4} mol·dm^{-3}·min^{-1};(2) 17.6%;(3) 20 min;(4) 2.63×10^{-4} mol·dm^{-3}·min^{-1}

4-2 (1) 3.11×10^{-4} s^{-1};(2) 2.23×10^3 s;(3) 0.032 2 mol·dm^{-3}

4-3 4.35×10^{-4} s^{-1}

4-4 113 s

4-5 (1) 20.5 min;(2) 98.6%

4-6 (1) 98.4%;(2) 90%;(3)反应物在 3 h 前已全部都反应完

4-7 2 级

4-8 2 级

4-9 $k_A = 2.56×10^{-2}$ min^{-1}

4-10 (1) 1.678×10^{-8} Pa^{-1}·s^{-1},9.83×10^{-8} Pa^{-1}·s^{-1}

    (2) 240.7 kJ·mol^{-1},1.687×10^5 Pa^{-1}·s^{-1};(3) 128 s

4-11 (1) 5.35;(2) 2.31

4-12 (1) 76.5 kJ·mol^{-1},10^7 min^{-1};(2) 583.3 K

4-13 ±0.33%,±11%

4-14 69.73 kJ·mol^{-1}

4-15 (1) 1.12×10^{-4};(2) 3.2×10^3 h,为 4.43 月;(3) 13.5 ℃

4-16 (1) 182.1 kJ·mol^{-1};(2) 3.303×10^{-6} mol·dm^{-3}·s^{-1},1.65×10^{-6} mol·dm^{-3}·s^{-1}

4-17 (1) 0.768,6.98×10^{-2} mol·dm^{-3},6.98×10^{-3} mol·dm^{-3}

    (2) 153.2 kJ·mol^{-1},162.8 kJ·mol^{-1};(3)降温;(4)可用催化剂

4-18 (1) 4.05×10^7 Pa;(2) $E_1 = E_{-1} = 52.88$ kJ·mol^{-1};(3) 0;(4) 3.466 s

4-19 492.67 nm

第5章

电化学反应的平衡与速率

5.0　电化学反应的平衡与速率研究的内容

　　电化学反应与第 3 章讨论的热化学反应及第 4 章讨论的光化学反应均有所不同。如前所述,热化学反应通常是以热能(有时伴有体积功)的形式进行化学能的转换,其反应的活化能靠分子的热运动来积累;光化学反应则以吸收光能的形式实现化学能的转换。而本章研究的电化学反应,除有热能形式参与外,主要是以电能的形式参与化学能的转换。其反应的活化能有一部分靠电能供给。

　　电化学反应可分为两大类:一类是利用 $\Delta_r G < 0$ 的反应自发地把化学能转换为电能;另一类是利用电能促使 $\Delta_r G > 0$ 的化学反应发生,从而制得新的化学产品或进行其他电化学工艺过程。

　　研究电化学反应主要从两方面入手,一是研究电化学反应热力学,二是研究电化学反应动力学。

　　电化学反应热力学研究有关电化学反应的平衡规律,表征电化学反应平衡规律的方程是能斯特(Nernst W)方程,它是电化学中极为重要的方程。电化学反应动力学研究有关电化学反应的速率规律,表征电化学反应速率规律的重要概念是超电势,用超电势的大小来衡量电化学反应偏离平衡的程度(不可逆程度),即电化学反应的速率受控于超电势。

　　本书把电化学一章放在化学动力学之后加以讨论,目的是从热力学与动力学两方面入手来讨论电化学反应的平衡规律与速率规律。

　　电化学反应通常在电化学系统中进行,所谓电化学系统(electrochemical system)是在两相或数相间存在电势差的系统。电化学反应的平衡与速率不仅由温度、压力、组成决定,而且与各相的带电状态有关。

　　在电化学反应系统中,至少有一个电子不能透过的相,这一相由电解质水溶液或溶融的电解质(离子液体)充当。所以本章在讨论电化学反应的平衡与速率之前,首先讨论电解质溶液的电荷传导性质(离子导电)及热力学性质。

I　电解质溶液的电荷传导性质

5.1　电解质的类型

5.1.1　电解质的分类

电解质(electrolyte)是指溶于溶剂或熔化时能形成带相反电荷的离子,从而具有导电能力的物质。电解质在溶剂(如 H_2O)中解离成正、负离子的现象叫**电离**(electrolytic dissociaton)。根据电解质**电离度**(degree of ionization)的大小,电解质分为**强电解质**(strong electrolytes)和**弱电解质**(weak electrolytes)。强电解质的分子在溶液中几乎全部解离成正、负离子。如 NaCl、HCl、$ZnSO_4$ 等在水中是强电解质。弱电解质的分子在溶液中部分地解离为正、负离子,在一定条件下,正、负离子与未解离的电解质分子间存在**电离平衡**(electrolytic equilibrium)。如 NH_3、CO_2、CH_3COOH 等在水中为弱电解质。

强弱电解质的划分除与电解质本身性质有关外,还取决于溶剂性质。例如,CH_3COOH 在水中部分解离,属弱电解质,而在液 NH_3 中则全部解离,属强电解质。KI 在水中全部解离为强电解质,而在丙酮中部分解离,则为弱电解质。

从另一个角度,电解质又分为**真正电解质**(real electrolytes)和**潜在电解质**(potential electrolytes)。以离子键结合的电解质属真正电解质,如 NaCl、$CuSO_4$ 等。以共价键结合的电解质属潜在电解质,如 HCl、CH_3COOH 等。此种分类法不涉及溶剂性质。

本章仅限于讨论电解质的水溶液,故采用强弱电解质的分类法。

5.1.2　电解质的价型

设电解质 B 在溶液中电离成 X^{z+} 和 Y^{z-} 离子:

$$B \longrightarrow \nu_+ X^{z+} + \nu_- Y^{z-}$$

式中,z_+、z_- 表示离子电荷数(z_- 为负数),由电中性条件,$\nu_+ z_+ = |\nu_- z_-|$。强电解质可分为不同价型。例如:

$NaNO_3$:$z_+ = 1$,$|z_-| = 1$,称为 1-1 型电解质;

$BaSO_4$:$z_+ = 2$,$|z_-| = 2$,称为 2-2 型电解质;

Na_2SO_4:$z_+ = 1$,$|z_-| = 2$,称为 1-2 型电解质;

$Ba(NO_3)_2$:$z_+ = 2$,$|z_-| = 1$,称为 2-1 型电解质。

5.2　电导、电导率、摩尔电导率

5.2.1　电导及电导率

衡量电解质溶液导电能力的物理量称为**电导**(conductance),用符号 G 表示,电导是电阻 R 的倒数,即

$$G = \frac{1}{R} \tag{5-1}$$

电导的单位是西门子(Siemens),符号为 S,1 S=1 Ω^{-1}。

均匀导体在均匀电场中的电导 G 与导体截面积 A_s 成正比,与导体长度 l 成反比,即

$$G = \kappa \frac{A_s}{l} \tag{5-2}$$

式中,κ 称为**电导率**(conductivity),单位为 S·m^{-1}。κ 是电阻率 ρ 的倒数。

式(5-2)表明,电解质溶液的电导率是两极板为单位面积、两极板间距离为单位长度时溶液的电导。

由式(5-2),有

$$\kappa = K_{(l/A_s)} G \tag{5-3}$$

式中,$K_{(l/A_s)} = \dfrac{l}{A_s}$,称为**电导池常数**(cell constant of a conductance cell),与电导池几何特征有关。

电解质溶液的 κ 可由实验测定,测定时先将已知电导率的标准 KCl 溶液(表 5-1)注入电导池中,利用电导仪测其电导,代入式(5-3)中,确定出电导池常数 $K_{(l/A_s)}$,再将待测溶液置于同一电导池中,利用式(5-3)测定其电导率 κ。

表 5-1   标准 KCl 溶液的电导率 κ

$c/(\text{mol·dm}^{-3})$	$\kappa/(\text{S·m}^{-1})$		
	273.15 K	291.15 K	298.15 K
1	6.643	9.820	11.173
0.1	0.715 4	1.119 2	1.288 6
0.01	0.077 51	0.122 7	0.141 14

5.2.2 摩尔电导率

电解质溶液的电导率随其浓度而改变,为了对不同浓度或不同类型的电解质的导电能力进行比较,定义了**摩尔电导率**(molar conductivity),用 Λ_m 表示,

$$\Lambda_m \stackrel{\text{def}}{=\!=\!=} \frac{\kappa}{c} \tag{5-4}$$

式中,c 为电解质溶液的浓度,单位为 mol·m^{-3};κ 为电导率,单位为 S·m^{-1},所以 Λ_m 的单位为 S·m^2·mol^{-1}。

在表示电解质的摩尔电导率时,应标明物质的基本单元。通常用元素符号和化学式指明基本单元。例如,在某一定条件下,

$$\Lambda_m(\text{K}_2\text{SO}_4) = 0.024\ 85\ \text{S·m}^2\text{·mol}^{-1}$$

$$\Lambda_m(\tfrac{1}{2}\text{K}_2\text{SO}_4) = 0.012\ 43\ \text{S·m}^2\text{·mol}^{-1}$$

显然有
$$\Lambda_m(\text{K}_2\text{SO}_4) = 2\ \Lambda_m(\tfrac{1}{2}\text{K}_2\text{SO}_4)$$

【例 5-1】 在 298.15 K 时,将 0.02 mol·dm^{-3} 的 KCl 溶液注入电导池中,测得其电阻为 82.4 Ω。若用同一电导池注入 0.05 mol·dm^{-3} 的 $\frac{1}{2}$K$_2$SO$_4$ 溶液,测得其电阻为 326 Ω。

已知该温度时,$0.02\ mol \cdot dm^{-3}$ 的 KCl 溶液的电导率为 $0.276\ 8\ S \cdot m^{-1}$。试求:(1)电导池常数 $K_{(l/A_s)}$;(2)$0.05\ mol \cdot dm^{-3}$ 的 $\frac{1}{2}K_2SO_4$ 溶液的电导率 κ;(3)$0.05\ mol \cdot dm^{-3}$ 的 $\frac{1}{2}K_2SO_4$ 溶液的摩尔电导率 Λ_m。

解　$(1)K_{(l/A_s)} = \kappa_{KCl} \cdot R_{KCl} = 0.2768\ \Omega^{-1} \cdot m^{-1} \times 82.4\ \Omega = 22.81\ m^{-1}$

$(2)\kappa\left(\frac{1}{2}K_2SO_4\right) = K_{(l/A_s)} \cdot G = K_{(l/A_s)} \cdot \frac{1}{R} = 22.81\ m^{-1} \times \frac{1}{326\ \Omega}$

$\qquad = 6.997 \times 10^{-2}\ \Omega^{-1} \cdot m^{-1} = 6.997 \times 10^{-2}\ S \cdot m^{-1}$

$(3)\Lambda_m\left(\frac{1}{2}K_2SO_4\right) = \dfrac{\kappa\left(\frac{1}{2}K_2SO_4\right)}{c} = \dfrac{6.997 \times 10^{-2}\ S \cdot m^{-1}}{0.05 \times 10^3\ mol \cdot m^{-3}}$

$\qquad = 1.399 \times 10^{-3}\ S \cdot m^2 \cdot mol^{-1}$

5.2.3　电导率及摩尔电导率与电解质浓度的关系

1. 电导率与电解质浓度的关系

如图 5-1 所示是一些电解质水溶液的电导率(18 ℃)与电解质浓度的关系曲线。由图可见,强酸、强碱的电导率较大,其次是盐类,它们是强电解质;而弱电解质 CH_3COOH 等的电导率最低。它们的共同点是:电导率先随电解质浓度的增大而增大,经过极大值后则随浓度的增大而减小。

电导率与电解质浓度的关系出现极大值的原因是:电导率的大小与溶液中离子数目和离子自由运动能力有关,而这两个因素又是互相制约的。电解质的浓度越大,体积离子数越多,电导率也就越大,然而,随着体积离子数增多,其静电相互作用也就越强,因而离子自由运动能力越差,电导率下降。溶液较稀时,第一个因素起主导作用,达到某一浓度后,转变为第二个因素起主导作用。结果导致电解质溶液的电导率随电解质浓度的变化经历一个极大值。

2. 摩尔电导率与电解质浓度的关系

如图 5-2 所示是一些电解质水溶液的摩尔电导率 Λ_m 与电解质浓度的平方根 $\sqrt{c}$ 的关系曲线。

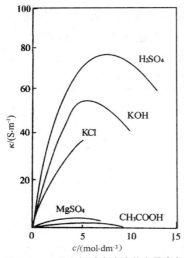

图 5-1　一些电解质水溶液的电导率与
电解质浓度的关系(291.15 K)

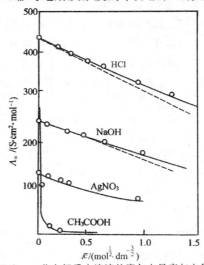

图 5-2　一些电解质水溶液的摩尔电导率与电解质
浓度的平方根的关系(298.15 K)

强电解质(如 HCl、NaOH、AgNO₃ 等)和弱电解质(如 CH₃COOH)的摩尔电导率都随电解质浓度减小而增大,但增大情况不同。强电解质的 Λ_m 随电解质浓度减小而增大的幅度不大,在溶液很稀时,强电解质的 Λ_m 与电解质浓度的平方根 $\sqrt{c}$ 成直线关系,将直线外推至 $c = 0$ 时所得截距为**无限稀薄摩尔电导率**(limiting molar conductivity),用 Λ_m^∞ 表示。弱电解质的 Λ_m 在较浓的范围内随电解质浓度减小而增大的幅度很小,而在溶液很稀时,Λ_m 随电解质浓度减小急剧增加,因此对于弱电解质不能用外推法求 Λ_m^∞。但可由强电解质的 Λ_m^∞ 来计算[用离子独立运动定律,见式(5-6)]。

5.3 离子电迁移率、离子独立运动定律

5.3.1 离子电迁移率

离子在电场方向上的运动速率与外加电场强度及周围的介质黏度有关。溶液中的离子一方面受到电场力的作用,获得加速度,另一方面在溶剂分子间挤过时,受到阻止它前进的黏性摩擦力的作用,两力均衡时,离子便以恒定的速率运动。此时的速率称为离子的**漂移速率**(drift rate),用 v_B 表示。在一定的温度和浓度下,离子在电场方向上的漂移速率 v_B 与电场强度成正比。单位电场强度下离子的漂移速率叫离子的**电迁移率**(electric mobility),用符号 u_B 表示,即

$$u_B \overset{\text{def}}{=\!=} \frac{v_B}{E} \tag{5-5}$$

式中,v_B 和 E 的单位分别为 $m \cdot s^{-1}$ 和 $V \cdot m^{-1}$,u_B 的单位为 $m^2 \cdot V^{-1} \cdot s^{-1}$。

离子的漂移速率 v_B 与外加电场有关,而电迁移率 u_B 则排除了外电场的影响,因而更能反映离子运动的本性。

5.3.2 离子独立运动定律

科尔劳施(Kohlrausch)比较一系列电解质的无限稀薄摩尔电导率 Λ_m^∞ 时发现,具有同一阴离子(或阳离子)的盐类,它们的摩尔电导率差值在同一温度下为一定值,而与另一阳离子(或阴离子)的存在无关。某些具有相同离子的电解质的 Λ_m^∞ 值见表5-2。

表 5-2　　　　　　　　298.15 K 时,一些强电解质的无限稀薄摩尔电导率 Λ_m^∞

电解质	$\dfrac{\Lambda_m^\infty}{S \cdot m^2 \cdot mol^{-1}}$	$\dfrac{\Delta\Lambda_m^\infty}{10^{-4}S \cdot m^2 \cdot mol^{-1}}$	电解质	$\dfrac{\Lambda_m^\infty}{S \cdot m^2 \cdot mol^{-1}}$	$\dfrac{\Delta\Lambda_m^\infty}{10^{-4}S \cdot m^2 \cdot mol^{-1}}$
KCl	0.014 986		HCl	0.042 616	
LiCl	0.011 503	34.8	HNO₃	0.042 13	4.90
KClO₄	0.014 004		KCl	0.014 986	
LiClO₄	0.010 598	34.1	KNO₃	0.014 496	4.90
KNO₃	0.014 50		LiCl	0.011 503	
LiNO₃	0.011 01	34.9	LiNO₃	0.011 01	4.90

从表列数据可以看出,KCl 及 LiCl 的无限稀薄摩尔电导率的差值 $\Delta\Lambda_m^\infty$ 与 KNO₃ 及 LiNO₃ 的 $\Delta\Lambda_m^\infty$ 相同。这表明,在一定的温度下,正离子在无限稀薄溶液中的导电能力与负

离子的存在无关。同样,KCl 及 KNO_3 的 $\Delta\Lambda_m^\infty$ 与 LiCl 及 $LiNO_3$ 的 $\Delta\Lambda_m^\infty$ 也相同。这亦表明在一定的温度下,负离子在无限稀薄溶液中的导电能力与正离子的存在无关。

科尔劳施根据大量实验事实提出了离子独立运动定律:

$$\Lambda_m^\infty = \nu_+ \Lambda_{m,+}^\infty + \nu_- \Lambda_{m,-}^\infty \qquad (5\text{-}6)$$

式(5-6)叫**离子独立运动定律**(law of the independent migration of ion)。它表明,无论是强电解质还是弱电解质,在无限稀薄时,离子彼此独立运动,互不影响。每种离子的摩尔电导率不受其他离子的影响,它们对电解质的摩尔电导率都有独立的贡献。因而电解质的摩尔电导率为正、负离子摩尔电导率之和。

根据离子独立运动定律,可以应用强电解质无限稀薄摩尔电导率计算弱电解质无限稀薄摩尔电导率。

由图 5-2 可知,利用外推法可以求出强电解质溶液的无限稀薄摩尔电导率 Λ_m^∞,但对弱电解质则不能用该法。而根据离子独立运动定律,可以应用强电解质无限稀薄摩尔电导率计算弱电解质无限稀薄摩尔电导率。

【**例 5-2**】 已知 25 ℃时, $\Lambda_m^\infty(NaOAc) = 91.0 \times 10^{-4}$ S·m^2·mol^{-1}, $\Lambda_m^\infty(HCl) = 426.2 \times 10^{-4}$ S·m^2·mol^{-1}, $\Lambda_m^\infty(NaCl) = 126.5 \times 10^{-4}$ S·m^2·mol^{-1},求 25 ℃ 时 $\Lambda_m^\infty(HOAc)$。

解 根据离子独立运动定律:

$$\Lambda_m^\infty(NaOAc) = \Lambda_m^\infty(Na^+) + \Lambda_m^\infty(OAc^-)$$
$$\Lambda_m^\infty(HCl) = \Lambda_m^\infty(H^+) + \Lambda_m^\infty(Cl^-)$$
$$\Lambda_m^\infty(NaCl) = \Lambda_m^\infty(Na^+) + \Lambda_m^\infty(Cl^-)$$
$$\Lambda_m^\infty(HOAc) = \Lambda_m^\infty(H^+) + \Lambda_m^\infty(OAc^-)$$
$$= \Lambda_m^\infty(NaOAc) + \Lambda_m^\infty(HCl) - \Lambda_m^\infty(NaCl)$$
$$= (91.0 + 426.2 - 126.5) \times 10^{-4} \text{ S·}m^2\text{·}mol^{-1}$$
$$= 390.7 \times 10^{-4} \text{ S·}m^2\text{·}mol^{-1}$$

5.4 离子迁移数

在电解质溶液中插入两个惰性电极(本身不起化学变化),通电之后,溶液中担负导电任务的正、负离子将分别向阴、阳两极移动,在相应的两极界面上发生还原或氧化作用,同时两极附近溶液的浓度也将发生变化。这个过程如图 5-3 所示。

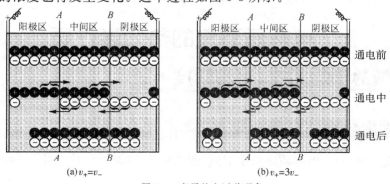

$$(a) v_+ = v_- \qquad\qquad (b) v_+ = 3v_-$$

图 5-3 离子的电迁移现象

设在两个惰性电极之间有假想的两个截面 AA 和 BB,将电解质溶液分成三个区域,即阳极区、中间区及阴极区。若通入电流前,各区有 5 mol 各为一价的正离子及负离子(分别用"+"、"−"表示正、负离子的物质的量,图 5-3 上部)。当有 4 mol×F(F 为法拉第常量)电量通入电解池后,则有 4 mol 的正离子移向阴极,并在其上获得电子还原而沉积下来。同样有 4 mol 的负离子移向阳极,并在其上丢掉电子氧化而析出。如果正、负离子迁移速率相等,同时在电解质溶液中与电流方向垂直的任一截面上通过的电量必然相等。所以 AA(或 BB)面所通过的电量也应是 4 mol×F,即有 2 mol 的正离子和 2 mol 的负离子通过 AA(或 BB)截面,就是说在正、负离子迁移速率相等的情况下,电解质溶液中的导电任务由正、负离子均匀分担[图 5-3(a)中部]。离子迁移的结果,使得阴极区和阳极区的溶液中各含 3 mol 的电解质(即正、负离子各为 3 mol),只是中间区所含电解质的物质的量仍然不变[图 5-3(a)下部]。

如果正离子的迁移速率为负离子的三倍,则 AA 平面(或 BB 平面)上分别有 3 mol 的正离子和 1 mol 的负离子通过[图 5-3(b)中部]。通电后离子迁移的总结果是,中间区所含的电解质的物质的量仍然不变,而阳极区减少了 3 mol 的电解质,阴极区减少了 1 mol 的电解质[图 5-3(b)下部]。

由上述两种假设可得如下结论:

(i)向阴、阳两极方向迁移的正、负离子的物质的量的总和正比于通入溶液的总电量;

(ii)$\dfrac{\text{正离子迁出阳极区物质的量}}{\text{负离子迁出阴极区物质的量}} = \dfrac{\text{正离子传递电量}(Q_+)}{\text{负离子传递电量}(Q_-)} = \dfrac{\text{正离子电迁移率}(u_+)}{\text{负离子电迁移率}(u_-)}$

若电极本身也参加反应,则阴、阳两极电解质溶液浓度变化情况要复杂一些,但仍可得出上述结论。

前已述及,由于正、负离子的电迁移率不同,所以它们所传递的电量也不相同。为了表示各种离子传递电量的比例关系,提出了离子迁移数的概念。所谓**离子迁移数**(transference number of ion)是指每种离子所运载的电流的分数,离子迁移数常用符号 t 表示。对于只含正、负离子各为一种的电解质溶液而言,正、负离子的迁移数分别为 t_+、t_-,是量纲一的量,单位为 1,表示为

$$t_+ = \frac{I_+}{I}, \quad t_- = \frac{I_-}{I} \tag{5-7}$$

式中,I_+、I_- 及 I 分别为正、负离子运载的电流及总电流。显然 $t_+ + t_- = 1$。

Ⅱ 电解质溶液的热力学性质

5.5 离子的平均活度、平均活度因子

5.5.1 电解质和离子的化学势

同非电解质溶液一样,电解质溶液中溶质(即电解质)和溶剂的化学势 μ_B 及 μ_A 的定义为

$$\mu_B \stackrel{\text{def}}{=\!=\!=} \left(\frac{\partial G}{\partial n_B}\right)_{T,p,n_A}, \quad \mu_A \stackrel{\text{def}}{=\!=\!=} \left(\frac{\partial G}{\partial n_A}\right)_{T,p,n_B} \tag{5-8}$$

仿照 μ_B 的定义式,电解质溶液中正、负离子的化学势 μ_+ 及 μ_- 定义为

$$\mu_+ \stackrel{\text{def}}{=\!=\!=} \left(\frac{\partial G}{\partial n_+}\right)_{T,p,n_-}, \quad \mu_- \stackrel{\text{def}}{=\!=\!=} \left(\frac{\partial G}{\partial n_-}\right)_{T,p,n_+} \tag{5-9}$$

式(5-9)表明,离子化学势是指在 T、p 不变,只改变某种离子的物质的量,而相反电荷离子和其他物质的物质的量都不变时,溶液吉布斯函数 G 对此种离子的物质的量的变化率。实际上,向电解质溶液中单独添加正离子或负离子都是做不到的,因而式(5-9)只是离子化学势形式上的定义,而无实验意义。与实验量相联系的是 μ_B,它与 μ_+ 和 μ_- 的关系为

$$\mu_B = \nu_+ \mu_+ + \nu_- \mu_- \tag{5-10}$$

式(5-10)的推导如下:

设电解质 B 在溶液中完全电离

$$B \longrightarrow \nu_+ X^{z_+} + \nu_- Y^{z_-}$$

$$\begin{aligned}dG &= -SdT + Vdp + \mu_A dn_A + \mu_+ dn_+ + \mu_- dn_- = \\ &\quad -SdT + Vdp + \mu_A dn_A + (\nu_+ \mu_+ + \nu_- \mu_-)dn_B\end{aligned}$$

当 T、p 及 n_A 不变时,有

$$dG = (\nu_+ \mu_+ + \nu_- \mu_-)dn_B$$

即

$$\left(\frac{\partial G}{\partial n_B}\right)_{T,p,n_A} = \nu_+ \mu_+ + \nu_- \mu_-$$

结合式(5-8)可得式(5-10)。

5.5.2　电解质和离子的活度及活度因子

在电解质溶液中,质点间有强烈的相互作用,特别是离子间的静电力是长程力,即使溶液很稀,也偏离理想稀溶液的热力学规律。所以研究电解质溶液的热力学性质时,必须引入电解质及离子的活度和活度因子的概念。

仿照非电解质溶液中活度的定义式,电解质及其解离的正、负离子的活度定义为

$$\left.\begin{aligned}\mu_B &= \mu_B^{\ominus} + RT\ln a_B \\ \mu_+ &= \mu_+^{\ominus} + RT\ln a_+ \\ \mu_- &= \mu_-^{\ominus} + RT\ln a_-\end{aligned}\right\} \tag{5-11}$$

式中,a_B、a_+、a_- 分别为**电解质、正、负离子的活度**(activity of electrolytes and positive, negative ions of electrolytes),$\mu_B^{\ominus}$、$\mu_+^{\ominus}$、$\mu_-^{\ominus}$ 分别为三者的标准态化学势。

将式(5-11)代入式(5-10),得

$$\mu_B^{\ominus} + RT\ln a_B = \nu_+ \mu_+^{\ominus} + \nu_- \mu_-^{\ominus} + RT\ln(a_+^{\nu_+} a_-^{\nu_-})$$

定义

$$\mu_B^{\ominus} \stackrel{\text{def}}{=\!=\!=} \nu_+ \mu_+^{\ominus} + \nu_- \mu_-^{\ominus}$$

则

$$a_B = a_+^{\nu_+} a_-^{\nu_-} \tag{5-12}$$

式(5-12)即为电解质活度与正、负离子活度的关系式。

正、负离子的活度因子(activity factor of positive and negative ion)定义为

$$\gamma_+ \stackrel{\text{def}}{=\!=\!=} \frac{a_+}{b_+/b^{\ominus}}, \quad \gamma_- \stackrel{\text{def}}{=\!=\!=} \frac{a_-}{b_-/b^{\ominus}} \tag{5-13}$$

式中,b_+、b_- 为**正、负离子的质量摩尔浓度**(molality of positive and negative ions),$b^{\ominus} =$

$1 \text{ mol} \cdot \text{kg}^{-1}$，若电解质完全解离，则

$$b_+ = \nu_+ \, b, \quad b_- = \nu_- \, b \tag{5-14}$$

b 为**电解质的质量摩尔浓度**（molality of electrolytes）。

5.5.3 离子的平均活度和平均活度因子

a_+、a_- 和 γ_+、γ_- 无法由实验单独测出，而只能测出它们的平均值，因此引入离子平均活度和平均活度因子的概念。

$$\left. \begin{aligned} a_\pm & \xhookrightarrow{\text{def}} (a_+^{\nu_+} \, a_-^{\nu_-})^{1/\nu} \\ \gamma_\pm & \xhookrightarrow{\text{def}} (\gamma_+^{\nu_+} \, \gamma_-^{\nu_-})^{1/\nu} \end{aligned} \right\} \tag{5-15}$$

式中，$\nu = \nu_+ + \nu_-$；$a_\pm$、$\gamma_\pm$ 分别叫做**离子平均活度**（ionic mean activity）和**离子平均活度因子**（ionic mean activity factor）。

将式(5-15)代入式(5-12)、式(5-13)、式(5-14)，可得

$$a_\pm = a_B^{1/\nu} = \gamma_\pm \, (\nu_+^{\nu_+} \, \nu_-^{\nu_-})^{1/\nu} b/b^\ominus \tag{5-16}$$

式(5-16)即为电解质离子平均活度与离子平均活度因子及质量摩尔浓度的关系式。由式(5-16)，则有：

1-1 型和 2-2 型电解质： $\quad a_\pm = a_B^{1/2} = \gamma_\pm \, b/b^\ominus$

1-2 型和 2-1 型电解质： $\quad a_\pm = a_B^{1/3} = 4^{1/3} \gamma_\pm \, b/b^\ominus$

1-3 型和 3-1 型电解质： $\quad a_\pm = a_B^{1/4} = 27^{1/4} \gamma_\pm \, b/b^\ominus$

离子平均活度因子 $\gamma_\pm$ 的大小，反映了由于离子间相互作用所导致的电解质溶液的性质偏离理想稀溶液热力学性质的程度。

【例 5-3】 电解质 $NaCl$、K_2SO_4、$K_3Fe(CN)_6$ 水溶液的质量摩尔浓度均为 b，正、负离子的活度因子分别为 γ_+ 和 γ_-。(1) 写出各电解质离子平均活度因子 $\gamma_\pm$ 与 γ_+ 及 γ_- 的关系；(2) 用 b 及 $\gamma_\pm$ 表示各电解质的离子平均活度 $a_\pm$ 及电解质活度 a_B。

解 (1) 由式(5-15)，有

$$NaCl \longrightarrow Na^+ + Cl^-, \quad 即 \ \nu_+ = 1, \nu_- = 1$$

$$\gamma_\pm = (\gamma_+^{\nu_+} \, \gamma_-^{\nu_-})^{1/\nu} = (\gamma_+ \, \gamma_-)^{1/2}$$

$$K_2SO_4 \longrightarrow 2K^+ + SO_4^{2-}, \quad 即 \ \nu_+ = 2, \nu_- = 1$$

$$\gamma_\pm = (\gamma_+^{\nu_+} \, \gamma_-^{\nu_-})^{1/\nu} = (\gamma_+^2 \, \gamma_-)^{1/3}$$

$$K_3Fe(CN)_6 \longrightarrow 3K^+ + Fe(CN)_6^{3-}, \quad 即 \ \nu_+ = 3, \nu_- = 1$$

$$\gamma_\pm = (\gamma_+^{\nu_+} \, \gamma_-^{\nu_-})^{1/\nu} = (\gamma_+^3 \, \gamma_-)^{1/4}$$

(2) 由式(5-16)，有

$NaCl$： $\quad a_\pm = \gamma_\pm \, [(\nu_+ \, b)^{\nu_+} (\nu_- \, b)^{\nu_-}]^{1/\nu}/b^\ominus = \gamma_\pm \, b/b^\ominus$

$\qquad\qquad a_B = a_\pm^\nu = (\gamma_\pm \, b/b^\ominus)^2 = \gamma_\pm^2 \, (b/b^\ominus)^2$

K_2SO_4： $\quad a_\pm = \gamma_\pm \, [(\nu_+ \, b)^{\nu_+} (\nu_- \, b)^{\nu_-}]^{1/\nu}/b^\ominus = \gamma_\pm \, [b(2b)^2]^{1/3}/b^\ominus = 4^{1/3} \gamma_\pm \, b/b^\ominus$

$\qquad\qquad a_B = a_\pm^\nu = (4^{1/3} \gamma_\pm \, b/b^\ominus)^3 = 4\gamma_\pm^3 \, (b/b^\ominus)^3$

$K_3Fe(CN)_6$： $\quad a_\pm = \gamma_\pm \, [(\nu_+ \, b)^{\nu_+} (\nu_- \, b)^{\nu_-}]^{1/\nu}/b^\ominus = \gamma_\pm \, [(3b)^3(b)]^{1/4}/b^\ominus = 27^{1/4} \gamma_\pm \, b/b^\ominus$

$\qquad\qquad a_B = a_\pm^\nu = (27^{1/4} (\gamma_\pm \, b/b^\ominus))^4 = 27\gamma_\pm^4 \, (b/b^\ominus)^4$

5.6　德拜-许克尔极限定律

5.6.1　离子强度的定义

在一定温度下,稀溶液中离子的质量摩尔浓度和离子价数影响离子平均活度因子 $\gamma_\pm$,为了能体现这两个因素对 $\gamma_\pm$ 的综合影响,**路易斯**根据上述实验事实,提出了**离子强度**(ionic strength)这一物理量,用符号 I 表示,定义为

$$I \overset{\text{def}}{=\!=\!=} \frac{1}{2} \sum b_B z_B^2 \tag{5-17}$$

式中,b_B 和 z_B 分别为离子 B 的质量摩尔浓度和电价。I 的单位为 $\text{mol} \cdot \text{kg}^{-1}$。

设电解质溶液中只有一种电解质 B 完全解离,质量摩尔浓度为 b。

$$B \longrightarrow \nu_+ X^{z+} + \nu_- Y^{z-}$$

则

$$I = \frac{1}{2}(b_+ z_+^2 + b_- z_-^2) = \frac{1}{2}(\nu_+ z_+^2 + \nu_- z_-^2)b$$

【**例 5-4**】　分别计算 $b = 0.5 \text{ mol} \cdot \text{kg}^{-1}$ 的 KNO_3、K_2SO_4 和 $K_4Fe(CN)_6$ 溶液的离子强度。

解　由式(5-17),有

$$KNO_3 \longrightarrow K^+ + NO_3^-$$

则

$$I = \frac{1}{2}[0.5 \times 1^2 + 0.5 \times (-1)^2] \text{ mol} \cdot \text{kg}^{-1} = 0.5 \text{ mol} \cdot \text{kg}^{-1}$$

$$K_2SO_4 \longrightarrow 2K^+ + SO_4^{2-}$$

$$I = \frac{1}{2}[(2 \times 0.5) \times 1^2 + 0.5 \times (-2)^2] \text{mol} \cdot \text{kg}^{-1} = 1.5 \text{ mol} \cdot \text{kg}^{-1}$$

$$K_4Fe(CN)_6 \longrightarrow 4K^+ + Fe(CN)_6^{4-}$$

$$I = \frac{1}{2}[(4 \times 0.5) \times 1^2 + 0.5 \times (-4)^2] \text{ mol} \cdot \text{kg}^{-1} = 5 \text{ mol} \cdot \text{kg}^{-1}$$

5.6.2　德拜-许克尔极限定律

电解质溶液中众多正、负离子的集体的相互作用是十分复杂的,既存在着离子与溶剂分子间的作用(溶剂化作用)以及溶剂分子本身间的相互作用,也存在着离子间的静电作用。**德拜-许克尔**(Debye P-Hückel E)假定:电解质溶液对理想稀溶液规律的偏离主要来源于离子间的相互作用,而离子间的相互作用又以库仑力为主。进而推导出一个适用于计算电解质稀溶液正、负离子活度因子的理论公式,再转化为计算离子平均活度因子的公式:

$$-\ln\gamma_\pm = C \, | \, z_+ z_- | \, I^{1/2} \tag{5-18}$$

式中,I 为离子强度,单位为 $\text{mol} \cdot \text{kg}^{-1}$;$C$ 为常数,单位为 $[\text{mol} \cdot \text{kg}^{-1}]^{-\frac{1}{2}}$,其大小与温度、溶剂等性质有关。

若以 H_2O 为溶剂,25 ℃时,$C = 1.171 (\text{mol} \cdot \text{kg}^{-1})^{-\frac{1}{2}}$,式(5-18)只适用于很稀(一般 $b \approx 0.01 \sim 0.001 \text{ mol} \cdot \text{kg}^{-1}$)的电解质溶液。所以式(5-18)称为**德拜 - 许克尔极限定律**(Debye-Hückel limiting law),用于从理论上计算稀电解质溶液的离子平均活度因子 $\gamma_\pm$。

【例 5-5】 根据德拜-许克尔极限定律，计算在 25 ℃ 时，0.0050 mol·kg^{-1} 的 BaCl$_2$ 水溶液中，BaCl$_2$ 的离子平均活度因子。

解 先算出溶液的离子强度。由式(5-17)，

$$I=\frac{1}{2}\sum b_B z_B^2=\frac{1}{2}(0.005\ 0\times2^2+2\times0.005\ 0\times1^2)\ \text{mol}\cdot\text{kg}^{-1}=0.015\ 0\ \text{mol}\cdot\text{kg}^{-1}$$

代入式(5-18)，计算 BaCl$_2$ 的离子平均活度因子：

$$-\ln\gamma_\pm(\text{BaCl}_2)=1.171\ \text{mol}^{-1/2}\cdot\text{kg}^{1/2}|z_+z_-|\sqrt{I}$$

$$=1.171\ \text{mol}^{-1/2}\cdot\text{kg}^{1/2}|2\times(-1)|\times\sqrt{0.015\ 0\ \text{mol}\cdot\text{kg}^{-1}}$$

$$=0.286\ 8$$

所以 $$\gamma_\pm(\text{BaCl}_2)=0.750\ 6$$

Ⅲ 电化学系统中的相间电势差及电池

5.7 电化学系统中的相间电势差

若 α、β 两相相接触，ϕ^α 和 ϕ^β 分别代表两相的内电势，则两相间的电势差 $\Delta\phi=\phi^\beta-\phi^\alpha$。电化学系统中，常见的相间电势差有金属-溶液、金属-金属以及两种电解质溶液间的电势差。

5.7.1 金属与溶液的相间电势差

当将金属(M)插入到含有该金属的离子(M^{z+})的电解质溶液后，(ⅰ)若金属离子的水化能较大而金属晶格能较小，则离子将脱离金属进入溶液(溶解)，而将电子留在金属上，使金属带负电。随着金属上负电荷的增加，其对正离子的吸引作用增强，金属离子的溶解速率减慢，当溶解速率等于离子从溶液沉积到金属上的速率时，建立起动态平衡：

$$M \rightleftharpoons M^{z+} + ze^-$$

此时，金属上带过剩负电荷，溶液中有过剩正离子，金属与溶液间形成了双电层；(ⅱ)若金属离子的水化能较小而金属晶格能较大，则平衡时，过剩的正离子沉积在金属上，使金属带正电，溶液带负电，金属与溶液间形成双电层。双电层的存在导致金属与溶液间产生电势差，如图 5-4 所示，此电势差称为热力学电势。有关双电层的结构将在第 6 章阐述。

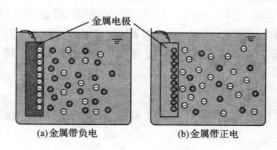

图 5-4 金属-溶液的相间电势差

5.7.2　金属与金属的相间接触电势

接触电势发生在两种不同金属接界处。由于两种不同金属中的电子在接界处互相穿越的能力有差别，造成电子在界面两边的分布不均，缺少电子的一面带正电，电子过剩的一面带负电。当达到动态平衡后，建立在金属接界上的电势差叫**接触电势**（contact potential），如图 5-5 所示。

图 5-5　金属-金属的相间接触电势

5.7.3　液体接界电势（扩散电势）

液体接界电势发生在两种电解质溶液的接界处（多孔隔膜）。当两种不同电解质的溶液或电解质相同而浓度不同的溶液相接界时，由于电解质离子相互扩散时迁移速率不同，引起正、负离子在相界面两侧分布不均，导致在两种电解质溶液的接界处产生一较小电势差，当扩散达平衡时，接界处的电势差称为**液体接界电势**（liquid-junction potential），也叫**扩散电势**（diffusion potential）。

如图 5-6 所示以两种不同浓度的 HCl 为例，示出了液体接界电势的产生。

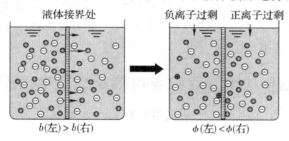

$$b(左) > b(右) \qquad \phi(左) < \phi(右)$$

图 5-6　液体接界电势的产生

5.7.4　盐　桥

液体接界电势较小，一般不超过 0.03 V，但由于扩散是不可逆过程，因而难以由实验测得稳定的量值，所以常用**盐桥**（salt bridge）消除液体接界电势。盐桥一般是用饱和 KCl 或 NH_4NO_3 溶液装在倒置的 U 形管中构成，为避免流出，常冻结在琼脂中（充当盐桥的电解质，其正、负离子的电迁移率很接近）。由于盐桥中电解质浓度很高（如饱和 KCl 溶液），因此盐桥两端与电极溶液相接触的界面上，扩散主要来自于盐桥，又因盐桥中正、负离子电迁移率接近相等，从而产生的扩散电势很小，且盐桥两端产生的电势差方向相反，相互抵消，从而可把液体接界电势降低到几毫伏以下。

注意　化学组成不同的两个相间电势差 $\Delta\phi$ 无法由实验直接测量。

5.8　电　池

电池（cell）是**原电池**（primitive cell）及**电解池**（electrolytic cell）等的通称，它们都属于电化学系统。**原电池**是把化学能转变为电能的装置（利用 $\Delta_r G < 0$ 的化学反应自发地产生电

能);而**电解池**是把电能转化为化学能的装置(利用电能促使 $\Delta_r G > 0$ 的化学反应发生而制得化学产品或进行其他电化学工艺过程,如电镀等)。若原电池工作时符合可逆条件,称为**可逆电池**(reversible cell),它是没有电流通过或有无限小电流通过的电化学系统(即处于或接近平衡态下工作的电化学系统);若原电池工作时不符合可逆条件,即为**不可逆电池**(irreversible cell),如**化学电源**(chemical electric source),它是生产电能的装置。化学电源及电解池都是有大量电流通过的电化学系统,进行的是远离平衡态的不可逆过程。

5.8.1 电池的阴、阳极和正、负极的规定

电池是由两个**电极**(electrode)组成的,在两个电极上分别进行**氧化**(oxidation)、**还原**(reduction)反应,称为**电极反应**(electrode reaction),两个电极反应的总结果为**电池反应**(cell reaction)。电化学中规定:发生氧化反应的电极称为**阳极**(anode);发生还原反应的电极称为**阴极**(cathode)。因为氧化反应是失电子反应,还原反应是得电子反应,所以在电池外的两极连接的导线中,电子流总是由氧化极流向还原极,而电流的流向恰相反;根据电源电极电势的高低,电势高的电极称为**正极**(positive electrode),电势低的电极称为**负极**(negative electrode),电流总是从电势高的电极流向电势低的电极,而电子流的方向恰恰相反。以上规定对原电池、化学电源、电解池都是适用的。显然,按上述规定,原电池、化学电源的阳极亦是负极,而阴极则是正极(原电池中, $I \to 0$,可视为有无限小电流通过),而电解池的阳极为正极,阴极则为负极。

5.8.2 原电池中的电极反应与电池反应及电池图式

如图 5-7 所示为 Cu-Zn 原电池,也叫**丹尼尔电池**(Daniell cell)。其电极反应及电池反应为

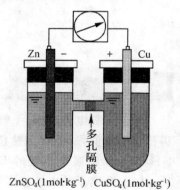

阳极(负极):$Zn(s) \longrightarrow Zn^{2+}(a) + 2e^-$(氧化,失电子)
阴极(正极):$Cu^{2+}(a) + 2e^- \longrightarrow Cu(s)$(还原,得电子)
电池反应:$Zn(s) + Cu^{2+}(a) \longrightarrow Zn^{2+}(a) + Cu(s)$

书写电极反应和电池反应时,必须满足物质的量平衡及电量平衡,同时,离子或电解质溶液应标明活度,气体应标明压力,纯液体或纯固体应标明相态。

一个实际的电池装置按 IUPAC 规定可用一简单的符号来表示,称为**电池图式**(cell diagram)。如 Cu-Zn 电池可用电池图式表示为

图 5-7 Cu-Zn 原电池

$$Zn(s) \mid ZnSO_4(1\ mol \cdot kg^{-1}) \vdots CuSO_4(1\ mol \cdot kg^{-1}) \mid Cu(s)$$

在电池图式中规定:阳极写在左边,阴极写在右边,并按顺序应用化学式从左到右依次排列各个相的物质、组成(a 或 p)及相态(g、l、s);用单垂线"$\mid$"表示相与相间的界面,对以多孔隔膜接界的两个液相界面,则用单垂虚线"$\vdots$"表示;用双垂虚线"$\vdots\vdots$"表示已用盐桥消除了液体接界电势的两液体间的接界面;当同一液相中有一种以上不同物质存在时,其间用逗号","隔开。

【例 5-6】 写出下列原电池的电极反应和电池反应:

(1)$Pt \mid H_2(p^\ominus) \mid HCl(a) \mid AgCl(s) \mid Ag(s)$

(2) $Pt \mid H_2(p^\ominus) \mid NaOH(a) \mid O_2(p^\ominus) \mid Pt$

解

(1) 阳极（负极）：$\frac{1}{2}H_2(p^\ominus) \longrightarrow H^+[a(H^+)] + e^-$（氧化，失电子）

阴极（正极）：$AgCl(s) + e^- \longrightarrow Ag(s) + Cl^-[a(Cl^-)]$（还原，得电子）

电池反应：$\frac{1}{2}H_2(p^\ominus) + AgCl(s) \longrightarrow Ag(s) + H^+[a(H^+)] + Cl^-[a(Cl^-)]$

(2) 阳极（负极）：$H_2(p^\ominus) + 2OH^-[a(OH^-)] \longrightarrow 2H_2O(l) + 2e^-$（氧化，失电子）

阴极（正极）：$\frac{1}{2}O_2(p^\ominus) + H_2O(l) + 2e^- \longrightarrow 2OH^-[a(OH^-)]$（还原，得电子）

电池反应：$H_2(p^\ominus) + \frac{1}{2}O_2(p^\ominus) \longrightarrow H_2O(l)$

5.8.3　电极的类型

构成电池的电极，可分为如下几种类型：

(i) $M^{z+}(a) \mid M(s)$ 电极（金属离子与其金属成平衡）

如 $Zn^{2+}(a) \mid Zn(s)$，$Ag^+(a) \mid Ag(s)$，$Cu^{2+}(a) \mid Cu(s)$ 等，电极反应为

$$M^{z+}(a) + ze^- \longrightarrow M(s)$$

(ii) $Pt \mid X_2(p) \mid X^{z-}(a)$ 电极（非金属单质与其离子成平衡）

如 $H^+(a) \mid H_2(p) \mid Pt$（氢电极）；$Pt \mid Cl_2(p) \mid Cl^-(a)$（氯电极）；$Pt \mid O_2(p) \mid OH^-(a)$（氧电极）；$Pt \mid Br_2(l) \vdots Br^-(a)$；$Pt \mid I_2(s) \mid I^-(a)$ 等。其中最重要的是**氢电极**，其构造示意图如图 5-8 所示，电极反应为

$$H^+(a) + e^- \longrightarrow \frac{1}{2}H_2(p)$$

(iii) $M(s) \mid M$ 的微溶盐(s) $\mid$ 微溶盐负离子电极

如 $Ag(s) \mid AgCl(s) \mid Cl^-(a)$；$Hg(l) \mid Hg_2Cl_2(s) \mid Cl^-(a)$；$Hg(l) \mid Hg_2SO_4(s) \mid SO_4^{2-}(a)$ 等。其中 $Hg(l) \mid Hg_2Cl_2(s) \mid Cl^-(a)$ 称为**甘汞电极**（calomel electrode），是一种常用的参比电极，电极反应为

$$Hg_2Cl_2(s) + 2e^- \longrightarrow 2Hg(l) + 2Cl^-(a)$$

如图 5-9 所示是饱和甘汞电极示意图。

(iv) $M^{z+}(a)$，$M^{z+'}(a) \mid Pt$ 或 $X^{z-}(a)$，$X^{z-'}(a) \mid Pt$（价数不同的同种离子）电极[氧化还原电极（redox electrode）]

如 $Fe^{3+}(a)$，$Fe^{2+}(a) \mid Pt$；$Tl^{3+}(a)$，$Tl^+(a) \mid Pt$；$MnO_4^-(a)$，$MnO_4^{2-}(a) \mid Pt$；$Fe(CN)_6^{3-}(a)$，$Fe(CN)_6^{4-}(a) \mid Pt$ 等。电极反应为

$$Fe^{3+}(a) + e^- \longrightarrow Fe^{2+}(a)$$

$$Tl^{3+}(a) + 2e^- \longrightarrow Tl^+(a)$$

$$MnO_4^-(a) + e^- \longrightarrow MnO_4^{2-}(a)$$

$$Fe(CN)_6^{3-}(a) + e^- \longrightarrow Fe(CN)_6^{4-}(a)$$

(v) $M(s) \mid M_xO_y(s)$（金属氧化物）$\mid OH^-(a)$ 电极

如 $Hg(l)|HgO(s)|OH^-(a)$；$Sb(s)|Sb_2O_3(s)|OH^-(a)$ 等,电极反应为

$$HgO(s) + H_2O(l) + 2e^- \longrightarrow Hg(l) + 2OH^-(a)$$

$$Sb_2O_3(s) + 3H_2O(l) + 6e^- \longrightarrow 2Sb(s) + 6OH^-(a)$$

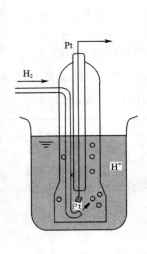

图 5-8 氢电极示意图

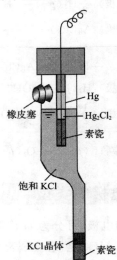

图 5-9 饱和甘汞电极示意图

【例 5-7】 将下列化学反应设计成原电池,并以电池图式表示：

(1) $Zn(s) + H_2SO_4(aq) \Longrightarrow H_2(p) + ZnSO_4(aq)$

(2) $Pb(s) + HgO(s) \Longrightarrow Hg(l) + PbO(s)$

(3) $Ag^+(a) + I^-(a) \Longrightarrow AgI(s)$

解 设计方法是将发生氧化反应的物质作为负极,放在原电池图式的左边;发生还原反应的物质作为正极,放在原电池图式的右边。

(1) 在该化学反应中发生氧化反应的是 $Zn(s)$,即

$$Zn(s) \longrightarrow Zn^{2+}(a) + 2e^-$$

而发生还原反应的是 H^+,即

$$2H^+(a) + 2e^- \longrightarrow H_2(p)$$

根据上述规定,此原电池图式为

$$Zn(s)|ZnSO_4(aq) \vdots H_2SO_4(aq)|H_2(p)|Pt$$

(2) 该反应中有关元素的价态有变化。HgO 和 Hg,PbO 和 Pb 构成的电极均为难溶氧化物电极,且均对 OH^- 离子可逆,可共用一个溶液。

发生氧化反应的是 Pb,即

$$Pb(s) + 2OH^-(a) \longrightarrow PbO(s) + H_2O(l) + 2e^-$$

发生还原反应的是 HgO,即

$$HgO(s) + H_2O(l) + 2e^- \longrightarrow Hg(l) + 2OH^-(a)$$

根据上述规定,此原电池图式为

$$Pb(s)|PbO(s)|OH^-(aq)|HgO(s)|Hg(l)$$

(3) 该反应中有关元素的价态无变化。由产物中有 AgI 和反应物中有 I^- 来看,对应的

电极为 $Ag(s)|AgI(s)|I^-(a)$，电极反应为 $Ag(s)+I^-(a)\!=\!AgI(s)+e^-$。此电极反应与所给电池反应之差为

$$Ag^+(a)+I^-(a)\longrightarrow AgI(s)$$
$$(-)\qquad Ag(s)+I^-(a)\longrightarrow AgI(s)+e^-$$
$$\overline{\qquad\qquad Ag^+(a)\longrightarrow Ag(s)-e^-\qquad\qquad}$$

即所对应的电极为 $Ag(s)|Ag^+(a)$。此原电池图式为

$$Ag(s)|AgI(s)|I^-(a)\;\vdots\;\;Ag^+(a)|Ag(s)$$

5.8.4　原电池的分类

原电池可作如下分类：

举例说明如下：

（1）**化学电池**（chemical cell）

$$Pt|H_2(p)|HCl(a)|AgCl(s)|Ag(s)（无迁移）$$

$$\frac{1}{2}H_2(p)+AgCl(s)\longrightarrow Ag(s)+HCl(l)$$

$$Zn(s)|Zn^{2+}(a)\;\vdots\;Cu^{2+}(a')|Cu(s)（有迁移）$$
$$Zn(s)+Cu^{2+}(a')\longrightarrow Cu(s)+Zn^{2+}(a)$$

（2）**浓差电池**（concentration cell）

①**电解质浓差电池**（electrolyte concentration cell）

$$Pt|H_2(p)|HCl(a)\;\vdots\;HCl(a')|H_2(p)|Pt（有迁移）$$
$$H^+(a')\longrightarrow H^+(a)$$
$$Ag(s)|AgCl(s)|KCl(a)|K(Hg)|KCl(a')|AgCl(s)|Ag(s)（无迁移）$$
$$Cl^-(a)\longrightarrow Cl^-(a')$$

②**电极浓差电池**（electrode concentration cell）

$$Pt|H_2(p)|HCl(a)|H_2(p')|Pt（无迁移）$$
$$H_2(p)\longrightarrow H_2(p')$$

Ⅳ　电化学反应的平衡

5.9　原电池电动势的定义

5.9.1　原电池电动势的定义

测量原电池两端的电势差时，要用两根同种金属 M（如 Cu 或 Pt）的导线将原电池两个

金属电极与电位差计相连。例如,测量原电池

$$Zn(s)|Zn^{2+}(a)\ \vdots\ Ag^+(a)|Ag(s)$$

的两端电势差时,实际测量的是

$$M_左(s)|Zn(s)|Zn^{2+}(a)\ \vdots\ Ag^+(a)|Ag(s)|M_右(s)$$

的两端电势差,即

$$
\begin{aligned}
\Delta\phi &= \phi(M_右)-\phi(M_左)\\
&=[\phi(M_右)-\phi(Ag)]+[\phi(Ag)-\phi(Ag^+,sln)]+[\phi(Ag^+,sln)-\phi(Zn^{2+},sln)]+\\
&\quad [\phi(Zn^{2+},sln)-\phi(Zn)]+[\phi(Zn)-\phi(M_左)]\\
&=\underbrace{\{[\phi(M_右)-\phi(Ag)]+[\phi(Ag)-\phi(Ag^+,sln)]\}}_{正极电势差}-\underbrace{\{[\phi(M_左)-\phi(Zn)]+[\phi(Zn)-\phi(Zn^{2+},sln)]\}}_{负极电势差}+\\
&\quad \underbrace{[\phi(Ag^+,sln)-\phi(Zn^{2+},sln)]}_{液体接界电势}
\end{aligned}
$$

式中,"sln"表示"溶液"。

原电池的电动势(electromotive force of reversible cell)定义为在没有电流通过的条件下,原电池两极的金属引线为同种金属时电池两端的电势差。原电池电动势用符号 E_{MF} 表示,即

$$E_{MF}\xlongequal{\text{def}}[\phi(M_右)-\phi(M_左)]_{I\to 0} \tag{5-19}$$

原电池电动势可用输入电阻足够高的电子伏特计(数字电压表)或用电位差计应用对峙法测定(对峙法的原理在实验中学习)。

5.9.2 可逆电池

满足以下两个条件的原电池叫**可逆电池**(reversible cell):

(1)从化学反应看,电极及电池的化学反应本身必须是可逆的。即在外加电势 E_{ex} 与原电池电动势 E_{MF} 方向相反的情况下,$E_{MF}>E_{ex}$ 时的化学反应(包括电极反应及电池反应)应是 $E_{MF}<E_{ex}$ 时的化学反应的逆反应。举例说明如下:

电池(i)$Zn(s)|ZnSO_4(aq)\ \vdots\ CuSO_4(aq)|Cu(s)$

当 $E_{MF}>E_{ex}$ 时,实际发生的电极及电池反应:

左(放出电子):$Zn(s)\longrightarrow Zn^{2+}(a)+2e^-$

右(接受电子):$Cu^{2+}(a)+2e^-\longrightarrow Cu(s)$

电池反应: $Zn(s)+Cu^{2+}(a)\longrightarrow Zn^{2+}(a)+Cu(s)$

当 $E_{MF}<E_{ex}$ 时,实际发生的电极及电池反应:

左(接受电子):$Zn^{2+}(a)+2e^-\longrightarrow Zn(s)$

右(放出电子):$Cu(s)\longrightarrow Cu^{2+}(a)+2e^-$

电池反应: $Zn^{2+}(a)+Cu(s)\longrightarrow Zn(s)+Cu^{2+}(a)$

上述电池反应表明,电池(i)在 $E_{MF}>E_{ex}$ 及 $E_{MF}<E_{ex}$ 条件下发生的化学反应,无论是电极反应还是电池反应都是互为可逆的。

电池(ii)$Zn(s)|HCl(aq)|AgCl(s)|Ag(s)$

当 $E_{MF}>E_{ex}$ 时,发生的电极及电池反应:

左(放出电子)：$Zn(s) \longrightarrow Zn^{2+}(a) + 2e^-$

右(接受电子)：$2AgCl(s) + 2e^- \longrightarrow 2Ag(s) + 2Cl^-(a)$

电池反应：　　$Zn(s) + 2AgCl(s) \longrightarrow Zn^{2+}(a) + 2Ag(s) + 2Cl^-(a)$

当 $E_{MF} < E_{ex}$ 时,发生的电极及电池反应：

左(接受电子)：$2H^+(a) + 2e^- \longrightarrow H_2(p)$

右(放出电子)：$2Ag(s) + 2Cl^-(a) \longrightarrow 2AgCl(s) + 2e^-$

电池反应：　　$2H^+(a) + 2Cl^-(a) + 2Ag(s) \longrightarrow H_2(p) + 2AgCl(s)$

显然,电池(ii)在 $E_{MF} > E_{ex}$ 及 $E_{MF} < E_{ex}$ 条件下发生的化学反应,左电极的反应不是可逆的,右电极的反应是可逆反应,则总的电池反应必是不可逆的。因此,电池(ii)是不符合电极及电池反应本身必须可逆这一条件的。

严格来说,有液体接界的电池是不可逆的,因为离子扩散过程是不可逆的,但用盐桥消除液体接界电势后,则可近似作为可逆电池。

(2) 从热力学上看,除要求 $E_{MF} < E_{ex}$ 的化学反应与 $E_{MF} > E_{ex}$ 的化学反应互为可逆外,还要求变化的推动力(指 E_{MF} 与 E_{ex} 之差)只需发生微小的改变便可使变化的方向倒转过来。亦即电池的工作条件是可逆的(处于或接近平衡态,即没有电流通过或通过的电流为无限小)。

研究可逆电池是有重要意义的：一方面,它能揭示一个化学电源把化学能转变为电能的最高限度,另一方面,可利用可逆电池来研究电化学系统的热力学,即电化学反应的平衡规律。

5.10　能斯特方程

5.10.1　能斯特方程

根据热力学,系统在定温、定压、可逆过程中所做的非体积功在量值上等于吉布斯函数的减少,即

$$\Delta G_{T,p} = W'_r$$

对于一个自发进行的化学反应

$$aA(a_A) + bB(a_B) \longrightarrow yY(a_Y) + zZ(a_Z)$$

若在电池中定温、定压下可逆地按化学计量式发生单位反应进度通过的电量为 zF,其中 z 为反应的电荷数,为量纲一的量,其单位为 1,F 为法拉第常量。

$$F \stackrel{\text{def}}{=\!=\!=} Le$$

L 为阿伏加德罗常量,e 为元电荷,即

$$F = 6.022\ 045 \times 10^{23}\ mol^{-1} \times 1.602\ 177 \times 10^{-19}\ C = 9.648\ 382 \times 10^4\ C \cdot mol^{-1}$$

通常近似取作 $F = 96\ 500\ C \cdot mol^{-1}$。

由

$$\Delta_r G_m = W'_r / \Delta \xi$$

此处可逆非体积功 W'_r（负值）为可逆电功,等于电量与电动势的乘积,即

$$W'_r = -zFE_{MF}\Delta\xi \tag{5-20}$$

由式(5-19)及式(5-20),有

$$\Delta_r G_m = -zFE_{MF} \tag{5-21}$$

利用式(5-21),通过测定电池电动势,可求得化学反应的摩尔吉布斯函数[变]。

若电池反应中各物质均处于标准状态($a_B=1$),则由式(5-21),有

$$\Delta_r G_m^{\ominus} = -zFE_{MF}^{\ominus} \tag{5-22}$$

式中, $E_{MF}^{\ominus}$ 为电池的**标准电动势**(standard electromotive force),它等于电池反应中各物质均处于标准状态($a_B = 1$)且无液体接界电势时电池的电动势。

根据范特荷夫定温方程式

$$\Delta_r G_m = \Delta_r G_m^{\ominus} + RT\ln\prod_B(a_B)^{\nu_B}$$

及式(5-21)和式(5-22),得

$$E_{MF} = E_{MF}^{\ominus} - \frac{RT}{zF}\ln\prod_B(a_B)^{\nu_B} \tag{5-23}$$

式(5-23)称为电池反应的**能斯特方程**(Nernst equation)。它表示一定温度下原电池的电动势与参与电池反应的各物质的活度间的关系,定义 $J_a \overset{\text{def}}{=\!=\!=} \prod_B(a_B)^{\nu_B}$,则

$$E_{MF} = E_{MF}^{\ominus} - \frac{RT}{zF}\ln J_a \tag{5-24}$$

注意 气体组分的活度应改为逸度,纯液体或纯固体的活度为1。

由化学反应标准平衡常数的定义式

$$K^{\ominus}(T) = \exp[-\Delta_r G_m^{\ominus}(T)/RT]$$

及式(5-23),得

$$\ln K^{\ominus} = \frac{zFE_{MF}^{\ominus}}{RT} \tag{5-25}$$

$E_{MF}^{\ominus}$ 叫电池的**标准电动势**。可由实验测定的溶液中电解质的不同质量摩尔浓度下的 E_{MF} 应用能斯特方程式及求活度因子的德拜－许克尔极限公式(5-18),用做图法外推求出。因此,利用式(5-25)可计算电池反应的标准平衡常数。

5.10.2 标准电极电势

1. 确定电极电势的惯例

由实验可测出原电池的电动势,而无法单独测量组成该电池的两个半电池各自的电极电势。但可选定一个电极作为统一的比较标准,以选定的电极作为负极与欲测电极组成电池,测得此电池的电动势作为组成电池的欲测电极的**电极电势**(electrode potential)。

按照国际上规定的惯例,在原电池的电池图式中以氢电极为左极(假定发生氧化反应),以欲测的电极为右极(假定发生还原反应),将这样组合成的电池的标准电动势定义为欲测电极在该温度下的**标准电极电势**(standard electrode potential),用符号 $E^{\ominus}$ 表示。显然,按照此惯例,**标准氢电极**(standard hydrogen electrode ,SHE):

$$H^+[a(H^+)=1]\mid H_2(p^\ominus=100\ \text{kPa})\mid Pt$$

的标准电极电势 $E^\ominus=0$。

根据标准电极电势的定义，$Cl^-(a=1)\mid AgCl(s)\mid Ag(s)$ 电极的标准电极电势 $E^\ominus$ 就是指电池 $Pt\mid H_2(p^\ominus)\mid HCl(a)\mid AgCl(s)\mid Ag(s)$ 的标准电动势 $E_{MF}^\ominus$。实验测得 25 ℃时，$E_{MF}^\ominus=0.222\ 5$ V，因此 25 ℃时，$Cl^-(a=1)\mid AgCl(s)\mid Ag(s)$ 的标准电极电势 $E^\ominus=0.222\ 5$ V。

表 5-3 列出了一些电极，$T=25$ ℃，$p^\ominus=100$ kPa 时的标准电极电势 $E^\ominus$。则由式(5-19)，任意两个电极组成电池时，有

$$E_{MF}^\ominus=E^\ominus(\text{右极},\text{还原})-E^\ominus(\text{左极},\text{还原}) \tag{5-26}$$

表 5-3　某些电极的标准电极电势($t=25$ ℃，$p^\ominus=100$ kPa)

电极	电极反应(还原)	$E^\ominus/\text{V}$
$K^+\mid K$	$K^++e^-\rightleftharpoons K$	-2.924
$Na^+\mid Na$	$Na^++e^-\rightleftharpoons Na$	$-2.711\ 1$
$Zn^{2+}\mid Zn$	$Zn^{2+}+2e^-\rightleftharpoons Zn$	$-0.763\ 0$
$Fe^{2+}\mid Fe$	$Fe^{2+}+2e^-\rightleftharpoons Fe$	-0.447
$Cd^{2+}\mid Cd$	$Cd^{2+}+2e^-\rightleftharpoons Cd$	$-0.402\ 8$
$Co^{2+}\mid Co$	$Co^{2+}+2e^-\rightleftharpoons Co$	-0.28
$Ni^{2+}\mid Ni$	$Ni^{2+}+2e^-\rightleftharpoons Ni$	-0.23
$Sn^{2+}\mid Sn$	$Sn^{2+}+2e^-\rightleftharpoons Sn$	$-0.136\ 6$
$Pb^{2+}\mid Pb$	$Pb^{2+}+2e^-\rightleftharpoons Pb$	$-0.126\ 5$
$Fe^{3+}\mid Fe$	$Fe^{3+}+3e^-\rightleftharpoons Fe$	-0.036
$H^+\mid H_2\mid Pt$	$H^++e^-\rightleftharpoons\dfrac{1}{2}H_2$	$0.000\ 0$(定义量)
$Cu^{2+}\mid Cu$	$Cu^{2+}+2e^-\rightleftharpoons Cu$	$+0.340\ 2$
$Cu^+\mid Cu$	$Cu^++e^-\rightleftharpoons Cu$	$+0.522$
$Hg_2^{2+}\mid Hg$	$Hg_2^{2+}+2e^-\rightleftharpoons 2Hg$	$+0.795\ 9$
$Ag^+\mid Ag$	$Ag^++e^-\longrightarrow Ag$	$+0.799\ 4$
$OH^-\mid O_2\mid Pt$	$\dfrac{1}{2}O_2+H_2O+2e^-\rightleftharpoons 2OH^-$	$+0.401$
$H^+\mid O_2\mid Pt$	$O_2+4H^++4e^-\rightleftharpoons 2H_2O$	$+1.229$
$I^-\mid I_2\mid Pt$	$\dfrac{1}{2}I_2+e^-\rightleftharpoons I^-$	$+0.535$
$Br^-\mid Br_2\mid Pt$	$\dfrac{1}{2}Br_2+e^-\rightleftharpoons Br^-$	$+1.065$
$Cl^-\mid Cl_2\mid Pt$	$\dfrac{1}{2}Cl_2+e^-\rightleftharpoons Cl^-$	$+1.358\ 0$
$I^-\mid AgI\mid Ag$	$AgI+e^-\rightleftharpoons Ag+I^-$	$-0.152\ 1$
$Br^-\mid AgBr\mid Ag$	$AgBr+e^-\rightleftharpoons Ag+Br^-$	$+0.071\ 1$
$Cl^-\mid AgCl\mid Ag$	$AgCl+e^-\rightleftharpoons Ag+Cl^-$	$+0.222\ 1$
$Cl^-\mid Hg_2Cl_2\mid Hg$	$Hg_2Cl_2+2e^-\rightleftharpoons 2Hg+2Cl^-$	$+0.267\ 9$
$OH^-\mid Ag_2O\mid Ag$	$Ag_2O+H_2O+2e^-\rightleftharpoons 2Ag+2OH^-$	$+0.342$
$SO_4^{2-}\mid Hg_2SO_4\mid Hg$	$Hg_2SO_4+2e^-\rightleftharpoons 2Hg+SO_4^{2-}$	$+0.612\ 3$
$SO_4^{2-}\mid PbSO_4\mid Pb$	$PbSO_4+2e^-\rightleftharpoons Pb+SO_4^{2-}$	-0.356
$H^+\mid$ 醌氢醌 $\mid Pt$	$C_6H_4O_2+2H^++2e^-\rightleftharpoons C_6H_6O_2$	$+0.699\ 3$
$Fe^{3+},Fe^{2+}\mid Pt$	$Fe^{3+}+e^-\rightleftharpoons Fe^{2+}$	$+0.770$
$H^+,MnO_4^-,Mn^{2+}\mid Pt$	$MnO_4^-+8H^++5e^-\rightleftharpoons Mn^{2+}+4H_2O$	$+1.491$
$MnO_4^-,MnO_4^{2-}\mid Pt$	$MnO_4^-+e^-\rightleftharpoons MnO_4^{2-}$	$+0.564$
$Cu^{2+},Cu^+\mid Pt$	$Cu^{2+}+e^-\rightleftharpoons Cu^+$	$+0.158$
$Co^{3+},Co^{2+}\mid Pt$	$Co^{3+}+e^-\rightleftharpoons Co^{2+}$	$+1.808$
$Sn^{4+},Sn^{2+}\mid Pt$	$Sn^{4+}+2e^-\rightleftharpoons Sn^{2+}$	$+0.15$

根据式(5-26),查得电池两极的 $E^{\ominus}$ 便可算出电池的 $E_{MF}^{\ominus}$。

注意 标准电动势 $E_{MF}^{\ominus}$ 并不是让电池中各物质的活度均为 1(实验上是做不到的)而测得的。它是用一系列浓度的被测电极与标准氢电极组成电池,再测这一系列电池的电动势并结合德拜-许克尔极限公式(5-18),用外推法求得。

2. 电极反应的能斯特方程

由式(5-24)及式(5-26),有

$$E_{MF} = E^{\ominus}(右极,还原) - E^{\ominus}(左极,还原) - \frac{RT}{zF}\ln J_a$$

$$J_a(电池反应) = J_a(右极还原反应) \times J_a(左极还原反应) = \frac{J_a(右极还原反应)}{J_a(左极还原反应)}$$

所以

$$\ln J_a(电池反应) = \ln J_a(右极还原反应) - \ln J_a(左极还原反应)$$

因此

$$E_{MF} = \left[E^{\ominus}(右极,还原) - \frac{RT}{zF}\ln J_a(右极还原反应) \right] -$$

$$\left[E^{\ominus}(左极,还原) - \frac{RT}{zF}\ln J_a(左极还原反应) \right]$$

定义

$$E(还原) \xlongequal{\text{def}} E^{\ominus}(还原) - \frac{RT}{zF}\ln J_a(电极还原反应) \tag{5-27}$$

式(5-27)称为**电极反应的能斯特方程式**(Nernst equation of electrode reaction)。它表示电极电势 E 与参与电极反应的各物质活度间的关系。

例如,$Cl^-(a) | AgCl(s) | Ag(s)$ 电极:

还原反应: $$AgCl(s) + e^- \longrightarrow Ag(s) + Cl^-(a)$$

能斯特方程: $$E(还原) = E^{\ominus}(还原) - \frac{RT}{F}\ln a(Cl^-)$$

$Cl^-(a) | Cl_2(p) | Pt$ 电极:

还原反应: $$\frac{1}{2}Cl_2(p) + e^- \longrightarrow Cl^-(a)$$

能斯特方程: $$E(还原) = E^{\ominus}(还原) - \frac{RT}{F}\ln \frac{a(Cl^-)}{[p(Cl_2)/p^{\ominus}]^{\frac{1}{2}}}$$

由式(5-19),得

$$E_{MF} = E(右极,还原) - E(左极,还原) \tag{5-28}$$

利用式(5-28),可由组成原电池的两个电极的电极电势 $E(还原)$ 计算出原电池的电动势 E_{MF}。

5.10.3 原电池电动势的计算

原电池电动势的计算方法有两种:

方法(i):直接应用电池反应的能斯特方程计算,即

$$E_{MF} = E_{MF}^{\ominus} - \frac{RT}{zF}\ln \prod_B (a_B)^{\nu_B}$$

其中 $$E_{MF}^{\ominus} = E^{\ominus}(右极,还原) - E^{\ominus}(左极,还原)$$

$E^{\ominus}$ 可由数据表查到。

方法(ii):应用电极反应的能斯特方程计算,即

$$E_{MF} = E(右极, 还原) - E(左极, 还原)$$

$$E(还原) = E^{\ominus}(还原) - \frac{RT}{zF}\ln J_a (电极还原反应)$$

举例说明如下：

【例 5-8】　计算化学电池：$Zn(s) \mid Zn^{2+}(a=0.1) \parallel Cu^{2+}(a=0.01) \mid Cu(s)$ 在 25 ℃时的电动势。

解　采用方法（ii）来计算，首先写出左、右两电极的还原反应：

左（还原）：$\qquad\qquad Zn^{2+}(a=0.1) + 2e^{-} \longrightarrow Zn(s)$

右（还原）：$\qquad\qquad Cu^{2+}(a=0.01) + 2e^{-} \longrightarrow Cu(s)$

由电极反应的能斯特方程，有

$$E(左极, 还原) = E^{\ominus}(Zn^{2+} \mid Zn) - \frac{RT}{2F}\ln \frac{1}{a(Zn^{2+})}$$

$$E(右极, 还原) = E^{\ominus}(Cu^{2+} \mid Cu) - \frac{RT}{2F}\ln \frac{1}{a(Cu^{2+})}$$

由表 5-3 查得 $E^{\ominus}(Zn^{2+} \mid Zn) = -0.763\,0\ V$，$E^{\ominus}(Cu^{2+} \mid Cu) = 0.340\,2\ V$，代入已知数据，可算得

$$E(左极, 还原) = -0.793\ V$$

$$E(右极, 还原) = 0.281\ V$$

因此

$$E_{MF} = E(右极, 还原) - E(左极, 还原) = 0.281\ V - (-0.793\ V) = 1.074\ V$$

采用方法（i）可算得同样的结果。

5.10.4　原电池电动势测定应用举例

1. 测定电池反应的 $\Delta_r G_m$、$\Delta_r S_m$、$\Delta_r H_m$

$$\Delta_r G_m = -zFE_{MF}$$

将式（1-131）应用于化学反应，有 $\left(\frac{\partial \Delta_r G_m}{\partial T}\right)_p = -\Delta_r S_m$，则

$$\Delta_r S_m = -\left(\frac{\partial \Delta_r G_m}{\partial T}\right)_p = -\left[\frac{\partial(-zFE_{MF})}{\partial T}\right]_p = zF\left(\frac{\partial E_{MF}}{\partial T}\right)_p \qquad\qquad (5\text{-}29)$$

式中，$\left(\frac{\partial E_{MF}}{\partial T}\right)_p$ 称为**原电池电动势的温度系数**（temperature coefficients of electromotive force of primitive cell）。它表示定压下电动势随温度的变化率，可通过实验测定一系列不同温度下的电动势求得。

【例 5-9】　25 ℃时，电池 $Cd(s) \mid CdCl_2 \cdot \frac{5}{2}H_2O(aq) \mid AgCl(s) \mid Ag(s)$ 的 $E_{MF} = 0.675\,33\ V$，$\left(\frac{\partial E_{MF}}{\partial T}\right)_p = -6.5 \times 10^{-4}\ V \cdot K^{-1}$。求该温度下反应的 $\Delta_r G_m$、$\Delta_r S_m$ 和 $\Delta_r H_m$ 及 Q_r。

解　　　左极（氧化）：$Cd(s) + \frac{5}{2}H_2O(l) + 2Cl^{-}(a) \longrightarrow CdCl_2 \cdot \frac{5}{2}H_2O(s) + 2e^{-}$

右极（还原）：$2AgCl(s) + 2e^{-} \longrightarrow 2Ag(s) + 2Cl^{-}(a)$

电池反应：$Cd(s) + \frac{5}{2}H_2O(l) + 2AgCl(s) \longrightarrow CdCl_2 \cdot \frac{5}{2}H_2O(s) + 2Ag(s)$

由电极反应知,$z = 2$。

$$\Delta_r G_m = -zFE_{MF} = -2 \times 964\ 85\ \text{C} \cdot \text{mol}^{-1} \times 0.675\ 33\ \text{V} = -130.32\ \text{kJ} \cdot \text{mol}^{-1}$$

$$\Delta_r S_m = zF\left(\frac{\partial E_{MF}}{\partial T}\right)_p = 2 \times 964\ 85\ \text{C} \cdot \text{mol}^{-1} \times (-6.5 \times 10^{-4}\ \text{V} \cdot \text{K}^{-1})$$

$$= -125.4\ \text{J} \cdot \text{K}^{-1} \cdot \text{mol}^{-1}$$

$$\Delta_r H_m = zF\left[T\left(\frac{\partial E_{MF}}{\partial T}\right)_p - E_{MF}\right] = 2 \times 96\ 485\ \text{C} \cdot \text{mol}^{-1} \times$$

$$[298.15\ \text{K} \times (-6.5 \times 10^{-4}\ \text{V} \cdot \text{K}^{-1}) - 0.675\ 33\ \text{V}]$$

$$= -167.7\ \text{kJ} \cdot \text{mol}^{-1}$$

$$Q_r = T\Delta_r S_m = 298.15\ \text{K} \times (-125.4\ \text{J} \cdot \text{K}^{-1} \cdot \text{mol}^{-1}) = -37.39\ \text{kJ} \cdot \text{mol}^{-1}$$

讨论:$Q_r \neq \Delta_r H_m$,$Q_p = \Delta_r H_m$,Q_p 是指反应在一般容器中进行时($W'_r = 0$)放出的热量,若反应在电池中可逆进行,则

$$Q_r = T\Delta_r S_m = zFT\left(\frac{\partial E_{MF}}{\partial T}\right)_p = -37.39\ \text{kJ} \cdot \text{mol}^{-1}$$

Q_p 与 Q_r 之差为电功:

$$W'_r = -167.7\ \text{kJ} \cdot \text{mol}^{-1} - (-37.39\ \text{kJ} \cdot \text{mol}^{-1}) = -130.31\ \text{kJ} \cdot \text{mol}^{-1}$$

若 $\left(\frac{\partial E_{MF}}{\partial T}\right)_p = 0$,则反应可逆进行时化学能($\Delta_r H_m$)将全部转化为电功。

注意 $\Delta_r G_m$、$\Delta_r S_m$、$\Delta_r H_m$ 和 Q_r 均与电池反应的化学计量方程写法有关,若上述电池反应写为

$$\frac{1}{2}\text{Cd(s)} + \frac{1}{2} \times \frac{5}{2}\text{H}_2\text{O(l)} + \text{AgCl(s)} \longrightarrow \frac{1}{2}\text{CdCl}_2 \cdot \frac{5}{2}\text{H}_2\text{O(s)} + \text{Ag(s)}$$

则 $z = 1$,于是 $\Delta_r G_m$、$\Delta_r S_m$、$\Delta_r H_m$ 和 Q_r 的量值都要减半。

2. 测定电池反应的标准平衡常数 $K^\ominus$

【例 5-10】 试用 $E^\ominus$ 数据计算下列反应在 25 ℃时的标准平衡常数 $K^\ominus$(298.15 K)。

$$\text{Zn(s)} + \text{Cu}^{2+}(a) \rightleftharpoons \text{Zn}^{2+}(a) + \text{Cu(s)}$$

解 将反应组成电池为

$$\text{Zn(s)} \mid \text{Zn}^{2+}(a) \;\|\; \text{Cu}^{2+}(a) \mid \text{Cu(s)}$$

由表 5-3 查得

$$E^\ominus[\text{Cu}^{2+}(a) \mid \text{Cu(s)}] = 0.340\ 2\ \text{V}, \quad E^\ominus[\text{Zn}^{2+}(a) \mid \text{Zn(s)}] = -0.763\ 0\ \text{V}$$

所以

$$E_{MF}^\ominus = E^\ominus[\text{Cu}^{2+}(a) \mid \text{Cu(s)}] - E^\ominus[\text{Zn}^{2+}(a) \mid \text{Zn(s)}] = 1.1032\ \text{V}$$

$$\ln K^\ominus(298.15\ \text{K}) = \frac{zFE_{MF}^\ominus}{RT} = \frac{2 \times 964\ 85\ \text{C} \cdot \text{mol}^{-1} \times 1.1032\ \text{V}}{8.314\ \text{J} \cdot \text{K}^{-1} \cdot \text{mol}^{-1} \times 298.15\ \text{K}} = 85.88$$

$$K^\ominus(298.15\ \text{K}) = 2 \times 10^{37}$$

3. 测定离子平均活度因子 $\gamma_\pm$

【例 5-11】 25 ℃下,测得电池

$$\text{Pt} \mid \text{H}_2(p^\ominus) \mid \text{HCl}(b = 0.075\ 03\ \text{mol} \cdot \text{kg}^{-1}) \mid \text{Hg}_2\text{Cl}_2\text{(s)} \mid \text{Hg(l)}$$

的电动势 $E_{MF} = 0.411\ 9\ \text{V}$,求 0.075 03 mol · kg^{-1} HCl 水溶液的 $\gamma_\pm$。

解 左极(氧化):$\frac{1}{2}\text{H}_2(p^\ominus) \longrightarrow \text{H}^+(b) + \text{e}^-$

右极(还原):$\frac{1}{2}\text{Hg}_2\text{Cl}_2\text{(s)} + \text{e}^- \longrightarrow \text{Hg(l)} + \text{Cl}^-(b)$

———————————————————————————

电池反应:$\frac{1}{2}\text{H}_2(p^\ominus) + \frac{1}{2}\text{Hg}_2\text{Cl}_2\text{(s)} \longrightarrow \text{Hg(l)} + \text{H}^+(b) + \text{Cl}^-(b)$

$$E_{MF} = E_{MF}^{\ominus} - \frac{RT}{F}\ln[a(H^+)a(Cl^-)]$$

由表 5-3 查得 $E^{\ominus}[Cl^-(a)\mid Hg_2Cl_2(s)\mid Hg(l)] = 0.267\ 9\ V$,则

$$\begin{aligned} E_{MF}^{\ominus} &= E^{\ominus}[Cl^-(a)\mid Hg_2Cl_2(s)\mid Hg(l)] - E^{\ominus}[H^+(a)\mid H_2(p^{\ominus})\mid Pt] \\ &= 0.267\ 9\ V - 0\ V \\ &= 0.267\ 9\ V \end{aligned}$$

将 $E_{MF} = 0.411\ 9\ V, T = 298.15\ K$ 代入能斯特方程,得

$$a(H^+)a(Cl^-) = 3.64 \times 10^{-3}$$

$$a(H^+)a(Cl^-) = a_B = a_{\pm}^2 = \gamma_{\pm}^2(b/b^{\ominus})^2$$

$$\gamma_{\pm} = \frac{[a(H^+)a(Cl^-)]^{1/2}}{b/b^{\ominus}} = \frac{(3.64 \times 10^{-3})^{\frac{1}{2}}}{0.075\ 03} = 0.804$$

4. 测定溶液的 pH

将少量醌氢醌晶体加到待测 pH 的酸性溶液中,达到溶解平衡后,插入 Pt 丝极,则构成**醌氢醌电极** $H^+(a)\mid Q\cdot QH_2(s)\mid Pt$ [Q 和 QH_2 分别代表 O=⟨⟩=O 和 HO—⟨⟩—OH,而 $Q\cdot QH_2$ 代表二者形成的复合物],这是一种常用的氢离子指示电极。其电极反应为

$$Q[a(Q)] + 2H^+[a(H^+)] + 2e^- \longrightarrow QH_2[a(QH_2)]$$

微溶的醌氢醌($Q\cdot QH_2$)在水溶液中完全解离成醌和氢醌,由于二者浓度相等而且很低,所以 $a(Q) \approx a(QH_2)$,得

$$E = E^{\ominus}[H^+(a)\mid Q\cdot QH_2(s)\mid Pt] - \frac{RT}{F}\ln\frac{1}{a(H^+)}$$

$pH \xlongequal{def} -\lg a(H^+)$,故

$$E = E^{\ominus}[H^+(a)\mid Q\cdot QH_2(s)\mid Pt] - \frac{RT\ln 10}{F}pH$$

由表 9-1 查得 25 ℃ 时,$E^{\ominus}[H^+(a)\mid Q\cdot QH_2(s)\mid Pt] = 0.699\ 3\ V$,所以,25 ℃ 时,$E = (0.699\ 3 - 0.059\ 2\ pH)V$。

将醌氢醌电极和一电极电势已知的电极(参比电极)组成电池,测定电池电动势后,可算出溶液 pH(pH>8 的碱性溶液中不能用)。日常实验中,常用的参比电极是甘汞电极,其构造如图 5-9 所示,表 5-4 列出了三种 KCl 的物质的量浓度的甘汞电极在 25 ℃ 的电极电势。

表 5-4　三种 KCl 的物质的量浓度的甘汞电极在 25℃ 的电极电势

电极符号	E/V
KCl(饱和)$\mid Hg_2Cl_2(s)\mid Hg(l)$	0.241 5
KCl(1 mol·dm^{-3})$\mid Hg_2Cl_2(s)\mid Hg(l)$	0.279 9
KCl(0.1 mol·dm^{-3})$\mid Hg_2Cl_2(s)\mid Hg(l)$	0.333 5

【例 5-12】 将醌氢醌电极与饱和甘汞电极组成电池

$$Hg(l)\mid Hg_2Cl_2(s)\mid KCl(饱和) \;\vdots\; Q\cdot QH_2(s)\mid H^+(pH=?)\mid Pt$$

25℃ 时,测得 $E_{MF} = 0.025\ V$。求溶液的 pH。

解　　　　　　　　　$E(左极,还原) = 0.241\ 5\ V$(表 5-4)

$$E(右极,还原)=(0.699\ 7-0.059\ 2\ pH)V$$

$$E_{MF}=E(右极,还原)-E(左极,还原)$$

即　　　　　　　$0.025\ V=(0.699\ 7-0.059\ 2\ pH-0.241\ 5)V$

解得　　　　　　　　　　　　　$pH=7.3$

5. 测定难溶盐的活度积

【例 5-13】　利用 $E^{\ominus}$ 数据,求 25 ℃时 AgI 的活度积。

解　将溶解反应设计成电池,查出 $E^{\ominus}$,算得 $E_{MF}^{\ominus}$,利用 $\ln K^{\ominus}(T)=\dfrac{zFE_{MF}^{\ominus}}{RT}$ 可求得活度积 $K_{sp}^{\ominus}$。

AgI 的溶解反应为 $AgI(s)\longrightarrow Ag^+(a)+I^-(a)$,设计如下电池:

$$Ag(s)\mid Ag^+(a)\ \vdots\vdots\ I^-(a)\mid AgI(s)\mid Ag(s)$$

左极(氧化):　$Ag(s)\longrightarrow Ag^+(a)+e^-$

右极(还原):　$AgI(s)+e^-\longrightarrow Ag(s)+I^-(a)$

电池反应:$AgI(s)\longrightarrow Ag^+(a)+I^-(a)$　　（与溶解反应同）

由表 5-3 查得 $E^{\ominus}(I^-\mid AgI\mid Ag)=-0.152\ 1\ V$,$E^{\ominus}(Ag^+\mid Ag)=0.799\ 4\ V$,则

$$E_{MF}^{\ominus}=E^{\ominus}[I^-\mid AgI\mid Ag]-E^{\ominus}[Ag^+\mid Ag]$$

$$=(-0.152\ 1-0.799\ 4)V$$

$$=-0.951\ 5\ V$$

$$\ln K_{sp}^{\ominus}=\frac{zFE_{MF}^{\ominus}}{RT}=\frac{1\times 96\ 500\ C\cdot mol^{-1}\times(-0.951\ 5\ V)}{8.314\ 5\ J\cdot K^{-1}\cdot mol^{-1}\times 298.15\ K}=-37.04$$

$$K_{sp}^{\ominus}=8.232\times 10^{-17}$$

6. 判断反应方向

【例 5-14】　铁在酸性介质中被腐蚀的反应为

$$Fe(s)+2H^+(a)+\frac{1}{2}O_2(p)\longrightarrow Fe^{2+}(a)+H_2O(l)$$

问当 $a(H^+)=1$,$a(Fe^{2+})=1$,$p(O_2)=p^{\ominus}$,25 ℃时,反应向哪个方向进行?

解　设计如下电池:

$$Fe(s)\mid Fe^{2+}(a)\ \vdots\vdots\ H^+(a)\mid O_2(p^{\ominus})\mid Pt$$

左极(氧化):$Fe(s)\longrightarrow Fe^{2+}(a)+2e^-$

右极(还原):$2H^+(a)+\dfrac{1}{2}O_2(p^{\ominus})+2e^-\longrightarrow H_2O(l)$

电池反应:$Fe(s)+2H^+(a)+\dfrac{1}{2}O_2(g)\longrightarrow Fe^{2+}(a)+H_2O(l)$（即为 Fe 腐蚀反应）

因为 $a(H^+)=1$,$a(Fe^{2+})=1$,$p(O_2)/p^{\ominus}=p^{\ominus}/p^{\ominus}=1$,$a(Fe)=1$,$a(H_2O)\approx 1$(水大量),所以

$$E_{MF}=E_{MF}^{\ominus}=E^{\ominus}[H^+\mid O_2(p)\mid Pt]-E^{\ominus}(Fe^{2+}\mid Fe)$$

由表 5-3 查得 $E^{\ominus}[H^+\mid O_2(p)\mid Pt]=1.229\ V$,$E^{\ominus}(Fe^{2+}\mid Fe)=-0.447\ V$,则

$$E_{MF}=1.229\ V-(-0.447\ V)=1.676\ V>0$$

$$\Delta_r G_m=-zFE_{MF}=-323.4\ kJ\cdot mol^{-1}<0$$

故从热力学上看,Fe 在 25 ℃下的腐蚀能自发进行。

V 电化学反应的速率

5.11 电化学反应速率、交换电流密度

5.11.1 阴极过程与阳极过程

电化学系统中有电流通过时(电化学电源或电解池),在两个电极的金属和溶液界面间以一定速率进行着电荷传递过程,即电极反应过程。设在图 5-10 所示的电极上进行如下电极反应:

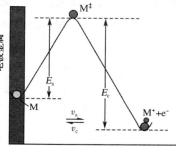

图 5-10 电极上进行的阴极与阳极过程

$$M^+ + e^- \underset{v_a}{\overset{v_c}{\rightleftharpoons}} M$$

正反应叫**阴极过程**(cathode process)或**阴极反应**(cathode reaction),设其反应速率为 v_c;逆反应叫**阳极过程**(anode process)或**阳极反应**(anode reaction),设其反应速率为 v_a。在一个电极上阴极过程和阳极过程并存,净反应速率为两过程速率之差。

$$\begin{cases} v_c > v_a & \text{电极作为阴极} \\ v_a > v_c & \text{电极作为阳极} \\ v_c = v_a & \text{电极反应处于平衡} \end{cases}$$

5.11.2 电化学反应速率与电流密度

电极反应的反应速率定义为

$$v \overset{\text{def}}{=} \frac{1}{A_s} \frac{d\xi}{dt} \tag{5-30}$$

式中,A_s 为电极的截面积,单位为 m^2;ξ 为反应进度,单位为 mol。即**电化学反应速率**(rate of electrochemical reaction)定义为单位时间内、单位面积的电极上反应进度的改变量。若时间以 s 为单位,则 v 的单位为 $mol \cdot m^{-2} \cdot s^{-1}$。

在电化学中,易于由实验测定的量是电流,所以常用**电流密度** j(current density)(单位电极截面上通过的电流,单位为 $A \cdot m^{-2}$)来间接表示电化学反应速率 v 的大小,j 与 v 的关系为

$$j = zFv \tag{5-31}$$

$$\left.\begin{array}{l} \text{阴极过程:} j_c = zFv_c \\ \text{阳极过程:} j_a = zFv_a \end{array}\right\} \tag{5-32}$$

$$\begin{cases} \text{阴极上} & j_c > j_a, \quad j = j_c - j_a \\ \text{阳极上} & j_c < j_a, \quad j = j_a - j_c \\ \text{平衡电极上} & j_c = j_a = j_0 \end{cases}$$

j_0 叫**交换电流密度**(exchange current density)。

5.12 极化、超电势

5.12.1 极化与极化曲线

当电极上无电流通过时,电极过程是可逆的($j_a = j_c$),电极处于平衡态,此时的电极电势为平衡电极电势 $\Delta\phi_e$。当使用化学电源或进行电解操作时,都有一定量的电流通过电极,电极上进行着净反应速率不为零($v_a \neq v_c$)的电化学反应,电极过程为不可逆,此时的实际电极电势 $\Delta\phi$ 偏离平衡电极电势 $\Delta\phi_e$。当电化学系统中有电流通过时,两个电极上的实际电极电势 $\Delta\phi$ 偏离其平衡电极电势 $\Delta\phi_e$ 的现象叫做电极的**极化**。

实际电极电势 $\Delta\phi$ 偏离平衡电极电势 $\Delta\phi_e$ 的趋势可由实验测定的**极化曲线**来显示,如图 5-11 所示。

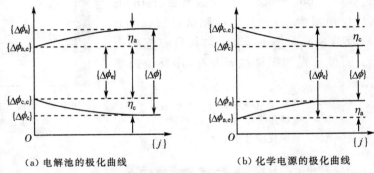

(a) 电解池的极化曲线　　　　(b) 化学电源的极化曲线

图 5-11　极化曲线示意图

从图中可见,极化使得阳极电势升高($\Delta\phi_a > \Delta\phi_{a,e}$),阴极电势降低($\Delta\phi_c < \Delta\phi_{c,e}$),实际电极电势偏离平衡电极电势的程度随电流密度的增大而增大。

5.12.2 超电势

电池中有电流通过时,实际电极电势偏离平衡电极电势的程度用**超电势**(overpotential)表示。本书将超电势定义为

$$\left.\begin{aligned} \eta_a &\stackrel{\text{def}}{=\!=\!=} \Delta\phi_a - \Delta\phi_{a,e} \\ \eta_c &\stackrel{\text{def}}{=\!=\!=} \Delta\phi_c - \Delta\phi_{c,e} \end{aligned}\right\} \tag{5-33}$$

式中,η_a、η_c 分别为**阳极超电势**和**阴极超电势**。因为 $\Delta\phi_a > \Delta\phi_{a,e}$,$\Delta\phi_c < \Delta\phi_{c,e}$,所以 $\eta_a > 0$,$\eta_c < 0$。

注意　有的教材 $\eta_c \stackrel{\text{def}}{=\!=\!=} \Delta\phi_{c,e} - \Delta\phi_c$,按此定义则 $\eta_c > 0$。

电解池($\Delta\phi_a > \Delta\phi_c$):

$$\Delta\phi = \Delta\phi_a - \Delta\phi_c = (\Delta\phi_{a,e} - \Delta\phi_{c,e}) + (\eta_a + |\eta_c|) \tag{5-34}$$

化学电源（$\Delta\phi_c > \Delta\phi_a$）：

$$\Delta\phi = \Delta\phi_c - \Delta\phi_a = (\Delta\phi_{c,e} - \Delta\phi_{a,e}) - (|\eta_c| + \eta_a) \tag{5-35}$$

Ⅵ　应用电化学

5.13　电解池、电极反应的竞争

5.13.1　电解池

电解池（electrolytic cell）是利用电能促使化学反应进行，生产化学产品的反应器装置。

如图 5-12 所示的是一个电解水生产 H_2 和 O_2 的电解池，其正、负极或阴、阳极如图所示。

在碱性溶液中

$$\text{阴极（负极）：} 2H_2O + 2e^- \longrightarrow H_2 + 2OH^-$$

$$\text{阳极（正极）：} 2OH^- \longrightarrow \frac{1}{2}O_2 + H_2O + 2e^-$$

$$\text{电解池反应：} H_2O \longrightarrow H_2 + \frac{1}{2}O_2$$

显然，电解的结果是阴极产生 H_2、阳极产生 O_2。电解产物 H_2 和 O_2 又构成原电池，电池图式为

$$(-)Pt \mid H_2(p) \mid OH^-(H_2O) \mid O_2(p) \mid Pt(+)$$

此电池的电动势与外电源的方向相反，叫**反电动势**。

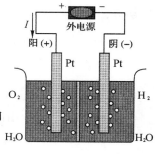

图 5-12　水的电解池示意图

5.13.2　分解电压

在 KOH 溶液中插入两个铂电极，组成如图5-13所示的电解水的电解池。当逐渐增大外加电压时，测得如图5-14所示的电流-电压曲线。当外加电压很小时，只有极微弱的电流通过，此时观测不到电解反应发生。逐渐增加电压，电流逐渐增大，当外加电压增加到某一量值后，电流随电压直线上升，同时可观测到两极上有 H_2 和 O_2 的气泡连续析出。电解时在两电极上显著析出电解产物所需的最低外加电压称为**分解电压**（decomposition voltage）。分解电压可用 I-V 曲线求得，如图 5-14 所示。

产生上述现象的原因是由于电极上析出的 H_2 和 O_2 构成的原电池的反电动势的存在，此反电动势也称为**理论分解电压**。电解时的**实际分解电压**均大于理论分解电压。原因有二，其一是由于电极的极化产生了超电势，其二是由于电解池内溶液、导线等的电阻 R 引起电势降 IR。即

$$\Delta\phi(\text{实际}) = \Delta\phi(\text{理论}) + (\eta_a + |\eta_c|) + IR \tag{5-36}$$

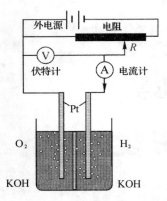

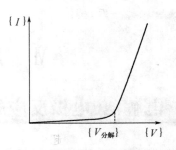

图 5-13　分解电压的测定 　　　　　　图 5-14　测定分解电压的电流-电压曲线

【例 5-15】　试计算 25℃时，101 325 Pa 下电解 H_2SO_4 水溶液的理论分解电压。已知 $E^{\ominus}(H^+|O_2)=1.229$ V。

　　解　计算 H_2SO_4 溶液的理论分解电压，即计算由电解产物 H_2 及 O_2 所构成的原电池的电动势。

$$阴极：2H^+(a)+2e^- \longrightarrow H_2(p)$$

$$阳极：H_2O(l) \longrightarrow \frac{1}{2}O_2(p)+2H^+(a)+2e$$

$$电解池反应：H_2O(l) \longrightarrow H_2(p)+\frac{1}{2}O_2(p)$$

由产物 O_2 及 H_2 构成的原电池为

$$H_2(p)|H^+(a)|O_2(p)$$

电池反应为

$$H_2(p)+\frac{1}{2}O_2(p) \longrightarrow H_2O(l)$$

产生的电动势（称为反电动势）为

$$E_{MF}=E_{MF}^{\ominus}-\frac{0.025\,69}{2} \text{ V ln} \frac{1}{[p(H_2)/p^{\ominus}][p(O_2)/p^{\ominus}]^{\frac{1}{2}}} \approx E_{MF}^{\ominus}=(1.229-0) \text{ V}=1.229 \text{ V}$$

5.13.3　电极反应的竞争

　　电解时，若在一电极上有几种反应都可能发生，那么实际上进行的是哪个反应呢？一要看反应的热力学趋势，二要看反应的速率。即既要看电极电势 E，又要看超电势 η 的大小。

　　以电解分离为例。如果电解液中含有多种金属离子，则可通过电解的方法把各种离子分开。金属离子在电解池阴极上获得电子被还原为金属而析出在电极上，若 E 越大，则金属析出的趋势越大，即越易析出。

　　例如，25 ℃时，电解含有 Ag^+、Cu^{2+}、Zn^{2+} 离子的溶液，假定溶液中各离子的活度均为 1，则

$$Ag^+(a=1)+e^- \longrightarrow Ag(s)$$

$$E(Ag^+|Ag)=E^{\ominus}(Ag^+|Ag)=0.799\,8 \text{ V}$$

$$Cu^{2+}(a=1)+2e^- \longrightarrow Cu(s)$$

$$E(Cu^{2+}|Cu)=E^{\ominus}(Cu^{2+}|Cu)=0.340\,2 \text{ V}$$

$$Zn^{2+}(a=1)+2e^- \longrightarrow Zn(s)$$

$$E(Zn^{2+} \mid Zn) = E^{\ominus}(Zn^{2+} \mid Zn) = -0.763\,0\ V$$

显然,从热力学趋势上看,析出的顺序应是 $Ag \rightarrow Cu \rightarrow Zn$。但是溶液中的 H^+ 也会在阴极上获得电子析出 H_2。假定溶液为中性,则

$$H^+(a=10^{-7})+e^- \longrightarrow \frac{1}{2}H_2(p^{\ominus})$$

$$E(H^+ \mid H_2) = -0.025\,69\ V \ln \frac{1}{10^{-7}} = -0.414\ V$$

似乎 H_2 应先于 Zn 在阴极上析出,但由于 H_2 在 Zn 电极上析出时有较大超电势,即使在低电流密度下也有 $-1\ V$ 以上的超电势,所以实际上 H_2 后于 Zn 析出(一般金属超电势很小,可以忽略不计)。

【例 5-16】 设有某电解质溶液,其中含 $0.01\ mol \cdot kg^{-1}$ $CuSO_4$ 及 $0.1\ mol \cdot kg^{-1}$ $ZnSO_4$,在 $298.15\ K$ 下进行电解。如果 Cu 及 Zn 的析出超电势可以忽略不计,试确定在阴极上优先析出的是哪种金属(设活度因子均等于 1)?

解 锌的平衡电极电势

由

$$Zn^{2+}(a)+2e^- \longrightarrow Zn(s)$$

$$\begin{aligned}
E(Zn^{2+} \mid Zn) &= E^{\ominus}(Zn^{2+} \mid Zn) - \frac{RT}{zF} \ln \frac{1}{a(Zn^{2+})} \\
&= \left(-0.763\,0 + \frac{0.059\,2}{2} \lg 0.1\right) V \\
&= -0.792\,6\ V
\end{aligned}$$

铜的平衡电极电势

由

$$Cu^{2+}(a)+2e^- \longrightarrow Cu(s)$$

$$\begin{aligned}
E[Cu^{2+}(a) \mid Cu(s)] &= E^{\ominus}(Cu^{2+} \mid Cu) - \frac{RT}{zF} \ln \frac{1}{a(Cu^{2+})} \\
&= \left(0.340\,2 + \frac{0.059\,2}{2} \lg 0.01\right) V \\
&= 0.281\,0\ V
\end{aligned}$$

$E(Cu^{2+} \mid Cu) > E(Zn^{2+} \mid Zn)$,即表示 Cu^{2+} 先于 Zn^{2+} 在阴极上还原。

【例 5-17】 $298.15\ K$ 时溶液中含有质量摩尔浓度为 $1\ mol \cdot kg^{-1}$ 的 Ag^+,Cu^{2+} 和 Cd^{2+},能否用电解方法将它们分离完全?

解 设可近似地把活度因子看做等于 1,查表可知:

$$E^{\ominus}(Ag^+ \mid Ag)(=0.799\,4\ V) > E^{\ominus}(Cu^{2+} \mid Cu)(=0.340\,2\ V) > E^{\ominus}(Cd^{2+} \mid Cd)(=-0.402\,8\ V)$$

则电解时析出的顺序为 Ag、Cu、Cd。

当阴极电势由高变低的过程中达到 $0.799\,4\ V$ 时,Ag 首先开始析出,当阴极电势降至 $0.340\,2\ V$ 时,Cu 开始析出,此时溶液中 Ag^+ 的质量摩尔浓度计算如下:

$$E(Cu^{2+} \mid Cu) = E^{\ominus}(Ag^+ \mid Ag) + \frac{RT}{F} \ln[b(Ag^+)/b^{\ominus}]$$

$$0.340\,2\ V = 0.799\,4\ V + 0.025\,69\ V \ln[b(Ag^+)/b^{\ominus}]$$

$$\ln[b(Ag^+)/b^{\ominus}] = -\left(\frac{0.799\,4 - 0.340\,2}{0.025\,69}\right)$$

则

$$b(Ag^+)/b^{\ominus} = 1.7 \times 10^{-8}$$

当阴极电势降至$-0.402\ 8$ V时，Cd开始析出，此时溶液中Cu^{2+}的质量摩尔浓度计算如下：

$$E(Cd^{2+}\mid Cd)=E^{\ominus}(Cu^{2+}\mid Cu)+\frac{RT}{zF}\ln[b(Cu^{2+})/b^{\ominus}]$$

$$-0.402\ 8V=0.340\ 2\ V+0.012\ 85\ V\ln[b(Cu^{2+})/b^{\ominus}]$$

$$-\left(\frac{0.340\ 2+0.402\ 8}{0.012\ 85}\right)=\ln[b(Cu^{2+})/b^{\ominus}]$$

则

$$b(Cu^{2+})/b^{\ominus}=1.457\times 10^{-58}$$

由上述计算结果可以看出，用电解方法可以把析出电势相差较大的离子从溶液中分离得非常完全。

【例 5-18】 今有一含有 KCl、KBr、KI 的质量摩尔浓度均为 $0.100\ 0$ mol·kg^{-1} 的溶液，放入插有 Pt 电极的多孔杯中，将此杯放入一盛有大量 $0.100\ 0$ mol·kg^{-1} 的 $ZnCl_2$ 溶液及一 Zn 电极的大器皿中。若液体接界电势可忽略不计。求 298.15 K 时下列情况所需施加的电解电压：(1) 析出 99% 的 I_2；(2) 使 Br^- 的质量摩尔浓度降至 $0.000\ 1$ mol·kg^{-1}；(3) 使 Cl^- 的质量摩尔浓度降到 $0.000\ 1$ mol·kg^{-1}。

解

阴极反应：$\qquad\qquad\qquad Zn^{2+}(a)+2e^-\longrightarrow Zn(s)$

阳极反应：$\qquad\qquad\qquad 2X^-(a)\longrightarrow X_2(p)+2e^-$

电解过程中因 $a(Zn^{2+})$ 基本不变，故阴极电极电势恒为

$$E(Zn^{2+}\mid Zn)=E^{\ominus}(Zn^{2+}\mid Zn)+\frac{RT}{zF}\ln a(Zn^{2+})$$

$$=(-0.763+\frac{1}{2}\times 0.059\ 2\lg 0.1)V$$

$$=-0.793\ V$$

(1) 析出 99% 的 I_2 时，I^- 的质量摩尔浓度降为 $0.100\times 0.010=0.001\ 0$ mol·kg^{-1}，阳极电势为

$$E(I^-\mid I_2)=E^{\ominus}(I^-\mid I_2)-\frac{RT}{F}\ln a(I^-)$$

$$=(0.535-0.059\ 2\lg 0.001\ 0)V$$

$$=0.712\ V$$

外加电压：$\qquad \Delta\phi=E(阳)-E(阴)=[0.712-(-0.793)]V=1.51\ V$

(2) 使 Br^- 的质量摩尔浓度降为 $0.000\ 1$ mol·kg^{-1} 时的阳极电势为

$$E[Br^-(a)\mid Br_2(s)]=E^{\ominus}(Br^-\mid Br_2)-\frac{RT}{F}\ln a(Br^-)$$

$$=(1.065-0.059\ 2\lg 0.000\ 1)V$$

$$=1.302\ V$$

外加电压：$\qquad \Delta\phi=E(阳)-E(阴)=[1.302-(-0.793)]V=2.09\ V$

(3) 使 Cl^- 的质量摩尔浓度降为 $0.000\ 1$ mol·kg^{-1} 时的阳极电势为

$$E[Cl^-(a)\mid Cl_2(p)]=E^{\ominus}(Cl^-\mid Cl_2)-\frac{RT}{F}\ln a(Cl^-)$$

$$=(1.358-0.059\ 2\lg 0.000\ 1)V$$

$$=1.595\ V$$

外加电压：　　$\Delta\phi=E(阳)-E(阴)=[1.595-(-0.793)]=2.388\ \text{V}$

5.14　化学电源

化学电源是把化学能转化为电能的装置（$\Delta G<0$）。电池内参加电极反应的反应物叫**活性物质**。化学电源按其工作方式可分为**一次电池**和**二次电池**。一次电池是放电到活性物质耗尽时只能废弃而不能再生的电池；而二次电池是指活性物质耗尽后，可以用其他外来直流电源进行充电而使活性物质再生的电池。二次电池又叫**蓄电池**，可以放电、充电、可反复使用多次。下面介绍几种常见的化学电源。

1. 锌锰干电池

锌锰干电池是一次电池，通称干电池。其结构如图 5-15 所示。

干电池的负极是锌，正极是石墨。石墨周围是 MnO_2，电解质是 NH_4Cl、$ZnCl_2$ 溶液。其中加入淀粉糊使之不易流动，故称"干电池"。这种电池图式为

$$Zn\,|\,NH_4Cl\,|\,MnO_2\,|\,C$$

关于干电池的电极反应机理及反应的最终产物的组成至今仍然不太清楚。一般认为它的电极反应及电池反应为

负极：$Zn+2NH_4Cl\longrightarrow Zn(NH_3)_2Cl_2+2H^++2e^-$

正极：$2MnO_2+2H^++2e^-\longrightarrow 2MnOOH$

电池反应：$Zn+2MnO_2+2NH_4Cl\longrightarrow Zn(NH_3)_2Cl_2+2MnOOH$

干电池的开路电压是 1.5 V。这种电池的优点是制

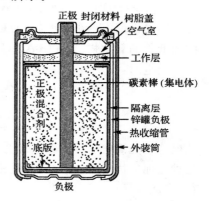

图 5-15　锌锰干电池的结构

作容易，成本低，工作温度范围宽；其缺点是实际能量密度低[1]（$20\sim 80\ \text{W}\cdot\text{h}\cdot\text{kg}^{-1}$），在电池储存不用时，电容量[2]自动下降的现象较严重。使用一定时间后，Zn 筒发生烂穿或正极活性降低，使电池报废。

2. 铅蓄电池

PbO_2 做正极，海绵状 Pb 做负极，H_2SO_4 做电解液。电池表示如下：

$$Pb(s)\,|\,H_2SO_4(\rho=1.28\ \text{g}\cdot\text{cm}^{-3})\,|\,PbO_2(s)$$

放电时：

负极：$Pb(s)+H_2SO_4(l)\longrightarrow PbSO_4(s)+2H^+(a)+2e^-$

正极：$PbO_2(s)+H_2SO_4(l)+2H^+(a)+2e^-\longrightarrow PbSO_4(s)+2H_2O(l)$

电池反应：$PbO_2(s)+Pb(s)+2H_2SO_4(l)\underset{充电}{\overset{放电}{\rightleftharpoons}}2PbSO_4(s)+2H_2O(l)$

电池电动势为 2 V。电池内 H_2SO_4 的密度随着放电的进行而降低，当电池内 H_2SO_4 的密度降至约 $1.05\ \text{g}\cdot\text{cm}^{-3}$ 时，电池电动势下降到约 1.9 V，应暂停使用。以外来直流电源充电直至 H_2SO_4 的密度恢复到约 $1.28\ \text{g}\cdot\text{cm}^{-3}$ 时为止。铅蓄电池可反复循环使用，所以称为

---

[1]　每千克电池所能提供的电能量称为电池的实际能量密度。

[2]　电池从放电开始到规定的终止电压为止所输出的电量称为电池的电容量。

二次电池或蓄电池。

铅蓄电池的优点是充放电可逆性好,电压平稳,能适用较大的电流密度,使用温度范围宽、价格低,因而是常用的蓄电池。其缺点是较笨重,实际能量密度低($15\sim40$ W·h·kg^{-1})以及对环境的污染与腐蚀严重。铅蓄电池的结构如图 5-16 所示。

3. 银锌电池

银锌电池属于碱性蓄电池,其实际能量密度可达 $90\sim150$ W·h·kg^{-1},约为铅蓄电池的 4 倍,是一种高能电池。这种电池图式为

$$Zn(s)\,|\,KOH(w_B=0.40)\,|\,Ag_2O(s)\,|\,Ag(s)$$

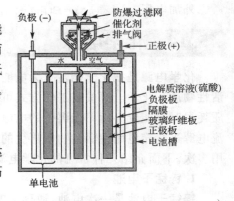

图 5-16 铅蓄电池的结构

电池的电极反应不是单一的,而是较复杂的。每一种化合物都不止一种形态,如 Ag 有高价的和低价的氧化物 Ag_2O_2、Ag_2O。

放电时:

$$负极(氧化):2Zn(s)+4OH^-(a)\longrightarrow 2Zn(OH)_2(s)+4e^-$$

$$正极(还原):Ag_2O_2(s)+2H_2O(l)+4e^-\longrightarrow 2Ag(s)+4OH^-(a)$$

$$电池反应:2Zn(s)+Ag_2O_2(s)+2H_2O(l)\Longleftrightarrow 2Ag(s)+2Zn(OH)_2(s)$$

此电池全充满电时的开路电压为 1.86 V。可做成蓄电池(二次电池),也可做成一次电池。这种电池的优点是内阻小,能量密度高,工作电压平稳,特别适合高速率放电使用,如宇宙航行、人造卫星、火箭、导弹和航空等应用,是目前使用的蓄电池中比功率最高的电池。其缺点是价格昂贵,循环寿命短,低温性能较差。目前除了做成蓄电池外,还做成"扣式"原电池,供小型电子仪器和手表使用,使用寿命为 $1\sim2.5$ 年。

4. 燃料电池

燃料在电池中直接氧化而发电的装置叫**燃料电池**(fuel cell)。这种化学电源与一般的电池不同。一般的电池是把"发电"的活性物质全部储存在电池内,而燃料电池是把燃料不断输入负极做活性物质,把氧或空气输送到正极做氧化剂,产物不断排出。正、负极不包含活性物质,只是个催化转换元件。因此燃料电池是名副其实的把化学能转化为电能的"能量转换机器"。一般燃料的利用需先经燃烧把化学能转换为热能,然后再经热机把热能转化为机械能,因此受到"热机效率"的限制。经热机转换最高的能量利用率(柴油机)不超过 40%,蒸气机火车头的能量利用率不到 10%,大部分能量都以热的形式散发到环境中去了。燃料电池由于是恒温的能量转化装置,不受热机效率的限制,能量利用率可以高达 80% 以上。除此之外,直接燃烧燃料还会污染空气,使大气中 CO_2 的含量大大增加,超过了植物光合作用移去 CO_2 的量,最终结果是大气中 CO_2 的含量逐渐增多。CO_2 具有与温室玻璃相似的性质,将发生所谓的"温室效应"。即 CO_2 分子收集的能量有助于温度的升高,地球将不断热起来,会使极冰融化而使海平面升高,造成灾难性的海水上涨。燃料电池将燃料直接氧化变为电能,既避免了温室效应又充分利用能量。另外,在开辟新的能源方面,燃料电池也具有重要意义。未来的能源将主要是原子能和太阳能。利用原子能发电,电解水产生大量的 H_2,用管道将 H_2 送到用户(工厂和家庭),或将 H_2 液化运往边远地区,通过氢-氧燃料电池

产生电能供人们使用。也可利用太阳能电池电解水生产 H_2 储存起来,在没有太阳能时可将 H_2 通过氢-氧燃料电池产生电能,克服了利用太阳能时受时间和气候变化影响的缺点。

现以碱性氢-氧燃料电池为例来说明燃料电池的原理。如图 5-17 所示,该电池图式为

$$M\,|\,H_2(p)\,|\,KOH\,|\,O_2(p)\,|\,M$$

电极反应及电池反应为

负极(氧化):$H_2(p)+2OH^-(a)\longrightarrow 2H_2O(l)+2e^-$

正极(还原):$\frac{1}{2}O_2(p)+H_2O(l)+2e^-\longrightarrow 2OH^-(a)$

电池反应:$H_2+\frac{1}{2}O_2\longrightarrow H_2O$

目前在燃料电池的研究中,以氢-氧燃料电池发展最为迅速,现在已实际用于宇宙航行和潜艇中。因为它不仅能大功率供电(可达几十千瓦),而且还具有可靠性高、无噪声,反应产物 H_2O 又能作为宇航员的饮水等优点。

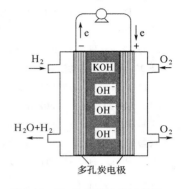

图 5-17　H_2-O_2 燃料电池示意图

习　题

5-1 把 $0.1\ mol\cdot dm^{-3}$ KCl 水溶液置于电导池中,在 25 ℃测得其电阻为 24.36 Ω。已知该水溶液的电导率为 $1.164\ S\cdot m^{-1}$,而纯水的电导率为 $7.5\times10^{-6}\ S\cdot m^{-1}$,若在上述电导池中改装入 $0.01\ mol\cdot dm^{-3}$ 的 HOAc,在 25 ℃时测得电阻为 1 982 Ω,试计算 $0.01\ mol\cdot dm^{-3}$ 的 HOAc 水溶液在 25 ℃时的摩尔电导率 Λ_m。

5-2 25 ℃时,NH_4Cl、NaOH、NaCl 的无限稀薄摩尔电导率分别为 149.9×10^{-4}、248.7×10^{-4}、$126.5\times10^{-4}\ S\cdot m^2\cdot mol^{-1}$,试计算 NH_4OH 水溶液的无限稀薄摩尔电导率。

5-3 电解质:KCl、$ZnCl_2$、Na_2SO_4、Na_3PO_4、$K_4Fe(CN)_6$ 的水溶液,质量摩尔浓度为 b。试分别写出各电解质的 $a_\pm$ 与 b 的关系(已知各电解质水溶液的离子平均活度因子为 $\gamma_\pm$)。

5-4 $CdCl_2$ 水溶液,$b=0.100\ mol\cdot kg^{-1}$ 时,$\gamma_\pm=0.219$,$K_3Fe(CN)_6$ 水溶液,$b=0.010\ mol\cdot kg^{-1}$,$\gamma_\pm=0.571$,试计算两种水溶液的 $a_\pm$。

5-5 已知在 $0.01\ mol\cdot kg^{-1}$ 的 KNO_3 水溶液(i)中,离子的平均活度因子 $\gamma_{\pm(i)}=0.916$,在 $0.01\ mol\cdot kg^{-1}$ 的 KCl 水溶液(ii)中,离子的平均活度因子 $\gamma_{\pm(ii)}=0.902$。假设 $\gamma_{K^+}=\gamma_{Cl^-}$,求在 $0.01\ mol\cdot kg^{-1}$ 的 KNO_3 水溶液中的 $\gamma(NO_3^-)$。

5-6 计算下列电解质水溶液的离子强度 I:

(1) $0.1\ mol\cdot kg^{-1}$ 的 NaCl;(2) $0.3\ mol\cdot kg^{-1}$ 的 $CuCl_2$;(3) $0.3\ mol\cdot kg^{-1}$ 的 Na_3PO_4。

5-7 计算由 $0.05\ mol\cdot kg^{-1}$ 的 $LaCl_3$ 水溶液与等体积的 $0.050\ mol\cdot kg^{-1}$ 的 NaCl 水溶液混合后,溶液的离子强度 I。

5-8 应用德拜-许克尔极限定律,计算 25 ℃时,$0.001\ mol\cdot kg^{-1}$ 的 $K_3Fe(CN)_6$ 的水溶液的离子平均活度因子。

5-9 计算 25 ℃时,$0.1\ mol\cdot kg^{-1}$ 的 $ZnSO_4$ 水溶液中,离子的平均活度及 $ZnSO_4$ 的活度。已知 25 ℃时,$\gamma_\pm=0.148$。

5-10 写出下列电极的电极反应(还原):

(1) $Pb^{2+}(a)\,|\,Pb(s)$　　　　　　　(2) $Ag^+(a)\,|\,Ag(s)$

(3) $H^+(a)\,|\,H_2(p)\,|\,Pt(s)$　　　　(4) $OH^-(a)\,|\,H_2(p)\,|\,Pt(s)$

(5) $OH^-(a)\,|\,O_2(p)\,|\,Pt(s)$　　　(6) $H^+(a)\,|\,O_2(p)\,|\,Pt(s)$

(7) $Cl^-(a)\,|\,Cl_2(p)\,|\,Pt(s)$　　　　(8) $Cl^-(a)\,|\,AgCl(s)\,|\,Ag(s)$

(9) $Sn^{4+}(a),Sn^{2+}(a)\,|\,Pt(s)$

5-11 写出下列电池的电池反应:

(1) $Pt(s)\,|\,H_2(p)\,|\,HCl(b)\,|\,Hg_2Cl_2(s)\,|\,Hg(l)$

(2) $Pt(s)\,|\,Cu^{2+}(a),Cu^+(a)\,\|\,Fe^{3+}(a),Fe^{2+}(a)\,|\,Pt(s)$

(3) $Pt(s)\,|\,H_2(p)\,|\,NaOH(b)\,|\,O_2(p)\,|\,Pt(s)$

5-12 计算下列电池在 25 ℃时的电动势:

(1) $Pt(s)\,|\,H_2(p=101\,325\ Pa)\,|\,HBr(0.5\ mol\cdot kg^{-1},\gamma_\pm=0.790)\,|\,AgBr(s)\,|\,Ag(s)$

(2) $Zn(s)\,|\,ZnCl_2(0.02\ mol\cdot kg^{-1},\gamma_\pm=0.642)\,|\,Cl_2(p=50\,663\ Pa)\,|\,Pt(s)$

(3) $Pt(s)\,|\,H_2(p=50\,663\ Pa)\,|\,NaOH(0.1\ mol\cdot kg^{-1},\gamma_\pm=0.759)\,|\,O_2(p=101\,325\ Pa)\,|\,Pt(s)$

(4) $Ag(s)\,|\,AgI(s)\,|\,CdI_2(a=0.58)\,|\,Cd(s)$

(5) $Pt(s)\,|\,H_2(p=101\,325\ Pa)\,|\,HCl(b=10^{-4}\ mol\cdot kg^{-1})\,|\,Hg_2Cl_2(s)\,|\,Hg(l)$

(6) $Pt(s)\,|\,H_2\left(\dfrac{p}{p^\ominus}=1\right)\,|\,HCl(b)\,|\,H_2\left(\dfrac{p}{p^\ominus}=386.6,\phi=1.27\right)\,|\,Pt(s)$

5-13 已知电极:$Hg_2^{2+}(a)\,|\,Hg(l)$和 $Hg^{2+}(a)\,|\,Hg(l)$在 25 ℃时,标准电极电势分别为 0.796 V 和0.851 V,计算:(1)电极反应为 $Hg^{2+}(a)+e^-=\dfrac{1}{2}Hg_2^{2+}(a)$ 的标准电极电势 $E^\ominus$;(2)反应:$Hg(l)+Hg^{2+}(a)\rightleftharpoons Hg_2^{2+}(a)$的标准平衡常数 $K^\ominus$。

5-14 在 25 ℃时,将 0.1 mol·dm^{-3}甘汞电极与醌氢醌电极组成电池:(1)若测得电池电动势为零,则被测溶液的 pH 为多少?(2)当被测溶液的 pH 大于何值时,醌氢醌电极为负极?(3)当被测溶液的 pH 小于何值时,醌氢醌电极为正极?

5-15 铅酸蓄电池:$Pb(s)\,|\,PbSO_4(s)\,|\,H_2SO_4(aq)\,|\,PbSO_4(s)\,|\,PbO_2(s)$

(1)写出电池反应;(2) H_2SO_4 质量摩尔浓度为 1 mol·kg^{-1}时,0~60 ℃时,E_{MF}与温度的关系如下:

$$E_{MF}/V=1.917\,4+56.2\times10^{-6}(t/℃)+1.08\times10^{-6}(t/℃)^2$$

计算 25 ℃时,电池反应的 $\Delta_r G_m$、$\Delta_r H_m$、$\Delta_r S_m$ 和 Q_r。

5-16 用醌氢醌电极与摩尔甘汞电极构成电池以测定一未知溶液的 pH,在 25 ℃时测得电池的电动势为 0.224 3 V,求此溶液的 pH。

5-17 25 ℃,测得下列电池电动势为 0.736 8 V:

$$Pt(s)\,|\,H_2(g,100\ kPa)\,|\,H_2SO_4(b=0.1\ mol\cdot kg^{-1})\,|\,Hg_2SO_4(s)\,|\,Hg(l)$$

求 H_2SO_4 在此溶液中的离子平均活度因子。

5-18 试用标准电极电势表 5-3 中的数据计算下列反应的标准平衡常数 $K^\ominus$。

$$Zn(s)+Cu^{2+}(a)\longrightarrow Zn^{2+}(a)+Cu(s)$$

5-19 25 ℃时有溶液(1)$a(Sn^{2+})=1.0$,$a(Pb^{2+})=1.0$;(2)$a(Sn^{2+})=1.0$,$a(Pb^{2+})=0.1$,当把金属 Pb 放入溶液中时,能否从溶液中置换出金属 Sn?

5-20 要自某溶液中析出 Zn,直至溶液中 Zn^{2+} 的质量摩尔浓度不超过 1×10^{-4} mol·kg^{-1},同时在析出的过程中不会有 $H_2(g)$逸出,问溶液的 pH 至少为多少?已知 $\eta(H_2)=-0.72$ V,并认为 $\eta(H_2)$ 与溶液中电解质的质量摩尔浓度无关。

习题答案

5-1 1.43×10^{-3} S·m^2·mol^{-1}

5-2 272.1×10^{-4} S·m^2·mol^{-1}

5-3 $a_\pm=\gamma_\pm b/b^\ominus$,$a_\pm=4^{1/3}\gamma_\pm b/b^\ominus$,$a_\pm=4^{1/3}\gamma_\pm b/b^\ominus$,$a_\pm=27^{1/4}\gamma_\pm b/b^\ominus$,$a_\pm=256^{1/5}\gamma_\pm b/b^\ominus$

5-4 $3.48 \times 10^{-2}, 1.30 \times 10^{-2}$

5-5 0.930

5-6 (1) $0.1 \text{ mol} \cdot \text{kg}^{-1}$; (2) $0.9 \text{ mol} \cdot \text{kg}^{-1}$; (3) $1.8 \text{ mol} \cdot \text{kg}^{-1}$

5-7 $0.175 \text{ mol} \cdot \text{kg}^{-1}$

5-8 0.762

5-9 $0.0148, 2.19 \times 10^{-4}$

5-12 (1) 0.1190 V; (2) 2.26 V; (3) 1.220 V; (4) -0.2577 V; (5) 0.504 V; (6) -0.0796 V

5-13 (1) 0.9059 V; (2) $K^{\ominus} = 72.24$

5-14 (1) 6.2; (2) >6.2; (3) <6.2

5-15 $-370.3 \text{ kJ} \cdot \text{mol}^{-1}, 21.3 \text{ J} \cdot \text{K}^{-1} \text{ mol}^{-1}, -367 \text{ kJ} \cdot \text{mol}^{-1}, 3.257 \text{ kJ} \cdot \text{mol}^{-1}$

5-16 3.298

5-17 0.249

5-18 1.95×10^{37}

5-19 (1)不能；(2)能

5-20 >2.73

第6章

界面性质与分散性质

6.0 界面性质与分散性质研究的内容

6.0.1 界面性质研究的内容

1. 界面层及分散度

（1）界面层

存在于两相之间的厚度约为几个分子大小（纳米级）的一薄层，称为**界面层**（interface layer），简称**界面**（interface）。通常有液-气、固-气、固-液、液-液、固-固等界面。固-气界面及液-气界面亦称为**表面**（surface）。

在界面层内有与相邻的两个体相不同的热力学及动力学性质。其强度性质沿着界面层的厚度连续地递变。

由于界面层两侧不同相中分子间作用力不同，因此界面层中的分子处于一种不对称的力场之中，受力不均匀，如图 6-1 所示。液体的内部分子受周围分子的吸引力是对称的，各个方向的引力彼此抵消，总的受力效果是合力为零。但处于表面层的分子受周围分子的引力是不均匀、不对称的，可以看出，由于分子稀薄，气相分子对液体表面层分子的引力小于液体表面层分子受本体相分子的引力，故液体表面层分子所受合力不为零，

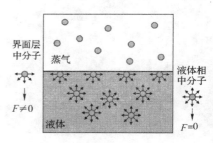

图 6-1 界面层分子与液体相分子所处状态不同

而是受到一个指向液体内部的拉力 F 的作用。该合力 F 力图把表面分子拉入液体内部，因而表现出液体表面有自动收缩的趋势；另一方面，由于界面上不对称力场的存在，使得界面层分子有自发与外来分子发生化学或物理结合的趋势，借以补偿力场的不对称性。许多重要的现象，如毛细管现象、润湿作用、液体过热、蒸气过饱和、吸附作用等均与上述两种趋势相关。

（2）分散度

把物质分散成细小微粒的程度，称为**分散度**（dispersity）。通常采用**体积表面**（volume surface）或**质量表面**（massic surface）来表示分散度的大小，其定义为：单位体积或单位质量的物质所具有的表面积，分别用符号 a_V 及 a_m 表示，即

$$a_V \overset{\text{def}}{=\!=} \frac{A_s}{V} \tag{6-1}$$

$$a_m \overset{\text{def}}{=\!=} \frac{A_s}{m} \tag{6-2}$$

式中，A_s、V、m 分别为物质的总表面积、体积和质量。

高度分散的物质系统具有巨大的表面积。例如，将边长为 10^{-2} m 的立方体物质颗粒，分割成边长为 10^{-9} m 的小立方体微粒时，其总表面积和体积表面将增加一千万倍。高度分散、具有巨大表面积的物质系统，往往产生明显的界面效应，因此必须充分考虑界面效应对系统性质的影响。

2. 界面层研究的内容

界面层的研究始于化学领域，但又涉及许多物理现象。它研究的内容就是由于界面层分子受力不均而导致的界面现象，这些现象所遵循的规律有的属于热力学范畴的平衡规律，有的属于动力学范畴的速率规律，有的与物质的结构及性质有关。

6.0.2　分散性质研究的内容

1. 分散系统的定义

一种或几种物质分散在另一种物质中所构成的系统叫**分散系统**（dispersed system）。

被分散的物质叫**分散质**（dispersed matter）。对非均相分散系统，分散质又称为**分散相**（dispersed phase）。起分散作用的物质叫**分散介质**（dispersed medium）。

2. 分散系统的分类

分散系统的分类是错综复杂的。

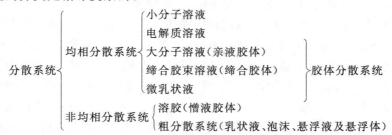

均相分散系统的分散质通常叫**溶质**（solute），分散介质通常叫**溶剂**（solvent），这样的分散系统也叫**溶液**（solution）。例如小分子溶液、大分子溶液、电解质溶液等。对溶质、溶剂不加区分的均相分散系统称之为**混合物**（mixture）。小分子溶液、电解质溶液的分散质质点大小为 1 nm 以下，且透明，不发生散射现象，溶质扩散速度快，是热力学稳定系统。但大分子溶液的分散质质点的线尺寸在 1～1 000 nm，扩散慢，也是均相的热力学稳定系统。此外，微乳状液的分散质粒子大小在 10～100 nm，也是均相的热力学稳定系统。

3. 胶体分散系统及粗分散系统的分类

（1）按分散质的质点大小分类

分散质的质点大小在 1～1 000 nm（10^{-9}～10^{-6} m）的分散系统称为**胶体分散系统**（colloid dispersed system），即介观系统；分散相的质点大小超过 1 μm（10^{-6} m）的分散系统则称为**粗分散系统**（coarse dispersed system）。

（2）按分散相及分散介质的聚集态分类

分类见表 6-1。

表 6-1　　　非均相分散系统的分类（按分散相及分散介质的聚集态分类）

分散相	分散介质	通称	举例
气	液	泡沫	肥皂及灭火泡沫
液	液	乳状液	牛奶及含水原油
固	液	溶胶或悬浮液	银溶胶、油墨、泥浆、钻井液
气	固	固体泡沫	沸石、泡沫玻璃、泡沫金属
液	固		珍珠
固	固		加颜料的塑料
液	气	气溶胶	雾
固	气	悬浮体	烟、尘、沙尘暴

4. 胶体分散系统及粗分散系统研究的对象

按 IUPAC 关于胶体分散系统的定义，认为分散质可以是一种物质也可以是多种物质，可以是由许许多多的原子或分子（通常是 $10^3 \sim 10^9$ 个）组成的粒子，也可以是一个大分子，只要它们至少有一维空间的尺寸（即线尺寸）在 $1 \sim 1\ 000$ nm（即 $10^{-9} \sim 10^{-6}$ m）并分散于分散介质之中，即构成胶体分散系统。按此定义，胶体分散系统应包括：**溶胶**（colloid or sol）、**缔合胶束溶液**（associated micelle solution）（也叫**胶体电解质溶液**（colloidal electrolyte）、**大分子溶液**（macromolecular solution），以及**微乳状液**（microemulsion）。

溶胶，一般是由许许多多原子或分子聚集成的，三维空间尺寸均在 $1 \sim 1\ 000$ nm 的粒子（分散相），分散于另一相分散介质之中，且与分散介质间存在相的界面的分散系统，其主要特征是高度分散的、多相的、热力学不稳定系统，也叫**憎液胶体**（lyophobic colloid）。

缔合胶束溶液，通常是由结构中含有非极性的碳氢化合物部分和较小的极性基团（通常能电离）的电解质分子（如离子型表面活性剂分子）缔合而成，通常称为**胶束**（micelle）。胶束可以是球状、层状或棒状（分散质）等，其三维空间尺寸也是 $1 \sim 1\ 000$ nm，而溶于分散介质之中，形成高度分散的、均相的、热力学稳定系统，也叫**缔合胶体**（associated colloid）。

大分子溶液，是一维空间尺寸（线尺寸）在 $1 \sim 1\ 000$ nm 的大分子（蛋白质分子、高聚物分子等分散质），溶于分解介质之中，成为高度分散的、均相的、热力学稳定系统。在性质上它与溶胶又有某些相似之处（如扩散慢、大分子不通过半透膜），所以把它称为**亲液胶体**（lyophilic colloid），也作为胶体分散系统研究的对象。

显然，把胶体分散系统称为胶体溶液是不正确的，因为胶体分散系统中包括溶胶，而溶胶不是均相的，不能称为溶液。

粗分散系统包括**乳状液**（emulsion）、**泡沫**（foam）、**悬浮液**（suspension）及**悬浮体**（suspeded matter）等，它们都是非均相分散系统，在性质及研究方法上与胶体分散系统有许多相似之处，故列入同一部分予以讨论。而微乳状液按其粒子大小不属于粗分散系统，而属于胶体分散系统。这部分内容限于学时，本书不作讨论。

Ⅰ　界面性质

6.1　表面张力、表面能

6.1.1　表面功及表面张力

以液-气组成的系统为例。由于液体表面层中的分子受到一个指向体相的拉力,若将体相中的分子移到液体表面以扩大液体的表面积,则必须由环境对系统做功,这种为扩大液体表面所做的功称为**表面功**(surface work),它是一种非体积功(W')。在可逆条件下,环境对系统做的表面功($\delta W'_r$)与使系统增加的表面积 dA_s 成正比,即

$$\delta W'_r = \sigma dA_s \tag{6-3}$$

式中,比例系数 σ 为增加液体单位表面积时,环境对系统所做的功。

因 σ 的单位是 $J \cdot m^{-2} = N \cdot m \cdot m^{-2} = N \cdot m^{-1}$,即作用在表面上单位长度上的力,故称 σ 为**表面张力**(surface tension)。

6.1.2　表面张力的作用方向与效果

如图 6-2 所示,在一金属框上有可以滑动的金属丝,将此丝固定后沾上一层肥皂膜,这时若放松金属丝,该丝就会在液膜的表面张力作用下自动右移,即导致液膜面积缩小。若施加作用力 F 对抗表面张力 σ 使金属丝左移 dl,则液面增加 $dA_s = 2Ldl$(注意有正、反两个表面),对系统做功 $\delta W'_r = Fdl = \sigma dA_s = \sigma 2Ldl$。所以有

$$\sigma = \frac{F}{2L} \tag{6-4}$$

由此可见,表面张力是垂直作用于表面上单位长度的收缩力,其作用的结果是使液体表面积缩小,其方向对于平液面是沿着液面并与液面平行(图 6-2),对于弯曲液面则与液面相切(图 6-3)。

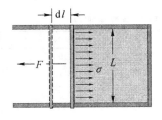

图 6-2　表面张力实验示意图

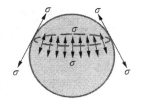

图 6-3　球形液面的表面张力

6.1.3　高度分散系统的热力学基本方程

对于**高度分散系统**(high dispersed system),其具有巨大的表面积并存在着除压力外的

其他广义力即表面张力,会产生明显的表面效应,因此必须考虑系统表面积对系统状态函数的贡献。于是,对组成可变的高度分散的多组分敞开系统,若系统中只有 α、β 两相及一种界面相,且各相 T 相同,p 亦相同,当考虑表面效应时,则其热力学基本方程式(1-161)变为

$$dU = TdS - pdV + \sigma dA_s + \sum_{\alpha} \sum_{B} \mu_B^{\alpha} dn_B^{\alpha} \tag{6-5}$$

相应还有

$$dH = TdS + Vdp + \sigma dA_s + \sum_{\alpha} \sum_{B} \mu_B^{\alpha} dn_B^{\alpha} \tag{6-6}$$

$$dA = -SdT - pdV + \sigma dA_s + \sum_{\alpha} \sum_{B} \mu_B^{\alpha} dn_B^{\alpha} \tag{6-7}$$

$$dG = -SdT + Vdp + \sigma dA_s + \sum_{\alpha} \sum_{B} \mu_B^{\alpha} dn_B^{\alpha} \tag{6-8}$$

式中,"dA_s"表示表面积的微变。

6.1.4 高度分散系统的表面能

由式(6-7)及式(6-8)有

$$\sigma = \left(\frac{\partial A}{\partial A_s}\right)_{T,V,n_B^{\alpha}} = \left(\frac{\partial G}{\partial A_s}\right)_{T,p,n_B^{\alpha}} \tag{6-9}$$

式(6-9)表明,σ 等于在定温、定容、定组成(或定温、定压、定组成)下,增加单位表面面积时系统亥姆霍茨自由能(或吉布斯自由能)的增加,因此 σ 又称为单位表面亥姆霍茨自由能或单位表面吉布斯自由能,简称**单位表面自由能**(unit surface free energy)。

在定温、定压、定组成下,由式(6-8),有

$$dG_{T,p,n_B} = \sigma dA_s \tag{6-10}$$

$dG_{T,p} < 0$ 的过程是自发过程,所以定温、定压下凡是使 A_s 变小(表面收缩)或使 σ 下降(吸附外来分子)的过程都会自发进行。这是产生表面现象的热力学原因。

6.1.5 影响表面张力的因素

1. 分子间力的影响

表面张力与物质的本性和所接触相的性质有关(表 6-2)。液体或固体中的分子间的相互作用力或化学键力越大,表面张力越大。一般符合以下规律:

$$\sigma(金属键) > \sigma(离子键) > \sigma(极性共价键) > \sigma(非极性共价键)$$

表 6-2　　　　某些液体、固体的表面张力和液-液界面张力

物质	$\sigma/(10^{-3}\ N \cdot m^{-1})$	T/K	物质	$\sigma/(10^{-3}\ N \cdot m^{-1})$	T/K
水(液)	72.75	293	W(固)	2 900	2 000
乙醇(液)	22.75	293	Fe(固)	2 150	1 673
苯(液)	28.88	293	Fe(液)	1 880	1 808
丙酮(液)	23.7	293	Hg(液)	485	293
正辛醇(液/水)	8.5	293	Hg(液/水)	415	293
正辛酮(液)	27.5	293	KCl(固)	110	298
正己烷(液/水)	51.1	293	MgO(固)	1 200	298
正己烷(液)	18.4	293	CaF_2(固)	450	78
正辛烷(液/水)	50.8	293	He(液)	0.308	2.5
正辛烷(液)	21.8	293	Xe(液)	18.6	163

同一种物质与不同性质的其他物质接触时,表面层中分子所处力场不同,导致表面(界面)张力出现明显差异。一般液-液界面张力介于该两种纯液体表面张力之间。

2. 温度的影响

表面张力一般随温度升高而降低。这是由于随温度升高,液体与气体的密度差减小,使表层分子受指向液体内部的拉力减小。对于非极性非缔合的有机液体,其 σ 与 T 有如下经验线性关系式:

$$\sigma\left(\frac{M_B}{\rho_B}\right)^{2/3} = k'(T_c - T - 6\ \text{K}) \tag{6-11}$$

式中,M_B、ρ_B 为液体 B 的摩尔质量及密度;T_c 为临界温度;k' 为经验常数。

3. 压力的影响

表面张力一般随压力增加而下降。这是由于随压力增加,气相密度增大,同时气体分子更多地被液面吸附,并且气体在液体中溶解度也增大,以上三种效果均使 σ 下降。

6.2　液体表面的热力学性质

6.2.1　弯曲液面的附加压力

弯曲液面可分为两种:凸液面(如气相中的液滴)和凹液面(如液体中的气泡),如图 6-4 所示为球形弯曲液面。由于弯曲液面及表面张力的作用,弯曲液面的两侧存在一压力差 Δp,称为弯曲液面的**附加压力**(excess pressure),如图 6-5 所示,定义为

$$\Delta p \xlongequal{\text{def}} p_\alpha - p_\beta \tag{6-12}$$

式中,p_α 和 p_β 分别代表弯曲液面两侧 α 相和 β 相的压力。

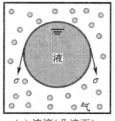
(a) 液滴(凸液面)

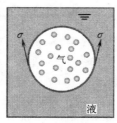
(b) 气泡(凹液面)

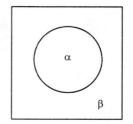

图 6-4　球形弯曲液面　　　　图 6-5　α、β 两相平衡(球形弯曲液面)

当 α 相为球状(液滴或气泡)纯物质,半径为 r_α,根据高度分散系统的热力学基本方程式(6-7),可以得

$$\Delta p = p_\alpha - p_\beta = \frac{2\sigma}{r_\alpha} \tag{6-13}$$

式(6-13)称为**杨－拉普拉斯方程**(Young-Laplace equation)。

式(6-13)表明,σ 越大,液滴或气泡越小,Δp 越大。

数学上定义曲率半径 r 为正值。于是由拉普拉斯方程可得:

若 α 为液相,β 为气相,即液面为凸面:因为 $\Delta p > 0$,所以 $p_l > p_g$,附加压力指向液体

[图 6-6(a)]；

若 α 为气相，β 为液相，即液面为凹面：因为 $\Delta p > 0$，所以 $p_1 < p_g$，附加压力指向气体 [图 6-6(b)]；

液面为平面：$r = \infty$，$\Delta p = 0$，$p_1 = p_g$[图 6-6(c)]。

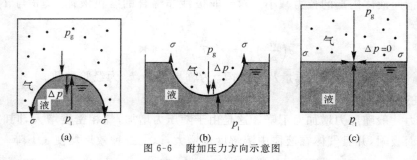

图 6-6 附加压力方向示意图

可见，附加压力 Δp 的作用方向总是指向球面的球心（或曲面的曲心）。

对任意弯曲液面，若其形状由两个曲率半径 r_1 和 r_2 决定，则式(6-13)变为

$$\Delta p = \sigma \left(\frac{1}{r_1} + \frac{1}{r_2} \right) \tag{6-14}$$

【例 6-1】 试解释为什么自由液滴或气泡（即不受外加力场影响时）通常都呈球形。

解 若自由液滴或气泡呈现不规则形状，如图 6-7所示，则在曲面上的不同部位，曲面的弯曲方向及曲率各不相同，产生的附加压力的方向和大小也不同。在凸面处附加压力指向液滴内部，而凹面处附加压力的指向则相反，这种不平衡力必迫使液滴自动调整形状，最终呈现球形。因为只有呈现球形，球面的各点曲率才相同，各处的附加压力也相同，相互抵消，合力为零，处于平衡，液滴或气泡才会稳定存在。

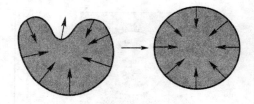

图 6-7 不规则自由液滴或气泡自发呈球形

6.2.2 弯曲液面的饱和蒸气压

平液面的饱和蒸气压只与物质的本性、温度及压力有关，而弯曲液面的饱和蒸气压不仅与物质的本性、温度，以及压力有关，而且还与液面弯曲程度（曲率半径 r 的大小）有关。由热力学推导，可以得出液面的曲率半径 r 对蒸气压影响的关系式如下：

$$\ln \frac{p_r^*}{p^*} = \frac{2\sigma}{r} \frac{M_B}{\rho_B RT} \quad （凸液面） \tag{6-15}$$

及

$$\ln \frac{p_r^*}{p^*} = -\frac{2\sigma}{r} \frac{M_B}{\rho_B RT} \quad （毛细管中凹液面） \tag{6-16}$$

式中，p^*、p_r^* 为纯物质平液面及弯曲液面的饱和蒸气压；M_B、ρ_B 为液体的摩尔质量及密度；σ

为液体的表面张力;r 为弯曲液面的曲率半径。式(6-15)及式
(6-16)称为**开尔文方程**(Kelvin equation)。

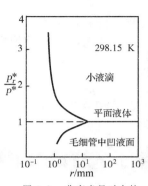

图 6-8　曲率半径对水的蒸气压的影响

显然对小液滴,由式(6-15),

$$r > 0, \ln(p_r^*/p^*) > 0, \quad p_r^* > p^*$$

对毛细管中凹液面,由式(6-16),

$$r > 0, \ln(p_r^*/p^*) < 0, \quad p_r^* < p^*$$

因此,由开尔文方程可知,p_r^*(液滴)$> p^*$(平液面)$> p_r^*$(毛细管中
凹液面),且曲率半径 r 越小,偏离程度越大,如图6-8所示。对液体内
部由气泡形成的凹液面,其饱和蒸气压情况复杂,本书不多加讨论。

【例 6-2】 水的表面张力与温度的关系为

$$\sigma/(10^{-3} \text{ N} \cdot \text{m}^{-1}) = 75.64 - 0.14 \, (t/℃)$$

现将 10 kg 纯水在 303 K 及 101 325 Pa 条件下定温定压可逆分散成半径为 $r = 10^{-8}$ m 的球
形雾滴,计算:(1)环境所消耗的非体积功;(2)小雾滴的饱和蒸气压;(3)该雾滴所受的附加
压力。(已知 303 K、101 325 Pa 时,水的密度为 995 kg · m^{-3},不考虑分散度对水的表面张
力的影响,303 K 时水的 $p^* = 4\ 242.9$ Pa)。

解　(1)本题非体积功即表面功 $W_r' = \sigma \Delta A_s$

$$\sigma/(10^{-3} \text{ N} \cdot \text{m}^{-1}) = 75.64 - 0.14 \times (303 - 273) = 71.44$$

设雾滴半径为 r,个数为 N,则

$$\Delta A_s \approx N \times 4\pi r^2 = \frac{10 \text{ kg} \times 4\pi r^2}{\frac{4}{3}\pi r^3 \rho_B} = 3 \times 10 \text{ kg}/r\rho_B$$

所以

$$W_r' = \frac{3 \times 10 \text{ kg} \times 71.44 \times 10^{-3} \text{ N} \cdot \text{m}^{-1}}{1 \times 10^{-8} \text{ m} \times 995 \text{ kg} \cdot \text{m}^{-3}} = 215 \text{ kJ}$$

(2)依据开尔文方程式(6-15)

$$\ln \frac{p_r^*}{p^*} = \frac{2\sigma M_B}{r\rho_B RT} = \frac{2 \times 71.44 \times 10^{-3} \text{ N} \cdot \text{m}^{-1} \times 18 \times 10^{-3} \text{ kg} \cdot \text{mol}^{-1}}{1 \times 10^{-8} \text{ m} \times 995 \text{ kg} \cdot \text{m}^{-3} \times 8.314\ 5 \text{ J} \cdot \text{mol}^{-1} \cdot \text{K}^{-1} \times 303 \text{ K}} = 0.102\ 6$$

所以

$$\frac{p_r^*}{p^*} = 1.108\ 1$$

$$p_r^* = 1.108\ 1 \times 4\ 242.9 \text{ Pa} = 4701.6 \text{ Pa}$$

(3)

$$\Delta p = \frac{2\sigma}{r} = \frac{2 \times 71.44 \times 10^{-3} \text{ N} \cdot \text{m}^{-1}}{1 \times 10^{-8} \text{ m}} = 1.43 \times 10^7 \text{ Pa}$$

【例 6-3】 20 ℃时,苯的蒸气结成雾,雾滴(为球形)半径 $r = 10^{-6}$ m,20 ℃时苯的表面张
力 $\sigma = 28.9 \times 10^{-3}$ N · m^{-1},密度 $\rho_B = 879$ kg · m^{-3},苯的正常沸点为 80.1 ℃,摩尔汽化焓
$\Delta_{vap} H_m = 33.9$ kJ · mol^{-1},且可视为常数。计算 20 ℃ 时苯雾滴的饱和蒸气压。

解　设 20 ℃ 时,苯为平液面时的蒸气压为 p_B^*,正常沸点时的大气压力为 101 325 Pa,
则由克 - 克方程式(2-9):

$$\ln \frac{p_B^*}{101\ 325 \text{ Pa}} = -\frac{\Delta_{vap} H_m^*}{R}\left(\frac{1}{293.15 \text{ K}} - \frac{1}{353.25 \text{ K}}\right)$$

将 $\Delta_{vap} H_m^*$ 和 R 值代入上式,求出

$$p_B^* = 9\ 151 \text{ Pa}$$

设 20 ℃时,半径 $r = 10^{-6}$ m 的雾滴表面的蒸气压为 $p_{B,r}^*$,依据开尔文方程得

$$\ln \frac{p_{B,r}^*}{p_B^*} = \frac{2\sigma M_B}{rRT\rho_{B,r}}$$

所以

$$\ln \frac{p_{B,r}^*}{9\ 151\ \text{Pa}} = \frac{2 \times 28.9 \times 10^{-3}\ \text{N} \cdot \text{m}^{-1} \times 78.0 \times 10^{-3}\ \text{kg} \cdot \text{mol}^{-1}}{10^{-6}\ \text{m} \times 8.314\ 5\ \text{J} \cdot \text{mol}^{-1} \cdot \text{K}^{-1} \times 293.15\ \text{K} \times 879\ \text{kg} \cdot \text{m}^{-3}} = 2.10 \times 10^{-3}$$

解得
$$p_{B,r}^* = 9\ 170\ \text{Pa}$$

6.2.3 润湿及其类型

1. 润湿

润湿(wetting)是指固体表面上的气体(或液体)被液体(或另一种液体)取代的现象。其热力学定义是:固体与液体接触后,系统的吉布斯自由能降低(即 $\Delta G < 0$)的现象。润湿类型有三种:**沾附润湿**(adhesion wetting)、**浸渍润湿**(dipping wetting)、**铺展润湿**(spreading wetting)。其区别在于被取代的界面不同,因而单位界面自由能 σ 的变化亦不同。如图 6-9 所示。

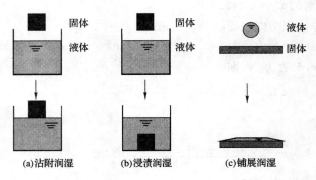

图 6-9　润湿的三种形式

设被取代的界面为单位面积,单位界面自由能分别为 $\sigma(s/g)$、$\sigma(l/g)$ 及 $\sigma(s/l)$,则三种润湿过程,系统在定温、定压下吉布斯自由能的变化分别为

$$\Delta G_{a,w} = \sigma(s/l) - [\sigma(s/g) + \sigma(l/g)] \tag{6-17}$$

$$\Delta G_{d,w} = \sigma(s/l) - \sigma(s/g) \tag{6-18}$$

$$\Delta G_{s,w} = [\sigma(s/l) + \sigma(l/g)] - \sigma(s/g) ① \tag{6-19}$$

下标"a,w"、"d,w"、"s,w" 分别表示沾附润湿、浸渍润湿和铺展润湿。利用式(6-17)～ 式(6-19)可以判断定温、定压下三种润湿能否自发进行。例如,若 $\sigma(s/g) > [\sigma(s/l) + \sigma(l/g)]$,则 $\Delta G_{s,w} < 0$,液体可自行铺展于固体表面上。由式(6-17)～ (6-19)还可以看出,对于指定系统,有

$$-\Delta G_{s,w} < -\Delta G_{d,w} < -\Delta G_{a,w}$$

因此对于指定系统,在定 T、p 下,若能发生铺展润湿,必能进行浸渍润湿,更易进行沾附润湿。定义

---

① 由于液滴很小,其 $\sigma(l/g)$ 被忽略。

$$s \stackrel{\text{def}}{=\!=\!=} \sigma(\mathrm{s/g}) - [\sigma(\mathrm{s/l}) + \sigma(\mathrm{l/g})] \tag{6-20}$$

s 称为**铺展系数**(spreading coefficients)。显然,若 $s > 0$,则液体可自行铺展于固体表面。两种液体接触后能否铺展,同样可用 s 来判断。

2. 接触角(润湿角)

液体在固体表面上的润湿现象还可用接触角来描述,如图 6-10 所示。

由接触点 O 沿液-气界面作的切线 OP 与固-液界面 ON 间的夹角 θ 称为**接触角**(contact angle),或叫**润湿角**。当液体对固体润湿达平衡时,则在 O 点处必有

$$\sigma(\mathrm{s/g}) = \sigma(\mathrm{s/l}) + \sigma(\mathrm{l/g})\cos\theta \tag{6-21}$$

此式称为**杨**(Young)方程。

习惯上,$\theta < 90°$ 为润湿,$\theta > 90°$ 为不润湿。

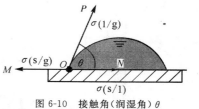

图 6-10　接触角(润湿角)θ

润湿作用有广泛的实际应用。如在喷洒农药、机械润滑、矿物浮选、注水采油、金属焊接、印染,以及洗涤等方面皆涉及与润湿理论有密切关系的技术。

【例 6-4】　氧化铝瓷件上需要披银,当烧到 1 000 ℃时,液态银能否铺展于氧化铝瓷件表面? 已知1 000 ℃时 $\sigma[\mathrm{Al_2O_3(s)/g}] = 1 \times 10^{-3}\ \mathrm{N \cdot m^{-1}}$,$\sigma[\mathrm{Ag(l)/g}] = 0.92 \times 10^{-3}\ \mathrm{N \cdot m^{-1}}$,$\sigma[\mathrm{Ag(l)/Al_2O_3(s)}] = 1.77 \times 10^{-3}\ \mathrm{N \cdot m^{-1}}$。

解　方法(1)　根据式(6-21),得

$$\cos\theta = \frac{\sigma(\mathrm{s/g}) - \sigma(\mathrm{s/l})}{\sigma(\mathrm{l/g})} = \frac{(1 \times 10^{-3} - 1.77 \times 10^{-3})\mathrm{N \cdot m^{-1}}}{0.92 \times 10^{-3}\ \mathrm{N \cdot m^{-1}}} = -0.837$$

$$\theta = 147° > 90°$$

所以不润湿,就更不能铺展。

方法(2)　根据式(6-20),得

$$s = \sigma(\mathrm{s/g}) - \sigma(\mathrm{s/l}) - \sigma(\mathrm{l/g})$$
$$= (1 - 1.77 - 0.92) \times 10^{-3}\ \mathrm{N \cdot m^{-1}}$$
$$= -1.69 \times 10^{-3}\ \mathrm{N \cdot m^{-1}} < 0$$

所以不铺展。

6.2.4　毛细管现象

将毛细管插入液面后,会发生液面沿毛细管上升(或下降)的现象,称为**毛细管现象**。若液体能润湿管壁,即 $\theta < 90°$,管内液面将呈凹形,此时液体在毛细管中上升,如图 6-11(a)所示;反之,若液体不能润湿管壁,即 $\theta > 90°$,管内液面将呈凸形,此时液体在毛细管中下降,如图 6-11(b)所示。

产生毛细管现象的原因是毛细管内的弯曲液面存在附加压力 Δp。以毛细管上升为例,由于 Δp 指向大气,使得管内凹液面下的液体承受的压力小于管外水平液面下液体所承受的压力,故液体被压入管内,直到上升的液柱产生的静压力 $\rho_{\mathrm{B}}gh$ 等于 Δp 时,达到力的平衡态,即

$$\rho_{\mathrm{B}}gh = \Delta p = \frac{2\sigma}{r} \tag{6-22}$$

由图 6-12 可以看出,润湿角 θ 与毛细管半径 R 及弯曲液面的曲率半径 r 间的关系为

$$\cos\theta = \frac{R}{r}$$

将此式代入式(6-22),可得到液体在毛细管内上升(或下降)的高度

$$h = \frac{2\sigma\cos\theta}{\rho_B g R} \tag{6-23}$$

式中,σ为液体表面张力;ρ_B为液体密度;g为重力加速度。

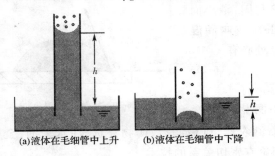

(a)液体在毛细管中上升　(b)液体在毛细管中下降

图6-11　毛细管现象

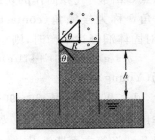

图6-12　润湿角θ与毛细管半径R及弯曲液面曲率半径r的关系

6.3　新相生成与亚稳状态

6.3.1　新相生成

　　新相生成是指在系统中原有的旧相内生成新的相态。例如,从蒸气中凝结出小液滴,从液体中形成小气泡,从溶液中结晶出小晶体等都是新相生成过程。这些新相生成过程,在没有其他杂质存在下,通常分为两步:首先要形成新相种子核心,即由若干数目的旧相中的分子集合成分子集团——核的形成过程;然后分子集团再进一步长大成为小气泡、小液滴、小晶体——核的成长过程。由于在旧相中形成新相,产生相界面,且为高度分散系统,因此有巨大的界面能,产生新相的过程中系统的能量明显提高。从热力学上看,这一过程是不可能自发进行的,故新相生成是十分困难的,从而常出现过饱和、过热、过冷等界面现象。

6.3.2　亚稳状态

　　一定温度下,当蒸气分压超过该温度下的饱和蒸气压,而蒸气仍不凝结的现象,叫蒸气的**过饱和现象**(supersaturated phenomena of vapor),此时的蒸气称为**过饱和蒸气**(supersaturated vapor)。

　　在一定温度、压力下,当溶液中溶质的浓度已超过该温度、压力下的溶质的溶解度,而溶质仍不析出的现象,叫**溶液的过饱和现象**(supersaturated phenomena of solution),此时的溶液称为**过饱和溶液**(supersaturated solution)。

　　在一定的压力下,当液体的温度高于该压力下液体的沸点,而液体仍不沸腾的现象,叫**液体的过热现象**(superheated phenomena of liquid),此时的液体称为**过热液体**(superheated liquid)。

　　在一定压力下,当液体的温度已低于该压力下液体的凝固点,而液体仍不凝固的现象,

叫**液体的过冷现象**（supercooled phenomena of liquid），此时的液体称为**过冷液体**（super-cooled liquid）。

上述过饱和蒸气、过饱和溶液、过热液体、过冷液体所处的状态均属**亚稳状态**（metastable state），它们不是热力学平衡态，不能长期稳定存在，但在适当条件下能稳定存在一段时间，故称为亚稳状态。

6.4 吸附作用

6.4.1 溶液界面上的吸附

1. 溶液的表面张力

当溶剂中加入溶质成为溶液后，比之纯溶剂，溶液的表面张力会发生改变，或者升高或者降低。如图6-13所示，在水中加入无机酸、碱、盐及蔗糖和甘油等，使水的 σ 略为升高（曲线 I）；加入有机酸、醇、醛、醚、酮等使水的 σ 有所降低（曲线 II）；加入肥皂、合成洗涤剂等使水的 σ 大大下降（曲线 III）。

通常，把能显著降低液体表面张力的物质称为该液体的**表面活性剂**（surface active agent）。

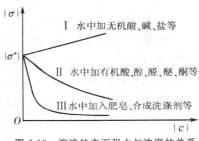

图 6-13 溶液的表面张力与浓度的关系

2. 溶液界面上的吸附与吉布斯模型

溶质在界面层中比体相中相对**浓集或贫乏**的现象称为**溶液界面上的吸附**，前者叫**正吸附**（positive adsorption），后者叫**负吸附**（negative adsorption）。

吉布斯设想一个模型来说明界面层中的吸附现象。

考虑一个多组分的两相吸附平衡系统[图6-14(a)]。α 与 β 或同为液相，或其中之一为气相。在两相之间为界面层 S。设任一组分 B 在两体相中的物质的量浓度是均匀的，分别以 c_B^{α} 和 c_B^{β} 表示。然而在界面层中，物质的量浓度由 c_B^{α} 沿着垂直界面层的高度 h 连续变化到 c_B^{β}[图 6-14(b)]。为定量考查界面层与体相浓度的差别，吉布斯提出了一个模型[图6-14(c)]：在界面层中高度为 h_0 处画一无厚度、无体积但有面积的假想的二维几何平面 σ，称为**表面相**（surface phase），将系统的体积 V 分为 V^{α} 和 V^{β} 两部分（$V=V^{\alpha}+V^{\beta}$）。根据此模型，可获得系统中组分 B 的物质的量的计算值为（$c_B^{\alpha}V^{\alpha}+c_B^{\beta}V^{\beta}$）。由于界面层中物质的量浓度的变化，它与实际系统中组分 B 的物质的量 n_B 不相等。若实际的物质的量与按假设分界面计算的物质的量之差以 n_B^{σ} 表示[①]，即

$$n_B^{\sigma} \xmapsto{\text{def}} n_B - (c_B^{\alpha}V^{\alpha} + c_B^{\beta}V^{\beta}) \tag{6-24}$$

定义

---

① 由式(6-24)看出，n_B^{σ} 的数值与 V^{α} 及 V^{β} 的大小有关，即与划分 V^{α} 及 V^{β} 的几何平面 σ 的位置 h_0 有关。因此若不规定 σ 的位置，n_B^{σ} 及 Γ_B 都是不确定的。吉布斯是这样选择 h_0 的：使某一组分（例如溶剂）的 n_1^{σ}（和 Γ_B）为零。这相当于让图6-14(b)中被 h_0 分割的两块阴影面积 $S_1 = S_2$，即恰好使 n_1 的多估部分（S_2）与少估部分（S_1）相互抵消，则 $n_1 = 0$，$\Gamma_1 = 0$。以此作参考，其他组分的表面过剩的物质的量也就确定了。

$$\Gamma_B \stackrel{\text{def}}{=\!=\!=} \frac{n_B^\sigma}{A_s} \tag{6-25}$$

式中，Γ_B 称为**表面过剩物质的量**（surface excess amount of substance），$mol \cdot m^{-2}$。

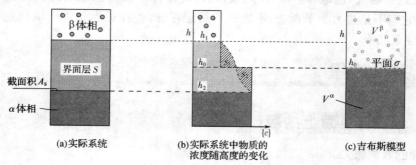

(a)实际系统　　(b)实际系统中物质的浓度随高度的变化　　(c)吉布斯模型

图 6-14　两相吸附平衡系统与吉布斯模型

注意　表面过剩物质的量中的"过剩"可正可负，因为 n_B^σ 可为正值即正吸附，亦可为负值即负吸附。

3. 吉布斯方程

吉布斯用热力学方法导出 Γ_B 与表面张力 σ 及溶质活度 a_B 的关系为

$$\Gamma_B = -\frac{a_B}{RT}\left(\frac{\partial \sigma}{\partial a_B}\right)_T \tag{6-26a}$$

溶液很稀时，可用物质的浓度 c_B 代替活度 a_B，上式变为

$$\Gamma_B = -\frac{c_B}{RT}\left(\frac{\partial \sigma}{\partial c_B}\right)_T \tag{6-26b}$$

式（6-26）称为**吉布斯方程**（Gibbs equation）。

由吉布斯方程可知，若 $\left(\dfrac{\partial \sigma}{\partial c_B}\right)_T > 0$（图 6-13 中曲线 I 的情况），则 $\Gamma_B < 0$，即发生负吸附；若 $\left(\dfrac{\partial \sigma}{\partial c_B}\right)_T < 0$（图 6-13 中曲线 II、III 的情况），则 $\Gamma_B > 0$，即发生正吸附。

【**例 6-5**】　某表面活性剂的稀溶液，表面张力随表面活性剂浓度的增加而线性下降，当表面活性剂的浓度为 $10^{-1}\ mol \cdot m^{-3}$ 时，表面张力下降了 $3 \times 10^{-3}\ N \cdot m^{-1}$，计算表面过剩物质的量 Γ_B（设温度为 25 ℃）。

解　因为是稀溶液，则

$$\Gamma_B = -\frac{c_B}{RT}\left(\frac{\partial \sigma}{\partial c_B}\right)_T$$

$$= -\frac{10^{-1}\ mol \cdot m^{-3} \times (-3 \times 10^{-3}\ N \cdot m^{-1})}{8.314\ 5\ J \cdot mol^{-1} \cdot K^{-1} \times 298.15\ K \times 10^{-1}\ mol \cdot m^{-3}}$$

$$= 1.21 \times 10^{-6}\ mol \cdot m^{-2}$$

6.4.2　表面活性剂

1. 表面活性剂的结构特征

图 6-13 中曲线 III 表明，少量表面活性剂加入到水中时能使水的表面张力急剧下降，当其浓度超过某一量值之后，表面张力又几乎不随浓度的增加而变化。表面活性剂的这一作

用特性与其分子的结构特征有关。一般水的表面活性剂分子都是由亲水性的极性基团（亲水基）和憎水性的非极性基团（亲油基）两部分所构成，如图 6-15 所示。因此表面活性剂分子加入到水中时，憎水基为了逃逸水的包围，使得表面活性剂分子形成如下两种排布方式，如图 6-16 所示。其一，憎水基被推出水面，伸向空气，亲水基留在水中，结果表面活性剂分子在界面上定向排

图 6-15　油酸表面活性剂的结构特征

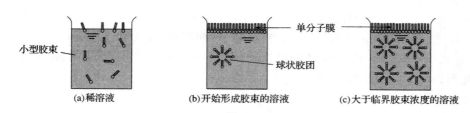

图 6-16　表面活性物质的分子在溶液本体及表面层中的分布

列，形成**单分子表面膜**（surface film of unimolecular layer）；其二，分散在水中的表面活性剂分子以其非极性部位自相结合，形成憎水基向里、亲水基朝外的多分子聚集体，称为**缔合胶体**（associated colloid）或**胶束**（micelle），呈近似球状、层状或棒状等有序分子组合体，如图 6-17 所示。当表面活性剂的量少时，其大部分以单分子表面膜的形式排列于界面层上，膜中分子在二维平面上做热运动，对四周边缘产生压力，称为**表面压力**（surface pressure），用符号 $\varPi$ 表示，其方向刚好

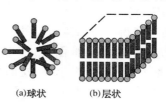

(a)球状　　(b)层状　　(c)棒状

图 6-17　各种缔合胶束的构型

与促使表面向里收缩的表面张力 σ 相反，因而使溶液的表面张力显著下降。当表面活性剂的浓度超过某一量值后，表面已排满，如再提高浓度，多余的表面活性剂分子只能在体相中形成胶束，不具有降低水的表面张力的作用，因而表现为水的表面张力不再随表面活性剂浓度增大而降低。表面活性剂分子开始形成缔合胶束的最低浓度称作**临界胶束浓度**（critical micelle concentration），用符号 CMC 表示。当表面活性剂浓度超过 CMC 后，溶液中存在很多胶束（micelle），可使某些难溶于水的有机物进入胶束而增加其溶解度，这种现象称为**加溶**（或**增溶**）**作用**（increase dissolution）。

　　概括地说，表面活性剂分子的憎水基和亲水基是构成分子定向排列和形成胶束的根本原因。

2. 表面活性剂的分类

表面活性剂的分类见表 6-3。

表 6-3 中的前 4 种表面活性剂都是通过化学方法合成的，而第 5 种即生物表面活性剂是用生物方法合成的。微生物（如酵母菌、霉菌等）在一定条件下培养时，在其代谢过程中会分泌出具有两亲性质（亲水基和亲油基集于一身）的表面活性代谢物，如糖脂、脂肽等。生物表面活性剂是 20 世纪 70 年代分子生物学取得突破性进展后开发出的新型表面活性剂。

表 6-3 表面活性剂的分类

类型	举例
阴离子型表面活性剂	$RCOONa$(羧酸盐)，$ROSO_3Na$(硫酸酯盐)，RSO_3Na(磺酸盐)，$ROPO_3Na_2$(磷酸酯盐)
阳离子型表面活性剂	$RNH_2 \cdot HCl$(伯胺盐)，$RNH_2(CH_3)Cl$(仲胺盐)，$RNH(CH_3)_2Cl$(叔胺盐)，$RN(CH_3)_3Cl$(季胺盐)
两性型表面活性剂	$RNHCH_2CH_2COOH$(氨基酸型)，$RN(CH_3)_2CH_2COO^-$(甜菜碱型)
非离子型表面活性剂	$RO(CH_2CH_2O)_nH$(聚氧乙烯型)，$RCOOCH_2C(CH_2OH)_3$(多元醇型)
生物表面活性剂	糖脂(鼠李糖脂、海藻糖脂等)，含氨基酸类脂(鸟氨酸脂、脂肽等)

3. 表面活性剂应用举例

表面活性剂有广泛应用，主要有：

(i)润湿作用(wetting action)(渗透作用)：用做润湿剂、渗透剂。

(ii)乳化作用(emulsification)，分散作用(dispersed action)，增溶作用(solubilization)：用做乳化剂、分散剂、增溶剂。

(iii)发泡作用(foaming action)，消泡作用(do away with foam)：用做起泡剂、消泡剂。

(iv)洗涤作用(washing action)：用做洗涤剂。

6.4.3 固体表面对气体的吸附

1. 固体表面的不均匀性

一块表面上磨得平滑如镜的金属表面，从原子尺度看却十分粗糙。它不是理想的晶面，而是存在着各种缺陷，如图 6-18 所示，存在着**平台**(terrace)、**台阶**(step)、台阶拐弯处的**扭折**(kink)、**位错**(dislocation)、多层原子形成的"峰与谷"以及表面杂质和吸附原子等。固体表面的这种不均匀性，导致固体表面处于不平衡环境之中，表面层具有过剩自由能。为使表面能降低，固体表面会自发地利用其未饱和的自由价来捕获气相或液相中的分子，使之在固体表面上浓集，这一现象称为固体对气体或液体的**吸附**(adsorption)。被吸附的物质称为**吸附质**(adsorbate)，起吸附作用的固体称为**吸附剂**(adsorbent)。

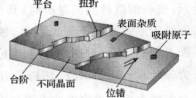

图 6-18　表面缺陷示意图

2. 物理吸附与化学吸附

按吸附作用力性质的不同，可将吸附分为**物理吸附**(physisorption)和**化学吸附**(chemisorption)，它们的主要区别见表 6-4 。

表 6-4 物理吸附与化学吸附的区别

项目	物理吸附	化学吸附	项目	物理吸附	化学吸附
吸附力	分子间力	化学键力	吸附热	小	大
吸附分子层	多分子层或单分子层	单分子层	吸附速率	快	慢
吸附温度	低	高	吸附选择性	无	有

物理吸附在一定条件下可转变为化学吸附。以氢在 Cu 上的吸附势能曲线来说明。如图6-19所示，图中曲线 aa 为物理吸附，在第一个浅阱中形成物理吸附态，吸附热(放热)Q_{ad} $=-\Delta H_p$。曲线 bb 代表化学吸附，两条曲线在 X 点相遇。显然，只要提供约 22 kJ 的吸附活化能 E_a，物理吸附就可穿越过渡态 X 而转变为化学吸附(图中 C 点)。从能量上看，先发生

物理吸附而后转变为化学吸附的途径（需能量 E_a）要比氢分子先解离成原子再化学吸附的途径（需能量 E_D）容易得多。

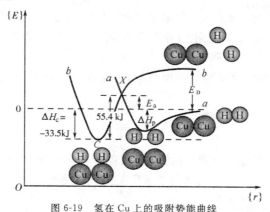

图 6-19　氢在 Cu 上的吸附势能曲线

3. 吸附曲线

在一定 T、p 下，气体在固体表面达到吸附平衡（吸附速率等于脱附速率）时，单位质量的固体所吸附的气体体积，称为该气体在该固体表面上的**吸附量**（adsorption quantity），用符号 Γ 表示，即

$$\Gamma \stackrel{\text{def}}{=\!=} \frac{V}{m} \tag{6-27}$$

式中，m 为固体的质量；V 为被吸附的气体在吸附温度、压力下的体积。吸附量 Γ 是温度和压力的函数，即 $\Gamma = f(T, p)$。式中有三个变量，为了便于研究其间关系，通常固定其中之一，测定其他两个变量间的关系，结果用吸附曲线来表示。定温下，描述吸附量与吸附平衡压力关系的曲线，称为**吸附定温线**（adsorption isotherm）；定压下，描述吸附量与吸附温度关系的曲线，称为**吸附定压线**（adsorption isobar）；吸附量恒定时，描述吸附平衡压力与温度关系的曲线，称为**吸附定量线**（adsorption isostere）。上述三种吸附曲线是互相联系的，从一组某一类型的吸附曲线可作出其他两种吸附曲线。常用的是吸附定温线，从实验中可归纳出大致有 5 种类型，如图 6-20 所示。

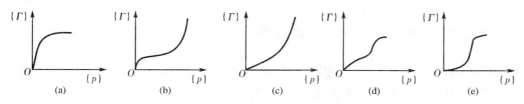

图 6-20　5 种类型的吸附定温线

4. 兰缪尔单分子层吸附定温式

1916 年兰缪尔（Langmuir）从动力学观点出发，提出了固体对气体的吸附理论，称为**单分子层吸附理论**（theory of adsorption of unimolecular layer），其基本假设如下：

（i）固体表面对气体的吸附是单分子层的（即固体表面上每个吸附位只能吸附一个分子，气体分子只有碰撞到固体的空白表面上才能被吸附）。

（ii）固体表面是均匀的（即表面上所有部位的吸附能力相同）。

（iii）被吸附的气体分子间无相互作用力（即吸附或脱附的难易与邻近有无吸附态分子无关）。

（iv）吸附平衡是动态平衡（即达吸附平衡时，吸附和脱附过程同时进行，且速率相同）。

以上假设即作为理论模型，它把复杂的实际问题作了简化处理，便于进一步定量地进行理论推导。

以 k_a 和 k_d 分别代表吸附与脱附速率系数，A 代表气体分子，M 代表固体表面，则吸附过程可表示为

$$\mathrm{A} + \mathrm{M} \underset{k_d}{\overset{k_a}{\rightleftharpoons}} \begin{array}{c} \mathrm{A} \\ | \\ \mathrm{M} \end{array}$$

设 θ 为固体表面被覆盖的分数，称为**表面覆盖度**（coverage of surface），即

$$\theta = \frac{被吸附质覆盖的固体表面积}{固体总的表面积}$$

则 $(1-\theta)$ 代表固体空白表面积的分数。

依据吸附模型，吸附速率 v_a 应正比于气体的压力 p 及空白表面分数 $(1-\theta)$，脱附速率 v_d 应正比于表面覆盖度 θ，即

$$v_a = k_a(1-\theta)p$$
$$v_d = k_d\theta$$

当吸附达平衡时，$v_a = v_d$，所以

$$k_a(1-\theta)p = k_d\theta$$

解得

$$\theta = \frac{k_a p}{k_d + k_a p} \tag{6-28}$$

令 $b = \dfrac{k_a}{k_d}$，称为**吸附平衡常数**（equilibrium constant of adsorption），其值与吸附剂、吸附质的本性及温度有关，它的大小反映吸附的强弱。将其代入式（6-28），得

$$\theta = \frac{bp}{1+bp} \tag{6-29}$$

此式称为**兰缪尔吸附定温式**（Langmuir adsorption isotherm）。

下面讨论公式的两种极限情况：

（i）当压力很低或吸附较弱时，$bp \ll 1$，得

$$\theta = bp$$

即覆盖度与压力成正比，它说明了图 6-20(a) 中的开始直线段。

（ii）当压力很高或吸附较强时，$bp \gg 1$，得

$$\theta = 1$$

说明表面已全部被覆盖，吸附达到饱和状态，吸附量达最大值，图 6-20(a) 中水平线段就反映了这种情况。

若以 $\theta = \dfrac{\Gamma}{\Gamma_\infty}$ 表示，则式（6-29）可改写为

$$\frac{p}{\Gamma} = \frac{1}{b\Gamma_\infty} + \frac{p}{\Gamma_\infty} \tag{6-30}$$

式中，Γ 为在吸附平衡温度 T 及压力 p 下的吸附量；Γ_∞ 是在吸附平衡温度 T 及压力 p 下，吸

附剂被盖满一层时的吸附量。式(6-30)是兰缪尔吸附定温式的另一种表达形式。

由式(6-30)可见,若以 p/Γ 对 p 做图,可得一直线,由直线的斜率 $1/\Gamma_\infty$ 及截距 $1/b\Gamma_\infty$ 可求得 b 与 Γ_∞。

用与式(6-29)同样的推导方法,可得出符合兰缪尔单分子层吸收理论的如下几种不同情况下的吸附定温式:

对 A、B 两种气体在同一固体表面上的**混合吸附**(mixed adsorption),有

$$\theta_A = \frac{b_A p_A}{1 + b_A p_A + b_B p_B} \tag{6-31}$$

$$\theta_B = \frac{b_B p_B}{1 + b_A p_A + b_B p_B} \tag{6-32}$$

【例 6-6】 请导出 A、B 两种吸附质在同一表面上混合吸附时的吸附定温式(设都符合兰缪尔吸附)。

解 因 A、B 两种粒子在同一表面上吸附,而且各占一个吸附中心,所以 A 的吸附速率

$$v_a = k_a p_A (1 - \theta_A - \theta_B)$$

式中,k_a 为吸附质 A 的吸附速率系数;p_A 为吸附质 A 在气相中的分压;θ_A 为吸附质 A 的表面覆盖度;θ_B 为吸附质 B 的表面覆盖度。

令 k_d 为吸附质 A 的解吸速率系数,则 A 的解吸速率为

$$v_d = k_d \theta_A$$

当吸附达平衡时

$$v_a = v_d$$

则

$$k_d \theta_A = k_a p_A (1 - \theta_A - \theta_B)$$

两边同除以 k_d,且令 $b_A = k_a/k_d$,则

$$\frac{\theta_A}{1 - \theta_A - \theta_B} = b_A p_A \tag{a}$$

同理得到

$$\frac{\theta_B}{1 - \theta_A - \theta_B} = b_B p_B \tag{b}$$

将式(a)与式(b)联立,得

$$\theta_A = \frac{b_A p_A}{1 + b_A p_A + b_B p_B} \tag{c}$$

$$\theta_B = \frac{b_B p_B}{1 + b_A p_A + b_B p_B} \tag{d}$$

式(c)、式(d)即为所求,即式(6-31)、式(6-32)。

5. BET 多分子层吸附定温式

1938 年**布龙瑙尔**(Brunauer)、**爱梅特**(Emmett)和**特勒尔**(Teller)三人在兰缪尔单分子层吸附理论的基础上提出了**多分子层吸附理论**(theory of adsorption of polymolecular layer),简称 **BET 理论**。该理论采纳了兰缪尔的下列假设:固体表面是均匀的,被吸附的气体分子间无相互作用力,吸附与脱附建立起动态平衡。所不同的是 BET 理论假设吸附靠分子间力,表面与第一层吸附是靠该种分子同固体的分子间力,第二层吸附、第三层吸附…之间是靠该种分子本身的分子间力,由此形成多层吸附。并且还认为,第一层吸附未满前其他层的吸附就可开始,如图 6-21 所示。由 BET 理论导出的结果为

$$\frac{p}{V(p^* - p)} = \frac{1}{V_\infty C} + \frac{C-1}{V_\infty C} \frac{p}{p^*} \tag{6-33}$$

式(6-33)称为 **BET 多分子层吸附定温式**。式中，V 为 T、p 下质量为 m 的吸附剂吸附达平衡时，吸附气体的体积；V_∞ 为 T、p 下质量为 m 的吸附剂盖满一层时，吸附气体的体积；p^* 为被吸附气体在温度 T 时呈液体时的饱和蒸气压；C 为与吸附第一层气体的吸附热及该气体的液化热有关的常数。

图 6-21 多分子层吸附示意图

对于在一定温度 T 下指定的吸附系统，C 和 V_∞ 皆为常数。由式(6-33)可知，若以 $\dfrac{p}{V(p^*-p)}$ 对 $\dfrac{p}{p^*}$ 做图应得一直线，其

$$\begin{cases} \text{斜率} = \dfrac{C-1}{V_\infty C} \\[3mm] \text{截距} = \dfrac{1}{V_\infty C} \end{cases}$$

解得

$$V_\infty = \frac{1}{\text{截距} + \text{斜率}} \tag{6-34}$$

由所得的 V_∞ 可算出单位质量的固体表面铺满单分子层时所需的分子个数。若已知每个分子所占的面积，则可算出固体的质量表面。公式如下：

$$a_m = \frac{V_\infty(\text{STP})}{V_m(\text{STP})m} \times L \times \sigma \tag{6-35}$$

式中，L 为阿伏加德罗常量；m 为吸附剂的质量；$V_m(\text{STP})$ 为在 STP 下气体的摩尔体积 $(22.414 \times 10^{-3} \text{ m}^3 \cdot \text{mol}^{-1})$；$V_\infty(\text{STP})$ 为 T、p 下质量为 m 的吸附剂盖满一层时，吸附气体的体积，再换算成 STP 下的体积；σ 为每个吸附分子所占的面积。

测定时，常用的吸附质是 N_2，其截面积 $\sigma = 16.2 \times 10^{-20} \text{ m}^2$。

6.4.4 气-固相催化反应

在第 4 章我们曾讨论了催化剂对化学反应速率的影响。在催化反应中，气-固相催化占有重要地位，已形成一门新的学科领域，其特征集中地表现为反应是在固体催化剂活性表面上发生的。在讨论了界面层的热力学之后，现在结合气-固相催化的问题来讨论界面层的反应动力学，即多相催化反应动力学。它既涉及界面现象（如固体表面的吸附作用），又涉及动力学原理，显然是处于两者之间的边缘交叉学科。

1. 气-固相催化反应的基本步骤

气-固相催化反应包括以下 5 个基本步骤：

(i) 反应物由体相扩散到固体催化剂表面；

(ii) 反应物在固体催化剂表面上被吸附；

(iii) 反应物进行表面化学反应；

(iv) 产物从催化剂表面脱附；

(v) 产物扩散离开催化剂表面。

这五步组成了气-固相催化反应的基本步骤。若五步的速率系数差别不大，则称为无控制步骤的反应。若其中某一步的速率系数与其他步骤有数量级上的差别，出现在总速率方程中且对总速率产生显著影响，则该步骤可成为速率控制步骤。因此可能有扩散为速率控制步骤、反应物的吸附或产物的脱附为速率控制步骤、表面反应为速率控制步骤等。

扩散作用的影响往往能通过加大气体流速（消除外扩散）和采用较小的催化剂粒度，即增大催化剂的分散度（消除内扩散）来消除。吸附或脱附控制的例子是有的：如工业上用 Fe 催化剂合成氨，其中 N_2 的吸附（$N_2 + 2* \longrightarrow 2N-*$）决定着总速率；而 NH_3 的分解反应在较低温度和较高压力下似由产物 N_2 的脱附速率来控制。然而，一般情况下，吸附能快速达到动态平衡，总速率常常由表面反应步骤控制。下面的讨论都是基于这一前提。

2. 气-固相表面催化反应速率方程

在由表面反应为控制步骤的气固相催化反应机理中，常见的为**兰缪尔-谢欣尔伍德**（Langmuir-Hinshelwood）机理，简称 L-H 机理。

该机理假设表面反应是吸附在表面上的分子或原子之间进行的反应。例如，对表面双分子反应，机理为：

$$A + B + 2* \underset{k_{-1}}{\overset{k_1}{\rightleftharpoons}} \begin{array}{c} A \\ | \\ * \end{array} + \begin{array}{c} B \\ | \\ * \end{array} \quad \text{（吸附平衡）}$$

$$\begin{array}{c} A \\ | \\ * \end{array} + \begin{array}{c} B \\ | \\ * \end{array} \overset{k_2}{\longrightarrow} 产物 + 2* \quad \text{（表面反应控制）}$$

（$*$ 催化剂表面活性中心）

按 L-H 机理，对表面双分子反应，

$$v_A = k_2 \theta_A \theta_B$$

当吸附达平衡时，由式（6-31）及式（6-32），有

$$\theta_A = \frac{b_A p_A}{1 + b_A p_A + b_B p_B}, \qquad \theta_B = \frac{b_B p_B}{1 + b_A p_A + b_B p_B}$$

则

$$v_A = \frac{k_2 b_A p_A b_B p_B}{(1 + b_A p_A + b_B p_B)^2}$$

对表面单分子反应，

$$v_A = k_2 \theta_A$$

当吸附达平衡时，由式（6-29），有

$$\theta_A = \frac{b_A p_A}{1 + b_A p_A}$$

则

$$v_A = \frac{k_2 b_A p_A}{1 + b_A p_A}$$

当 p_A 很小、b_A 很小（即弱吸附）时，则 $b_A p_A \ll 1$，得

$$v_A = k_2 b_A p_A = k_A p_A$$

则为一级反应。

当 p_A 很大、b_A 很大（即强吸附）时，则 $b_A p_A \gg 1$，得

$$v_A = k_2$$

即为零级反应。

当 p_A、b_A 大小适中时，则

$$v_A = \frac{k_2 b_A p_A}{1 + b_A p_A}$$

即反应级数为 $0 \sim 1$ 的分数。

3. 表面催化反应的表观活化能

以表面单分子反应的一级反应为例

$$v_A = k_A p_A, \qquad k_A = k_2 b_A$$

由阿仑尼乌斯方程及范特荷夫方程,有

$$\ln\{k_A\} = \ln\{k_2\} + \ln b_A$$

$$\frac{\mathrm{d}\ln\{k_A\}}{\mathrm{d}T} = \frac{\mathrm{d}\ln\{k_2\}}{\mathrm{d}T} + \frac{\mathrm{d}\ln b_A}{\mathrm{d}T}$$

$$\frac{E_a}{RT^2} = \frac{E_2}{RT^2} - \frac{Q_{ad}}{RT^2}$$

则

$$E_a = E_2 - Q_{ad}$$

即表面表观反应的活化能等于表面反应的活化能 E_2 与吸附热 Q_{ad} 之差(吸附热规定放热为正)。

Ⅱ 分散性质

6.5 胶体分散系统的性质

6.5.1 溶胶的制备方法

溶胶的制备方法:由小分子溶液用**凝聚法**(小变大)(coagulatory method)——包括物理凝聚法、化学反应法及更换溶剂法制备成溶胶。例如,将松香的乙醇溶液加入到水中,由于松香在水中的溶解度低,松香以溶胶颗粒大小析出,形成松香的水溶胶(更换溶剂法)。再如

$$FeCl_3(稀水溶液) + 3H_2O \xrightarrow{\text{煮沸}} Fe(OH)_3(溶胶) + 3HCl \quad (化学反应法)$$

由粗分散系统用**分散法**(大变小)(dispersed method)——包括研磨法、电弧法及超声分散法制备成溶胶。

上述两种方法可图示如下:

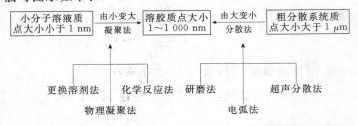

6.5.2 溶胶的纯化

未经纯化的溶胶往往含有很多电解质或其他杂质。少量的电解质可以使溶胶质点因吸附离子而带电,这对于稳定溶胶是必要的;过量的电解质对溶胶的稳定反而有害。因此,溶胶制得后需经纯化处理。

最常用的纯化方法是渗析,它利用溶胶质点不能透过半透膜,而离子或小分子能透过膜的性质,将多余的电解质或低分子化合物等杂质从溶胶中除去。常用的半透膜有火棉胶膜、醋酸纤维膜等。

纯化溶胶的另一种方法是超过滤法。超过滤是用孔径极小而孔数极多的膜片作为滤

膜,利用压差使溶胶流经超过滤器。这时,溶胶质点与介质分开,杂质透过滤膜而被除掉。

6.5.3　溶胶的性质

1. 溶胶的光学性质

由于溶胶的光学不均匀性,当一束波长大于溶胶分散相粒子尺寸的入射光照射到溶胶系统时,可发生**散射现象**(scattering phenomenon)——**丁达尔**(Tyndall J)**现象**(图 6-22)。

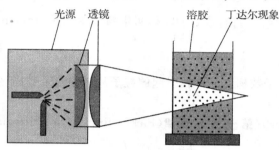

光源　透镜　　　溶胶　丁达尔现象

图 6-22　丁达尔现象

丁达尔现象的实质是溶胶对光的散射作用(散射是指除入射光方向外,四面八方都能看到发光的现象),它是溶胶的重要性质之一。

散射光的强度可用**瑞利**(Rayleigh L W)**公式**表示:

$$I = \frac{9\pi v^2 n}{2\lambda_0^4 l^2}\left(\frac{n_2^2 - n_0^2}{n_2^2 + 2n_0^2}\right)^2 (1 + \cos^2\theta)I_0 \tag{6-36}$$

式中, I 为散射光强度; λ_0 为入射光波长; v 为分散相单个粒子的体积; n 为**体积粒子数** ($n \xlongequal{\text{def}} N/V$, N 为体积 V 中的粒子数); l 为观察者与散射中心的距离; n_2 、 n_0 分别为分散相及分散介质的折射率; θ 为散射角; I_0 为入射光的强度。

式(6-36)表明,散射光强度与 λ_0^4 成反比,且 $(n_2^2 - n_0^2)$ 值愈大,则 I 愈强,此外,与粒子的体积平方 v^2 及体积粒子数均成正比。

用丁达尔现象可鉴别小分子溶液、大分子溶液和溶胶。小分子溶液无丁达尔现象,大分子溶液丁达尔现象微弱,而溶胶丁达尔现象强烈。

【例 6-7】　为什么明朗的天空呈现蓝色?试从溶胶的光学性质及瑞利公式加以论证。

解　分散在大气层中的烟、雾、粉尘等其粒子半径在 $10 \sim 1\,000$ nm,构成胶体分散系统,即气溶胶。当可见光照射到大气层时,由于可见光中的蓝色光的波长($\lambda \approx 470$ nm)相对于红、橙、黄、绿各单色光的波长较短,按瑞利公式,散射光的强度与入射光的波长的四次方成反比,即 $I \propto \dfrac{1}{\lambda_0^4}$,故由于大气层这个气溶胶系统对蓝色光的强烈的散射作用,使我们观测到晴朗的天空是蓝色的。

2. 溶胶的流变性质

流变性质(fluid properties)是指物质(液体或固体)在外力作用下流动与变形的性质。液体流动时表现出**黏性**(viscosity),固体变形时显示**弹性**(elastic)。

以液体在管道中进行**层流**(laminar flow)时的情况为例,如图 6-23 所示。管中液体在流动时,由于摩擦阻力的存在,沿 x 方向流动的液体的不同流层,其流速 v_x 的大小沿 y 方向存

在梯度分布 $\dfrac{\mathrm{d}v_x}{\mathrm{d}y}$，叫**层速梯度**（laminar speed gradient）或**切变梯度**，以 D 表示，则两液层间产生的摩擦阻力 F 为

$$F = \eta A_s D \qquad (6\text{-}37)$$

式中，A_s 为两液层的接触面积；η 为比例系数，称为**牛顿黏度**（Newtonian viscosity），单位为 N·s·m^{-2}、Pa·s 或 kg·m^{-1}·s^{-1}。

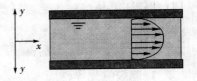

图 6-23　液体在管道中呈层流流动时速度的径向分布

式（6-37）只适用于层流，符合该式的流体叫**牛顿流体**（Newtonian fluid）。

3. 溶胶的运动性质

（1）扩散与布朗运动

由于溶胶中体积粒子数梯度的存在引起的粒子从体积粒子数高区域向低区域的定向迁移现象叫**扩散**（diffusion）。

扩散遵从**费克（Fick）（第一）扩散定律**（Fick's first law of diffusion）：

$$\frac{\mathrm{d}N}{\mathrm{d}t} = -DA_s\left(\frac{\partial n}{\partial x}\right)_T \qquad (6\text{-}38)$$

式中，$\dfrac{\mathrm{d}N}{\mathrm{d}t}$ 为单位时间内通过截面积 A_s 扩散的粒子数；$\left(\dfrac{\partial n}{\partial x}\right)_T$ 为定温下体积粒子数梯度；D 为**扩散系数**（diffution coefficient），单位为 m^2·s^{-1}。

溶胶中的分散相粒子的扩散遵守费克定律。

溶胶中分散相粒子的扩散作用是由**布朗**（Brown）**运动**引起的。溶胶中的分散相粒子由于受到来自四面八方的做热运动的分散介质的撞击［图 6-24（a）］而引起的无规则的运动［图 6-24（b）］叫**布朗运动**（Brownian movement），这是由布朗首先发现花粉在液面上做无规则运动而得名。布朗运动及其引起的扩散作用是溶胶的重要**运动性质**（movement properties）之一。

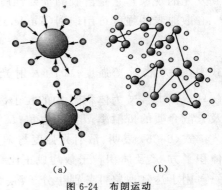

（a）　　　　　　（b）

图 6-24　布朗运动

（2）沉降与沉降平衡

溶胶中的分散相粒子由于受自身的重力作用而下沉的过程称为**沉降**（sedimentation）。

分散相在分散介质中的沉降速度由下式表示：

$$\frac{\mathrm{d}x}{\mathrm{d}t} = \frac{2r^2(\rho_B - \rho_0)g}{9\eta} \qquad (6\text{-}39)$$

式中，$\dfrac{\mathrm{d}x}{\mathrm{d}t}$ 为沉降速度；r 为分散相粒子半径；ρ_B、ρ_0 分别为分散相及分散介质的密度；g 为重力加速度；η 为分散介质的黏度。

分散相粒子本身的重力使粒子沉降，而介质的黏度及布朗运动引起的扩散作用阻止粒子下沉，两种作用相当时达到平衡，称之为**沉降平衡**（sedimental equilibrium）。

可应用沉降平衡原理，计算系统中体积粒子数的高度分布：

$$\ln\frac{n_2}{n_1} = \frac{M_B g}{RT}\left(1 - \frac{\rho_B}{\rho_0}\right)(h_2 - h_1) \qquad (6\text{-}40)$$

式中，n_1、n_2 分别为高度 h_1、h_2 处的体积粒子数；ρ_B、ρ_0 分别为分散相（粒子）和分散介质的密度；M_B 为粒子的摩尔质量；g 为重力加速度。

　　由式（6-40）可知，粒子的摩尔质量愈大，其平衡体积粒子数随高度的降低愈大。还应该指出，式（6-40）所表示的是沉降已达平衡后的情况，对于粒子不太小的分散系统，通常沉降较快，可以较快地达到平衡。而高度分散的系统中，粒子则沉降缓慢，往往需较长时间才能达成平衡。

　　有关分散系统中粒子沉降速度的测定以及沉降平衡原理，在生产及科学研究中均有重要应用，如化工过程中的过滤操作，河水泥沙的沉降分析等。

　　对于胶体分散系统，由于分散相的粒子很小，在重力场中的沉降速度极为缓慢，有时无法测定其沉降速度。但利用超离心机（其离心力可达地心引力的 10^6 倍以上）加快沉降速度，则大大扩大了测定沉降速度的范围。可把它应用于胶团的摩尔质量或高聚物的摩尔质量的测定上。即

$$M_B = \frac{2RT\ln(n_2/n_1)}{(1-\rho_B/\rho_0)\omega^2(x_2^2 - x_1^2)} \tag{6-41}$$

式中，ω 为超离心机的角速度；x 为从旋转轴到溶胶中某一平面的距离；其他各项同式（6-40）。

4. 溶胶的电学性质

（1）带电界面的双电层结构

大多数固体物质与极性介质接触后，在界面上会带电（电荷可能来源于：离子吸附、固体物质的电离、离子溶解），从而形成**双电层**（double electric layer）。

　　关于双电层结构，按照**斯特恩**（Stern）**模型**，如图6-25所示。

　　若固体表面带正电荷，则双电层的溶液一侧由两层组成，第一层为吸附在固体表面的水化反离子层（与固体表面所带电荷相反），称为**斯特恩层**（Stern layer），因水化反离子与固体表面紧密靠近，又称为**紧密层**（closed layer），其厚度近似于水化反离子的直径，用 δ 表示；第二层为**扩散层**（diffuse layer），它是自第一层（紧密层）边界开始至溶胶本体由多渐少扩散分布的过剩水化反离子层。由斯特恩层中水化反离子中心线所形成的假想面称为**斯特恩面**（Stern section）。在外加电场作用下，它带着紧密层的固体颗粒与扩散层间做相对移动，其间的界面称为**滑动面**（movable section）。

　　由固体表面至溶胶本体间的电势差 ϕ_e 叫**热力学电势**（thermodynamic potential），它的产生已在 5.7 节中讨论过；由斯特恩面至溶胶本体间的电势差 ϕ_δ 叫**斯特恩电势**（Stern potential）；而由滑动面至溶胶本体间的电势差叫 **ζ 电势**，亦叫**动电电势**（moving potential）。

　　（2）溶胶的胶团结构

　　溶胶中的分散相与分散介质之间存在着界面。因此，按扩散双电层理论，可以设想出溶胶的胶团结构。

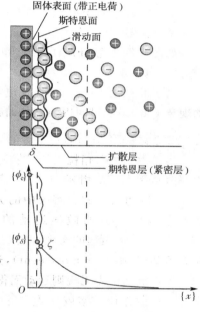

图 6-25　斯特恩双电层模型

以 KI 溶液滴加至 $AgNO_3$ 溶液中形成的 AgI 溶胶为例,其胶团结构可用图 6-26 表示。

如图 6-26 所示,包括胶核与紧密层在内的胶粒是带电的,胶粒与分散介质(包括扩散层和溶胶本体)间存在着滑动面(moving area),滑动面两侧的胶粒与介质之间做相对运动。扩散层带的电荷与胶粒带的电荷符号相反,整个溶胶为电中性。

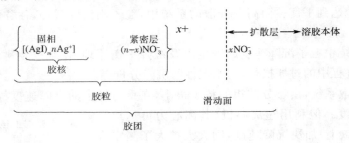

图 6-26　胶团结构

如图 6-26 所示的胶团结构,也可表示成图 6-27。

(3)电动现象

由于胶粒是带电的,因此在电场作用下,或在外加压力、自身重力下流动、沉降时产生**电动现象**(electrokinetic phenomenon),表现出溶胶的电学性质。

(i)电泳(electrophorsesis)—— 在外加电场作用下,带电的分散相粒子在分散介质中向相反符号电极移动的现象,如图 6-28 所示。外加电势梯度愈大、胶粒带电愈多、胶粒愈小、介质的黏度愈小,则电泳速度愈大。

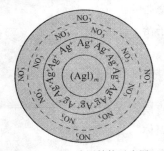

图 6-27　AgI 胶团结构示意图
（$AgNO_3$ 为稳定剂）

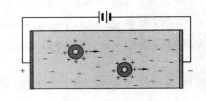

图 6-28　电泳

溶胶的电泳现象证明了胶粒是带电的,实验还证明,若在溶胶中加入电解质,则对电泳会有显著影响。随着溶胶中外加电解质的增加,电泳速度常会降低以致变为零(**等电点**),甚至还可以改变胶粒带电的符号,从而改变胶粒的电泳方向。

利用电泳现象可以进行分析鉴定或分离操作。例如,对于生物胶体,常用纸上电泳方法对其成分加以鉴定;再如,利用电泳分离人体血液中的血蛋白、球蛋白和纤维蛋白原等。

(ii)**电渗**(electroosmosis)—— 在外加电场作用下,分散介质(由过剩反离子所携带)通过多孔膜或极细的毛细管移动的现象(此时带电的固相不动),如图 6-29 所示。

和电泳一样,溶胶中外加电解质对电渗速度的影响也很

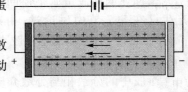

图 6-29　电渗

显著,随电解质的增加,电渗速度降低,甚至会改变液体流动的方向.通过测定液体的电渗速度可求算溶胶胶粒与介质之间的总电势.

（iii）**流动电势**（flow potential）——在外加压力下,迫使液体流经相对静止的固体表面（如多孔膜）而产生的电势叫**流动电势**（它是电渗的逆现象）,如图 6-30 所示.

流动电势的大小与介质的电导率成反比.碳氢化合物的电导通常比水溶液要小几个数量级,这样在泵送此类液体时,产生的流动电势相当可观,高压下极易产生火花,加上这类液体易燃,因此必须采取相应的防护措施,以消除由于流动电势的存在而造成的危险.例如,在泵送汽油时规定必须接地,而且常加入油溶性电解质,以增加介质的电导,降低或消除流动电势.

（iv）**沉降电势**（sedimental potential）——由于固体粒子或液滴在分散介质中沉降使流体的表面层与底层之间产生的电势差叫**沉降电势**（它是电泳的逆现象）,如图 6-31 所示.

与流动电势的存在一样,对沉降电势的存在也需引起充分的重视.例如,贮油罐中的油中常含有水滴,由于油的电导率很小,水滴的沉降常形成很高的沉降电势,甚至达到危险的程度.常采用加入有机电解质的办法增加介质的电导,从而降低或消除沉降电势.

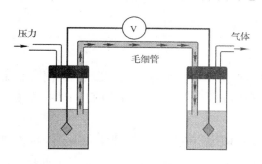

图 6-30　流动电势

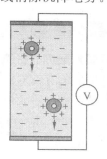

图 6-31　沉降电势

6.5.4　溶胶的稳定

1. 溶胶的动力稳定性

溶胶是高度分散的、多相的、热力学不稳定系统.这表明,溶胶中的分散相粒子——胶粒不能长时间稳定地分布在分散介质之中,胶粒迟早要发生**聚沉**（coagulation）.这叫溶胶的聚结不稳定性.但由于溶胶中分散相粒子的布朗运动在分散介质中不停地做无序迁移,而能在一段时间内保持溶胶稳定存在,称为溶胶的**动力稳定性**（kinetic stabilization）.

2. 溶胶稳定理论

人们对溶胶的聚结不稳定性和动力稳定性的本质原因作了长期的实验研究.由德查金（Darjaguin）、朗道（Landau）和维韦（Verwey）、奥弗比可（Overbeek）在扩散双电层模型基础上提出的溶胶稳定性理论,要点如下:

在胶粒之间,存在着两种相反作用力所产生的势能.一是由扩散双电层相互重叠时而产生的**斥力势能** U_R（exclusion potential energy）, $U_R \propto \exp(-\kappa x)$, κ 为德拜参量, κ^{-1} 为胶粒双电层厚度, x 为两胶粒间的距离.另一是由胶粒间存在的远程范德华力而产生的**吸力势能** U_A（attraction potential energy）, $U_A \propto \dfrac{1}{x^2}$ 或 $U_A \propto \dfrac{1}{x}$（一般分子或原子间存在的范德华力为近程力，$U_A \propto \dfrac{1}{x^n}$）。此两种势能之和 $U = U_R + U_A$ 即系统的总势能，U 的变化决定着系统的稳定性。U_R、U_A 均是胶粒之间的距离 x 的函数，其随距离 x 的变化关系如图 6-32 所示。

由图 6-32 可知，U_R-x 曲线的特点是：(i) 曲线比较平缓；(ii) $x \to \infty$ 时，$U_R \to 0$；(iii) $x \to 0$ 时，$U_R \to$ 定值。U_A-x 曲线的特点是：(i) x 小时曲线陡峭，x 大时曲线平缓；(ii) $x \to 0$ 时，$U_A \to -\infty$；(iii) $x \to \infty$ 时，$U_A \to 0$。而 U-x 曲线，随两胶粒间的距离 x 缩小，先出现一极小值（有的溶胶由于胶粒很小不出现此极小值）F，在此处发生粒子的聚集称为**聚凝**（flocculation）（可逆的），此后再靠近时 U 值变大，直至产生极大值 U_{max}，x 进一步缩小进而出现极小值 C，在此处发生粒子间的**聚沉**（coagulation）（不可逆）。当 $U_{max} > 15\,kT$ 时（一般胶粒的热运动的动能很难达到），则溶胶处于稳定状态。若 $U_{max} \ll 15\,kT$，则溶胶很容易聚沉。

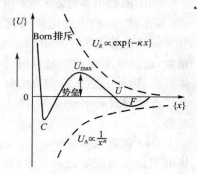

图 6-32　胶粒间斥力势能、吸力势能及总势能曲线图

6.5.5　溶胶的聚沉

1. 电解质对聚沉的影响

少量电解质的存在对溶胶起稳定作用，过量电解质的存在对溶胶起破坏作用（聚沉）。

使一定量溶胶在一定时间内完全聚沉所需最小电解质的物质的量浓度，称为电解质对溶胶的**聚沉值**（coagulation value）。

反离子（antiionic）对溶胶的聚沉起主要作用，聚沉值与反离子价数有关：聚沉值比例 $100 : 1.6 : 0.14 = \dfrac{1}{1^6} : \dfrac{1}{2^6} : \dfrac{1}{3^6}$，即聚沉值与反离子价数的 6 次方成反比，这叫**舒尔采**（Schulze）-**哈迪**（Hardy）**规则**。反离子起聚沉作用的机理是：

(i) 反离子浓度愈高，则进入斯特恩层的反离子愈多，从而降低了 ϕ_s，而 $\phi_s \approx \zeta$ **电势**，即降低扩散层重叠时的斥力；

(ii) 反离子价数愈高，则扩散层的厚度愈薄，降低扩散层重叠时产生的斥力越显著。

同号离子对聚沉亦有影响，这是由于同号离子与胶粒的强烈范德华力而产生吸附，从而改变了胶粒的表面性能，降低了反离子的聚沉能力。

【例 6-8】 将浓度为 $0.04\,mol \cdot dm^{-3}$ 的 KI(aq) 与 $0.10\,mol \cdot dm^{-3}$ 的 $AgNO_3$(aq) 等体积混合后得到 AgI 水溶胶，试分析下述电解质对所得 AgI 溶胶聚沉能力的强弱顺序如何？为什么？(1) $Ca(NO_3)_2$；(2) K_2SO_4；(3) $Al_2(SO_4)_3$。

解 由于 $AgNO_3$ 过量，因此形成的 AgI 胶粒带正电荷为正溶胶，能引起它聚沉的反离子为负离子。所以 K_2SO_4 和 $Al_2(SO_4)_3$ 的聚沉能力均大于 $Ca(NO_3)_2$。由于和溶胶具有同样电荷的离子能削弱反离子的聚沉能力，且价态高的比价态低的削弱作用更强，因此 K_2SO_4 的聚沉能力大于 $Al_2(SO_4)_3$。综上所述，聚沉能力顺序为 $K_2SO_4 > Al_2(SO_4)_3 > Ca(NO_3)_2$。

【例 6-9】 下列电解质对由等体积的 $0.080\,mol \cdot dm^{-3}$ 的 KI(aq) 和 $0.10\,mol \cdot dm^{-3}$ 的 $AgNO_3$(aq) 混合所得溶胶的聚沉能力的强弱顺序如何？为什么？(1) $CaCl_2$；(2)

Na$_2$SO$_4$；(3) MgSO$_4$。

解　由等体积的 0.080 mol·dm^{-3} 的 KI(aq) 和 0.10 mol·dm^{-3} 的 AgNO$_3$(aq) 混合所得溶胶由于 AgNO$_3$ 过量,其胶团结构如图 6-26 所示。

该胶粒表面带正电,故能引起聚沉的反离子应为负离子,即为 Cl$^-$、SO$_4^{2-}$,依据舒尔采-哈迪规则,SO$_4^{2-}$ 的聚沉能力大于 Cl$^-$(SO$_4^{2-}$ 的聚沉值小于 Cl$^-$);又由于和胶粒具有同样符号电荷的离子(此即为正离子)会减弱反离子的聚沉能力,一般高价的比低价的减弱得更厉害,故聚沉能力为 Na$_2$SO$_4$＞MgSO$_4$＞CaCl$_2$。

2. 高聚物分子对聚沉的影响

在溶胶中加入适量高聚物分子可使溶胶稳定(见空间稳定理论及空缺稳定理论),但也可使溶胶聚沉。其聚沉作用如下:

(ⅰ)**搭桥效应**(bridging effect)——高聚物分子通过"搭桥"把胶粒拉扯在一起,引起聚沉。

(ⅱ)**脱水效应**(dehydration effect)——高聚物分子由于亲水,其水化作用较胶粒水化作用强(胶粒憎水),从而加入高聚物会夺去胶粒的水化外壳而使胶粒失去水化外壳的保护作用。

(ⅲ)**电中和效应**(electric neutralization effect)——离子型高聚物的加入吸附在带电的胶粒上而中和了胶粒的表面电荷。

6.5.6　缔合胶束溶液的性质和应用

6.4.2 节中已介绍了表面活性剂的结构特征、分类及其应用。水的表面活性剂通常是由亲水性的极性基团(亲水基)和憎水性的非极性基团(亲油基)两部分所构成。将其溶解于水中,浓度不大时可在水的表面层迅速形成单分子表面膜,使水的表面张力显著降低。水中表面活性剂浓度继续增加时,由于表面活性剂的结构特性,它开始溶于体相形成胶束溶液,如 6.4.2 节所述,胶束的形状可呈球状、层状、棒状(图 6-17),其尺寸大小为 1～1 000 nm,这样的系统是均相的、热力学稳定系统,把它称为缔合胶束溶液或称为胶体电解质溶液,是胶体分散系统(缔合胶体)的重要组成部分。

表面活性剂在水中形成胶束后,能使不溶或微溶于水的有机物的溶解度显著增大,这种作用称为胶束的**增溶作用**。

6.5.7　大分子溶液的性质和应用

1. 大分子溶液的主要特征

大分子化合物,一般是指其摩尔质量 $M_B > 1 \sim 10^4$ kg·mol^{-1} 的分子,有天然的(如蛋白质、淀粉、核酸、纤维素等)和合成的(如高聚物分子)。一种特定的蛋白质有一定的摩尔质量,但合成的高聚物分子具有摩尔质量的分布。通常使用**数均摩尔质量** $\langle M_N \rangle$ 和**质均摩尔质量** $\langle M_m \rangle$,它们的定义为

$$\langle M_N \rangle \xlongequal{\text{def}} \frac{\sum N_B M_B}{\sum N_B} \quad (N_B \text{ 为分子数}) \tag{6-42}$$

$$\langle M_m \rangle \xlongequal{\text{def}} \frac{\sum m_B M_B}{\sum m_B} \quad (m_B \text{ 为分子质量}) \tag{6-43}$$

由于大分子溶液中分散质的线尺寸在溶胶的胶粒尺寸范围内,因此它有扩散慢、不能透过半透膜等与溶胶相似的性质,但它又是均相的热力学稳定的系统,属于以单个分子分散的真溶液,又有小分子溶液的一些性质,如产生渗透压、丁达尔现象微弱等。所以大分子溶液的主要特征可归纳为:高度分散的(分散质即大分子的线尺寸为 1～1 000 nm)、均相的、热力学稳定系统,又叫亲液胶体。

2. 大分子溶液的渗透压及应用

小分子稀溶液产生的渗透压 $\Pi = c_B RT$。由于大分子溶液的非理想性,它所产生的**渗透压**(osmotic pressure)可表示为

$$\Pi = \rho_B RT \left(\frac{1}{\langle M_B \rangle} + B_2 \rho_B + B_3 \rho_B^2 + \cdots \right) \tag{6-44}$$

式中,ρ_B 为密度,单位为 $kg \cdot m^{-3}$;B_2、B_3 分别为第二、第三维里系数。

通常利用渗透压来测定大分子(高聚物)的平均摩尔质量。若由实验测出一系列浓度下的 Π 值,则利用式(6-44),均可按外推法求高聚物的摩尔质量

$$\langle M_B \rangle = RT / \lim_{\rho_B \to 0} \frac{\Pi}{\rho_B} \tag{6-45}$$

【例 6-10】 异丁烯聚合物溶于苯中,在 25 ℃时测得不同密度下的渗透压数据如下,求此聚合物的摩尔质量和相对分子质量。

$\rho_B/(g \cdot dm^{-3})$	Π/Pa	$\rho_B/(g \cdot dm^{-3})$	Π/Pa
5.0	49.54	15.0	155.0
10.0	101.4	20.0	210.9

解 由式(6-44),有

$$\Pi = \rho_B RT \left(\frac{1}{\langle M_B \rangle} + B_2 \rho_B + B_3 \rho_B^2 + \cdots \right)$$

对稀溶液可简化为

$$\Pi = \rho_B RT \left(\frac{1}{\langle M_B \rangle} + B_2 \rho_B \right)$$

对于理想稀溶液,$B_2 = 0$,于是

$$\Pi = \rho_B RT \frac{1}{\langle M_B \rangle} \quad (\rho_B \to 0)$$

所以

$$\langle M_B \rangle = RT / \lim_{\rho_B \to 0} (\Pi/\rho_B)$$

可做 (Π/ρ_B)-ρ_B 曲线并将曲线外推至 $\rho_B = 0$,即可求得 M_B。为此,将已知数据表示为

$\rho_B/(g \cdot dm^{-3})$	$\dfrac{\Pi/\rho_B}{Pa \cdot m^3 \cdot kg^{-1}}$	$\rho_B/(g \cdot dm^{-3})$	$\dfrac{\Pi/\rho_B}{Pa \cdot m^3 \cdot kg^{-1}}$
5.0	9.91	15.0	10.33
10.0	10.10	20.0	10.55

做 (Π/ρ_B)-ρ_B 图,如图 6-33 所示。

由图中求得当 $\rho_B = 0$ 时,

$$\Pi/\rho_B = 9.83 \ Pa \cdot m^3 \cdot kg^{-1}$$

故

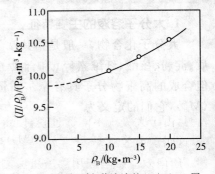

图 6-33 聚异丁烯-苯溶液的 (Π/ρ_B)-ρ_B 图

$$\langle M_B \rangle = \frac{8.314\ 5\ \text{J} \cdot \text{K}^{-1} \cdot \text{mol}^{-1} \times 298.15\ \text{K}}{9.83\ \text{Pa} \cdot \text{m}^3 \cdot \text{kg}^{-1}} = 252\ \text{kg} \cdot \text{mol}^{-1}$$

相对分子质量

$$\langle M_r \rangle = 252\ \text{kg} \cdot \text{mol}^{-1}/(\text{g} \cdot \text{mol}^{-1}) = 252\ 000$$

3. 膜平衡与唐南效应

以大分子电解质 Na_2P(蛋白质钠盐)为例,说明**膜平衡**(membrance equilibrium)与**唐南效应**(Donnan effect)。

如图 6-34 所示,设一半透膜只允许溶剂分子及 Na^+、Cl^- 透过,而 P^{2-} 不能透过。现将 Na_2P 的水溶液及 NaCl 的水溶液分别置于膜的左右两侧。图中的 b' 及 b 分别为开始时,左侧 Na^+ 及右侧 Na^+(或 Cl^-)的质量摩尔浓度。

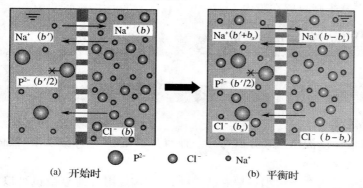

(a) 开始时　　　　　　　　　　(b) 平衡时

图 6-34　膜平衡示意图

设 b_x 为 Na^+ 或 Cl^- 从半透膜右侧渗透到左侧的质量摩尔浓度。当渗透达到平衡时称为**膜平衡**。使得平衡时 NaCl 在左、右两侧的化学势应相等,即

$$\mu_L(\text{NaCl}) = \mu_R(\text{NaCl})$$

所以

$$RT\ln a_L(\text{NaCl}) = RT\ln a_R(\text{NaCl})$$

或

$$[a(\text{Na}^+)a(\text{Cl}^-)]_L = [a(\text{Na}^+)a(\text{Cl}^-)]_R$$

对稀溶液,可用质量摩尔浓度代替活度,于是有

$$(b' + b_x)b_x = (b - b_x)^2$$

解得

$$b_x = \frac{b^2}{b' + 2b}$$

于是,平衡时,左右两侧 NaCl 质量摩尔浓度之比为

$$\frac{b(\text{NaCl})_L}{b(\text{NaCl})_R} = \frac{b_x}{b - b_x} = \frac{b}{b' + b} \tag{6-46}$$

表明,由于大分子不能透过膜,使得平衡时小离子在两侧分布不均匀,就会产生额外的渗透压,这叫**唐南效应**。

唐南效应影响利用渗透压法测定大分子的摩尔质量的准确性,必须设法消除。消除的办法是:(i)测定开始时使 $b \gg b'$,则式(6-46)中 $\frac{b}{b'+b} \approx 1$;(ii)测定过程中将使大分子溶液稀

释，则 $b' \ll b$，使 $\dfrac{b}{b'+b} \approx 1$；(iii)调节溶液 pH，使蛋白质分子接近等电点，降低电荷效应。

4. 盐析作用和胶凝作用

溶胶(憎液胶体)对电解质的存在是十分敏感的，而大分子溶液(亲液胶体)对电解质却不敏感，直到加入大量的电解质，才能使大分子溶液发生聚沉现象，我们称之为**盐析作用**(salting out)。这是由于所加大量电解质对大分子的去水化作用而引起的。

大分子溶液在一定的外界条件下可以转变为**凝胶**，称之为**胶凝作用**(gelation)。这是由于大分子溶液中的大分子依靠分子间力、氢键或化学键力发生自身连接，搭起空间网状结构，而将分散介质(液体)包进网状结构中，失去了流动性所造成的。众所周知的半透膜，大多是凝胶或干凝胶，其渗析作用就是利用凝胶孔状结构的筛分作用，可使小于某一尺寸的分子自由透过，而大分子则阻留在膜内。

6.6 粗分散系统的性质

6.6.1 乳状液

1. 乳状液的定义

一种或几种液体以液珠形式分散在另一种与其不互溶(或部分互溶)液体中所形成的分散系统称为**乳状液**(emulsion)。

乳状液中的分散相粒子大小一般在 1 000 nm 以上，用普通显微镜可以观察到，因此它不属于胶体分散系统而属于粗分散系统。在自然界、生产以及日常生活中都经常接触到乳状液，例如开采石油时从油井中喷出的含水原油、橡胶树割淌出的乳胶、合成洗发精、洗面奶、配制成的农药乳剂以及牛奶或人的乳汁等都是乳状液。

2. 乳状液的类型

乳状液分为**油包水型乳状液**(water in oil emulsion)，以符号 W/O 表示；**水包油型乳状液**(oil in water emulsion)，以符号 O/W 表示。如图 6-35 所示。

油 — 内相(不连续相)
水 — 外相(连续相)

(a) 水包油型 (O/W)

水 — 内相(不连续相)
油 — 外相(连续相)

(b) 油包水型 (W/O)

图 6-35　乳状液类型示意图

通常把形成的乳状液中不互溶的两个液相分成**内相**与**外相**。如水分散在油中形成的油包水型乳状液，水是内相为不连续相，油为外相是连续相(图 6-35(b))；而油分散在水中形成的水包油型乳状液，油是内相为不连续相(图 6-35(a))，而水是外相为连续相。确定一乳状液属于何种类型可用稀释、染色、电导测定等方法。乳状液可被与其外相相同的液体所稀释。例如，牛奶可被水所稀释，所以其外相为水，故牛奶为水包油型。又如，水包油型的乳状液较之油包水型的乳状液的电导高,因此测定其电导可鉴别其类型。

3. 乳状液的稳定、应用与破乳

乳状液必须有**乳化剂**(emulsifying agent)存在才能稳定。常作乳化剂的是:(i)表面活性剂;(ii)一些天然物质;(iii)粉末状固体。乳化剂之所以能使乳状液稳定,主要是由于:(i)在分散相(内相)周围形成坚固的保护膜;(ii)降低界面张力;(iii)形成双电层。例如在一容器中,密度小的油为上层,密度大的水为下层,若加入合适的表面活性剂,在强烈搅拌下油层被分散,表面活性剂的憎水端吸附到油水的界面层,若油量大于水量,则经强烈搅拌主要形成 W/O 型乳状液;若水量大于油量,则经强烈搅拌主要形成 O/W 型乳状液。这一过程称为乳化。如图 6-36 所示就是乳化过程的具体描述。

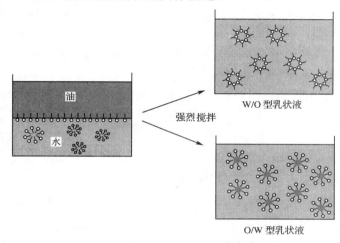

图 6-36　形成乳状液过程

乳状液在工农业生产和日常生活中有广泛的应用。例如,在农业生产中,为了节省药量,提高药效,常将农药、液体肥料配成乳状液使用;又如,可在柴油中加入 7%～15% 的水,在乳化剂存在下用超声波使其形成乳状液,作为车用柴油可提高燃烧值 10%,且减少大气污染;此外,用乳化聚合法制备高分子化合物,油脂在人体内的输送和消化与乳状液的形成有关,许多食品、饮料和化妆品也都制成乳状液的形式。

在生产中有时需把形成的乳状液破坏,即使其内外相分离(分层),这叫**破乳**(deemulsification)。例如,由牛奶提取油脂制奶油、原油脱水等就是破乳过程。此外,乳状液的絮凝作用、聚结作用都可使乳状液破坏。破乳的方法有两种,一为物理法,如离心分离;二为物理化学法,即加入另外的化学物质破坏或去除起稳定作用的乳化剂。

6.6.2　泡沫、悬浮液及悬浮体

1. 泡沫

气体分散在液体或固体中所形成的分散系统称之为**泡沫**(foam),前者为液体泡沫,后者为固体泡沫。气泡的大小一般在 1 000 nm 以上,肉眼可见,故泡沫属粗分散系统。

在生产中有时需要利用泡沫,如灭火剂、饮料、啤酒、泡沫冶金、泡沫浮选、泡沫玻璃、泡沫塑料、泡沫金属(航天材料)等。有时需要消除泡沫,如化工生产、造纸及印染等生产过程中泡沫的存在影响操作,如溢锅、气塔及油漆涂层中的起泡等则需利用消泡剂加以消除。

（1）泡沫的生成

泡沫的生成分为物理法、化学法和加入起泡剂（表面活性剂）法。物理法有送气法（鼓泡）、溶解度降低法、加热沸腾法等;化学法通常利用加热分解产生气体的反应起泡,如小苏打（$NaHCO_3$）的加热分解。

（2）泡沫的稳定与破坏

泡沫稳定存在的时间称为泡沫的寿命。泡沫的寿命长短与所加入的稳定剂的性质、温度、压力、介质的黏度等有关。

泡沫的破坏即为消泡,消泡方法的原则是消除泡沫的稳定因素。例如,把构成液膜的液体提纯、减小形成泡沫的液体的黏度、用适当办法消除起泡剂或加入消泡剂等。

2. 悬浮液及悬浮体

不溶性固体粒子分散在液体中所形成的分散系统称为**悬浮液**（suspension）。悬浮液中分散相的三维空间尺寸均在 10^{-6} m 以上。由于其颗粒较大,不存在布朗运动,不可能产生扩散和渗透现象,在自身重力下易于沉降。通常利用沉降分析法测定悬浮液体中分散相的高度分布,例如测定黄河水不同区段的泥沙分布。

当固体粒子的三维空间尺寸均在 10^{-6} m 以上时,分散在气体中所形成的系统称为**悬浮体**（suspended matter）,例如沙尘暴就是悬浮体。我国北方某些省区由于天然植被遭到破坏,致使土地沙漠化,从而在特定气候条件下形成沙尘暴。

习　题

6-1 试求 25 ℃时,1 g 水成一个球形水滴时的表面积和表面吉布斯自由能;若把它分散成直径为 2 nm 的微小水滴,总表面积和表面吉布斯自由能又为多少?（已知 25 ℃时,水的表面张力为 72×10^{-3} J·m^{-2}）

6-2 已知在 20 ℃时,水的饱和蒸气压为 2.338 kPa,密度为 $0.998\,2 \times 10^3$ kg·m^{-3},表面张力为 72.75×10^{-3} N·m^{-1}。试计算将水分散成半径为 $10^{-5} \sim 10^{-9}$ m 的小滴时,其饱和蒸气压各为多少?

6-3 用拉普拉斯方程和开尔文方程解释液体的过热现象,并估算在 101 325 Pa 下,水中产生半径为 5×10^{-7} m 的水蒸气气泡时所需的温度。（100 ℃时,水的表面张力 $\sigma = 58.9 \times 10^{-3}$ N·m^{-1},$\Delta_{vap} H_m^* = 40\,658$ J·mol^{-1}）

6-4 在 20 ℃时,将半径 $r = 1.20 \times 10^{-4}$ m 完全被水润湿（$\cos\theta = 1$）的毛细管插入水中,试求管内水面上升的高度。

6-5 20 ℃时,水的表面张力为 0.072 7 N·m^{-1},水银的表面张力为 0.483 N·m^{-1},水银和水的界面张力为 0.415 N·m^{-1}。请分别用 θ 角及铺展系数 s 的计算结果判断:（1）水能否在水银表面上铺展?（2）水银能否在水面上铺展?

6-6 D_2 在 Fe(s) 催化剂表面上发生解离吸附,试通过推导指出,吸附达平衡时,下列各式中哪个正确?

$$(1)\,\theta = \frac{bp}{1 + \sqrt{bp}} \qquad (2)\,\theta = \frac{\sqrt{bp}}{1 + \sqrt{bp}} \qquad (3)\,\theta = \frac{\sqrt{bp}}{\sqrt{1 + bp}} \qquad (4)\,\theta = \frac{bp}{(1 + \sqrt{bp})^2}$$

6-7 某溶胶中粒子的平均直径为 42×10^{-8} m,假设此溶胶的黏度和纯水相同,25 ℃时,$\eta = 0.001$ Pa·s,试计算 25℃时在 1 s 内由于布朗运动,粒子沿 x 轴方向的平均位移。

6-8 有一金溶胶,胶粒半径为 3×10^{-8} m,25 ℃时,在重力场中达沉降平衡后,在某一高度处单位体积中有 166 个粒子,试计算比该高度低 10^{-4} m 处的体积粒子数为多少?（已知金的密度 $\rho_B = 19\,300$ kg·m^{-3},

介质的密度为 $1\ 000\ kg \cdot m^{-3}$。）

　　6-9 $NaNO_3$、$Mg(NO_3)_2$、$Al(NO_3)_3$ 对 AgI 水溶胶的聚沉值分别为 $140\ mol \cdot dm^{-3}$、$2.60\ mol \cdot dm^{-3}$、$0.167\ mol \cdot dm^{-3}$，试判断该溶胶是正溶胶还是负溶胶。

　　6-10 在三支各盛有 $20 \times 10^{-3}\ dm^3\ Fe(OH)_3$ 溶胶的试管中，分别加入 $4.2 \times 10^{-3}\ dm^3\ 0.50\ mol \cdot dm^{-3}$ $NaCl$ 溶液，$12.5 \times 10^{-3}\ dm^3\ 0.005\ mol \cdot dm^{-3}\ Na_2SO_4$ 的溶液，$7.5 \times 10^{-3}\ dm^3\ 0.000\ 3\ mol \cdot dm^{-3}\ Na_3PO_4$ 的溶液。溶胶开始发生聚结，试计算各电解质的聚沉值，比较它们的聚沉能力。制备上述 $Fe(OH)_3$ 溶胶时，是用稍过量的 $FeCl_3$ 与 H_2O 作用制成的，写出其胶团的结构式。

习题答案

6-1 $4.83 \times 10^{-4}\ m^2$，$3.5 \times 10^{-5}\ J$；$3 \times 10^3\ m^2$，$215.9\ J$

6-2 2.338，2.340，2.364，2.605，$6.867\ kPa$

6-3 $411\ K$

6-4 $0.124\ m$

6-5 （1）水可以润湿水银，但不能在水银上铺展；（2）水银不能在水上铺展，水银不能润湿水。

6-7 $1.44 \times 10^{-6}\ m$

6-8 $n_2 = 272\ m^{-3}$

6-9 负溶胶

6-10 $NaCl$：$0.088\ mol \cdot dm^{-3}$，Na_2SO_4：$0.001\ 9\ mol \cdot dm^{-3}$，$Na_3PO_4$：$0.000\ 08\ mol \cdot dm^{-3}$

　　聚沉能力的顺序为 $Na_3PO_4 > Na_2SO_4 > NaCl$

　　当 $FeCl_3$ 稍过量时，其胶团结构式为 $[Fe(OH)_3]_m \cdot nFe^{3+} \cdot 3(n-x)Cl^- \cdots 3xCl^-$

附 录

附录 I 基本物理常量

真空中的光速	c	$(2.997\ 924\ 58 \pm 0.000\ 000\ 012) \times 10^8$ m・s^{-1}
元电荷(一个质子的电荷)	e	$(1.602\ 177\ 33 \pm 0.000\ 000\ 49) \times 10^{-19}$ C
Planck 常量	h	$(6.626\ 075\ 5 \pm 0.000\ 004\ 0) \times 10^{-34}$ J・s
Boltzmann 常量	k	$(1.380\ 658 \pm 0.000\ 012) \times 10^{-23}$ J・K^{-1}
Avogadro 常量	L	$(6.022\ 045 \pm 0.000\ 031) \times 10^{23}$ mol^{-1}
原子质量单位	$1u = m(^{12}C)/12$	$(1.660\ 540\ 2 \pm 0.000\ 100\ 10) \times 10^{-27}$ kg
Faraday 常量	F	$(9.648\ 530\ 9 \pm 0.000\ 002\ 9) \times 10^4$ C・mol^{-1}
摩尔气体常量	R	$8.314\ 510 \pm 0.000\ 070$ J・K^{-1}・mol^{-1}

附录 II 中华人民共和国法定计量单位

表 1 **SI 基本单位**

量的名称	单位名称	单位符号
长度	米	m
质量	千克(公斤)	kg
时间	秒	s
电流	安[培]	A
热力学温度	开[尔文]	K
物质的量	摩[尔]	mol
发光强度	坎[德拉]	cd

表2　　包括 SI 辅助单位在内的具有专门名称的 SI 导出单位

量的名称	SI 导出单位		
	名称	符号	用 SI 基本单位和 SI 导出单位表示
[平面]角	弧度	rad	1 rad＝1 m/m＝1
立体角	球面度	sr	1 sr＝1 m²/m²＝1
频率	赫[兹]	Hz	1 Hz＝1 s⁻¹
力	牛[顿]	N	1 N＝1 kg・m/s²
压力,压强,应力	帕[斯卡]	Pa	1 Pa＝1 N/m²
能[量],功,热量	焦[耳]	J	1 J＝1 N・m
功率,辐[射能]通量	瓦[特]	W	1 W＝1 J/s
电荷[量]	库[仑]	C	1 C＝1 A・s
电压,电动势,电位(电势)	伏[特]	V	1 V＝1 W/A
电容	法[拉]	F	1 F＝1 C/V
电阻	欧[姆]	Ω	1 Ω＝1 V/A
电导	西[门子]	S	1 S＝1 Ω⁻¹
磁通[量]	韦[伯]	Wb	1 Wb＝1 V・s
磁通[量]密度,磁感应强度	特[斯拉]	T	1 T＝1 Wb/m²
电感	亨[利]	H	1 H＝1 Wb/A
摄氏温度	摄氏度*	℃	1 ℃＝1 K
光通量	流[明]	lm	1 ml＝1 cd・sr
[光]照度	勒[克斯]	lx	1 lx＝ 1 lm/m²

注　摄氏度是用来表示摄氏温度值时单位开尔文的专门名称(参阅 GB 3102.4 中 4-1.a 和 4-2.a)

表3　由于人类健康安全防护上的需要而确定的具有专门名称的 SI 导出单位　　(略)

表4　SI 词头　(略)

表5　　可与国际单位制单位并用的我国法定计量单位

量的名称	单位名称	单位符号	与 SI 单位的关系
时间	分	min	1 min＝60 s
	[小]时	h	1 h＝60 min＝3 600 s
	日(天)	d	1 d＝24 h＝86 400 s
[平面]角	度	°	1°＝(π/180) rad
	[角]分	′	1′＝(1/60)°＝(π/10 800) rad
	[角]秒	″	1″＝(1/60)′＝(π/648 000) rad
体积	升	L,(1)	1 L＝1 dm³＝10⁻³ m³
质量	吨	t	1 t＝10³ kg
	原子质量单位	u	1 u≈1.660 540×10⁻²⁷ kg
旋转速度	转每分	r/min	1 r/min＝(1/60)s⁻¹
长度	海里	n mile	1 n mile＝1 852 m (只用于航行)
速度	节	kn	1 kn＝1 n mile/h＝(1 852/3 600) m/s (只用于航行)
能	电子伏	eV	1 eV≈1.602 177×10⁻¹⁹ J
级差	分贝	dB	
线密度	特[克斯]	tex	1 tex＝10⁻⁶ kg/m
面积	公顷	hm²	1 hm²＝10⁴ m²

注　①　平面角单位度、分、秒的符号,在组合单位中应采用(°)、(′)、(″)的形式。例如,不用°/s而用(°)/s。
　　②　升的符号中,小写字母 l 为备用符号。
　　③　公顷的国际通用符为 ha。

附录Ⅲ 物质的标准摩尔生成焓、标准摩尔生成吉布斯函数、标准摩尔熵和摩尔热容

1. 单质和无机物

(100kPa)

物质	$\Delta_f H_m^\ominus$ (298.15K) kJ·mol^{-1}	$\Delta_f G_m^\ominus$ (298.15K) kJ·mol^{-1}	$S_m^\ominus$ (298.15K) J·K^{-1}·mol^{-1}	$C_{p,m}^\ominus$ (298.15K) J·K^{-1}·mol^{-1}	$C_{p,m}^\ominus=a+bT+cT^2$，或 $C_{p,m}^\ominus=a+bT+c'T^{-2}$				适用温度 K
					a J·K^{-1}·mol^{-1}	b 10^{-3}J·mol^{-1}·K^{-2}	c 10^{-6}J·mol^{-1}·K^{-3}	c' 10^{5}J·K^{-1}·mol^{-1}	
Ag(s)	0	0	42.712	25.48	23.97	5.284		−0.25	293~123 4
Ag$_2$CO$_3$(s)	−506.14	−437.09	167.36						
Ag$_2$O(s)	−30.56	−10.82	121.71	65.57					
Al(s)	0	0	28.315	24.35	20.67	12.38			273~932
Al(g)	313.80	273.2	164.553						
Al$_2$O$_3$-α	−1 669.8	−2 213.16	0.986	79.0	92.38	37.535		−26.861	27~1 937
Al$_2$(SO$_4$)$_3$(s)	−3 434.98	−3 728.53	239.3	259.4	368.57	61.92		−113.47	298~1 100
Br(g)	111.884	82.396	175.021						
Br$_2$(g)	30.71	3.109	245.455	35.99	37.20	0.690		−1.188	300~1 500
Br$_2$(l)	0	0	152.3	35.6					
C(金刚石)	1.896	2.866	2.439	6.07	9.12	13.22		−6.19	298~1 200
C(石墨)	0	0	5.694	8.66	17.15	4.27		−8.79	298~2 300
CO(g)	−110.525	−137.285	198.016	29.142	27.6	5.0			290~2 500
CO$_2$(g)	−393.511	−394.38	213.76	37.120	44.14	9.04		−8.54	298~2 500
Ca(s)	0	0	41.63	26.27	21.92	14.64			273~673
CaC$_2$(s)	−62.8	−67.8	70.2	62.34	68.6	11.88		−8.66	298~720
CaCO$_3$(方解石)	−1 206.87	−1 128.70	92.8	81.83	104.52	21.92		−25.94	298~1 200
CaCl$_2$(s)	−795.0	−750.2	113.8	72.63	71.88	12.72		−2.51	298~1 055
CaO(s)	−635.6	−604.2	39.7	48.53	43.83	4.52		−6.52	298~1 800
Ca(OH)$_2$(s)	−986.5	−896.89	76.1	84.5					
CaSO$_4$(硬石膏)	−1 432.68	−1 320.24	106.7	97.65	77.49	91.92		−6.561	273~1 373
Cl$_2$(g)	0	0	222.948	33.9	36.69	1.05		−2.523	273~1 500
Cu(s)	0	0	33.32	24.47	24.56	4.18		−1.201	273~1 357
CuO(s)	−155.2	−127.1	43.51	44.4	38.79	20.08			298~1 250
Cu$_2$O-α	−166.69	−146.33	100.8	69.8	62.34	23.85			298~1 200
F$_2$(g)	0	0	203.5	31.46	34.69	1.84		−3.35	273~2 000
Fe-α	0	0	27.15	25.23	17.28	26.69			273~1 041
FeCO$_3$(s)	−747.68	−673.84	92.8	82.13	48.66	112.1			298~885
FeO(s)	−266.52	−244.3	54.0	51.1	52.80	6.242		−3.188	273~1 173
Fe$_2$O$_3$(s)	−822.1	−741.0	90.0	104.6	97.74	17.13		−12.887	298~1 100
Fe$_3$O$_4$(s)	−117.1	−1 014.1	146.4	143.42	167.03	78.91		−41.88	298~1 100
H$_2$(g)	0	0	130.695	28.83	29.08	−0.84	2.00		300~1 500
HBr(g)	−36.24	−53.22	198.60	29.12	26.15	5.86		1.09	298~1 600
HCl(g)	−92.311	−95.265	186.786	29.12	26.53	4.60		1.90	298~2 000
HI(g)	−25.94	−1.32	206.42	29.12	26.32	5.94		0.92	298~1 000
H$_2$O(g)	−241.825	−228.577	188.823	33.571	30.12	11.30			273~2 000
H$_2$O(l)	−285.838	−237.142	69.940	75.296					
H$_2$O(s)	−291.850	(−234.03)	(39.4)						
H$_2$O$_2$(l)	−187.61	−118.04	102.26	82.29					
H$_2$S(g)	−20.146	−33.040	205.75	33.97	29.29	15.69			273~1300
H$_2$SO$_4$(l)	−811.35	(−866.4)	156.85	137.57					
H$_2$SO$_4$(aq)	−811.32								
HSO$_4^-$(aq)	−885.75	−752.99	126.86						
I$_2$(s)	0	0	116.7	55.97	40.12	49.79			298~386.8
I$_2$(g)	62.242	19.34	260.60	36.87					
N$_2$(g)	0	0	191.598	29.12	26.87	4.27			273~2 500
NH$_3$(g)	−46.19	−16.603	192.61	35.65	29.79	25.48		−1.665	273~1 400
NO(g)	89.860	90.37	210.309	29.861	29.58	3.85		−0.59	273~1 500
NO$_2$(g)	33.85	51.86	240.57	37.90	42.93	8.54		−6.74	

（续表）

物质	$\Delta_f H_m^{\ominus}$ (298.15K) kJ·mol^{-1}	$\Delta_f G_m^{\ominus}$ (298.15K) kJ·mol^{-1}	$S_m^{\ominus}$ (298.15K) J·K^{-1}·mol^{-1}	$C_{p,m}^{\ominus}$ (298.15K) J·K^{-1}·mol^{-1}	$C_{p,m}^{\ominus}=a+bT+cT^2$，或 $C_{p,m}^{\ominus}=a+bT+c'T^{-2}$				
					a J·K^{-1}·mol^{-1}	b 10^{-3} J·mol^{-1}·K^{-2}	c 10^{-6} J·mol^{-1}·K^{-3}	c' 10^{5} J·K^{-1}·mol^{-1}	适用温度 K
N$_2$O(g)	81.55	103.62	220.10	38.70	45.69	8.62		−8.54	273～500
N$_2$O$_4$(g)	9.660	98.39	304.42	79.0	83.89	30.75		14.90	
N$_2$O$_5$(g)	2.51	110.5	342.4	108.0					
O(g)	247.521	230.095	161.063	21.93					
O$_2$(g)	0	0	205.138	29.37	31.46	3.39		−3.77	273～2 000
O$_3$(g)	142.3	163.45	237.7	38.15					
S(单斜)	0.29	0.096	32.55	23.64	14.90	29.08			368.6～392
S(斜方)	0	0	31.9	22.60	14.98	26.11			273～368.6
S(g)	222.80	182.27	167.825					−3.51	
SO$_2$(g)	−296.90	−300.37	248.64	39.79	47.70	7.171		−8.54	298～1 800
SO$_3$(g)	−395.18	−370.40	256.34	50.70	57.32	26.86		−13.05	273～900

2. 有机化合物

在指定温度范围内恒压热容可用下式计算 $C_{p,m}^{\ominus}=a+bT+cT^2+dT^3$

物质	$\Delta_f H_m^{\ominus}$ (298.15K) kJ·mol^{-1}	$\Delta_f G_m^{\ominus}$ (298.15K) kJ·mol^{-1}	$S_m^{\ominus}$ (298.15K) J·K^{-1}·mol^{-1}	$C_{p,m}^{\ominus}$ (298.15K) J·K^{-1}·mol^{-1}	$C_{p,m}^{\ominus}=a+bT+cT^2$，或 $C_{p,m}^{\ominus}=a+bT+c'T^{-2}$				
					a J·K^{-1}·mol^{-1}	b 10^{-3} J·mol^{-1}·K^{-2}	c 10^{-6} J·mol^{-1}·K^{-3}	c' 10^{5} J·K^{-1}·mol^{-1}	适用温度 K
烃类									
甲烷 CH$_4$(g)	−74.847	50.827	186.30	35.715	17.451	60.46	1.117	−7.205	298～1 500
乙炔 C$_2$H$_2$(g)	226.748	209.200	200.928	43.928	23.460	85.768	−58.342	15.870	298～1 500
乙烯 C$_2$H$_4$(g)	52.283	68.157	219.56	43.56	4.197	154.590	−81.090	16.815	298～1 500
乙烷 C$_2$H$_6$(g)	−84.667	−32.821	229.60	52.650	4.936	182.259	−74.856	10.799	298～1 500
丙烯 C$_3$H$_6$(g)	20.414	62.783	267.05	63.89	3.305	235.860	−117.600	22.677	298～1 500
丙烷 C$_3$H$_8$(g)	−103.847	−23.391	270.02	73.51	−4.799	307.311	−160.159	32.748	298～1 500
1,3-丁二烯 C$_4$H$_6$(g)	110.16	150.74	278.85	79.54	−2.958	340.084	−223.689	56.530	298～1 500
1-丁烯 C$_4$H$_8$(g)	−0.13	71.60	305.71	85.65	2.540	344.929	−191.284	41.664	298～1 500
顺-2-丁烯 C$_4$H$_8$(g)	−6.99	65.96	300.94	78.91	8.774	342.448	−197.322	34.271	298～1 500
反-2-丁烯 C$_4$H$_8$(g)	−11.17	63.07	296.59	87.82	8.381	307.541	−148.256	27.284	298～1 500
正丁烷 C$_4$H$_{10}$(g)	−126.15	−17.02	310.23	97.45	0.469	385.376	−198.882	39.996	298～1 500
异丁烷 C$_4$H$_{10}$(g)	−134.52	−20.79	294.75	96.82	−6.841	409.643	−220.547	45.739	298～1 500
苯 C$_6$H$_6$(g)	82.927	129.723	269.31	81.67	−33.899	471.872	−298.344	70.835	298～1 500
苯 C$_6$H$_6$(l)	49.028	124.597	172.35	135.77	59.50	255.01			281～353
环己烷 C$_6$H$_{12}$(g)	−123.14	31.92	298.51	106.27	−67.664	679.452	−380.761	78.006	298～1 500
正己烷 C$_6$H$_{14}$(g)	−167.19	−0.09	388.85	143.09	3.084	565.786	−300.369	62.061	298～1 500
正己烷 C$_6$H$_{14}$(l)	−198.82	−4.08	295.89	194.93					
甲苯 C$_6$H$_5$CH$_3$(g)	49.999	122.388	319.86	103.76	−33.882	557.045	−342.373	79.873	298～1 500
甲苯 C$_6$H$_5$CH$_3$(l)	11.995	114.299	219.58	157.11	59.62	326.98			281～382
邻二甲苯 C$_6$H$_4$(CH$_3$)$_2$(g)	18.995	122.207	352.86	133.26	−14.811	591.136	−339.590	74.697	298～1 500

（续表）

物质	$\Delta_f H_m^{\ominus}$ (298.15K) kJ·mol^{-1}	$\Delta_f G_m^{\ominus}$ (298.15K) kJ·mol^{-1}	$S_m^{\ominus}$ (298.15K) J·K^{-1}· mol^{-1}	$C_{p,m}^{\ominus}$ (298.15K) J·K^{-1}· mol^{-1}	$C_{p,m}^{\ominus}=a+bT+cT^2$，或 $C_{p,m}^{\ominus}=a+bT+c'T^{-2}$				适用温度 K
					a J·K^{-1}· mol^{-1}	b 10^{-3} J· mol^{-1}·K^{-2}	c 10^{-6} J· mol^{-1}·K^{-3}	c' 10^5 J· K·mol^{-1}	
邻二甲苯 C$_6$H$_4$(CH$_3$)$_2$(l)	−24.439	110.495	246.48	187.9					
间二甲苯 C$_6$H$_4$(CH$_3$)$_2$(g)	17.238	118.977	357.80	127.57	−27.384	620.870	−363.895	81.379	298~1 500
间二甲苯 C$_6$H$_4$(CH$_3$)$_2$(l)	−25.418	107.817	252.17	183.3					
对二甲苯 C$_6$H$_4$(CH$_3$)$_2$(g)	17.949	121.266	352.53	126.86	−25.924	60.670	−350.561	76.877	298~1 500
对二甲苯 C$_6$H$_4$(CH$_3$)$_2$(l)	−24.426	110.244	247.36	183.7					
含氧化合物 甲醛 HCOH(g)	−115.90	−110.0	220.2	35.36	18.820	58.379	−15.606		291~1 500
甲酸 HCOOH(g)	−362.63	−335.69	251.1	54.4	30.67	89.20	−34.539		300~700
甲酸 HCOOH(l)	−409.20	−345.9	128.95	99.04					
甲醇 CH$_3$OH(g)	−201.17	−161.83	237.8	49.4	20.42	103.68	−24.640		300~700
甲醇 CH$_3$OH(l)	−238.57	−166.15	126.8	81.6					
乙醛 CH$_2$CHO(g)	−166.36	−133.67	265.8	62.8	31.054	121.457	−36.577		298~1 500
乙酸 CH$_3$COOH(l)	−487.0	−392.4	159.8	123.4	54.81	230			
乙酸 CH$_3$COOH(g)	−436.4	−381.5	293.4	72.4	21.76	193.09	−76.78		300~700
乙醇 C$_2$H$_5$OH(l)	−277.63	−174.36	160.7	111.46	106.52	165.7	575.3		283~348
乙醇 C$_2$H$_5$OH(g)	−235.31	−168.54	282.1	71.1	20.694	+205.38	−99.809		300~1 500
丙酮 CH$_3$COCH$_3$(l)	−248.283	−155.33	200.0	124.73	55.61	232.2			298~320
丙酮 CH$_3$COCH$_3$(g)	−216.69	−152.2	296.00	75.3	22.472	201.78	−63.521		298~1 500
乙醚 C$_2$H$_5$OC$_2$H$_5$(l)	−273.2	−116.47	253.1		170.7				290
乙酸乙酯 CH$_3$COOC$_2$H$_5$(l)	−463.2	−315.3	259		169.0				293
苯甲酸 C$_6$H$_5$COOH(s)	−384.55	−245.5	170.7	155.2					
卤代烃 氯甲烷 CH$_3$Cl(g)	−82.0	−58.6	234.29	40.79	14.903	96.2	−31.552		273~800
二氯甲烷 CH$_2$Cl$_2$(g)	−88	−59	270.62	51.38	33.47	65.3			273~800
氯仿 CHCl$_3$(l)	−131.8	−71.4	202.9	116.3					
氯仿 CHCl$_3$(g)	−100	−67	296.48	65.81	29.506	148.942	−90.713		273~800
四氯化碳 CCl$_4$(l)	−139.3	−68.5	214.43	131.75	97.99	111.71			273~330

（续表）

物质	$\Delta_f H_m^\ominus$ (298.15K) kJ·mol^{-1}	$\Delta_f G_m^\ominus$ (298.15K) kJ·mol^{-1}	$S_m^\ominus$ (298.15K) J·K^{-1}·mol^{-1}	$C_{p,m}^\ominus$ (298.15K) J·K^{-1}·mol^{-1}	$C_{p,m}^\ominus = a+bT+cT^2$，或 $C_{p,m}^\ominus = a+bT+c'T^{-2}$				
					a J·K^{-1}·mol^{-1}	b 10^{-3} J·mol^{-1}·K^{-2}	c 10^{-6} J·mol^{-1}·K^{-3}	c' 10^5 J·K·mol^{-1}	适用温度 K
四氯化碳 CCl$_4$(g)	−106.7	−64.0	309.41	85.51					
氯苯 C$_6$H$_5$Cl(l)	116.3	−198.2	197.5	145.6					
含氮化合物									
苯胺 C$_6$H$_5$NH$_2$(l)	35.31	153.35	191.6	199.6	338.28	−1068.6	2022.1		278~348
硝基苯 C$_6$H$_5$NO$_2$(l)	15.90	146.36	244.3		185.4				293

本附录数据主要取自 Handbook of Chemistry and Physics，70 th Ed.，1990；Editor John A. Dean，Lange's Handbook of Chemistry，1967。

原书标准压力 $p^\ominus = 101.325$ kPa，本附录已换算成标准压力为 100 kPa 下的数据。两种不同标准压力下的 $\Delta_f G_m^\ominus$(298.15K) 及气态 $S_m^\ominus$(298.15K) 的差别按下式计算

$$S_m^\ominus(298.15K)(p^\ominus = 100kPa) = S_m^\ominus(298.15K)(p^\ominus = 101.325kPa) + R\ln\frac{101.325\times 10^3}{100\times 10^3}$$

$$= S_m^\ominus(298.15K)(p^\ominus = 101.325kPa) + 0.109\ 4J·K^{-1}·mol^{-1}$$

$$\Delta_f G_m^\ominus(298.15K)(p^\ominus = 100kPa) = \Delta_f G_m^\ominus(298.15K)(p^\ominus = 101.325kPa) - 0.032\ 6kJ·mol^{-1}\sum\nu_B(g)$$

式中，ν_B(g) 为生成反应式中气态组分的化学计量数。

读者需要时，可查阅·NBS化学热力学性质表·SI单位表示的无机和C$_1$与C$_2$有机物质的选择值。刘天和，赵梦月译，北京：中国标准出版社，1998

附录 Ⅳ　某些有机化合物的标准摩尔燃烧焓[①]（25 ℃）

化合物	$\Delta_c H_m^\ominus$/(kJ·mol^{-1})	化合物	$\Delta_c H_m^\ominus$/(kJ·mol^{-1})
CH$_4$(g)甲烷	−890.31	HCHO(g)甲醛	−570.78
C$_2$H$_2$(g)乙炔	−129 9.59	CH$_3$COCH$_3$(l)丙酮	−179 0.42
C$_2$H$_4$(g)乙烯	−141 0.97	C$_2$H$_5$COC$_2$H$_5$(l)乙醚	−273 0.9
C$_2$H$_6$(g)乙烷	−155 9.84	HCOOH(l)甲酸	−254.64
C$_3$H$_8$(g)丙烷	−221 9.07	CH$_3$COOH(l)乙酸	−874.54
C$_4$H$_{10}$(g)正丁烷	−287 8.34	C$_6$H$_5$COOH(晶)苯甲酸	−322 6.7
C$_6$H$_6$(l)苯	−326 7.54	C$_7$H$_6$O$_3$(s)水杨酸	−302 2.5
C$_6$H$_{12}$(l)环己烷	−391 9.86	CHCl$_3$(l)氯仿	−373.2
C$_7$H$_8$(l)甲苯	−392 5.4	CH$_3$Cl(g)氯甲烷	−689.1
C$_{10}$H$_8$(s)萘	−515 3.9	CS$_2$(l)二硫化碳	−107 6
CH$_3$OH(l)甲醇	−726.64	CO(NH$_2$)$_2$(s)尿素	−634.3
C$_2$H$_5$OH(l)乙醇	−136 6.91	C$_6$H$_5$NO$_2$(l)硝基苯	−309 1.2
C$_6$H$_5$OH(s)苯酚	−305 3.48	C$_6$H$_5$NH$_2$(l)苯胺	−339 6.2

---

① 化合物中各元素氧化的产物为 C→CO$_2$(g)，H→H$_2$O(l)，N→N$_2$(g)，S→SO$_2$(稀的水溶液)。

参考书目

1 Peter Atkins,Jalio de Paula. Physical Chemistry. 8th ed. London：Oxford University Press，2006

2 傅玉普,郝策,蒋山.多媒体 CAI 物理化学.5 版.大连：大连理工大学出版社,2010

3 傅玉普,纪敏.物理化学考研重点热点导引及综合能力训练.4 版.大连：大连理工大学出版社,2008

4 国家技术监督局 计量司 标准化司·量和单位国家标准实施指南.北京：中国标准出版社,1996

5 高执棣.化学热力学.北京：北京大学出版社,2006

6 杨俊林,高飞雪,田中群.物理化学学科前沿与展望.北京：科学出版社,2011

7 冯绪胜,刘洪国,郝京诚,等.胶体化学.北京：化学工业出版社,2005

8 颜肖慈,罗明道.界面化学.北京：化学工业出版社,2005

9 吴辉煌.电化学.北京：化学工业出版社,2004

名词索引

（按汉语拼音顺序）